国际经典美容皮肤科学技术丛书

PROCEDURES IN COSMETIC DERMATOLOGY

总 主 编　Jeffrey S. Dover

总副主编　Murad Alam

第 3 版

药妆品

Cosmeceuticals

主编　Zoe Diana Draelos

主译　许德田

主审　刘　玮

人民卫生出版社

图书在版编目（CIP）数据

药妆品 /（美）佐伊 · 黛安娜 · 德雷罗斯（Zoe Diana Draelos）主编；许德田主译 . —北京：人民卫生出版社，2018
ISBN 978-7-117-26472-3

Ⅰ. ①药… Ⅱ. ①佐…②许… Ⅲ. ①药物 - 化妆品 - 基本知识 Ⅳ. ①TQ658

中国版本图书馆 CIP 数据核字（2018）第 069008 号

图字：01-2017-2884

药　妆　品

主　　译：许德田
出版发行：人民卫生出版社（中继线 010-59780011）
地　　址：北京市朝阳区潘家园南里 19 号
邮　　编：100021
E - mail：pmph @ pmph.com
购书热线：010-59787592　010-59787584　010-65264830
印　　刷：三河市宏达印刷有限公司
经　　销：新华书店
开　　本：787 × 1092　1/16　　印张：17
字　　数：382 千字
版　　次：2018 年 5 月第 1 版　2023 年 11 月第 1 版第 12 次印刷
标准书号：ISBN 978-7-117-26472-3/R · 26473
定　　价：179.00 元

第3版

药妆品

Cosmeceuticals

主编

Zoe Diana Draelos　美国杜克大学医学院皮肤学系

主译

许德田　同济大学附属上海市皮肤病医院(筹)
　　　　冰寒护肤实验室

主审

刘　玮　解放军空军总医院皮肤病医院

译者

谈益妹　上海市皮肤病医院皮肤与化妆品研究室
许　阳　南京医科大学第一附属医院皮肤科
袁　超　上海市皮肤病医院皮肤与化妆品研究室
周炳荣　南京医科大学第一附属医院皮肤科
王佩茹　上海市皮肤病医院光医学治疗科
潘　毅　德国波恩大学附属医院皮肤与过敏科
　　　　解放军空军总医院皮肤病医院
梅鹤祥　德之馨(上海)有限公司
姜义华　德之馨(上海)有限公司
付　琴　上海市皮肤病医院皮肤与化妆品研究室

人民卫生出版社

ELSEVIER

Elsevier (Singapore) Pte Ltd.

3 Killiney Road
#08-01 Winsland House I
Singapore 239519
Tel: (65) 6349-0200
Fax: (65) 6733-1817

Cosmeceuticals, 3/E

ISBN-13: 978-0-323-29869-8

This translation of Cosmeceuticals, 3/E by Zoe Diana Draelos was undertaken by People's Medical Publishing House and is published by arrangement with Elsevier (Singapore) Pte Ltd.

Cosmeceuticals, 3/E by Zoe Diana Draelos 由人民卫生出版社进行翻译，并根据人民卫生出版社与爱思唯尔（新加坡）私人有限公司的协议约定出版。

《药妆品》（第 3 版）（许德田　主译）

ISBN: 978-7-117-26472-3

注　意

本译本由 Elsevier (Singapore) Pte Ltd. 和人民卫生出版社完成。相关从业及研究人员必须凭借其自身经验和知识对文中描述的信息数据、方法策略、搭配组合、实验操作进行评估和使用。由于医学科学发展迅速，临床诊断和给药剂量尤其需要经过独立验证。在法律允许的最大范围内，爱思唯尔、译文的原文作者、原文编辑及原文内容提供者均不对译文或因产品责任、疏忽或其他操作造成的人身和（或）财产伤害和（或）损失承担责任，亦不对由于使用文中提到的方法、产品、说明或思想而导致的人身和（或）财产伤害和（或）损失承担责任。

中文版序

Cosmeceuticals 是一部在世界美容皮肤科学界和化妆品科学界都有着重要影响的著作，该书中文版第 1 版由我的好友王学民教授主译，定名为《功能性化妆品》，自 2007 年出版后，对中国美容皮肤科学界产生了广泛影响，被业界推荐为中国化妆品工程师必读著作。

过去 10 年，化妆品科学和皮肤科学的研究发展日新月异，许多新的研究成果、理论不断涌现，顺应学科的发展，本书也更新到了第 3 版。以许德田为主译的翻译团队对第 3 版 *Cosmeceuticals* 精心组织翻译，相信这一辛勤工作的成果能为我国皮肤科医生、化妆品工程师及美容护肤行业从业人员带来有益的知识，推动我国美容皮肤科学界、化妆品产业界的健康发展和人才培养，为广大爱美消费者带来福音。

中文版第 3 版的一个重大变化是将书名定为《药妆品》，这是因为“cosmeceutical”一词本身由“cosmetic”（化妆品）和“pharmaceutical”（药品）两个词组合而成，其本义就是“药妆品”。与普通化妆品单纯的遮盖和美化不同，药妆品承认并主张其配方成分对皮肤的外观和功能皆会发生影响，能够通过合理的配方和成分改善皮肤的健康状态。

药妆品市场在全球范围内存在多年，但至今没有一个被统一认可的明确定义。各国化妆品管理法规普遍滞后——只有日本设置了药用化妆品类别（“医药部外品”），欧盟、中国、韩国分别使用“活性化妆品”“特殊用途化妆品”“功效性化妆品”等不同术语来描述这一类产品，可谓处于法规监管边缘地带不得已而为之的文字游戏。目前，国际上主要的化妆品法规体系对化妆品的认识和管理都拘泥于 1938 年（80 年前）美国制定的化妆品原始概念，禁止化妆品在标识、宣传文字中涉及医药方面内容，坚持化妆品不能改变皮肤结构和功能的观念。这既远远落后于化妆品科学技术的发展，也不符合客观事实（正如本书第 1 版开篇所述，即使是简单的水，也会对皮肤的结构和功能发生重要影响）。这一现象不会长期存在下去，全世界的化妆品行业亟待药妆品的定义及法规定位。

借本书恢复“cosmeceutical”一词本义之机，我们希望引起不同领域读者的注意，提醒大家这一概念并非市场恶意炒作，而是有专业背景和存在价值的；也希望本书的出版能够推动对这一市场需求的正确认识、对此类产品的客观对待，促进化妆品市场的健康发展。

需要提醒读者注意的是，本书很多内容基于美国情况编写，由于各国法规相差较大，希望读者在阅读时能够注意到书中内容与中国情况的区别。例如氢醌，在中国是禁止作为化妆品原料加入护肤产品的；又如防晒产品，在中国属于特殊化妆品，而在美国属于非处方药品。

谨此向翻译团队严谨细致的工作表示赞赏，亦以此书告慰已故的王学民教授。

愿每一位读者都从本书中有所收获！

皮肤科教授

空军总医院皮肤病医院院长

同出版前两版的时候相比，现在的药妆品领域愈发重要了。在发达国家，新的输送系统逐渐成形，同时，成本正在成为更重要的动因。医疗保险费用增加、患者就诊时自付费用上升、处方药品目录压缩导致的医疗资源短缺，以及一些药物要求前置审批的规定，让患者越来越难以获得处方治疗。这意味着更多的患者必须转向购买非处方产品(over-the-counter，OTC)以缓解皮肤疾病；也意味着皮肤科医生必须了解如何使用这类产品，因为它们越来越成为治疗的重要组成部分。

皮肤学研究已证实，保湿制剂是最有效的护理产品之一。对于湿疹、干燥、银屑病、特应性皮炎相关的干、痒皮肤状况，单用保湿剂就能改善。要恰当地使用保湿产品，就必须理解皮肤屏障功能，以及配方指南、功效测试方法。这些内容将在第一篇中讲述。

在第一篇的基础上，第二篇扩展至更复杂的活性成分领域——活性成分添加到保湿剂载体中，用于提升功效。有一些成分用于护理干性皮肤，例如生理性脂质；另一些则用于提供光保护，例如防晒剂。更多的成分，例如生长因子、营养性抗氧化剂、干细胞、金属类、海洋植物、维生素等，用于一些与衰老性皮肤相关的功能性或表观性问题。最后，所有的药妆品成分都必须进行安全性、刺激性和致敏性评估。

这些概念的具体应用在第三篇中阐述，针对不同的皮肤情况进行了详细说明。渐进至第四篇，我们将阐述一些常见的、患者在使用药妆品上的误区。最后，第五篇讨论了药妆品研究的一些新进展。

药妆品和药品之间的界限越来越模糊了，然而，最主要的区别在于达到相应的效果和安全性所对应的精确剂量。我们知道，现代药妆品是能够影响皮肤结构和功能的化妆品，这个概念与最初的化妆品概念相冲突，但药妆品原料并不按剂量进行管理。主要原因之一是难以界定在一个由多种成分构成的配方产品中起作用的那种成分。例如，已知外用洋甘菊(chamomile)可以抗炎，许多标签上声称其在适合敏感性皮肤的产品中有添加。洋甘菊中的有效成分是红没药醇(bisabolol)，但是很难确定多少洋甘菊才能为皮肤提供合适剂量的红没药醇，因为植物中的成分取决于生长条件，包括温度、土壤、墒情等。

另一个影响常用于药妆品的植物、营养剂、海洋原料的问题是：它们可能含有各种污染物，包括重金属、杀虫剂和真菌毒素等。污染物对于在精细的实验室环境中合成的药物而言并不是问题，但在对植物原料进行浓缩时，污染物就是个问题了。例如绿茶，作为一种强抗氧化剂，可能被杀虫剂污染，因为为了防止叶片被破坏，在田间可能施用杀虫剂。我们不可能彻底从茶叶上清除掉杀虫剂，而其提取物恰代表了干茶叶的集中使用。

有一天，能否制作出纯净的、可量化效果的药妆品以改善皮肤，其功效类似药品呢？肯定可以。植物干细胞技术获得的原料就是一个用技术来提升药妆品幕后科技的例子。从植物获得的干细胞，可在最优条件下培养，并获得比室外种植物成分更标准的原料，而原料的稳定性是获得稳定结果的关键。干细胞还提供前所未有的纯度。这仅是一个例子，本书中还有更多类似的案例，讲述药妆品如何成为皮肤科医生的各种“武器”，发挥越来越重要的作用。

我真诚希望你能乐于阅读本书，正如我享受向许多天才的作者学习的旅程，他们奉献了自己的时间和专业知识。药妆品十分有趣，因为它允许创新、多元，这是药品所没有的。在阅读本书的过程中，你将会发现药妆品发展的无限潜力！

Zoe Diana Draelos，MD

7年前，我们开始致力于编写"美容皮肤科学技术"这一高质量、实用、与时俱进、图文并茂的丛书，为皮肤科医生、皮肤外科医生和其他投身于探索皮肤科学知识的人士提供详细而便携的图书及配套DVD，以使读者获取几乎所有前沿的美容技术和知识。感谢所有参与丛书工作的主编、作者、Elsevier公司的优秀出版人员，他们使本丛书获得了超乎想象的成功。过去7年中，丛书共出版了15分册，全球数以千计的医生争相购买。原版用英文写就，许多分册已被译成各种语言版本，如意大利文、法文、西班牙文、中文、波兰文、韩文、葡萄牙文和俄文。

我们的目标是确保这套丛书能传达实用、简明的知识，同时又屹立于学科前沿，涵盖所有新的方法和资料。鉴于各个亚专业快速发展变化的特点，现在是时候推出第3版了。我们将在接下来几年里，陆续出版精心编写、话题范围更广、质量更高的图书——首先修订时效性强的书，再逐步推进。丛书编写工程会一直持续，除了第3版现有的各分册，我们也在考虑引入全新的主题以涵盖新的技术。

愿本套丛书得到广大读者的喜爱，并愿大家持续学习、不断进步。

Jeffrey S. Dover MD FRCPC FRCP

Murad Alam MD MSCI

John Bajor PhD
Senior Principal Scientist, Personal Care Category, Unilever Research and Development, Trumbull, Connecticut, USA

Karen E. Burke MD PhD
Assistant Clinical Professor, Department of Dermatology, Mount Sinai Medical Center, New York, USA

Jonn Damia AS
Technical Support Specialist, cyberDERM Inc., Media, Pennsylvania, USA

Bivash R. Dasgupta PhD
Principal Scientist, Personal Care Category, Unilever Research and Development, Trumbull Connecticut, USA

James Q. Del Rosso DO
Clinical Associate Professor, Department of Dermatology, University of Nevada School of Medicine, Las Vegas, Nevada, USA

Zoe Diana Draelos MD
Consulting Professor, Department of Dermatology, Duke University School of Medicine, Durham, North Carolina, USA

Peter M. Elias MD
Professor of Dermatology, University of California; Staff Physician, Veteran Affairs Medical Center, San Francisco, California, USA

Patricia K. Farris MD
Clinical Associate Professor, Department of Dermatology, Tulane University School of Medicine, New Orleans, Louisiana, USA

Richard E. Fitzpatrick MD
Director, Dermatology Division, La Jolla Cosmetic Surgery Centre, La Jolla, California, USA

Bryan B. Fuller PhD
Adjunct Professor, Department of Biochemistry and Molecular Biology, University of Oklahoma Health Sciences Center, Oklahoma City, Oklahoma, USA

Dee Anna Glaser MD
Professor and Vice Chairman, Department of Dermatology, Saint Louis University School of Medicine, Saint Louis, Missouri, USA

Barbara A. Green RPh MS
Vice President, Clinical Research & Business Development, NeoStrata Company Inc., Princeton, New Jersey, USA

Gary L. Grove PhD
Vice President of Research and Development, cyberDERM Inc., Media, Pennsylvania, USA

Tim Houser MS
Senior Research Scientist, cyberDERM Inc., Broomall, Pennsylvania, USA

Nils Krueger PhD
Chief Operating Officer, Rosenpark Research, Darmstadt, Germany

Bradley B. Jarrold MS
Senior Scientist, Beauty Care Technology Division, Procter & Gamble, Cincinnati, Ohio, USA

Sarah Malerich DO
Intern, LewisGale Hospital-Montgomery, Blacksburg, VA, USA

Dawn J. Mazzatti PhD
Senior Principal Scientist, Personal Care Category, Unilever Research and Development, Trumbull, Connecticut, USA

Rahul C. Mehta PhD
Senior Scientific Director, Research and Development, SkinMedica Inc., Carlsbad, CA, USA

Kevin J. Mills PhD
Principal Scientist, Beauty Technology Division, The Procter and Gamble Company, Cincinnati, Ohio, USA

Suzanne R. Micciantuono DO
Chief Resident Dermatology, Wellington Regional Medical Center, Wellington, Florida, USA

Manoj Misra PhD
Global Measurement & Modeling Leader, Discover, Personal Care, Unilever, Trumbull, Connecticut, USA

Christen M. Mowad MD
Professor, Department of Dermatology, Geisinger Medical Center, Danville, Pennyslvania, USA

Gabriel Nistor, MD
Vice president, Research and Development, NeoStem Oncology, Irvine, California, USA

John E. Oblong PhD
Principal Scientist, Beauty Care Technology Division, Procter & Gamble, Cincinnati, Ohio, USA

Irwin Palefsky
Chief Executive Officer, Cosmetech Laboratories Inc., Fairfield, New Jersey, USA

Aleksandra J. Poole PhD
Senior Scientist, Product Manager, NeoStem Oncology, Irvine, California, USA

Marta I. Rendon MD FAAD FACP
Associate Clinical Professor of Dermatology, University of Miami, Miami, Florida; Associate Clinical Professor, Department of Biomedical Sciences, Florida Atlantic University, Boca Raton, Florida; Medical Director, The Rendon Center for Dermatology & Aesthetic Medicine, Boca Raton, Florida, USA

Holly A. Rovito MS
Principle Researcher, Personal Beauty Care Technology Division, Procter & Gamble, Cincinnati, Ohio, USA

Yamini Sabherwal PhD
Research Scientist, Cell Culture Laboratory, NeoStrata Company Inc., Princeton, New Jersey, USA

Neil S. Sadick MD FACP FAACS FACS FACPh
Clinical Professor of Dermatology, Weill Medical College of Cornell University, New York, USA

编者名录

James R. Schwartz PhD
Research Fellow, Victor Mills Society, Procter & Gamble, Sharon Woods, Technical Center, Cincinnati, Ohio, USA

Lauren N. Taglia MD PhD
Resident, Geisinger Health System, Danville, PA, USA

Carl R. Thornfeldt MD FAAD
Founder and Chief Executive Officer, Episciences, Inc., Boise, Idaho; President, CT Derm P.C., Fruitland, Idaho, USA

Charles Zerweck PhD
Director of Clinical Studies, cyberDERM Inc., Media, Pennsylvania, USA

非常有幸成为 *Cosmeceuticals* 这部重要的美容皮肤学著作的译者之一，在中文版付梓之际，我衷心地感谢 Zoe Diana Draelos 教授为世人奉献了一部如此优秀的著作；感谢王学民教授，他主导了本书首版中文译本，他严谨细致的工作为我们树立了标杆。

我要衷心感谢刘玮老师，他一以贯之地严谨、细致、耐心，在百忙之中，见缝插针地帮助审阅译稿，提出了专业、中肯的修改意见。本书最后一章的审稿，甚至是他在火车上完成的。

感谢参与本书翻译的所有老师和同学，他们付出了辛劳和智慧，奉献了高质量的译稿；感谢德之馨（上海）有限公司为本书的翻译提供了可贵的支持和便利。

感谢我的家人，为了我而承担了大量额外的压力和事务，才能使我专心致力于书稿的翻译和审校。

本书的翻译过程颇为复杂和曲折，因学习和工作任务较重，时间紧张，其中一部分译稿我只能在公共汽车上审校——因为自己开车会浪费这部分时间。虽然非常辛苦，但是能参与这样一本优秀著作的翻译，使命感和荣誉感已足令人有百倍的力量。

由于本书基于美国情况所写，因此许多法规问题、实际情况与中国有所不同，希望您在阅读中已经注意到了这一点，我们在相应的地方也加了译者注；本书所讨论的一些问题尚在研究之中，还没有形成统一认识，故更新的研究也有可能与本书的某些观点不一致，但这是任何科学发展中的必然现象。

我们对译稿进行了多轮审校以确保翻译的准确性，但由于水平所限或者疏忽，仍可能有谬误之处，诚望读者见谅、指正。

主译　许德田

致　谢

我想将第3版 *Cosmeceuticals* 献给我生命中的三个男人：Michael、Mark 和 Matthew。我深情地称他们为我的“3M”。Michael 是我深爱的丈夫，是一位医生，他在本书修订过程中一直提供意见。感谢他在专业上的帮助和感情上的支持，他一直都能从新的视角提供建议。Mark 和 Matthew 是我的两个儿子，现在都在读 MD/PhD。他们启发了我，让我能向新人有效地传授和解释医学新知识；他们提醒了我，最好的解释是根据情况给出简明、直接的详细信息，激励人获取知识。因为他们三位对医学的热情和对卓越的追求，我才更加努力编写这本书。

Zoe Draelos

献给我生命中的女人：我的奶奶（外婆）Bertha 和 Lillian，我的母亲 Nina，我的女儿 Sophie 和 Isabel，特别是我的太太 Tania。感谢她们无尽的鼓励、耐心、支持、爱，以及友谊。献给我的父亲，Mark——一位伟大的教师和楷模。献给我的导师 Kenneth A. Arndt，他是如此宽容、友善、幽默，享受生活，最重要的是他的好奇、热情之心。

Jeffrey S. Dover

因为 Elsevier 出版公司全情投入的编辑团队，才有了此项雄心勃勃的工程持续取得成功的可能。Belinda Kuhn 所带领的新团队在保持丛书良好质量声誉、前沿知识性的同时，精心打造了丛书第3版，每一本书都有高质量的插图和出色的排版。我们要深深感谢各分册的主编，他们慷慨地在百忙中挤出时间，愉快地接受了我们的请求，招募了各领域知识最丰富的人担任各章作者。我们要特别感谢作者们，没有他们的工作，就没有书这回事儿。最后，我想表达对我的老师们的感谢，他们是 Kenneth Arndt，Jeffrey Dover，Michael Kaminer，Leonard Goldberg，David Bickers，亦向我的父母 Rahat Alam 和 Rehana Alam 致以感谢。

Murad Alam

第一篇　药妆品的定义

第二篇　药妆品的活性成分

第三篇　药妆品在皮肤科实践中的应用

第四篇 药妆品的误区

第五篇 药妆品研究的新进展

药妆品的定义

第一篇

本篇讲述了药妆品(cosmeceuticals)的基本概念。具有生物活性成分且能对皮肤屏障和健康发生影响,是药妆品的核心特点。活性成分是否能发挥作用,取决于加入产品中后,其活性是否能完整保持、是否能以活性形式经皮输送、是否有足够的量到达靶部位发挥作用,以及能否适当地从载体中释放出来。药妆品在销售类别上是化妆品,故市场销售方面应着重考虑。产品的市场功效宣称必须有临床试验证据支持。当然,临床试验对市场行销也有助力作用。由于用户甚广,这一行的多数公司都会对新产品进行多种安全性和临床测试。

认识到功效宣称的限制性,意思是只能评估药妆品改善皮肤外观的能力,而非功能。前者比起后者也要弱一些,但并不意味着药妆品没有作用。例如,宣称"改善皱纹"是一个药物宣称。而加上"外观"一词时,就不指代任何功能变化,而只表明肉眼所见,有所不同。

视觉层面的改善正是药妆品负责的范围。从监管的角度,并不存在所谓的"药妆品"。药妆品的意思就是"药妆品"。但全球来讲,它被认为是"具有活性的化妆品"或"半药品"。这些叫法暗示:比起化妆品,药妆品更复杂一些,没有药品那样强效,但更安全。这些问题是如何界定药妆品的主要矛盾。

(翻译:许德田)

药妆品:作用与皮肤屏障

Bivash R. Dasgupta, John Bajor,
Dawn J. Mazzatti, Manoj Misra

第1章

本章概要

- 皮肤角质层(SC)是人体最大的器官之一,不单保护我们抵御外界环境的压力,调节水和热平衡,也是重要的免疫屏障。
- 虽然在皮肤中发生着各种不同的过程和功能,其中有五个关键过程保证着角质层的形成和功能。
- SC结构的大小范围为亚纳米(脂质双层)到数十微米(皮纹)。
- 化妆品诱发的皮肤干燥可有较厚的角质层细胞,合并较弱的皮肤屏障,天然保湿因子含量低,且细胞连接松散。
- 暴露于日光紫外线、使用强力的表面活性剂清洁、极端温度、湿度变化和病原体的感染,都是损害角质层细胞的重要环境因素。
- 小分子物质(<500Da)能很容易地渗透角质层,而大分子结构物质的转运就更具挑战性,但通过各种被动或主动方法,可能有助于促进更大的分子经皮输送到目标部位。

引言

在过去的几年里,我们对角质层(stratum corneum,SC)的宏观和微观结构、功能本质的了解,有了长足的进步。生物分子和人体测量技术的提高,特别是微创或无创方法,不仅再次证明了角质层具备令人难以置信的反应能力和适应性,而且还持续为化妆品科学家们提供了新的见解和机会。尽管我们对皮肤屏障功能的理解在进步,但一直存在一个重大挑战:如何促进活性成分渗透、穿越皮肤屏障。尽管最近一些进展都让我们更好地理解如何借助一些设备将活性成分输入皮肤深层,但提高药妆品的透皮吸收仍然是一个重大的挑战,特别是在化妆品相关监管框架的限制内。

角质层的功能

众所周知,水对生命必不可少。在我们身体的所有器官中,细胞活力取决于水的可获得性。皮肤包裹住所有的器官,其功能也取决于水的可获得性。活体皮肤(大约一张纸厚度)中含水大约70%~80%。正如我们所知,如果没有皮肤的保护,器官中的水分就会蒸发,生命就会终止!然而,大自然为皮肤设计了一层奇妙的半渗透层,也为身体设计了一种生命不可缺少的膜——角质层(SC)。事实上,人们普遍认为,皮肤角质层是至关重要的进化适应结果,这使得陆生生物成为可能。

角质层,是我们的身体与外部环境接触的第一道防线,是一张复杂的多功能膜,用来保持水分、获得机械强度、选择性运输分子和抵御外界感染。角质层是皮肤细胞生命周期的最终产物，由皮肤的基底细胞演变而来：它启动了一个精细协调的终末分化途径，并有有规律的生长代谢周期，最终形成角质层，定期脱落和更新。角质层的成熟过程及其功能相关的关键步骤见表 1.1。

表 1.1　角质层形成和运作的关键过程

关键过程	基本特征	重要功能	图示
角质细胞的成熟			
角质细胞是位于角质层（SC）的特化细胞。细胞主要由蛋白质（角蛋白）和周围角质包膜构成。胞内也含有天然保湿因子（NMF）	角质形成细胞是从基底层产生的主要细胞。这些细胞随着时间推移分裂和迁移到皮肤表面，到达表皮外层后，转变为无核的扁平细胞，富含蛋白，称之为角质细胞，此过程称为分化。角质细胞不再有生命力，它们已经停止分裂，留在角质层直到被活跃地去除，这个过程称为脱屑	角质细胞形成角质层的基本结构，它是“砖泥结构”中的砖。它们作为皮肤的物理屏障，防止病原体（如病毒、细菌）、化学品和污染物的进入，以及防止皮肤水分的丢失。角蛋白作为其蛋白质的存在形式，能够保持细胞内水分，从而保持皮肤的水合作用。水合的细胞更有弹性，使皮肤对环境有更好的适应能力	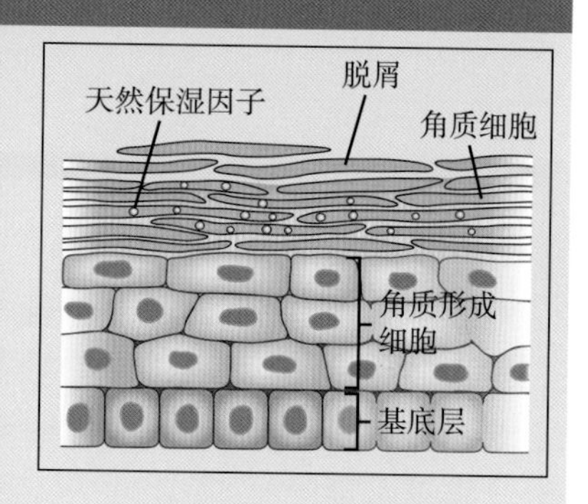
角质层结构的发展			
角质细胞紧密排布和联结在一起，形成了角质层，这是“砖泥结构”的基础	角化过程中，角质细胞细胞膜被一层长链神经酰胺的共价连接蛋白取代（如兜甲蛋白、外皮蛋白），形成角质化包膜，它具有高度抗性和不溶性。相邻角质细胞间的蛋白连接结构叫作角质桥粒，它们进一步加强了角质层的结构。构成角质桥粒蛋白三大专门蛋白是：角质锁链蛋白、桥粒芯蛋白 -1 和桥粒胶蛋白 -1。这些蛋白让角质细胞间的板层状脂质结构排列更有序，而可从细胞内部锚定角质细胞	作为“砖泥结构”中的“灰浆”结构之一，角质桥粒可紧密连接角质细胞，从而保护更深处的活体皮肤，使身体组织保持滋润，防止环境因素破坏（如前所述）	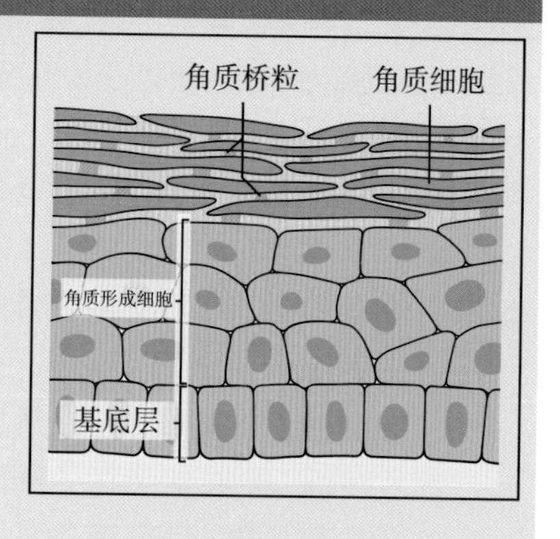

续表

关键过程	基本特征	重要功能	图示
角质层中脂质的功能			
角质层的细胞之间填充有特定脂质，且成层状	细胞间的间隙被特定脂质所填充。这些脂质产生于表皮角质形成细胞，并存在于富含脂质和蛋白质的结构中，被称为板层小体（LB）。角质层中脂质从颗粒层中（SG）的板层小体中释放，称之为角质层过渡。三种主要脂类构成了细胞间脂质：脂肪酸、神经酰胺和胆固醇。这些脂质自组织形成多个双层结构（层状结构）。这些脂质结构通常被称为角质层的屏障脂质，其构象和填充直接影响角质层的功能	脂质双分子层形成了角质层中的有效保湿屏障。板层状结构的特点（如相关的脂质成分、细胞间的条块分割和构象）可调节角质层的含水量。 紧密填充的层状脂质从物理上防止了许多化学品和病原体的渗透和进入。然而，由于层状结构的特点，在一定的条件下，可提升角质层的渗透性，从而使多种化学物质可以渗入。大多数物质进入角质层是经由脂质双层结构的疏水性或亲水性区域	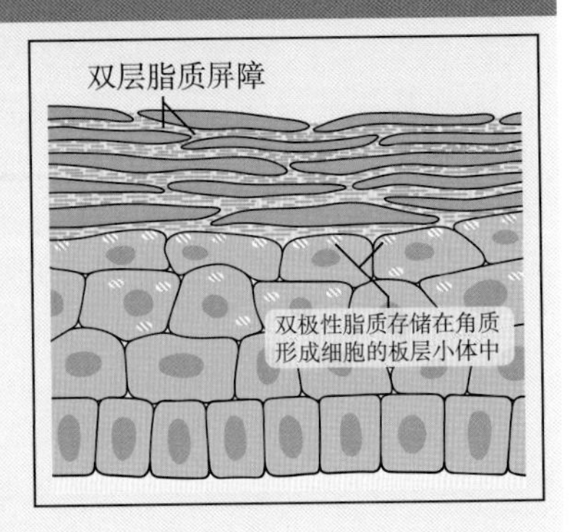
皮肤天然保湿因子的产生			
天然保湿因子（NMF）的释放发生于角质细胞的蛋白基质中	皮肤通过结合和保持角质层中的水分来维持皮肤的湿度。一些低分子量的水溶性混合分子（称之为“天然保湿因子”），主要分布于角质形成细胞内，是皮肤自我分泌的保湿成分。NMF 的构成上，大约 50% 是氨基酸，50% 是盐类，主要包括乳酸盐和尿素。NMF 中的氨基酸成分主要是来自角质层中一种高分子多聚体蛋白的降解，即丝聚蛋白。角质形成细胞中先形成丝聚蛋白的前体，随后加工成氨基酸保湿因子［如吡咯烷酮羧酸（PCA）和尿刊酸］	NMF 是皮肤保持滋润的天然机制。皮肤含水量一旦减少，皮肤就会启动一系列的生物过程把丝聚蛋白分解成氨基酸。然后 NMF 就可以吸收并结合水分，保持角质层的湿度	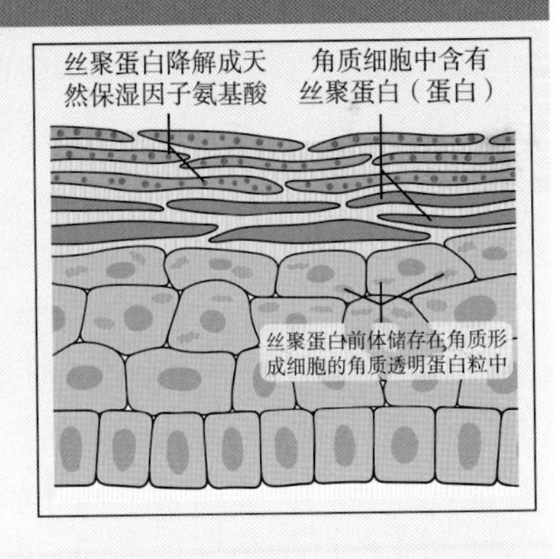

续表

关键过程	基本特征	重要功能	图示
角质细胞通过脱屑移除			
衰老、废弃的角质细胞从皮肤表面有序分离和脱落，这个过程称为脱屑	脱屑是指高度受控的、酶介导的、角质细胞间蛋白连接(角质桥粒)的降解。水解酶降解角质桥粒的活动是受到严格调控的，以确保在角质细胞脱落时，角质细胞下层细胞已移动到上方。某些环境条件，如湿度较低，会抑制这些酶发挥其正常的功能	皮肤表面老化的角质细胞有序脱落，才会使皮肤感觉光滑、柔软、有吸引力。如果脱屑过程受到抑制(如皮肤干燥或某些疾病状况)，角质细胞积聚在皮肤表面，引起皮肤干燥的症状，包括鳞屑	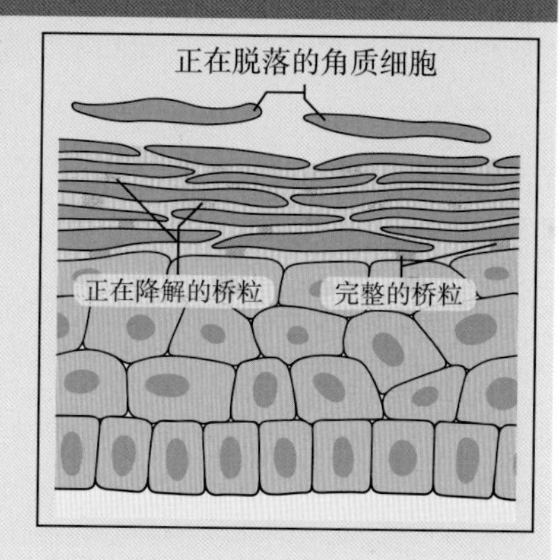

角质层结构

角质层厚度在身体不同部位有显著变化。在掌跖部位，需要不断承受机械力，因此角质层就较厚(≈150μm)，而眼睑部位最薄(≈10μm)。众所周知，角质层的“砖泥结构”(图 1.1)包括许多特化的细胞(称为角质细胞)，嵌入在一个复杂的“灰浆”中(脂质和蛋白质)。然而，这些只是角质层组织的一部分。角质层不仅需要对细胞的脱落(通过一个精细协调的过程，称为脱屑)进行调控，一些环境变化可能伤害皮肤，如干燥和氧化应激，角质层还需要对此作出反应。因此，砖和泥的详细结构在单细胞和多细胞层面都很复杂。

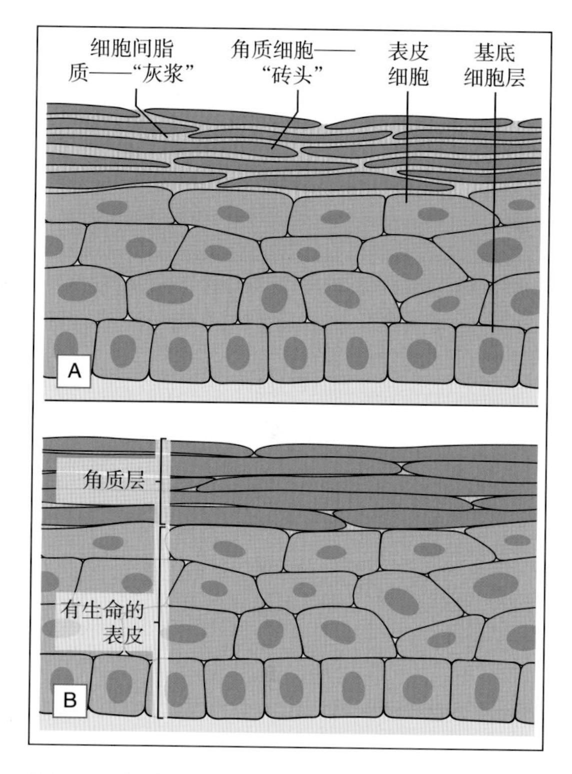

图 1.1　角质层位于有生命的表皮层上方：(A)典型的砖泥结构表现，尽管这种模型不能完全反映皮肤细胞的相对比例；(B)一个更接近真实的角质层结构模式图：角质细胞和细胞间脂质紧密相向和高度交联。角质细胞长度是其厚度的 50~100 倍

角质层的宏观结构

因为要承受不利的环境挑战，角质层的宏观结构需要有额外的大尺度特征来应对——也就是所谓的皮沟(图 1.2)。肉眼可以很容易地在皮肤表面观察到皮纹线，和皮纹线不同的是，皮沟属于解剖结构。这种微小

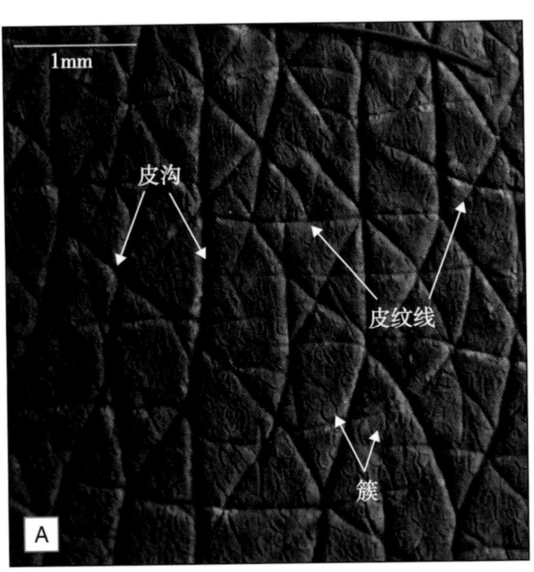

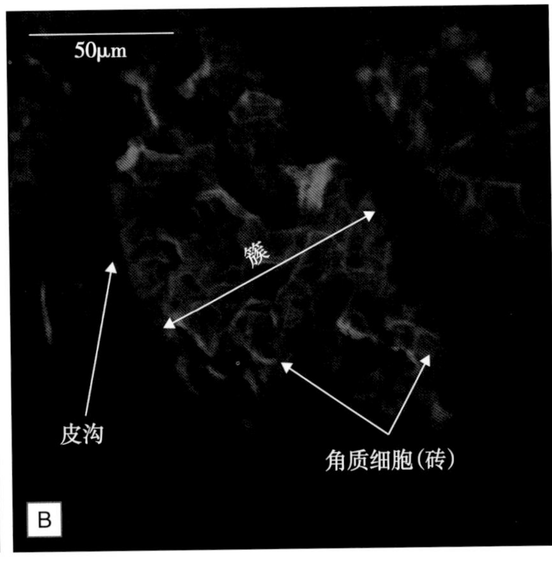

图 1.2　皮肤宏观结构:(A)皮沟、簇和皮肤表面的皮纹线;(B)簇内角质细胞(砖)的组织结构

纹理在特殊成像条件下才能观察到(Damien and Boncheva,2010)。表 1.2 列出了角质层主要宏观结构特征及其相对尺寸。在角质层,角质细胞(砖)和交织其间的灰浆构成"簇(clusters)",表面宽度可达 100~250μm。簇之间被皮沟分隔。皮沟的宽度范围在 10~30μm。这些角质层的微褶皱经常延伸至更深层次的活细胞。值得注意的是,皮沟内陷处的角质层可直达活细胞所处深度,而这些细胞没有角质层的保护。大自然设计了角质层的这种扩展结构很可能是为其他细胞提供"空间",使得它们可以应对环境湿度波动或其他损害。这些独特的微褶皱结构可能被作为经皮输送途径,将有益的活性成分输送到皮肤里。

表 1.2　角质层宏观结构成分的尺度

皮肤结构	尺寸大小
皮纹线	50μm 以上
皮沟	10~30μm
簇	100~200μm
角质细胞	20~30μm
板层脂质	4.7nm 的双层构成的多层结构

角质层的微观结构

角质层的微观结构包括:细胞、蛋白质、脂质和角质桥粒。角质层细胞(即角质细胞),大多是相对扁平无核的结构(厚度 <1μm)。成分包括基础的角蛋白、酶和一些小分子物质,即天然保湿因子(natural moisturizing factor,NMF)。天然保湿因子结合水,从而促进皮肤内水分从里面(≈70%)逐步转运到外层(≈10%)。角蛋白除了有结合水的活性,还提供角质层所需要的机械强度。

角质桥粒(corneodesmosome,CD)是连接相邻细胞的微小蛋白"铆钉"。角质桥粒的分解为皮肤外层脱落所需,在水和一些酶的完美协作调控下实现。这对细胞正常剥脱或脱屑和维持皮肤健康的外观绝对必要:脱落要准时,不要太早(允许皮肤屏障渗透的增强)或是太晚(导致细胞积聚,产生干燥皮肤的鳞屑外观和粗糙纹理)。

角质桥粒跨越脂质层连接相邻细胞,高度组织化结构、紧密堆叠的脂质分子负责提供一个有效的皮肤屏障(Rawling et al., 1994)。脂质层由一些独特的脂质种类组成(图 1.3),其结构高度有序、各组分比例平衡:神经酰胺(50%)、胆固醇(30%)和游离脂肪酸(20%)。分析和测量脂质方法的进步,增加了我们对其复杂性的理解,以及它们如何排列,堆叠成层状结构(图 1.4),这种结构是保持皮肤水分的关键所在。

干燥皮肤机制

合理保持和调节水分对皮肤外观非常重要。强力清洁、遗传因素和环境损害,都可能破坏皮肤屏障功能,导致皮肤皲裂,呈现晦暗和不光滑的干燥外观。与正常皮肤相比,外观干燥的皮肤往往具有较厚的角质层,但皮肤屏障功能较差。新近研究表明,干燥皮肤在整个角质层中,NMF 含量较低,同时细胞间的黏着性较低(Feng et al., 2014)。角质层细胞的黏着性是指皮肤在压力下保持完整而不断裂的倾向,取决于细胞间的"铆钉",即角质桥粒(CD)和细胞间脂质层。干性皮肤黏着性较低,意味着干燥皮肤的角质层相对连接松散,这可能是脱屑异常导致的(图 1.5)。

皮肤脱水引起的机械应力也对皮肤干燥引起的不愉快感觉有重要作用,如感觉紧绷、瘙痒和刺激,同时伴随着外观上的皮肤干燥。最近,Vyumvuhore(2014)等人对这些感官信号的生物物理学基础进行了研究,证明了水分流失、角质层细胞的力学特征,和水结合力的内在改变、脂质和蛋白质的变化之间都有关。

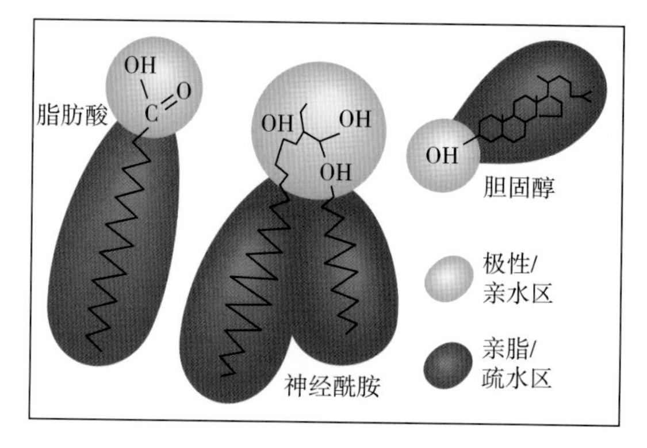

图 1.3　三类极性脂质——神经酰胺、游离脂肪酸和胆固醇——是构成角质层中脂质基质最主要的三种生理性脂质

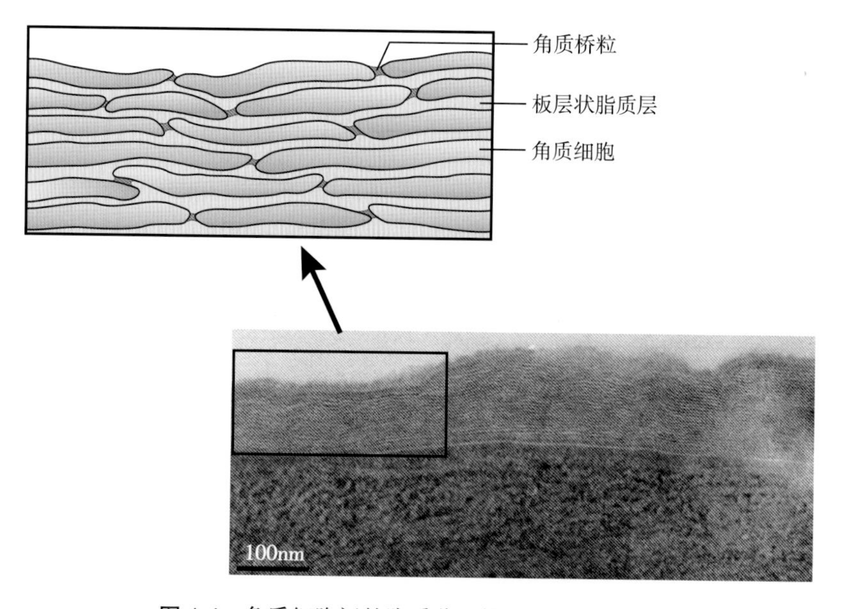

图 1.4　角质细胞间的脂质分子排列并堆叠成层状

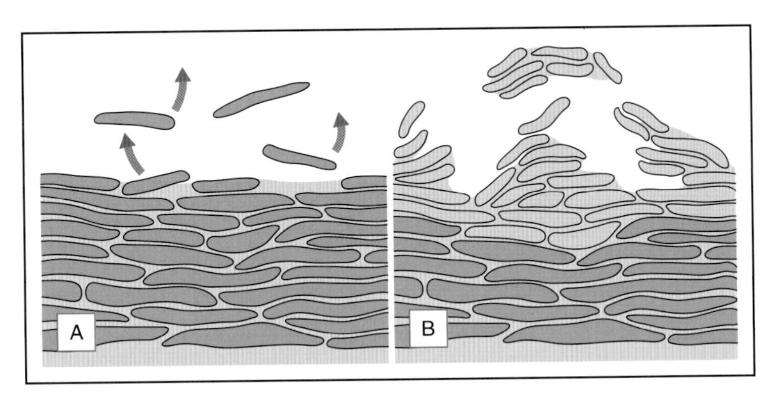

图 1.5　(A)充分水合的皮肤，表面正常脱屑和释放衰老的角质细胞；(B)在水合不足的角质层表面，会导致角质形成细胞不完全脱屑，角质细胞粘连堆积在皮肤表面（皮肤干燥）

环境因素对角质层功能的影响

角质层不断受到外界环境挑战，如温度、湿度、病原体、污染和日光紫外线。所有这些损害因素对角质层的功能和皮肤外观均可造成一定的影响。

紫外线损害

作为机体暴露于日光紫外线的第一个部位，皮肤角质层也是防御紫外线潜在破坏作用的基础防线。皮肤屏障可保护机体免受紫外线辐射伤害。紫外线辐射的短期效应是可能会导致晒伤，从长期来看，可能导致光损伤。角质层通过四种机制提供有效的光保护屏障：表皮黑色素屏障、蛋白质屏障、抗氧化成分和光学反射。关于紫外线辐照对表皮的影响，数十年前就有了第一份报告。最近研究表明：紫外线可影响角质层厚度，使经表皮失水率增加、水分含量降低。这些会导致角质层的力学性质改变，最近 Vyumvuhore 等(2014)就有报道。事实上，这些作者已经描述了紫外线暴露对细胞黏着性和角质细胞机械完整性的影响：紫外线不仅影响角质层成分（细胞、脂质和角质桥粒），也增加了角质层形成龟裂的倾向，降低了皮肤抵御损伤的天然能力。

表面活性剂的影响

如果皮肤每天暴露于强力的清洁剂——特别是在寒冷的冬季——可带走皮肤表面的蛋白质和脂类（包括皮肤表面和内部的结构性润肤剂 / 油），从而削弱皮肤的屏障功能。强力的表面活性剂更能与皮肤蛋白质结合，并更容易溶解和去除脂质和油脂(Ananthapadmanabhan et al.，2013)。皂类过度使用，可导致角质层内的脂质构成和结构改变，引起干燥。

此外，German 等(2013)最近又证实：强烈的表面活性剂清洗，会导致角质层力学性能剧烈变化。角质层的干燥应激和力学性能变化可能促使龟裂形成，以及在洁面后经常感受到的皮肤紧绷感。

角质层的保湿

简单的美容护肤品通常不被归为药妆品，但实际上，它们比很多宣称具有功效活性的化妆品成分对干性皮肤要更好。保湿并不是护肤品中最引人注目或令人兴奋的功效，但它是多数人所期望的功效，各种美容产品都尽可能实现这一功效。一个有效的保湿产品中往往有较好的保湿剂，最常用甘油——可以在角质层中保持一定的含水量；脂质润肤剂可以起到封闭作用，防止保湿剂被水或表面活性剂洗脱。很多保湿产品可以即刻逆转皮肤干燥，使皮肤外观柔软、光滑、具有自然光泽。随着时间的推移，有效的保湿剂可以进一步恢复角质层的弹性，使皮肤更紧致而充满活力。

药妆品的作用

典型的保湿剂局部外用于皮肤，在角质层最表面发挥作用。理论上，生物活性成分(药妆品)需要透过角质层屏障，深入到皮肤内层改变其生物学特性而发挥作用，尽管这种作用限制在一定的水平上，以使它们仍被认为是化妆品，而不是药物。穿透皮肤的渗透屏障，从而在皮肤深处的靶目标达到有效浓度并不很容易。如何促进活性分子在皮肤角质层的穿透？我们将在后面的部分讨论当前和今后的策略。研究者们越来越多地认识到：为了改善皮肤的整体状况，保持皮肤屏障的完整性及与之功能相关的生物过程至关重要。保湿产品可通过激活干燥皮肤中关闭的功能(如脱屑和水合作用)来帮助恢复和保持屏障功能。但基于对角质层相关生物学最新的研究进展，似乎还有其他改善的途径。例如，药妆品可启动信号转导机制，通过角质层影响皮肤深层的生物过程，然后激活表皮中的生物学过程，恢复皮肤的稳态。因此，例如，这些药妆品可能改变角质形成细胞分化速度，改善层状脂质成分的组成，和(或)增加丝聚蛋白分解，以及NMF的供应。这些功能是简单保湿产品所不具备的，可为皮肤带来一些长期、额外的益处，同时消费者也负担得起价格。

皮肤屏障对药妆品的挑战

小分子(<500Da)可以很容易地透过角质层而渗到表皮中。然而，如果想渗透到如毛囊、皮脂腺和汗腺中，或者输送一些大分子(包括蛋白质)，则仍是很大的挑战。

根据目标化学物质的作用定位，有几种方法可以提高透皮吸收。促进透皮吸收的被动方法是仅依靠产品配方改进来促进渗透屏障，可以通过化学促渗剂、前体药物(可皮肤内进一步代谢)或包埋目标化合物。后一种方法，如脂质体、纳米粒、微球和其他载体已被用来提高整体配方或特定物质的渗透，有效程度不一。然而，这些方法很可能会增加皮肤刺激反应。

增强透皮吸收活性的主动方法常常包括和产品配套的装置，两者联合使用，通过物理屏障的破坏或利用外部能量作为驱动力。物理屏障的破坏通过微针可很轻松实现，微针有各种规格和形式(可重复使用的、可溶的微针贴片)。

更激进的屏障破坏，可通过热或激光设备来进行皮肤磨削或剥脱。目前，利用外部能量的设备在市场上越来越普及，包括超声促渗(低频超声)、离子导入(要求带电分子)、磁穿孔促渗、高速空流压力、电穿孔(高压电短脉冲)、射频、热泳(温度)、非剥脱性激光和LED设备。

最后，被动和主动的方法相结合，可能提供累加或协同效应，提高整体配方和特定物质的经皮输送。

展望

过去几年的进展增加了我们对皮肤屏障生理功能的理解，令人振奋，还带来新的技术方法用于测量皮肤屏障质量；这些发展为化妆品科学家们开辟了新的途径。假以时日,可能帮助改进药妆品活性成分、改善皮肤屏障的功能。一个新兴的皮肤护理趋势是开发更复杂、精致的药妆品,从外(即作用于皮肤表面)到内(即改变表皮生物学过程),保护和改善角质层,同时提升将这些成分主动转运到目标区域的能力,这将有力推动皮肤护理的进步。

(翻译:袁超 审校:许德田)

参考文献

Ananthapadmanabhan, K.P., Mukherjee, S., Chandar, P., 2013. Stratum corneum fatty acids: their critical role in preserving barrier integrity during cleansing. Int. J. Cosmet. Sci. 35 (4), 337–345.

Damien, F., Boncheva, M., 2010. The extent of orthorhombic lipid phases in the stratum corneum determines the barrier efficiency of human skin in vivo. J. Invest. Dermatol. 130 (2), 611–614.

Feingold, K.R., Elias, P.M., 2014. Role of lipids in the formation and maintenance of the cutaneous permeability barrier. Biochim. Biophys. Acta 1841 (3), 280–294.

Feng, L., Chandar, P., Lu, N., et al., 2014. Characteristic differences in barrier and hygroscopic properties between normal and cosmetic dry skin. II. Depth profile of natural moisturizing factor and cohesivity. Int. J. Cosmet. Sci. 1–8.

German, G.K., Pashkovski, E., Dufresne, E.R., 2013. Surfactant treatments influence drying mechanics in human stratum corneum. J. Biomech. 46 (13), 2145–2151.

Hancewicz, T., Xiao, C., Weissman, J., et al., 2012. A consensus modeling approach for the determination of stratum corneum thickness using in vivo confocal raman spectroscopy. J. Cosmet. Dermatol. Sci. and Appl. 2, 341–351.

Rawlings, A.V., Scott, I.A., Harding, C.R., Bowser, P.A., 1994. Stratum corneum moisturization at the molecular level. J. Invest. Dermatol. 103 (5), 731–740.

Schoellhammer, C.M., Blankschtein, D., Langer, R., 2014. Skin permeabilization for transdermal drug delivery: recent advances and future prospects. Expert Opin. Drug Deliv. 11 (3), 393–407.

Vyumvuhore, R., Tfayli, A., Biniek, K., et al., 2014. The relationship between water loss, mechanical stress, and molecular structure of human stratum corneum ex vivo. Biophotonics 1–9.

Wu, K.S., van Osdol, W.W., Dauskardt, R.H., 2006. Mechanical properties of the human stratum corneum: effects of temperature, hydration and chemical treatments. Biomaterials 27, 785–795.

第2章 药妆品配方的考量

Irwin Palefsky

本章概要

- 输送系统(delivery system)的作用是使药妆品功效最大化,同时带给消费者可感知的益处、愉悦的肤感与独特的产品形式。
- 一个成功的输送系统,必须考虑pH值、溶解性、配方兼容性、体系稳定性以及防腐体系。
- 乳液体系(emulsion)是现今主要的输送系统,它主要分为水包油(oil-in-water)和油包水(water-in-oil)两种体系。
- 精华(serum)是一种稀薄的液体,它可以透明,也可以是不透明或者半透明的。一般装在真空瓶或滴管瓶中。
- 膏状体系(balm)是乳液体系的一个分支,它会给皮肤带来特殊的护理作用。
- 聚合物包囊体系(polymer encapsulation system)以疏水材料为核心,可以隔离、并且有选择性地输送具有生物活性的成分。

引言

化妆品研发人员面临的极大挑战(也是机遇),成功开发出有效的抗衰老配方或药妆品,才能最终让消费者可以感知到功效。这些挑战与机遇使得所开发的独特新配方往往有如下特性:

- 致力于符合消费者对于美的向往(使用时的感觉、涂抹时的感觉、闻起来的气味等);
- 最大化产品的效果;
- 增强美学特性,让产品的使用过程愉悦。

配方作为整个输送系统的有机构成,需要充分实现产品的效果、给消费者以可感知的改善。产品美学的特性——包括独特的肤感以及产品形式,也是影响消费者选择护肤品愈加重要的因素。本章探讨了一些独特的配方,以及护肤品经典方案的不同配方体系。

载体

载体的主要目的是优化药妆品为消费者带来的功效。一般包括即时或短期的作用,以及30~60天才能显现的长期功效。让消费者在使用产品的过程中有正面、愉悦的体验也极为必要,这样他们才会持续地使用该产品,而持续地使用产品是使药妆品功效最大化的必要条件。当然,所有这些都需要确保配方是安全的,且可以有效地抑制潜在的微生物污染。

最常见也是最有效的载体就是乳化体系。这个类别也在不断增加,并且演变出不同的乳化类型,例如,水包硅乳化体系

(silicone-in-water emulsion)、硅包水乳化体系(water-in-silicone emulsion)、液晶乳化体系等。这也代表了聚硅氧烷(silicone)(译者注:化妆品工业界俗称"硅油")、硅聚合物(silicone polymer)及硅弹性体(elastomer)可以让消费者选择护肤品时,能体会到有多样化的肤感和剂型。

在过去的几年里,有一个化妆品类别——精华(serum)增长非常迅速。它已经成为护肤品中额外增加的护理步骤,并且对消费者的某些需求进行针对性的护理。

在本书编写之际,我们也注意到市场上出现了另一种特殊的产品类型——膏类(balm),当下比较流行的BB霜、CC霜等就属于此类。我们将会在本章的后半部分进一步讨论。

当消费者在选购美妆产品时,他们往往会选择含有"天然"成分和采用了各类聚硅氧烷的配方。

那些打算将产品全球化的公司,在开发过程中考虑的另一个重要因素就是各国之间复杂的法规。这部分的内容之多,甚至可以单独写一本书。

下面我们讨论护肤品的各种剂型。

乳化体系

水包油乳化体系(oil-in-water emulsion)

越来越多的聚硅氧烷及其聚合物被应用于配方,同时各种非传统的乳化剂[更加天然的乳化剂,不含EO-(环氧乙烷基团)、PEG-(聚乙二醇基团)的乳化剂和液晶型乳化剂]的引入,使得水包油(O/W)乳化体系能够提供各种不同的肤感,迎合不同的消费者需求。研发人员如今更倾向使用"对皮肤更加友好"(skin friendly)的乳化剂,从而降低其对皮肤屏障的干扰作用;或者使用能够稳定高含量的聚硅氧烷配方的乳化体系,从

水包油硅油乳液

	质量比(%)
水	74.6
聚丙烯酸钠	0.5
EDTA二钠	0.1
1,3-丙二醇	1.5
甲基丙二醇	1
PEG-40硬脂酸酯	1.25
鲸蜡醇聚醚-20	1
硅弹性体或者硅聚合物	0.5
蔗糖三硬脂酸酯	0.5
牛油果树(BUTYROSPERMUM PARKII)果脂	1.5
聚二甲基硅氧烷	3.5
环五聚二甲基硅氧烷	6
聚甲基硅倍半氧烷	2
透明质酸	0.05
生物糖胶-1	2
PEG-12聚二甲基硅氧烷	2
防腐剂	1
丙烯酸羟乙酯/丙烯酰二甲基牛磺酸钠共聚物角鲨烷聚山梨醇60	1

	100

图2.1 一种水包油(o/w)乳液

而为产品提供更加丰富的肤感。这个领域的挑战在于如何确保使用新的乳化体系的配方在保质期内保持稳定。

在选择配方的成分时，需要考虑其功效以及美学效果。图 2.1 所示的是一个水包油乳化体系的配方，其中混合聚硅氧烷是油相中的主要部分。此乳化体系还可加入具有生物活性的成分——抗氧化剂和皮肤调理剂。另一方面，最后在配方中加入了乳化稳定成分。这个成分有两种功能——调整乳化体系的黏度以及增加其稳定性。然而值得注意的是，这类乳化稳定成分同样也会影响产品的肤感。

油包水（water-in-oil）和硅包水（water-in-silicone）乳化体系

油包水（W/O）和硅包水（W/S）的乳化体系，有时也被称作“反转乳化体系”。这类配方的内相或者分散相（dispersed phase）是水相，而油相（或者是硅油相）则是外相或者叫连续相（continuous phase）。尽管仍然不如水包油的乳化体系流行，不过由于最近基于硅酮乳化剂的优点，这种乳化体系应用也越来越多。来自 Grant Industries 的配方（图 2.2）展示了在典型的 BB 霜中如何使用这些新型乳化剂。它们能够增加防晒产品的抗水性能，也能够更好地兼容那些亲油的（lipophilic）功能性原料，从而更好地调理肌肤，如修复皮肤屏障。来自 Momentive 公司的配方（图 2.3）就是一个“无水”乳液的示例，它能够作为那些在水中不稳定的功能性活性物（如抗坏血酸——维生素 C）的输送系统。

精华

精华（serum）通常是稀薄的液体，有透明的或半透明的，有的不透明。精华一般装在真空泵瓶或者类似于药品的滴瓶（dropper bottle）中。精华的配方其实没有清晰的定义，例如是否像乳液一样含有两相或者更多相，精华可以为单相或者多相的配方。

最初的精华配方是为了将生物活性的成分输送到眼部，护理黑眼圈、眼袋（bag）、细纹和皱纹的。其配方设计是为了能够快速地吸收，因此能用于彩妆或者保湿产品之前。新型的精华往往用来治疗老化色斑（age spot）、痤疮（acne outbreak）。而全脸用的精华则可以增强药妆品的生物活性，使精华中的活性成分以及一同使用的其他护肤品中活性成分更为有效。图 2.4 是 Grant Industries 提供的精华配方，它的设计功效为细致毛孔。这款精华就是一种半透明的稀薄乳液。

膏状产品

从配方的角度讲，膏状产品（balm）是属于乳化体系的产品，它们可以是提供特殊皮肤功效的油包水，也可以是水包油的乳化产品。

BB 霜是亚洲市场（主要是韩国）发展起来的一种多效合一的护肤产品，而且往往会有一到两种不同的色号。它能够提供保湿、防晒、粉底和底妆的功效。

CC 霜是新一代的膏状产品，其设计功能更倾向于修正肤色。CC 可以被解释为肤色修正（color correcting）或者肤色控制（color control）。这些产品大多含有祛红和均匀肤色的成分。与 BB 霜类似，CC 霜往往也有多种色号，并且有保湿和防晒的功能。

输送系统

正如我们反复强调的那样，药妆品的成功基于两个非常重要的因素——配方的美学特性与产品的功效。配方的美学特性（包括颜色、气味、肤感、应用方法等）决定了消

Product Information

USA: 103 Main Ave., Elmwood Park, NJ 07407 | (201) 791-8700 | www.grantinc.com

产品： 逆龄 BB 霜

配方号: G3075-253.02

相	原料(商品名)	中文标准名	%
A	GRANSIL EP-9	聚硅氧烷-11,水,月桂醇醚-12,苯氧乙醇,乙基己基甘油	10
	DIMETHICONE,5CST	聚二甲基硅氧烷	20
	GRANSURF 67	PEG-10 聚二甲基硅氧烷	2
	GRANSURF 50C-HM	聚二甲基硅氧烷,PEG/PPG-18/18 聚二甲基硅氧烷	2
	GRANSIL 530	聚二甲基硅氧烷	1
	PROTACHEM CTG	辛酸/癸酸甘油三酯	3
	EUXYL PE,9010	苯氧乙醇,乙基己基甘油	1
B	SUNCROMA YELLOW IRON OXIDE	氧化铁黄	0.484
	SUNCROMA RED IRON OXIDE	氧化铁红	0.145
	SUNCROMA BLACK IRON OXIDE	氧化铁黑	0.048
	RBTD-MS3	二氧化钛(CI,77891)& 聚甲基硅氧烷	2.421
	SERICITE DNN	云母	2.421
	DIMETHICONE,5CST	聚二甲基硅氧烷	2.761
	GRANSURF 67	PEG-10 聚二甲基硅氧烷	0.92
C	DEIONIZED WATER	水	37.2
	GLYCERINE	甘油	5
	BUTYLENE GLYCOL	丁二醇	3
	SODIUM CHLORIDE	氯化钠	1
	GRANACTIVE AGE	水,丁二醇,二乙氧基二甘醇,棕榈酰六肽-14,宁夏枸杞(LYCIUM BARBARUM)果提取物,苯氧乙醇,苯甲酸钠	5
D	BENTONE 38V	二硬脂二甲铵锂蒙脱石	0.6
		总计：	100

生产工艺：

1. 将 A 相加入主反应锅,均质 1000~1500rpm,直至均一。
2. 将 B 相混合研磨直到可以通过 10μm 刮板细度计。
3. 将 C 相加入副反应锅,搅拌直至固体全部溶解。
4. 边均质边将 B 相加入主反应锅,并且持续搅拌至少 20 分钟。
5. 边均质边慢慢加入 C 相。
6. 将 D 相边均质边撒入主反应器,持续搅拌至均匀。在最后,将速度提升至 1500~2500rpm,出料。

Non-Warranty: We offer our products in good faith, but without guarantee as conditions and methods of application are beyond our control. We suggest the prospective user determine suitability and compatibility before adapting them on a commercial scale.

图 2.2 逆龄 BB 霜 G3075-253.02(Grant Industries,授权使用)

Momentive
Performance Materials
Personal Care Formulary

SP 135

无水维生素 C 面霜，使用 Silisoft*SF1540 多功能乳化剂以及 Velvesil*125 硅酮共聚网络

这种新型的硅包醇的乳液显示了 Silsoft SF1540 乳化剂可以作为一种新的对水不稳定活性物的载体，如抗坏血酸。Silsoft SF1540 乳化剂提供了在低浓度下优异的稳定性和独特的不黏腻的肤感。Velvesil 125 硅酮共聚网络提供了奢华的、不黏腻的、如丝绸般柔软顺滑和干爽的用后体验，同时也和 Silsoft SF1540 联合作用，使体系增稠。

成分（商品名）	中文标准名	含量（%）	作用
A 相			
Silsoft SF1540 emulsifier concentrate[1]	环五聚二甲基硅氧烷，PEG/PPG-20/15 聚二甲基硅氧烷	2.5	乳化剂
Velvesil 125 silicone copolymer network[1]	环五聚二甲基硅氧烷，C30~45 烷基鲸蜡硬脂基聚二甲基硅氧烷交联聚合物	15	肤感调节剂，增稠剂
Silsoft SF1202 emulsifier concentrate[1]	环五聚二甲基硅氧烷	10	润肤剂
Silsoft SF1555 emulsifier concentrate[1]	双 - 苯丙基聚二甲基硅氧烷	2.5	润肤剂
B 相			
抗坏血酸[2]		5	活性成分
丙二醇[3]		65	保湿剂
防腐剂		根据生产商的推荐添加	防腐剂

生产工艺

1. 将 A 相在室温下混合，温和搅拌并加热至 50℃。
2. 将抗坏血酸分散在丙二醇里，充分搅拌，均质。
3. 在 50℃下，缓慢将 B 相加入 A 相，并且小心控制温度。当产品变稠以后，加速搅拌。
4. 继续搅拌 30 分钟。温和搅拌冷却至 30℃，加入香精。
5. 如果需要，继续均质。

供应商

(1) Momentive Performance Materials
(2) Aldrich
(3) Jeen International
折光率：25℃下，1.460~1.480

图 2.3　一种无水乳液（Momentive，授权使用）

主要联系地址

Regional Information	电话	传真
North America World Headquarters 187 Danbury Road Wilton, CT 06897, USA	800.295.2392	607.754.7517
Latin America Rodovia Eng. Constâncio Cintra, Km 78,5 Itatiba, SP – 13255-700 Brazil	+ 55.11.4534.9650	+ 55.11.4534.9660
Europe, Middle East, Africa and India Leverkusen Germany	00.800.4321.1000 + 31.164.293.276	+ 31.164.241750
Pacific Akasaka Park Building 5-2-20 Akasaka Minato-ku, Tokyo 107-6112 Japan	+ 81.3.5544.3100	+ 81.3.5544.3101

Customer Service Centers

North America Charleston, WV 25314, USA E-mail: cs-na.silicones@momentive.com	**Specialty Fluids** 800.523.5862	304.746.1654
	UA, Silanes, Resins, and Specialties 800.334.4674	304.746.1623
	RTV Products-Elastomers 800.332.3390	304.746.1623
	Sealants and Adhesives and Construction 877.943.7325	304.746.1654
Latin America Argentina and Chile Brazil Mexico and Central America Venezuela, Ecuador, Peru, Colombia, and Caribbean E-mail: cs-la.silicones@momentive.com	+ 54.11.4862.9544 + 55.11.4534.9650 + 52.55.5899.5135 + 58.212.285.2149	+ 54.11.4862.9544 + 55.11.4534.9660 + 52.55.5899.5138 + 58.212.285.2149
Europe, Middle East, Africa and India E-mail: cs-eur.silicones@momentive.com	00.800.4321.1000 +31.164.293.276	+ 31.164.241750
Pacific E-mail: cs-ap.silicones@momentive.com Japan China Korea Singapore	 + 81.276.20.6182 + 86.21.5050.4666 (ext. 1523) + 82.2.6201.4600 + 65.6220.7022	
Worldwide Hotline 800.295.2392 **Worldwide Web**	**+ 607.786.8131** **www.momentive.com**	**+ 607.786.8309**

THE MATERIALS, PRODUCTS AND SERVICES OF THE BUSINESSES MAKING UP MOMENTIVE PERFORMANCE MATERIALS INC., ITS SUBSIDIARIES AND AFFILIATES, ARE SOLD SUBJECT TO MOMENTIVE PERFORMANCE MATERIALS INC.'S STANDARD CONDITIONS OF SALE, WHICH ARE INCLUDED IN THE APPLICABLE DISTRIBUTOR OR OTHER SALES AGREEMENT, PRINTED ON THE BACK OF ORDER ACKNOWLEDGMENTS AND INVOICES, AND AVAILABLE UPON REQUEST. ALTHOUGH ANY INFORMATION, RECOMMENDATIONS, OR ADVICE CONTAINED HEREIN IS GIVEN IN GOOD FAITH, MOMENTIVE PERFORMANCE MATERIALS INC. MAKES NO WARRANTY OR GUARANTEE, EXPRESS OR IMPLIED, (i) THAT THE RESULTS DESCRIBED HEREIN WILL BE OBTAINED UNDER END-USE CONDITIONS, OR (ii) AS TO THE EFFECTIVENESS OR SAFETY OF ANY DESIGN INCORPORATING ITS PRODUCTS, MATERIALS, SERVICES, RECOMMENDATIONS OR ADVICE. EXCEPT AS PROVIDED IN MOMENTIVE PERFORMANCE MATERIALS INC. STANDARD CONDITIONS OF SALE, MOMENTIVE PERFORMANCE MATERIALS INC. BUSINESS AND ITS REPRESENTATIVES SHALL IN NO EVENT BE RESPONSIBLE FOR ANY LOSS RESULTING FROM ANY USE OF ITS MATERIALS, PRODUCTS OR SERVICES DESCRIBED HEREIN. Each user bears full responsibility for making its own determination as to the suitability of Momentive Performance Materials Inc.'s materials, services, recommendations, or advice for its own particular use. Each user must identify and perform all tests and analyses necessary to assure that its finished parts incorporating Momentive Performance Materials Inc.'s products, materials, or services will be safe and suitable for use under end-use conditions. Nothing in this or any other document, nor any oral recommendation or advice, shall be deemed to alter, vary, supersede, or waive any provision of Momentive Performance Materials Inc.'s Standard Conditions of Sale or this Disclaimer, unless any such modification is specifically agreed to in a writing signed by Momentive Performance Materials. No statement contained herein concerning a possible or suggested use of any material, product, service or design is intended, or should be construed, to grant any license under any patent or other intellectual property right of Momentive Performance Materials Inc. or any of its subsidiaries or affiliates covering such use or design, or as a recommendation for the use of such material, product, service or design in the infringement of any patent or other intellectual property right.

131-080-10E-GL
3/07

图 2.3(续)

103 Main Ave Elmwood Park, NJ 07407 Tel. (201) 791-8700 Fax. (201) 791-0038

GRANT INDUSTRIES
Where Performance Matters

Home Contact Us Global Offices

Search:

Products Formulary Regulatory About Product Catalog BB Cream Brochure Industrial Colors

毛孔紧致精华

示例配方，重点推荐 Gransil SiW-026，Gransil PSQ 和 Gransil 530

相	成分（商品名）	标准中文名	质量比（%）
A	Deionized Water	水	34.449
	Willow Bark Extract	白柳（SALIX ALBA）树皮提取物	5.000
	Butylene Glycol	丁二醇	10.000
	Glycerin	甘油	3.000
	Jeecide CAP-5	苯氧乙醇，辛甘醇，山梨酸钾，水，己二醇	1.000
	Tween 20	聚山梨醇酯-20	0.200
	Caffeine	咖啡因	0.300
	Natrosol 250 HHR，2%Aq Sol.	水，羟乙基纤维素	5.000
	Carbopol Ultrez 10 Plymer，2%Aq Sol.	水，卡波母	10.000
	TEA，99%	三乙醇胺	0.300
	Disapore 20	溶血磷脂酸	0.300
	N-Acetyl-D-Glucosamine	乙酰壳糖胺	0.100
	Gransil PSQ	聚甲基硅倍半氧烷	5.000
	DC Antifoam AF	有机硅树脂	0.200
B	Gransil SiW-026	环五聚二甲基硅氧烷，聚二甲基硅氧烷，水，聚硅氧烷-11，丁二醇，癸基葡糖苷	20.000
	Aristoflex AVC	丙烯酰二甲基牛磺酸铵/VP共聚物	0.150
	Rheosol AVH	聚丙烯酸钠，硬脂酸乙基己酯，十三烷醇聚醚-6	2.000
	Gransil 530	聚二甲基硅氧烷	1.050
	Dry Flo PC	淀粉辛烯基琥珀酸铝	1.800
	Aerosil 200	硅石	0.150
C	FD&C Yellow 5，2%Sol	食用色素黄色5号（2%的水溶液）	0.001
		总计	100

Reference ID
G1181-1671.06

Database ID
Pore Refining Serum

生产工艺

1	将A相置于主反应锅。
2	将B相加入A相，混合均匀。
3	将C相加入AB相，混合至均一。

PERSONAL CARE FORMULAS

- Make-Up
- Creams, Lotions & Serums
  - BB and CC Creams
  - Other Creams
- Sunscreen/UV Filter
- Treatment
- Hair Care
- SiW Formulas
- Skin Care
- Body

TECHNICAL SUPPORT?

formula@grantinc.com

SUPORTE TÉCNICO?

formulacao@grantinc.com

Website by NetWave Interactive Marketing Terms and Conditions

图 2.4 毛孔紧致精华 G1181.1671.06（00014192）（Grant Industries，授权使用）

费者是否会根据要求持续地使用产品。如果消费者不喜欢这个产品，她（这里用“她”是因为主要使用药妆品的人群仍为女性）就不会再使用。而任何护肤品或传统的治疗手段都需要定期使用产品才能见效。

产品能实现其宣称的功效则是药妆品成功的第二个要素。为了最大化产品的性能并且能在最短时间内实现其宣称的功效，化妆品研发人员开始着眼于加强输送系统。输送系统也担负着保护“活性物（actives）”以及帮助产品成分稳定的作用。我们将回顾不同类型的输送系统，讨论它们如何加强“药妆品配方”的功效。

多聚包埋 / 包囊体系

近年来，一些公司在推广多聚包埋体系。这种体系可以完全隔离和转运具有生物活性的成分进入皮肤。所有这些微囊体系都基于疏水性的原料，且在不同程度上，达到真正地隔离和选择性地输送成分，并利用不同的机制来渗入皮肤。

作为护肤活性成分，维生素 A（retinol）在护肤品中的使用越来越多，而微囊技术能够非常有效地增加其在护肤品（图 2.5）中的稳定性。随着产品的涂抹，这些包埋体系会将活性物释放到皮肤中。

通常说的“微海绵（microsponge）”包裹体系，是指这些聚合物体系有像海绵一样的结构并且有很高的内部容积，可以包埋高达 50% 的亲水性（hydrophilic）或者亲油性的（lipophilic）原料（图 2.6）。其主要的释放机制是扩散（diffusion），被包埋的原料会缓慢地、持久地从聚合物的骨架里慢慢扩散出来。这可以让原料通过缓释的方法逐步释放，而不是像普通制剂那样将所有活性物都快速释放出来。包埋体系还能增加功能性活性物的稳定性，保护它们免于降解，如维生素 A 和过氧化苯甲酰（benzoyl peroxide）。有一种聚合物体系是用烷基甲基丙烯酸酯共聚物为材料的。由于它们的微海绵结构，涂抹于皮肤后能够额外提供吸油的作用。

脂质体和其他纳米输送系统

我们都很熟悉脂质体，它是磷脂水合时产生的微小球形载体。典型的脂质体（liposome）尺寸在 200~800nm，用来将亲油和亲水的原料包裹、运输到皮肤里。脂质体的核心包含了水溶的原料，而外层（wall）则是含有油溶的脂质体原料。纳米颗粒也是脂质体的结构，其中亲油的材料包裹在内部核心部分，而亲水的材料包裹于外层（图 2.7）。脂质体的主要问题在于它们非常脆弱（而大多数纳米颗粒却不会有这样的问题），容易被各种因素破坏，如 pH 值、乳化剂、溶剂等。但由于其结构与皮肤的契合度非常的高，所以是极佳的经皮输送系统。

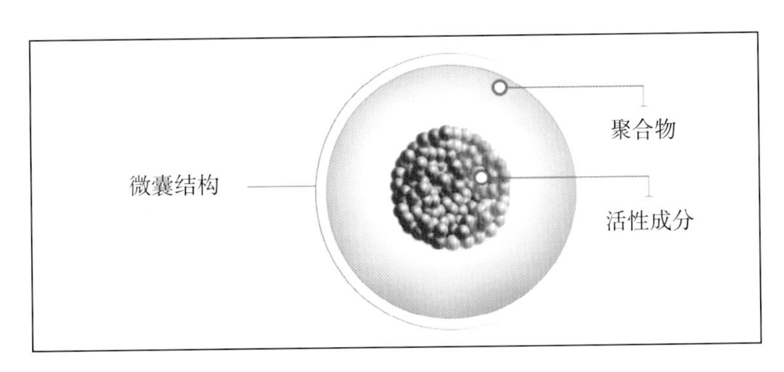

图 2.5　聚合物包囊技术：Tagra 微胶囊结构（Grant Industries，授权使用）

图 2.6　微海绵体

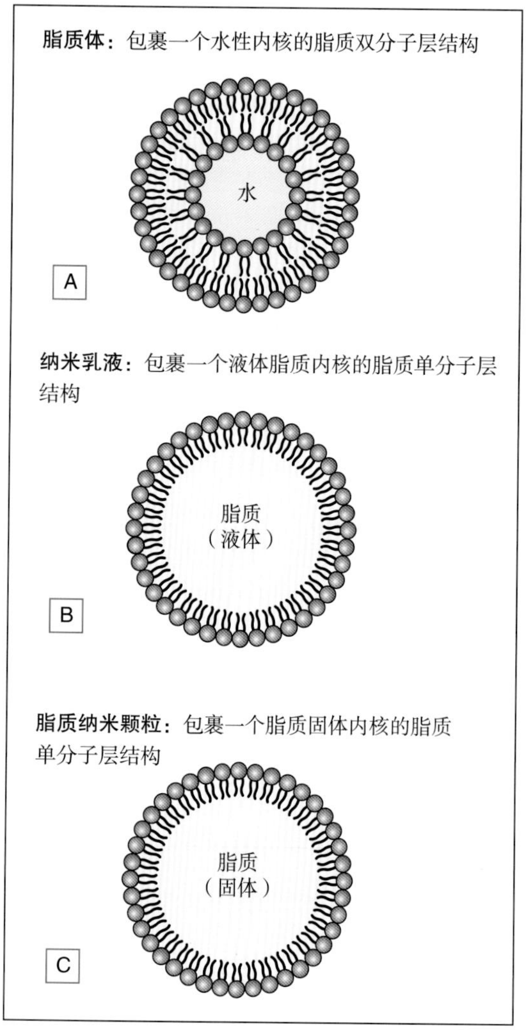

脂质体：包裹一个水性内核的脂质双分子层结构

水

A

纳米乳液：包裹一个液体脂质内核的脂质单分子层结构

脂质
（液体）

B

脂质纳米颗粒：包裹一个脂质固体内核的脂质单分子层结构

脂质
（固体）

C

图 2.7　脂质体的结构

输送系统的功能是保护、隔离，并且有效地将活性物运输到皮肤。有些释放体系甚至可以阻止原料渗透进入皮肤，如紫外吸收剂。一家以色列公司（Sol-Gel Ltd）生产了一系列叫做 UV-Pearls™ 的产品，这种产品含有美国食品药品监督管理局（Food and Drug Administration，FDA）批准的高浓度防晒剂，这些防晒剂被包裹在透明的、不能漏出的（non-leachable）硅石微壳（silica micro-shell）中。这种技术宣称可以提升对紫外光的稳定性，并且可以让紫外吸收剂停留在皮肤的最表面，使其更加有效地为皮肤提供防晒保护。

开发药妆品配方的其他考虑

药妆品配方比一般的化妆品更为复杂，产品中很多功能性成分的活性和稳定性都需要考虑。

pH 值

药妆品配方的 pH 值对产品的功能性至关重要。例如，一个含有 α- 羟基酸（alpha-hydroxy acid，AHA）或者酶的角质剥脱配方，pH 值对其功效和稳定性则非常的重要。为了让含有 AHA 的配方安全起效，最合适的 pH 值应该在 3.5~4.5。如果产品的 pH 值超过这个范围，功效则会打折扣，而低于这个范围则会有安全性和刺激性的问题。而酶需要在弱酸性到中性的 pH 值范围才能稳定存在。另外，像产品的颜色气味等相关的许多成分都会受 pH 值影响。

温度

由于大多数化妆品乳剂都是在高温（70~75℃）下生产的，在设计生产工艺时，也需要考虑功效性成分的热稳定性。随着越来越多地应用更为复杂的功效性生物活性成分，当将它们加入配方中时，对于温度的把握也越来越重要。大多数具有生物活性的原料对温度都敏感，所以它们往往是在生产过程的最后，当体系温度低于 50℃时才加入。

溶解性

显而易见，药妆品中的活性成分在生产过程中所加入的相的不同，会对于其功效和稳定有着极其重要的影响。所以在设计配方时，熟知功效性成分的溶解性至关重要。

兼容性

越来越多的药妆品通过使用各种功效成分的复合物（cocktails）来实现预期的护肤作用。各种原料在配方中混合时必须考虑它们相互之间以及它们和其他原料之间的兼容性问题。在很多情况下，只有做出了配方，并且进行了加速稳定性试验后，才能发现这些不兼容的问题。另外还需要对整体的配方属性有所把握。如果一种成分仅仅在 pH 值大于或等于 7.0 的时候才能起作用，而配方的 pH 值只有 5~6，那么这个活性成分可能无法发挥最佳功效。

防腐体系的考量

保持药妆品配方的安全、有效和不变质已经成为严苛的挑战。随着国际法规的更新以及消费者在选择上的偏好改变，很多高效的传统防腐剂都已经不能继续使用。如今，越来越多的化妆品配方使用一些多功能的原料来实现防腐作用，包括辛甘醇、乙基己基甘油以及戊二醇等。

所有水基的配方都会在生产和消费者使用过程中受到微生物的污染，因此必须确保配方有足够的防腐能力。很多传统防腐剂基于安全性的考虑（有些是确切的，有些则可能是推断）没能再继续应用，而另一些又没有被国际市场所接受，所以防腐问题在药妆品配方设计中越来越有挑战性。选择防腐剂时，需要考虑配方的 pH 值。有些防腐剂（如山梨酸类、苯甲酸类）只能在 pH 值小于 5.0 的配方体系中起效。

一般在配方中，只要有可能，都会加入一种叫做乙二胺四乙酸（ethylenediaminetetraacetic acid，EDTA）的盐，它往往被误解为防腐剂。作为防腐体系的一部分，它的确可以通过破坏细菌的细胞壁使得细菌对其他的防腐剂更敏感而起到防腐的作用。但 EDTA 在配方体系中的添加量一般为 0.05%~0.2%，远不足以发挥防腐作用。评价防腐系统功效的实验，被称作为防腐挑战实验。测试方法主要是在产品中接种细菌（革兰氏阳性菌和革兰氏阴性菌）、霉菌和酵母菌，然后通过防腐系统基本杀灭配方中所有的污染微生物的时间来评判其防腐性能。

紫外吸收剂与抗氧化剂

在药妆品配方的开发中，也需要考虑使用紫外吸收剂与抗氧化剂。这不仅仅因为它们对皮肤产生益处，也因为其在改善配方的稳定性方面（特别是颜色和气味），有着举足轻重的作用。在选择对产品提供紫外保护作用的原料时，我们可选择的范围要比美国食品药品监督管理局（FDA）批准的防晒剂更广。

成本

这一部分也被纳入本书的讨论范围，是因为成本决定我们对药妆品中活性成分的选择。一种原料的成本与其在配方中的添加量有关。无论产品的最终售价是多少，产品的原料成本一般不超过终端零售价的5%~10%。这一点在设计最终产品时需要牢记。

稳定性的考量

在美国，研发一种药物成品，保质期要求至少3年。尽管药妆品不是药物，不必遵守3年的保质期要求，但很多护肤品会将药妆品的功效和药物的宣称结合在一起，如皮肤保护、防晒、祛痘、美白等。因此，这类产品也必须符合药物对保质期要求。

为了满足产品标注2年保质期的需要，FDA已经接受了一种特定的加速稳定性测试，即，如果能完成足够2年的稳定性测试，产品即可上市销售。FDA考量的是配方能够保证在保质期内，活性物含量比标签上宣称的含量高出至少10%。FDA并不关注配方的美观度，但必须要做稳定性测试，这决定美观度，保证产品卖到消费者手中时是否还适于使用。由于很难预测长期的稳定性，多家公司根据各种可能的存储条件开发出了判断保质期稳定性的有效方法。

稳定性试验方法可因产品储存的温度高低而变化，使之在尽可能短的时间内，判断产品的长期稳定性。通常建议产品在40℃条件下保存90天（相当于产品在货架上摆放至少2年）产品应无降解。某些情况下，将产品放在50℃下1个月，作为加速稳定性测试。该储存温度的问题在于，很多情况下配方中的原料（包括乳化体系）仅仅因为温度也会发生稳定性的问题。50℃稳定测试的结果可以充分支持稳定的结论，但未必能否定产品的稳定性，例如一个产品在50℃下稳定1个月，说明它的长期稳定性也会不错，但如果一个产品在50℃下的1个月稳定性测试没有通过，也并不代表它在货架上是不稳定的，可能仅仅是因为测试温度过高。

这里列举出经典的储存稳定性测试的条件：

- 20℃：2年；
- 37℃：120天；
- 45℃：90天；
- 40℃，70%相对湿度：90天（药品稳定性测试的条件）；
- 50℃：30天；
- 4℃：2年；
- 冻融测试（freeze/thaw）-10~20℃：3个周期（每24小时变化1次温度）；
- 暴露于日光：3个月。

所有的稳定性测试都必须同时在玻璃容器和成品包材中进行考察。另外，为了监测物理不稳定性，还需注意下面的指标：

- 外观/气味/颜色（和4℃冰箱中的样品进行对比）；
- pH值；
- 黏度（viscosity）；
- 乳化粒径的变化（针对乳化体系）；
- 当其储存在45℃的条件时，每个月的失重（在最终包材中）应小于1%；
- 药品活性物的百分含量（如果产品是非处方药）；
- 防腐剂的百分含量；
- 功能性活性物的百分含量。

结论

研发精细的药妆品配方变得越来越复杂，化妆品研发科学家们也因此面临多种挑战。他们不仅需要掌握基础的配方体系（如乳液、凝胶、液体等），还需要了解诸如“生物活性（bioactivity）”“作用原理（mode of action）”“经皮吸收（percutaneous absorption）”等领域，选择对配方来说最好的原料。高质量、稳定、有效的药妆品配方包含基础配方的精心开发和功能性成分的优化，以便达到消费者所要求的即时和长期护肤功效。只有选择合适的载体，采用合理的输送系统、弄清配方各个方面的相互作用，才能开发出理想中的药妆品配方。要设计出符合消费者需求的药妆品，配方的优化将成为整体开发流程中必需的环节。

（翻译：姜义华　审校：梅鹤祥　许德田）

第 3 章 药妆品的功效评价

Gary L. Grove, Jonn Damia,
Tim Houser, Charles Zerweck

本章概要

- 通过无创检测技术测试药妆品的功效来保证消费者的使用效果。
- 摄影和图像分析技术可用于分析使用药妆品后，面部纹理和皱纹的改善。
- 经皮水分丢失（transepidermal water loss，TEWL）是皮肤水分流失至空气中的测试值，使用两个湿度传感器可以测得。
- 激光多普勒血流仪用于评价使用药妆品后引起的皮肤血流改变。
- 高频超声无需创伤性的活检组织切片检查，就能深入洞察到皮肤内部功能。

引言

本章简要地介绍仪器法测量药妆品人体皮肤功效的方法。尽管本章的重点是介绍仪器检测方法，但还是要强调一下，推荐采用包括专家评分、受试者自我评价和仪器检测三者结合的方法来评价药妆品的功效。

我们首先来讨论一些与皮肤科医师和（或）患者评估皮肤状况直接相关的皮肤指标的测量方法，即首先通过眼睛看和手指的触碰来感觉。仪器测量技术用于检测视觉和触觉无法涉及的部分，包括基于生理学方法的评价如血流速率或经皮失水率等。

与视觉评估有关的仪器检测方法

图像分析（image analysis）

目前许多药妆品非常流行的一个宣称就是能够“抗老化和帮助恢复年轻的皮肤”，或其他类似的说法。对使用药妆品的一大期望就是减少面部的皱纹，如鱼尾纹。尽管皱纹变化通过标准的临床照片就能证明，但更可取的是用硅胶印模材料（如 Silflo）来复制皮肤表面皱纹。图 3.1 列出了典型的不同程度光损伤皮肤的实例，皱纹深度差异清晰可见。通过使用光学轮廓仪（optical profilometry），可以客观地检测药妆品对皮肤表面形态的改善程度。该方法利用了电脑图像分析技术，以固定小角度侧光照射硅胶复制的皮肤表面印模，摄取数码图像，由于皮肤表面的高低不平产生的明暗不等，即可用来分析皱纹、粗糙度和其他表面形态学特征（图 3.2）。

这只是计算机图像分析技术用于从图像中获取客观定量信息的一个例证。框 3.1 列出了一些研究皮肤结构和功能常用的图像分析方法，通常认为仅凭肉眼所能看到的特征就能被检测。通过使用如偏振光、伍德灯等专业照明技术，可观察和测量肉眼无法直接观察到的信息。

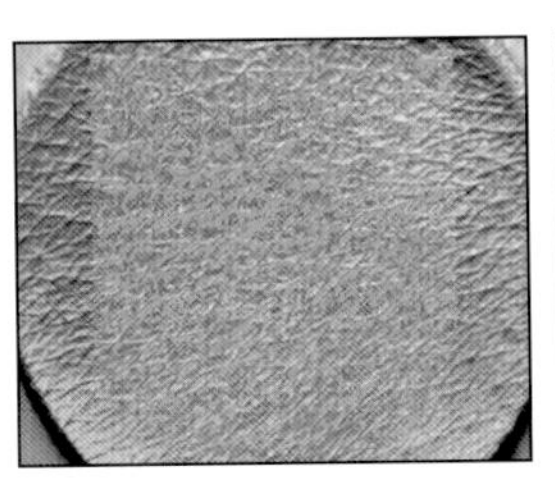
无

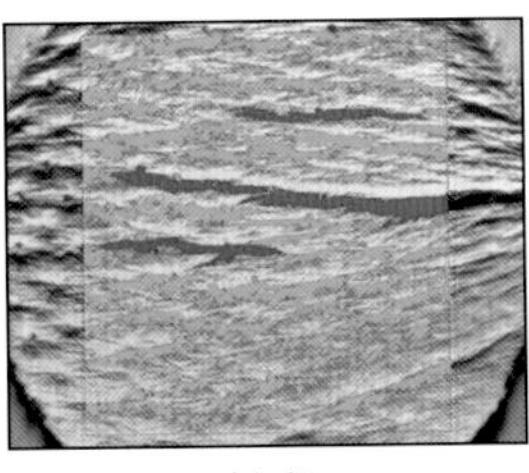
轻度

中度

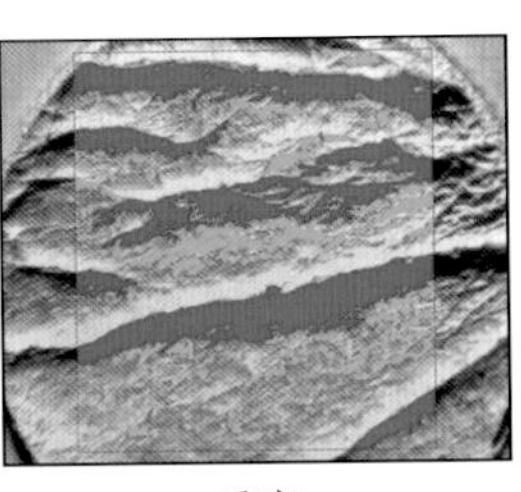
重度

图 3.1　不同程度光损伤皮肤的典型复制标本

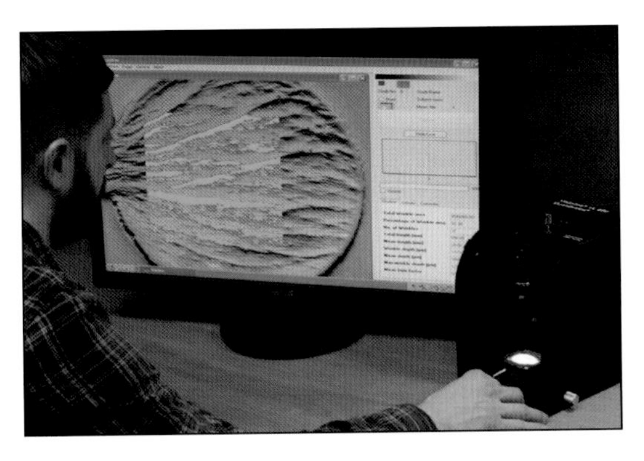

图 3.2　皮肤印模数字化测量是一种可靠的无创皱纹评估方法

框 3.1
基于图像分析的非侵入性方法

- 皮肤硅胶印模
- 临床照片
  银屑病皮损
  痤疮皮损
  风团和潮红反应
  创伤和溃疡
- 胶带粘贴取样 / 角质细胞剥落（D-Squame）贴片
- 脱落细胞学
- 脂带法（Sebutape）标本
- 汗腺分布模式

皮肤颜色检测（skin coloration）

除图像外，另一种能够评价使用药妆品后皮肤状况的重要视觉信息是皮肤颜色。皮肤颜色受到一系列因素的影响，包括色素、血流量和表皮脱落状况等等。有经验的皮肤科医生经常在很多方面使用到颜色信息。首先，他们能够通过皮肤本底的颜色来确定红斑和（或）色素性皮损的分布。此外，他们通过研究色调和（或）色度随时间的变化来告诉患者对治疗是否响应。尽管肉眼在辨别微小差异方面也是很敏感的，但对颜色的评估还是太主观，仪器检测法更加客观，而且还可以利用一个连续量表作为色彩标准，量化评估皮肤颜色。

框 3.2 列出了目前实验皮肤科学、皮肤药理学、毒理学和化妆品科学方面常用于检测皮肤颜色变化的两类仪器。一类是基于 $L^*a^*b^*$ 三维色彩空间（CIE LAB）原理的三刺激色色度仪。$L^*a^*b^*$ 系统能够从

框 3.2
检测皮肤表面颜色的仪器

- CIE 色度计
  美能达色度计 Minolta ChromaMeter
  Dr. Lange MicroColor
  Hunter LabScan
  Photovolt
- Diffey 法双波长色度计（Diffey et al.，1984）
  Dia-Stron Erythema Meter
  Courage+Khazaka Mexameter
- 组合 LED 色度计
  Cortex DSM Ⅱ

色相(在色轮板的位置)、强度(光亮度)和浓度(饱和度)方面通过数学方法来描述任何颜色,此类仪器有美能达色度计(Minolta ChromaMeter)和MicroColor(Dr Bruno Lange GmbH&Co.)等。这些仪器已经在量化评估洗涤剂所引起的红斑、外用皮质激素收缩血管活性试验以及在血管扩张成分(如烟酸的透皮吸收检测)等方面有广泛应用。

另一类仪器的工作原理是基于Diffey等人的双波长法,如Mexameter(Courage+Khazaka)。这个仪器能发射红绿两种固定波长的光,然后探测从皮肤表面反射回来的光线。由于皮肤红斑的变化会大大影响绿光的吸收,而对红光吸收的影响非常小,因此,就可以计算出红斑指数(erythema index)。由于色素沉着能够增加红绿两种光的吸收量,所以也可以通过类似的方法计算出黑素指数(melanin index)。

最近,还研发出了一些新的色度计,例如DSM Ⅱ(Cortex),使用了白色的LED光源(图3.3)。这些较新的仪器可以检测 $L^*a^*b^*$ 和RGB颜色空间,也能计算红斑和黑素指数。由于这些仪器中照明度的一致性,提升了测量的可靠性和重复性。重复性的提升,部分是由于探头非常轻便,且探头尖端清晰可见,所以在进行测量前就能看到要测量的准确区域。

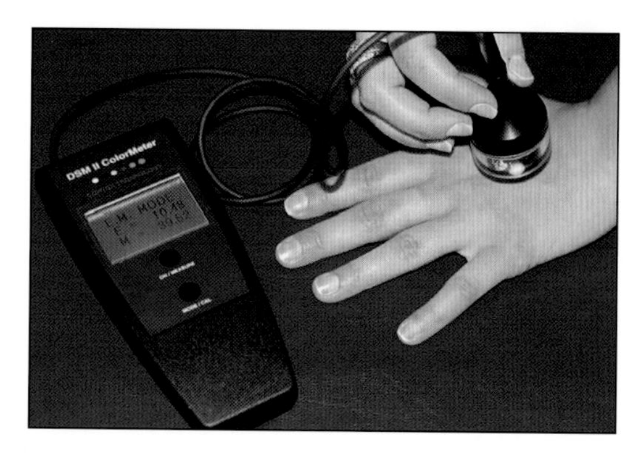

图3.3　DSM Ⅱ能够很容易地检测到皮肤颜色和红斑信息

有关于皮肤触感的仪器检测方法

真皮紧致度/弹性

光老化皮肤的另一个特征是胶原和弹性蛋白结构变化,导致皮肤紧致度和弹性的减退。过去数年中研制了很多能客观检测皮肤生物物理特征的仪器(框3.3列出了部分常用的仪器及方法)。尽管这些仪器工作的方式各有不同,但其基本途径都一样,例如在皮肤表面施加一个外力然后检测皮肤的变形,可反映出药妆品对皮肤弹性和紧致度影响。

框3.3
仪器法测量皮肤生物力学

- 压力法(Dia-Stron Ballistometer)
- 拉升法(DermaLab suction cup)
- 拉升法(CK Cutometer)
- 拉长法(Extensiometer)
- 扭曲法(Dia-Stron Dermal Torque Meter)
- 扭曲法(Gas-bearing electrodynometer)

基于生理学过程的仪器检测方法

血流

如上所述,血流量的增加通常会使皮肤红色增多,无论是皮肤科医生还是患者都可以通过视觉看到,同样,仪器也可以检测到这种颜色的改变。激光多普勒血流仪可以用来分析血流,通过多普勒效应来计算血流的速度。

经皮水分丢失

另一种常用仪器来检测的生理过程就是经皮水分丢失或经皮失水率(transepidermal

water loss, TEWL)。经表皮失水过程是看不见摸不着的。通过检测皮肤的经皮失水率可以无创监测角质层屏障功能的变化(图3.4)。正常皮肤的屏障非常有效,经皮失水率通常很低。一旦受到病理因素或者物理化学因素的损害,经皮失水率就会上升并和损伤程度正相关。相反,屏障修复后经皮失水率相应再降低。这意味着通过观察经皮失水率的变化过程不仅可以评价不同处理的治疗效果,也可以评价不同皮肤防护策略的有效性,避免或者减少皮肤受到伤害,也能洞察一个产品对皮肤的潜在伤害或刺激性。因此,大量的文献都用到经皮失水率检测也就不出意外。事实上,欧洲接触性皮炎协会标准化组织(Standardization Group of the European Society of Contact Dermatitis, SGESCD)很早就对经皮失水率进行了回顾。

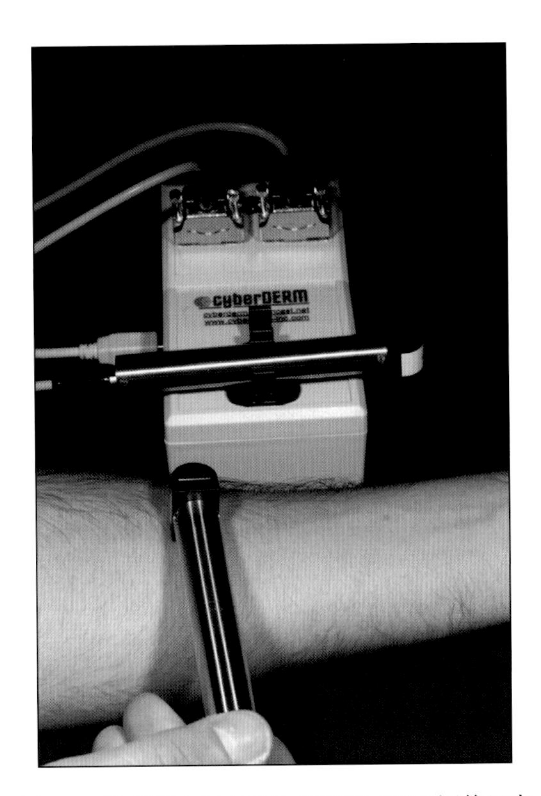

图3.4 装有两个湿度计的集流室可用于评估经表皮水分流失

基于物理特性的仪器检测方法

皮肤含水量

很多生物物理方法都可以用来检测角质层的相对水合程度。就如框3.4列出的那些,大多数是基于皮肤表面电学特性。这些仪器分为两大类:电导仪,如DermaLab水分仪(Cortex);电容仪,如Corneometer(Courage+Khazaka)。

框3.4
基于角质层电学性质检测含水量的仪器

- IBS Skicon-200 EX 电导仪
- CK Corneometer CM 825
- Nova Dermal Phase Meter
- DermaLab 水分仪

业已证实——特别是Obata和Tagami(1990)的研究:交流电通过角质层的能力是一种间接测试角质层水分含量的方法。水分含量越高,就表现为导电能力增加。电导法测量通常能够对角质层浅层进行可靠的评估,具有多探头装置的优点,例如具有导电针环的探头(可用于测量头发,测量涂抹保湿产品的表面,或粗糙和不平整的表面),或包括由同心导电环组成的平头螺旋探针,这样可以尽量减少测试时的压力影响。

电容法首先产生穿透皮肤的电场,然后测量皮肤保持住电荷的能力,即电容,来确定角质层的介电常数(相对电容率)。虽然仍然只能渗透到角质层,通常认为电容法比电导方法测量的深度要更深一些,因此两者都可用于确定使用一种治疗物质一段时间内被吸收到皮肤中的效果。电容法的另一个优点是不受测试物质电学特性的影响,而电导法测定会受这样的影响。

高频超声

另一种能用于描述皮肤物理特性的是高频超声成像，如 Cortex Technology 公司的 DermaScan C。当声波穿透皮肤后会在声阻抗发生变化的组织界产生“回声”。A 模式显示，回声表现为随着时间的推移示波器上的调幅，由于只显示空间域，诊断信息非常有限。B 模式超声则显示由各回声产生界面组成的二维图像，相当于雷达探测器屏幕一样(图 3.5)，通过图示显示出各位置回声的强度，从而可以不必活检就能洞悉到皮肤结构和功能的信息。这种技术可以更好地显示皮肤肿瘤，也可以展现光损伤皮肤的特征性低回声带。

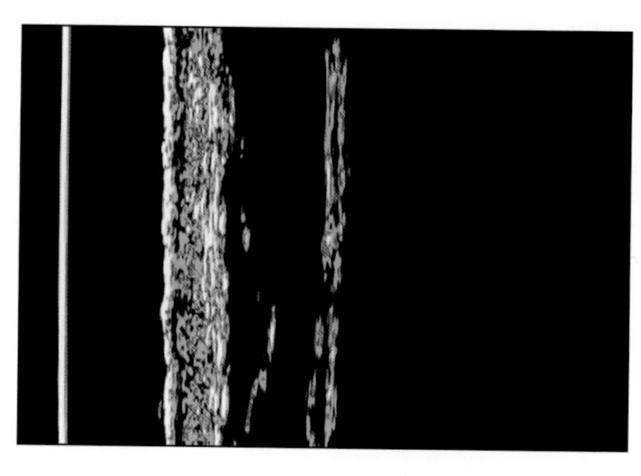

图 3.5　高频超声模式 B 图像可视化表现声波穿过皮肤时的回声变化

结论

本章对用于评价改善光老化皮肤的药妆品功效的各种仪器作了简要介绍。近年来，我们研究组和其他研究组都发现“静态”检测皮肤不能够揭示太多必然存在的老化相关的变化。只有使皮肤对刺激产生反应，然后研究反应的动力，这些差异才会显现出来。尽管“无创伤性(noninvasive)”这个说法使用非常普遍，但许多仪器更适合用“非侵入性(nonintrusive)”的说法，因为我们会用一些标准的方式来挑战皮肤，包括机械破坏、暴露于强力的洗涤剂或刺激性化学物，或者环境性损伤因素，如暴露于紫外线下。非侵入性方法应当操作方便、使用容易，很少甚至不会引起不适，并且不会留下如瘢痕或色素改变等永久性后遗症。

(翻译：谈益妹　审校：许德田)

参考文献

Barardesca, E., Elsner, P., Wilhelm, K.-P., et al. (Eds.), 1995. Bioengineering of the Skin: Methods and Instrumentation. CRC Press, Boca Raton.

Diffey, B.L., Oliver, R.J., Farr, P.M., 1984. A portable instrument for quantifying erythema induced by ultraviolet radiation. Br. J. Dermatol. 111, 663–672.

Elsner, P., Barardesca, E., Maibach, H. (Eds.), 1994. Bioengineering of the Skin: Water and the Stratum Corneum. CRC Press, Boca Raton.

Elsner, P., Barardesca, E., Wilhelm, K.-P., et al. (Eds.), 2002. Bioengineering of the Skin: Skin Biomechanics. CRC Press, Boca Raton.

Fluhr, J., Elsner, P., Barardesca, E., Maibach, H.I. (Eds.), 2005. Bioengineering of the Skin: Water and the Stratum Corneum, second ed. CRC Press, Boca Raton, pp. 275–285.

Grove, G.L., 1981. Dermatological applications of the Magiscan image analyzing computer. In: Marks, R., Payne, P.A. (Eds.), Bioengineering and the Skin. MTP Press, Lancaster, pp. 173–181.

Grove, G.L., 1982. Techniques for substantiating skin care product claims. In: Kligman, A.M., Leyden, J.J. (Eds.), Safety and Efficacy of Topically Applied Drugs and Cosmetics. Grune & Stratton, New York, pp. 157–176.

Grove, G.L., 1987. Design of studies to measure skin care product performance. Bioeng. Skin 3, 359–373.

Grove, G.L., Grove, M.J., 1989. Objective methods for assessing skin surface topography noninvasively. In: Leveque, J.L. (Ed.), Cutaneous Investigation in Health and Disease. Marcel Dekker, New York, pp. 1–31.

Grove, G.L., Zerweck, C., 2005. Hardware and measuring principles: the computerized DermaLab® transepidermal water loss probe. In: Fluhr, J., Elsner, P., Barardesca, E., Maibach, H.I. (Eds.), Bioengineering of the Skin, Water and the Stratum Corneum. CRC Press, Florida, pp. 275–285.

Grove, G.L., Grove, M.J., Leyden, J.J., 1989. Optical profilometry: an objective method for quantification of facial wrinkles. J. Am. Acad. Dermatol. 21, 631–637.

Grove, G.L., Grove, M.J., Leyden, J.J., et al., 1991. Skin replica analysis of photodamaged skin after therapy with tretinoin emollient cream. J. Am. Acad. Dermatol. 25, 231–237.

Grove, G., Zerweck, C., Pierce, E., 2002. Noninvasive instrumental methods for assessing moisturizers. In: Leyden, J.J., Rawlings, A.V. (Eds.), Skin Moisturization. Marcel Dekker, New York, pp. 499–528.

Grove, G.L., Damia, J., Grove, M.J., Zerweck, C., 2006. Suction chamber method for measurement of skin mechanics: the DermaLab. In: Serup, J., Jemec, J.B.E., Grove, G.L. (Eds.), Handbook of Non-Invasive Methods and the Skin, second ed. CRC Press, Boca Raton; Taylor & Francis Group, London, pp. 593–599.

Kollias, N., Stamatas, N., 2002. Optical noninvasive approaches to

diagnosis of skin diseases. J. Invest. Dermatol. Symp. Proc. 7, 64–75.
Obata, M., Tagami, H., 1990. A rapid in vitro test to assess skin moisturizers. J. Soc. Cosmet. Chem. 41, 235–241.
Pinnagoda, J., Tupker, R.A., Agner, T., et al., 1990. Guidelines for transepidermal water loss (TEWL) measurement. Contact Dermatitis 22, 164–178.
Serup, J., Jemec, G.B.E. (Eds.), 1995. Handbook of Noninvasive Methods and the Skin. CRC Press, Boca Raton.
Shriver, M.D., Parra, E.J., 2000. Comparison of narrow-band reflectance spectroscopy and tristimulus colorimetry for measurements of skin and hair color in persons of different biological ancestry. Am. J. Phys. Anthropol. 112, 17–27.

药妆品的活性成分

第二篇

药妆品活性成分包括很多种类:维生素、脂类、保湿剂、植物成分、金属类、角质剥脱剂、肽类、抗氧化剂、生长因子和防晒剂等。药妆品与营养补充剂所使用的维生素相同。营养补充剂是"口服的药妆品",也是非处方产品,没有严格的监管。许多维生素类药妆品是根据口服营养补充剂衍生而来的,因为吃起来安全的东西,似乎用在皮肤上也比较安全。多数时候确实如此,不过,一些敏感的人群也会对外用维生素和植物性成分过敏。同时,很重要的一点是:口服产品的功效数据,并不一定代表外用维生素也有同样效力。许多维生素是亲脂的大分子,不易渗入皮肤,角质层没有生命活性,也不能代谢这些维生素。这意味着对于外用药妆品活性成分,必须测试它们实际使用情况下的功效,而非依靠其他使用方式的数据推断之。

药妆品家族中最大的一类可能是保湿产品。它们可帮助恢复皮肤屏障、作为防晒剂和其他活性成分的载体基质。很多时候,难以区分效果来自保湿剂,还是来自加入其中的其他新颖原料。因此,难以对其开展研究——因为找不到真正的安慰剂。我们可以用最终配方产品和其不含活性成分的基质作对比试验,但后者仍然不是真正的安慰剂。在复杂的市场中,基质本身可能就是活性成分,加入一些其他的"主角"成分,也许只是为了营销和区别于其他产品而已。这些"主角"成分包括维生素类、肽类和生长因子类等,人们期望它们可以预防和逆转内、外源性皮肤老化。本篇将详述目前市场上最重要的药妆品活性成分。

(翻译:许德田)

类视黄醇

第4章

John E. Oblong, Bradley B. Jarrold

本章概要

- 类视黄醇是β-胡萝卜素天然衍生物，归类于维生素A和其直接代谢物。
- 市售含有低量视黄醇（最高0.08%）的化妆品外用治疗光损伤及痤疮，已得到大量研究。
- 视黄醇羟基氧化后产生视黄醛，进一步可转化为视黄酸。
- 视黄酯是维生素A在细胞内储存的基本形式，以脂质形式存在，主要是视黄醇棕榈酸酯。
- 众所周知，外用视黄酸可改善皮肤光老化的表现，包括细纹、皱纹及色素沉着。

引言

传统上，类视黄醇是指具有维生素A主要基本结构的化合物及其氧化代谢产物。近来范围扩展到一些新结构类型的化合物，与天然维A酸有着类似的作用机制。对维A酸的分子生物学、基因表达分析和基础代谢作用机制的研究，很大程度上加速了新维A酸类似物的发现。目前关于维生素A代谢和活性特征的了解，可依据不同给药途径进一步分为口服或外用两类，本章将着重于人体外用类视黄醇后的药理学特性及代谢率。另外，本章也将着重讲述目前外用类视黄醇在皮肤科、非处方药以及化妆品市场领域中的一些重要观点。

类视黄醇的分子生物学

类视黄醇物质是β-胡萝卜素的天然产物，归属于维生素A和直接代谢产物，包括视黄醇、视黄醛、视黄酯和视黄酸（图4.1）。这些化合物在高等哺乳动物的发育（包括眼睛）、血管生成及皮肤稳态中具有重要作用。最具生物相关性的类视黄醇物质之一为视黄酸，它有数种异构体形式（如全反式、9-顺式和13-顺式），本质上是视黄醇氧化产物，是核受体家族中视黄酸受体（retinoic acid receptors，RAR）和维A酸类X受体（retinoid X-receptors，RXR）的激动剂，这两种受体亦分别有三种异构体α、β和γ。与配体视黄酸结合后，RAR和RXR会形成异质二聚体，作用于维A酸类调控相关基因启动区域的特定DNA片段，这些片段被称为视黄酸反应元件（retinoic acid response elements，RARE）。近来，更多研究发现转录因子AP-1可与RARE相互作用从而调节基因的活化。

总之，视黄酸可以通过RAR/RXR二聚体的辅助，与RARE的结合进而改变基因表达模式（图4.2），进而影响细胞的功能。基于对类视黄醇化合物在基因表达机制中的理解，可以合成很多新的化合物，较之天然类视黄醇，它们的结构更具多样性，药理学特性也各异。此外，各种类视黄醇局部外

类视黄醇	结构
视黄醇	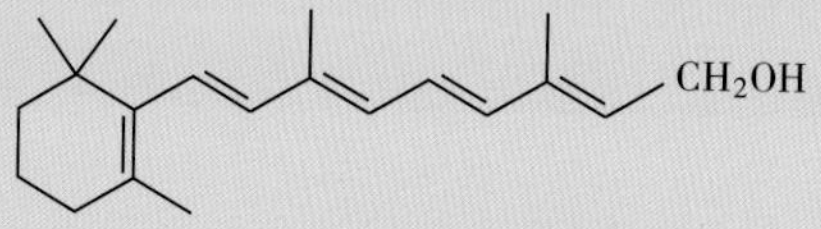 CH_2OH
视黄醛	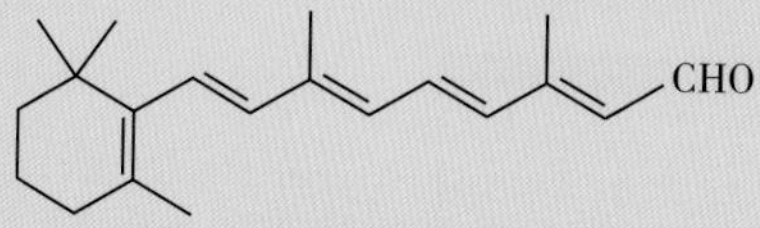 CHO
全反式维 A 酸	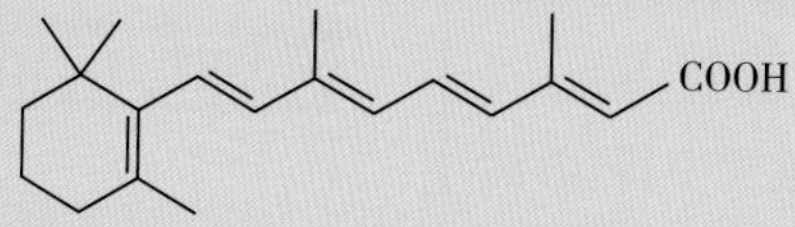 $COOH$
视黄醇丙酸酯	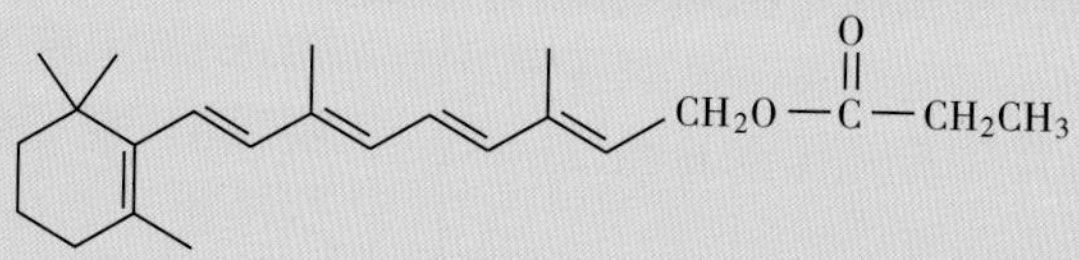 $CH_2O-\overset{\overset{O}{\|}}{C}-CH_2CH_3$
视黄醇棕榈酸酯	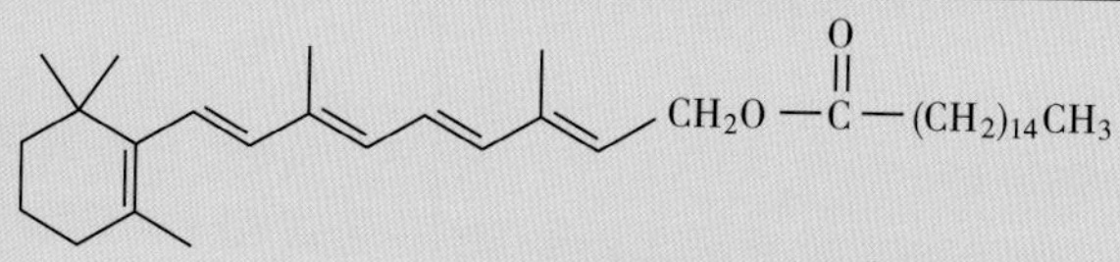 $CH_2O-\overset{\overset{O}{\|}}{C}-(CH_2)_{14}CH_3$
阿达帕林	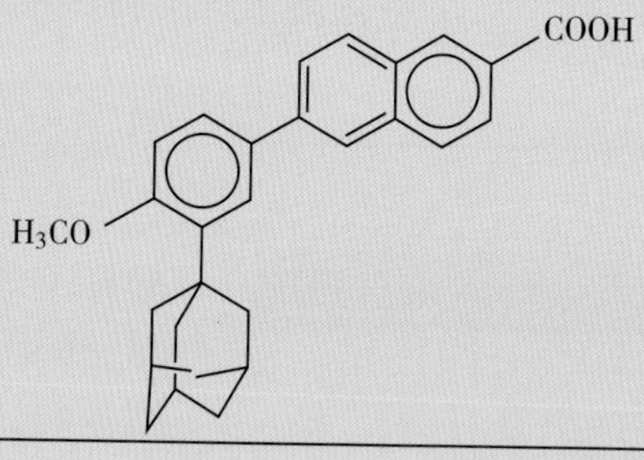 $COOH$ H_3CO
他扎罗汀	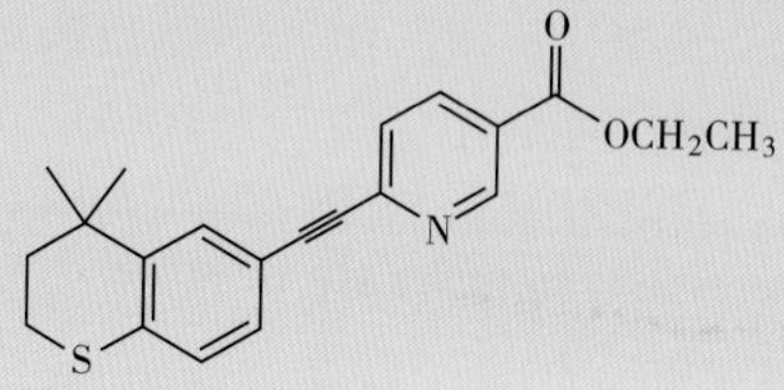 O OCH_2CH_3 N S

图 4.1　主要类视黄醇化合物的化学结构

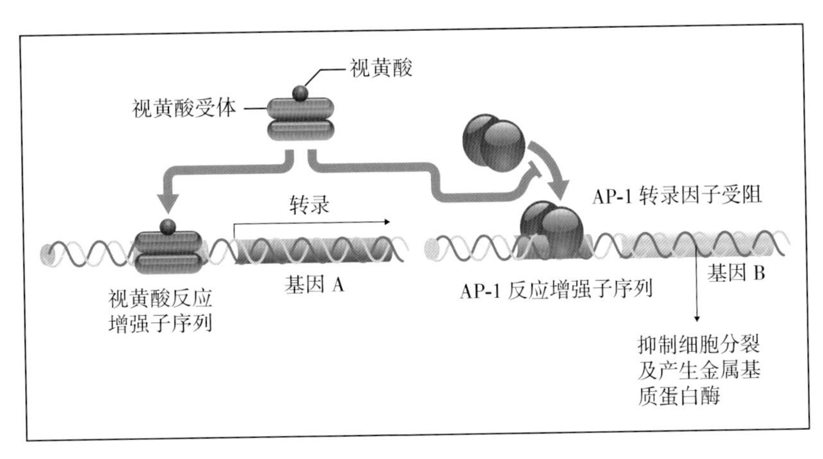

图 4.2　视黄酸调节基因表达

用过程中的主要生物学效应与其和 RAR/RXR 复合物相互作用有关，包括有些情况下强制性代谢转化为视黄酸。

经皮给药的类视黄醇的代谢

类视黄醇在消化系统的代谢途径绝大多数均可在人皮肤内存在(图 4.3)。大部分游离视黄醇经卵磷脂：视黄醇酰基转移酶(lecithin：retinol acyltransferase，LRAT) 或脂酰辅酶 A：酰基转移酶(acyl CoA：retinol acyltransferase，ARAT)酯化成视黄醇棕榈酸酯而储存，或小部分会进一步氧化为活性酸的形式(译者注：即视黄酸)。游离视黄醇被氧化为视黄酸是细胞产生活性维 A 酸代谢物的限速步骤，这一过程始于特定的细胞浆视黄醇结合蛋白(cytoplasmic retinol-binding protein，CRBP)结合游离视黄醇。

视黄醇 -CRBP 复合物是视黄醇脱氢酶(retinaldehyde oxidase) 的底物，后者是唯一一种能够催化视黄醇转变成视黄醛的微粒体酶。视黄醛进而被视黄醛氧化酶快速且定量地氧化成视黄酸。视黄酸再通过 RAR/RXR 调控皮肤角质形成细胞生长及分化相关基因的表达。

控制皮肤内活性维 A 酸水平的调控点是视黄酯的多步骤代谢过程，这种多步骤代谢可能减少视黄醇衍生物的刺激性。最终，视黄酸可被各种细胞色素 P450 酶不可逆地羟化代谢为 4- 羟基视黄酸(4-hydroxyretinoic acid) 和 4- 氧代视黄酸(4-oxo-retinoic acid)。值得关注的是，维 A 酸的大部分代谢途径是由维 A 酸与细胞内胞质结合蛋白结合介导的。这一蛋白家族具有高度维 A 酸特异性，包括了 CRBP 和胞浆视黄酸结合蛋白(cytoplasmic retinoic acid-binding protein，CRABP)，后者有Ⅰ型和Ⅱ型两种异构体。

局部外用维 A 酸可有效治疗痤疮、光损伤和银屑病。这与调节皮肤状态正常化过程有关，然而，外用维 A 酸的两个主要不良反应在于：

- 刺激反应。在某些情况下，长期慢性暴露使用亦不能自行完全缓解。
- 致畸效应。因此有大量研究试图寻找有效且总体上低刺激性、低致畸性的维 A 酸类。

为了减少不良反应，同时仍可改善光损伤皮肤，皮肤护理产业广泛使用了视黄酸前体物质，包括视黄醇、视黄醛和视黄酯(如视黄醇丙酸酯和视黄醇棕榈酸酯)。有人推测视黄酯类的酰基链长度可影响其活性及刺激性。因此有可能筛选到合适长度酰基链的视黄醇，使其具有维 A 酸类物质活性且刺激性降低。

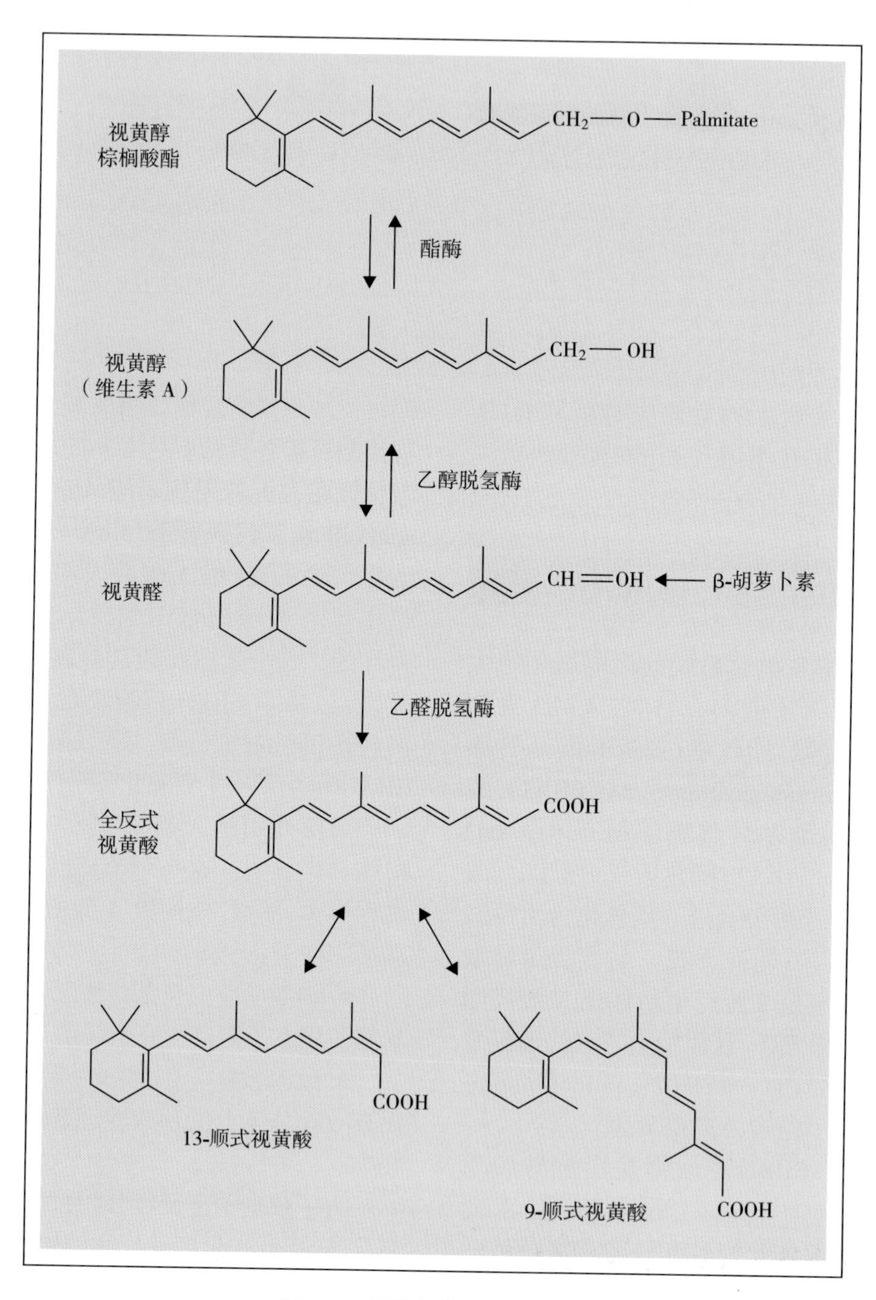

图 4.3　皮肤中维 A 酸的代谢

视黄醇

视黄醇(维生素 A,retinol)从 β- 胡萝卜素水解而来,两者化学当量关系为 2∶1。视黄醇是维 A 酸代谢的主要节点,可以视黄酯的形式储存,或可氧化为药理活性形式——视黄酸。历史上,大量研究已证实视黄醇可用以治疗光损伤和痤疮;现时,美容产品中含有相对低浓度的视黄醇,不超过 0.08%,主要是因为消费者对刺激反应的不耐受,刺激性产生部分是因为感觉受体被激活。据推测,局部外用视黄醇的任何功效都是通过转化为视黄醛、最终转化为内源活性形式(即视黄酸)来实现的。

有充足证据支持在肝脏或其他细胞类型中的维 A 酸基本代谢过程亦存在于角质形成细胞、黑素细胞及真皮成纤维细胞。特别是,基底角质形成细胞可以从血液中获得维生素 A,尽管精确机制仍未完全知晓,视黄醇可以通过受体依赖性和非受体依赖性途径进入细胞。一旦进入细胞,视黄醇可转化为视黄醇棕榈酸酯或进一步氧化为视黄酸。这一代谢过程亦适用于经皮给药的外源性类视黄醇。

视黄醛

视黄醇羟基氧化后产生视黄醛(retinaldehyde),后者是从视黄醇转化为视黄酸的主要中间产物。外用视黄醛的研究发现视黄醛在人皮肤中具有维 A 酸特性,并且比视黄酸耐受性更好,可缓解玫瑰痤疮的症状。除了极少数情况视黄醛用于处方药,一般很少用于非处方药物,市售外用护肤品中也极少使用。

视黄酯类

视黄酯(retinyl esters)是维生素 A 在细胞内的主要储存形式,以脂质(主要为视黄醇棕榈酸酯)形式存在,从视黄醇棕榈酸酯到视黄醇的转化主要依赖于细胞内各位点视黄醇酯酶及皮肤中充足的非特异性酯酶。

视黄醇丙酸酯

据报道,视黄醇丙酸酯(retinyl propionate)在皮肤内具有活性,较其他活性类视黄醇刺激性小。近来,临床及组织病理学均证实视黄醇丙酸酯可在光损伤皮肤中发挥维 A 酸样作用(图 4.4)。并且,与视黄醇、视黄醇乙酸酯相比,视黄醇丙酸酯的刺激性更小(表 4.1)。与棕榈酸酯一样,视黄醇丙酸酯需被皮肤中的酯酶水解成游离视黄醇。另外,有报道发现视黄醇丙酸酯的酯基比其他酯基更稳定,因此经皮给药后皮内半衰期更长。临床而言,视黄醇丙酸酯可以改善光损伤皮肤的表现,具有很好的美容效果。与大多数类视黄醇一样,不同研究结果显示不同配方选择和提升了分子稳定性的措施会影响最终的效果。

视黄醇棕榈酸酯

内源性视黄醇棕榈酸酯(retinyl palmitate)的主要作用是储备日常饮食中的视黄醇,因此也是维生素 A 代谢的调控靶点。尽管局部外用视黄醇棕榈酸酯不是生理性暴露的常规途径,但有充分的证据证实皮肤含有可以转变视黄醇棕榈酸酯为视黄醇需要的所有酶。因此,可推测小剂量视黄醇棕榈酸酯可渗入皮肤,已有间接证据证明其可参与到正常生理途径来维持维生素 A 的内部稳态。基于文献报道及既往应用于美容的经验,视黄醇棕榈酸酯总体活性较弱、无刺激性。

全反式维 A 酸

全反式维 A 酸(tretinoin)亦称全反式视黄酸(trans-retinoic acid),已有前瞻性研

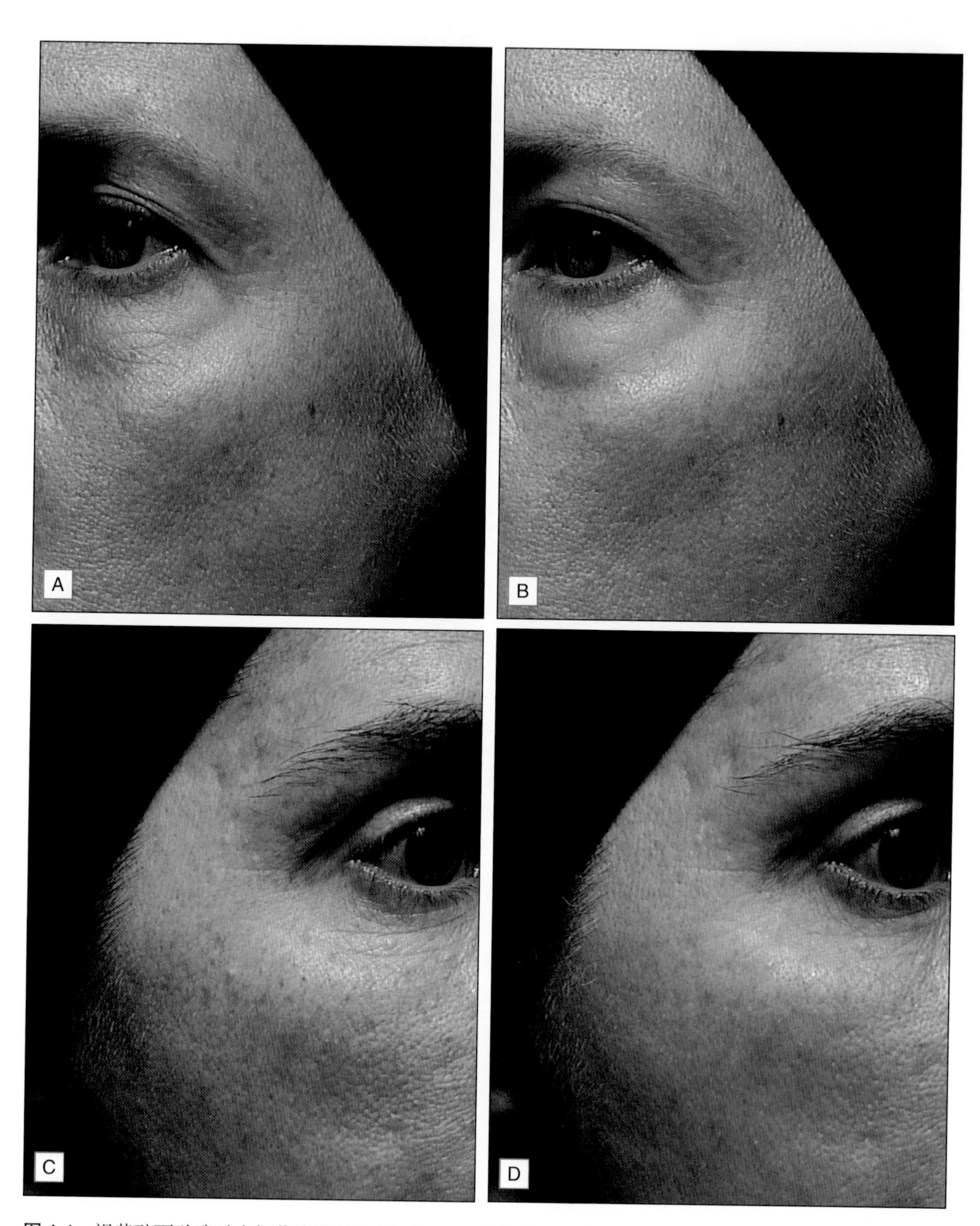

图4.4　视黄醇丙酸酯对光损伤皮肤的作用。含0.2%视黄醇丙酸酯的皮肤护理乳液每日使用2次，共12周。在使用前（基线）、第4周、第8周和第12周拍照，可见细小皱纹/皱纹的改善。（A）基线图片；（B）第12周图片，可见老年斑色素沉着的改善；（C）基线图片；（D）第12周图片

表 4.1 视黄醇及其酯类对背部皮肤的刺激测定

局部治疗（水包油乳液）	专业评分者累计刺激评分	专业评分者累计评分的显著性 *	皮肤色度测定仪“a”值测定（第 21 天）	皮肤色度仪“a”值的显著性 *
对照乳液	3.9	a	0.4	a
0.09% 视黄醇丙酸酯	24	b	2.7	b
0.086% 视黄醇乙酸酯	39	b	3.8	bc
0.18% 视黄醇丙酸酯	44	b	4.9	cd
0.0172% 视黄醇乙酸酯	104	c	5.8	de
0.30% 视黄醇丙酸酯	121	cd	6.1	def
0.30% 视黄醇乙酸酯	145	cd	7.5	def
0.05% 视黄醇	147	d	6.5	def
0.075% 视黄醇	164	d	7.6	f

* 用相同的字母标识的治疗方案之间无显著性差异（$P<0.05$）。采用 ANOVA 模型计算受试者、受试侧（或使用部位）以及治疗方法之间的最小均方（JE Oblong et al.，未发表结果）

究探讨其对光损伤皮肤、痤疮的作用及其在细胞分化、发育生物学中的相应药理及分子机制，在皮肤科领域广泛应用。外用视黄酸（Retin-A、Renova、Ortho-Neutrogena）已被广为人知可改善皮肤光损伤表现，如细纹、皱纹及色素沉着，但可引起明显刺激和干燥。全反式维 A 酸（Retin-A）最初被批准治疗痤疮，浓度为 0.1%，后来以商品名 Renova 的形式，批准 0.025% 和 0.05% 两个浓度用以局部治疗光损伤皮肤。

全反式维 A 酸对改善光损伤多种表现如色素沉着斑、细纹和皱纹相当有效。然而，它有显著的刺激性，导致一部分人抗拒维 A 酸类治疗，临床接受度降低。

然而，它仍然是局部治疗老化及紫外线辐射损伤相关皮肤问题的基准物质。前文提及了很多 OTC 产品，包括视黄醇、视黄醛和视黄酯类，均用在化妆品中模拟全反式维 A 酸的作用，最终目标是这些前体均可转化为活性的全反式维 A 酸。

阿达帕林

0.1% 阿达帕林（adapalene，Differin，Galderma）是一种用以治疗寻常痤疮的处方药，有凝胶和霜两种剂型。阿达帕林是一种合成的维 A 酸类似物，在功效上模拟全反式维 A 酸，据报道刺激性更低。然而，阿达帕林作为一种维 A 酸类功效成分用于治疗光老化还未很好研究。早期研究提示阿达帕林可以逆转光老化，但未与全反式维 A 酸对比。目前，阿达帕林只被批准外用于痤疮治疗。

他扎罗汀

和阿达帕林类似，他扎罗汀（tazarotene）也是合成的维 A 酸类似物。有 0.05% 和 0.1% 两种浓度的处方药可用以治疗斑块性银屑病和痤疮，在美国市场商品名为 Tazorac（Allergan），美国外市场商品名为 Zorac（Allergan）。也有研究发现他扎罗汀可有效治疗皮肤光老化，商品名为 Avage（Allergan）。他扎罗汀虽效果确切，但外用后亦可诱导维 A 酸类似的刺激反应。普遍认为他扎罗汀刺激性强于阿达帕林和全反式维 A 酸。

他扎罗汀的主要优点在于快速实现面部皮肤视黄醇化，短期内肉眼即能见到改善面部细纹。使用他扎罗汀的前几周，需详细告知患者可能出现明显干燥、脱屑，有可能需要弱效皮质类固醇外用来缓解强烈的刺激性。早期研究提示他扎罗汀的优势在于快速改善顽固的黄褐斑或炎症后色素沉着。

结论

类视黄醇是一个大分子家族，主要功能是 RAR 和 RXR 核受体家族的激动剂，可通过 RAR/RXR 与 RARE 的结合来调节基因表达。维 A 酸可有效治疗痤疮、银屑病、光化性角化、光损伤 / 光老化皮肤。合成类视黄醇类似物的部分作用机制是模拟内源性配体如视黄酸的作用，但药代动力学不同，针对不同疾病状态，有更多特定功能和目的。未来研究方向在于更好地理解有效性与刺激性之间的关系，以能发现新的类似物质或更好的疗法，保证疗效的同时消除刺激性。

（翻译：许阳 审校：许德田）

参考文献

Bailey, J.S., Siu, C.H., 1988. Purification and partial characterization of a novel binding protein for retinoic acid from neonatal rat. J. Biol. Chem. 263, 9326–9332.

Baldwin, H.E., Nighland, M., Kendall, C., et al., 2013. 40 years of topical tretinoin use in review. J. Drugs Dermatol. 12, 638–642.

Bhawan, J., 2005. Assessment of the long-term safety of topical retinoids. Cutis 75, 25–31.

Boehnlein, J., Sakr, A., Lichtin, J.L., Bronaugh, R.L., 1994. Characterization of esterase and alcohol dehydrogenase activity in skin. Metabolism of retinyl palmitate to retinol (vitamin A) during percutaneous absorption. Pharm. Res. 11, 1155–1159.

Creidi, P., Humbert, P., 1999. Clinical use of topical retinaldehyde on photoaged skin. Dermatology 199 (Suppl. 1), 49–52.

Dosik, J.S., Homer, K., Arsonnaud, S., 2005. Cumulative irritation potential of adapalene 0.1% cream and gel compared with tazarotene cream 0.05% and 0.1%. Cutis 75, 289–293.

Duell, E.A., Kang, S., Voorhees, J.J., 1997. Unoccluded retinol penetrates human skin in vivo more effectively than unoccluded retinyl palmitate or retinoic acid. J. Invest. Dermatol. 109, 301–305.

Effendy, I., Kwangsukstith, C., Lee, J.Y., Maibach, H.I., 1995. Functional changes in human stratum corneum induced by topical glycolic acid: comparison with all-trans retinoic acid. Acta. Derm. Venereol. 75, 455–458.

Fluhr, J.W., Vienne, M.P., Lauze, C., et al., 1999. Tolerance profile of retinol, retinaldehyde and retinoic acid under maximized and long-term clinical conditions. Dermatology 199 (Suppl. 1), 57–60.

Galvin, S.A., Gilbert, R., Baker, M., et al., 1998. Comparative tolerance of adapalene 0.1% gel and six different tretinoin formulations. Br. J. Dermatol. 139 (Suppl. 52), 34–40.

Gold, M.H., Kircik, L.H., Bucay, V.W., et al., 2013. Treatment of facial photodamage using a novel retinol formulation. J. Drugs Dermatol. 12, 533–540.

Goodman, D.S., 1982. Retinoid-binding proteins. J. Am. Acad. Dermatol. 6 (4 Pt 2 Suppl.), 583–590.

Green, C., Orchard, G., Cerio, R., Hawk, J.L.M., 1998. A clinicopathological study of the effects of topical retinyl propionate cream in skin photoageing. Clin. Exp. Dermatol. 23, 162–167.

Harrison, E.H., 1993. Enzymes catalyzing the hydrolysis of retinyl esters. Biochim. Biophys. Acta 1170, 99–108.

Kaczvinsky, J.R., Griffiths, C.E., Schnicker, M.S., Li, J., 2009. Efficacy of anti-aging products for periorbital wrinkles as measured by 3-D imaging. J. Cosmet. Dermatol. 8, 228–233.

Kafi, R., Kwak, H.S.R., Schumacher, W.E., et al., 2007. Improvement of naturally aged skin with vitamin A (retinol). Arch. Dermatol. 143, 606–612.

Kang, S., 2005. The mechanism of action of topical retinoids. Cutis 75, 10–13.

Kang, S., Duell, E.A., Fisher, G.J., et al., 1995. Application of retinol to human skin in vivo induces epidermal hyperplasia and cellular retinoid binding proteins characteristic of retinoic acid but without measurable retinoic acid levels of irritation. J. Invest. Dermatol. 105, 549–556.

Kang, S., Leyden, J.J., Lowe, N.J., et al., 2001. Tazarotene cream for the treatment of facial photodamage: a multicenter, investigator-masked, randomized, vehicle-controlled, parallel comparison of 0.01%, 0.025%, 0.05%, and 0.1% tazarotene creams with 0.05% tretinoin emollient cream applied once daily for 24 weeks. Arch. Dermatol. 137, 1597–1604.

Kim, M.S., Lee, S., Rho, H.S., et al., 2005. The effects of a novel synthetic retinoid, seletinoid G, on the expression of extracellular matrix proteins in aged human skin in vivo. Clin. Chim. Acta 362, 161–169.

Kligman, A.M., Grove, G.L., Hirose, R., Leyden, J.J., 1986. Topical tretinoin for photoaged skin. J. Am. Acad. Dermatol. 15, 836–859.

Kurlandsky, S.B., Xiao, J.-H., Duell, E.A., et al., 1994. Biological activity of all-trans retinol requires metabolic conversion to all-trans-retinoic acid and is mediated through activation of nuclear retinoid receptors in human keratinocytes. J. Biol. Chem. 269, 32821–32827.

Kurlandsky, S.B., Duell, E.A., Kang, S., et al., 1996. Auto-regulation of retinoic acid biosynthesis through regulation of retinol esterification in human keratinocytes. J. Biol. Chem. 271, 15346–15352.

Leyden, J.J., 2005. Retinol for the treatment of photoaged skin. Cosmet. Dermatol. 18 (Suppl. 1), 14–17.

Navarro, J.M., Casatorres, J., Jorcano, J.L., 1995. Elements controlling the expression and induction of the skin: hyperproliferation-associated keratin K6. J. Biol. Chem. 270, 21362–21367.

Phillips, T.J., 2005. An update on the safety and efficacy of topical retinoids. Cutis 75, 14–22.

Phillips, T.J., Gottlieb, A.B., Leyden, J.J., et al., 2002. Tazarotene Cream Photodamage Clinical Study Group. Efficacy of 0.1% tazarotene cream for the treatment of photodamage: a 12-month multicenter, randomized trial. Arch. Dermatol. 138, 1486–1493.

Randolph, R.K., Simon, M., 1993. Characterization of retinol metabolism in cultured human epidermal keratinocytes. J. Biol. Chem. 268, 9198–9205.

Ridge, B.D., Batt, M.D., Palmer, H.E., Jarrett, A., 1988. The dansyl chloride technique for stratum corneum renewal as an indicator of changes in epidermal mitotic activity following topical treatment. Br. J. Dermatol. 118, 167–174.

Sachsenberg-Studer, E.M., 1999. Tolerance of topical retinaldehyde in humans. Dermatology 199 (Suppl. 1), 61–63.

Sefton, J., Kligman, A.M., Kopper, S.C., et al., 2000. Photodamage pilot study: a double-blind, vehicle-controlled study to assess the efficacy and safety of tazarotene 0.1% gel. J. Am. Acad. Dermatol. 43, 656–663.

Semenzato, A., Bovenga, L., Faiferri, L., et al., 1997. Stability of vitamin A propionate in cosmetic formulations. SÖFW J.

123, 151–154.

Singh, M., Griffiths, C.E.M., 2006. The use of retinoids in the treatment of photoaging. Dermatol. Ther. 19, 297–305.

Sorg, O., Antille, C., Kaya, G., Saurat, J.-H., 2006. Retinoids in cosmeceuticals. Dermatol. Ther. 19, 289–296.

Stratigos, A.J., Katsambas, A.D., 2005. The role of topical retinoids in the treatment of photoaging. Drugs 65, 1061–1072.

Verschoore, M., Poncet, M., Czernielewski, J., et al., 1997. Adapalene 0.1% gel has low skin-irritation potential. J. Am. Acad. Dermatol. 36 (6 Pt 2), S104–S109.

Vienne, M.P., Ochando, N., Borrel, M.T., et al., 1999. Retinaldehyde alleviates rosacea. Dermatology 199 (Suppl. 1), 53–56.

Weindl, G., Roeder, A., Schafer-Korting, M., et al., 2006. Receptor-selective retinoids for psoriasis: focus on tazarotene. Am. J. Clin. Dermatol. 7, 85–97.

Weiss, J.S., Ellis, C.N., Headington, J.T., et al., 1988. Topical tretinoin improves photoaged skin. A double-blind vehicle-controlled study. J. Am. Med. Assoc. 259, 527–532.

Yin, S., Luo, J., Qian, A., et al., 2013. Retinoids activate the irritant receptor TRPV1 and produce sensory hypersensitivity. J. Clin. Invest. 123, 3941–3951.

第5章 维生素 C

Patricia K. Farris

本章概要

- L- 抗坏血酸是一种水溶性抗氧化剂。
- 维生素 C 是多种胶原合成酶的辅助因子。
- 外用维生素 C 具有光保护作用。
- 维生素 C 可抑制酪氨酸酶，是一种有效的皮肤美白剂。
- 外用维生素 C 可使光老化皮肤年轻化。

引言

维生素 C 是一种天然存在的抗氧化剂，能加入药妆品中用于预防和治疗皮肤光损伤。大多数动植物都能合成维生素 C。然而，人类由于缺少合成维生素 C 所必需的 L- 葡萄糖酸 -γ- 内酯氧化酶（L-glucono-gamma-lactone oxidase），所以不能合成，而必须从饮食中获取，如柑橘类水果（图 5.1）和绿叶蔬菜。有趣的是，口服补充维生素 C 在皮肤中的浓度增加有限。这是因为即使大剂量摄入，维生素 C 受肠道转运机制影响，吸收有限。因此，为了赋予皮肤益处，优先选择外用维生素 C。

维生素 C 可见于许多药妆品中，既可单独使用，也可与其他活性成分联用。第一种维生素 C 产品含有活性形式的维生素 C，即 L- 抗坏血酸（L-ascorbic acid）。L- 抗坏血酸的早期制剂由于暴露于空气中氧化产生脱氢抗坏血酸（dehydroascorbic acid）而经常变黄。因此，许多化妆品配方师转用更稳定和更易配制的衍生物，如抗坏血酸 -6- 棕榈酸酯（ascorbyl-6-palmitate，A-6-P）、抗坏血酸四异棕榈酸酯（ascorbyl tetraisopalmitate，ATIP）、抗坏血酸磷酸酯镁（magnesium ascorbyl phosphate，MAP）和抗坏血酸磷酸酯钠（sodium ascorbyl phosphate，SAP）。一项比较研究认为，抗坏血酸磷酸酯镁在溶液和乳液中最稳定，然后是抗坏血酸 -6- 棕榈酸酯，L- 抗坏血酸最不稳定。

图 5.1 柑橘类水果（如橘子）富含维生素 C

氧化应激、皮肤老化与维生素 C

抗衰老研究已阐明活性氧簇（reactive oxygen species，ROS）在光老化发病机制中的作用。当人体皮肤暴露于紫外线时，会产生包括超氧化物阴离子（superoxide anion），过氧化物（peroxide）和单线态氧（singlet oxygen）在内的 ROS。这些 ROS 通过引起 DNA、细胞膜和蛋白质（包括胶原蛋白在内）

的直接化学改变而产生有害作用。

氧化应激(oxidative stress)也能激活由转录因子介导的细胞活动。ROS能上调转录因子激活蛋白-1(transcription factor activator protein-1,AP-1)。AP-1能促进基质金属蛋白酶(matrix metalloproteinase,MMP)的生成从而导致胶原蛋白分解。氧化应激诱导核转录因子κB(nuclear factor kappa B,NF-κB),并产生许多引起皮肤老化的炎性介质。此外,ROS增加了真皮成纤维细胞中的弹性蛋白mRNA浓度,这可能是光老化皮肤中发现弹性组织变性的原因。

皮肤依赖于酶和非酶抗氧化剂复合系统来保护自身免受ROS损害。L-抗坏血酸是人体皮肤中最丰富的抗氧化剂。这种水溶性维生素在细胞水溶性部位起作用。维生素C有供给电子、中和自由基、保护细胞内结构免受氧化应激的作用。维生素C在失去第一个电子后形成更稳定的抗坏血酸自由基,然后在第二个电子被脱去后,就生成了脱氢抗坏血酸。脱氢抗坏血酸可以通过脱氢抗坏血酸还原酶还原成L-抗坏血酸或者在内酯环开放时被分解。维生素C还帮助再生氧化形式的维生素E,维生素E是一种高效的脂溶性抗氧化剂。这两种维生素抗氧化剂在细胞内有协同作用。

紫外线以复杂的方式起作用,在促进细胞内ROS生成的同时,也减弱了皮肤中和ROS的能力。中波紫外线照射可使皮肤中许多关键的抗氧化剂耗竭,包括维生素C。众所周知紫外线照射会以剂量依赖的方式消耗皮肤中的维生素C储备。即使仅仅暴露于1.6个最小红斑量(minimal erythema dose,MED)也可将维生素C水平降低至正常的70%,当将小鼠皮肤暴露于10个MED时,将进一步降至54%。此外,臭氧也会消耗表皮细胞中维生素C和维生素E的储备。通过这些途径,环境暴露因素会削弱皮肤抗氧化应激的自然防御机制。

维生素C:对胶原和弹性蛋白合成的作用

维生素C对胶原蛋白的生物合成至关重要。抗坏血酸盐是脯氨酰和赖氨酰羟化酶的辅助因子,该酶负责稳定和交联胶原蛋白。抗坏血酸盐还可以通过激活原胶原mRNA转录和使之稳定来直接刺激胶原合成。坏血病是维生素C缺乏和胶原蛋白生物合成受损时的经典生理性病变。

因此,局部外用维生素C已被证实可增加人体皮肤中胶原蛋白生成,也就不奇怪。在一项研究中,绝经后妇女的一侧前臂应用5%L-抗坏血酸,另一侧外用赋形剂后进行皮肤组织病理活检,结果显示:Ⅰ型和Ⅲ型胶原蛋白的mRNA水平升高。此外,MMP-1组织抑制剂的水平也增高,这提示局部外用维生素C可以减少胶原蛋白分解。有趣的是,弹性蛋白、纤维蛋白和MMP-2组织抑制剂的mRNA水平保持不变。作者注意到那些外用维生素C效果最好的人饮食中维生素C摄入量低,并由此推断局部外用维生素C可改善皮肤细胞的功能活性。

L-抗坏血酸还能影响弹性蛋白的生物合成。体外研究表明成纤维细胞的弹性蛋白生物合成可被抗坏血酸盐所抑制。这可能有助于减少光老化皮肤中特征性的弹性蛋白异常沉积。

维生素C的光保护作用

防晒霜是保护皮肤免受紫外线损伤的主要物质,外用抗氧化剂也在逐渐获得青睐。最近的研究表明虽然防晒霜能减轻紫外线所致的红斑和减少胸腺嘧啶二聚体的形成,但它们却远远不能保护皮肤免受自由基损伤。即使正确使用防晒霜,也只能阻隔

UVA 暴露所产生的 55% 的自由基。因此，防晒霜与抗氧化剂联合外用可能会提供更好的紫外线防护。

众所周知，L- 抗坏血酸对皮肤具有光保护作用。维生素 C 本身不能作为防晒剂，因为它不吸收日光中的紫外线。研究已显示外用 L- 抗坏血酸能减轻中波紫外线所致的猪皮肤红斑反应和晒伤细胞的形成。外用 10% 维生素 C 可使中波紫外线所致红斑减少 52%，晒伤细胞数量减少 40%~60%。在 PUVA(译者注：一种 UVA 光化学疗法)之前，通过晒伤细胞测量，外用维生素 C 预处理可减轻光毒损伤，同时还可减轻 PUVA 所致的组织学改变。

单独使用维生素 C 具有光保护作用，但联合维生素 E 使用效果最佳。在评估维生素 C 与维生素 E 协同作用的研究中，在猪皮肤上单独或联合使用维生素 C 和维生素 E 4 天，然后用日光模拟器(295nm)照射。第 5 天，测量抗氧化保护指标，包括红斑、晒伤细胞和胸腺嘧啶二聚体。15%L- 抗坏血酸和 1%α- 生育酚的联合应用显示了较好的光保护效果(4 倍)，并且效果在之后 4 天继续增加。两种抗氧化剂单独使用时都有光保护作用，但比联合使用要差一点。

近些时候，已经证明阿魏酸是一种高效的植物抗氧化剂，可提高维生素 C 和维生素 E 联合使用时的化学稳定性。用 0.5% 阿魏酸稳定，15% 的维生素 C 和 1% 的维生素 E 联合使用比单独应用维生素 C 和维生素 E 的 4 倍光保护作用增强了 8 倍。最近的一项研究中证明人体受试者经单次 5 个 MED 的太阳光模拟照射后，阿魏酸稳定的维生素制剂可以抑制晒伤细胞和胸腺嘧啶二聚体形成，抑制 p53 蛋白过度表达和朗格汉斯细胞的消耗。在一项对比研究中，将维生素 C、维生素 E 和阿魏酸(C+E+ 阿魏酸)组合的光保护作用与 1.0% 艾地苯醌、1.0% 泛醌和 0.5% 激动素制剂进行比较。C+E+ 阿魏酸可对高达 5 个 MED 的紫外辐射剂量提供保护，而泛醌、艾地苯醌和激动素没有任何防晒伤作用。只有 C+E+ 阿魏酸能在紫外辐射剂量达 4 个 MED 时，完全防止胸腺嘧啶二聚体形成，而其他抗氧化剂则无此种保护作用。该研究表明，局部应用 C+E+ 阿魏酸可用于缓解急性和慢性紫外线损伤，也可能对预防皮肤癌有价值。

值得注意的是为了起到光防护作用，抗氧化剂必须在暴露于紫外线之前使用。一项人体随机双盲安慰剂对照研究中，评估紫外线照射后使用各种抗氧化剂的短期光保护作用，褪黑素、维生素 C 和维生素 E 在紫外线照射后 30 分钟、1 小时和 2 小时单独应用或联合使用，无光保护作用。

除了外用维生素 C 之外，有人主张口服补充剂可能有益于光保护甚至预防皮肤癌。小鼠经口补充维生素 C 降低了紫外光诱导的皮肤肿瘤的发生率，然而人类尚未有类似记录。已证明服用维生素 C 补充剂的人体受试者血浆和皮肤中维生素 C 含量显著升高，但给予晒伤剂量的紫外辐射，却未能产生任何保护作用。与之不同的两项研究却显示补充维生素 C 和维生素 E 后可抵御紫外线诱发的红斑。因此，口服维生素补充剂的光保护作用也许是通过联合治疗来提升的，其机制就像前述维生素局部外用时一样。

维生素 C 的抗炎作用

已知维生素 C 具有抗炎作用，并已被皮肤科医师用于治疗痤疮等各种炎症性皮肤病。在人工培养的细胞中加入维生素 C 可明显降低核转录因子 NF-κB 的活性。NF-κB 是多种炎症细胞因子，如肿瘤坏死因子(TNF-α)、IL-1、IL-6 和 IL-8 的转录因子。维生素 C 对 NF-κB 的下调作用可能是通过阻滞 TNF-α 对 NF-κB 的活化而产生的。这种机制为维生素C抗炎症特性提供了一种解释。

维生素C抑制黑色素生成

日照所致的色素沉着、黄褐斑和炎症后色素沉着(postinflammatory hyperpigmentation,PIH)患者,有着强烈的皮肤美白诉求。尽管使用氢醌仍是"金标准",但近来对氢醌安全性的担忧,使人们对其他皮肤美白剂兴趣日浓。外用维生素C就是一种有效的皮肤美白剂。它可抑制酪氨酸酶,还可作为黑色素和黑色素合成中间产物多巴醌的还原剂。一项黄褐斑或雀斑患者的临床研究表明,应用10%的抗坏血酸磷酸镁(magnesium ascorbyl phosphate,MAP)每天2次,34例患者中19例有明显美白的效果。最近,在一项随机双盲半脸对照的研究中,将5%L-抗坏血酸与4%氢醌进行黄褐斑疗效对比。使用氢醌的患者中有93%出现主观改善,而使用维生素C则为62.5%。与氢醌治疗侧的副作用相比(68%),维生素C治疗侧的副作用要低得多。因此,维生素C是一种安全有效的皮肤美白剂。

L-抗坏血酸及其衍生物的传输和代谢

L-抗坏血酸

有人认为对于配方,酯化的衍生物更好一点,但也有人致力于使用L-抗坏血酸。抗坏血酸是亲水性的,因此不会轻易渗透皮肤。Pinnell等(2001)进行的研究表明L-抗坏血酸可以通过一定的配方方法保证其稳定性,并增强其渗透性。这些研究表明,只要分子上的离子电荷被去除,L-抗坏血酸就可以穿透角质层,而这只有在pH值低于3.5时才能实现。L-抗坏血酸经皮吸收的最大浓度为20%,奇怪的是更高的浓度不能增加其吸收。每日使用pH3.2的15%L-抗坏血酸,皮肤中L-抗坏血酸浓度升高20倍,3天后组织浓度可达饱和。组织饱和后L-抗坏血酸的半衰期约为4天。相比之下,根据本研究,外用13%抗坏血酸磷酸镁和10%抗坏血酸-6-棕榈酸酯不能增加皮肤中L-抗坏血酸的浓度。

抗坏血酸-6-棕榈酸酯

抗坏血酸-6-棕榈酸酯(Ascorbyl-6-palmitate,A-6-P)是脂溶性的L-抗坏血酸衍生物,在L-抗坏血酸第6个位点带有棕榈酸链。它很容易渗透角质层和细胞膜。抗坏血酸-6-棕榈酸酯本身也是一种抗氧化剂。它水解时会产生抗坏血酸和棕榈酸,尽管一些研究表明这种转化是有限的。令人感兴趣的是,A-6-P的抗氧化作用已得到充分证实,但体外研究表明L-抗坏血酸-6-棕榈酸酯具有促进UVB诱导的脂质过氧化反应和角质形成细胞的细胞毒作用。这些研究背后的机制尚不清楚,但细胞膜内部L-抗坏血酸-6-棕榈酸酯被氧化成抗坏血酸自由基是可能的,而这种自由基能够对细胞膜及DNA造成不可逆的损害。

抗坏血酸磷酸钠和抗坏血酸磷酸镁

抗坏血酸磷酸酯钠(sodium ascorbyl phosphate,SAP)和抗坏血酸磷酸酯镁(magnesium ascorbyl phosphate,MAP)都是在pH值中性时稳定的盐类。磷酸酯基位于环第2位点的位置,一方面保护其免受氧化反应,另一方面却阻止了它们发挥抗氧化的作用。因此,它们的功效取决于是否转化成抗坏血酸。一项精心设计的研究揭示了L-抗坏血酸和MAP穿越角质层的机制:利用裸鼠评估激光和皮肤磨削对提高和调节L-

抗坏血酸和 MAP 的皮肤渗透和沉积的能力。在基础情况下，L- 抗坏血酸只有非常低的被动渗透性，而 MAP 更易渗入真皮，并在那里转化为 L- 抗坏血酸。渗透性的差异可能是由于 L- 抗坏血酸是亲水性的，而 MAP 是亲脂性的。这些研究表明皮肤磨削、铒和二氧化碳激光增强了外用 L- 抗坏血酸的皮肤渗透性，而这些治疗方法对抗坏血酸磷酸酯镁的渗透性无改善。由于 MAP 很容易穿透角质层，所以影响其皮肤穿透速率的不是皮肤本身，而是其从载体释放的速度。相比之下，L- 抗坏血酸的渗透速度能通过破坏角质层屏障而得到提升。这些研究进一步阐明了维生素 C 及其衍生物在生物活性方面的差异。

此外，裸鼠试验证明 MAP 能对抗中波紫外线诱导的脂质过氧化反应，并证实其穿过表皮并转化为抗坏血酸。在利用人类成纤维细胞的体外研究中，抗坏血酸磷酸镁和抗坏血酸对刺激胶原合成具有相同的能力，而抗坏血酸磷酸钠至少还需要高 10 倍的浓度才能达到相同效果。

证实外用维生素 C 抗衰功效的临床研究

一些临床试验对含有 L- 抗坏血酸的药妆品进行了研究（Traikovich，1999）。在为期

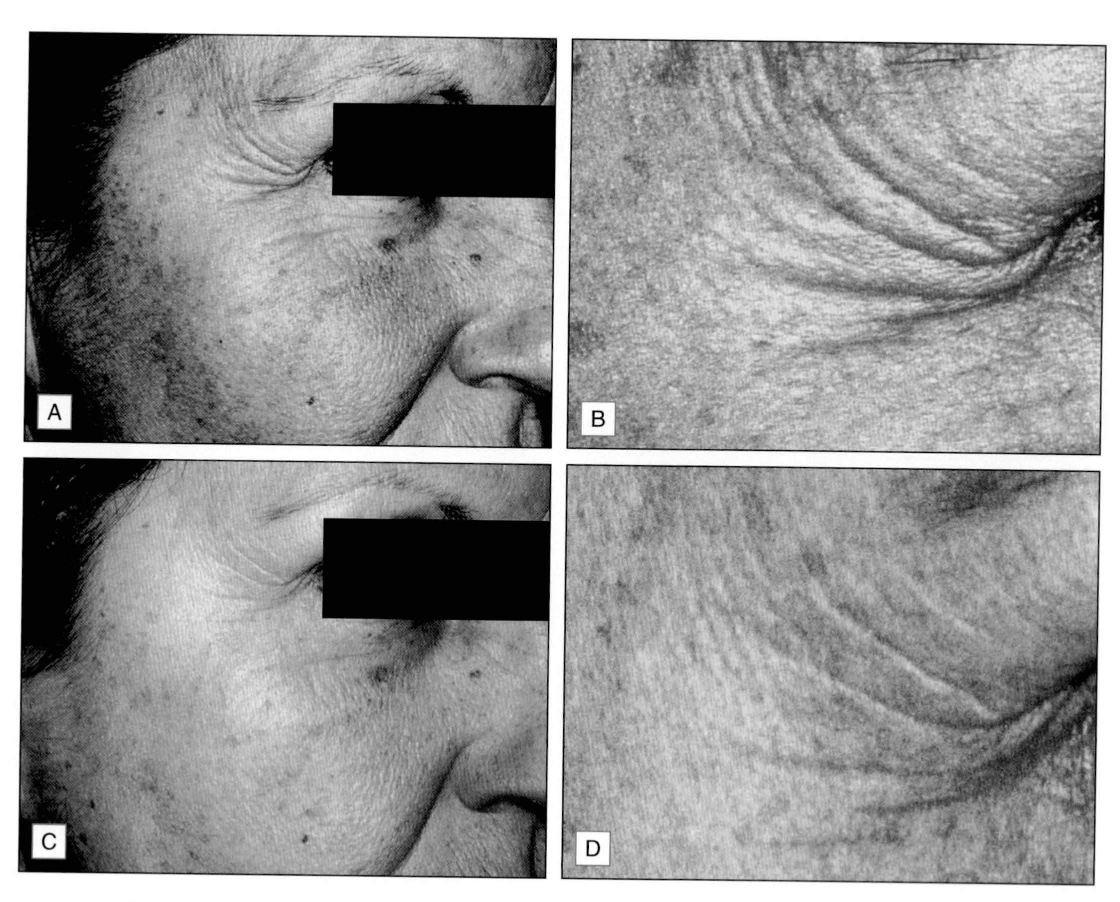

图 5.2　皮肤中度光老化的患者。(A) 治疗前特写；(B) 显示眶周皱纹；(C) 治疗 1 年后特写；(D) 显示眶周皱纹有明显的改善（承蒙 Sheldon R. Pinnell，MD 提供）

3 个月的随机双盲对照试验中，19 例 36~72 岁面部皮肤中度光老化的患者，面部一侧外用 10% 抗坏血酸(Cellex-C high-potency serum，Cellex-C International，Toronto，Ontario)，另一侧外用基质 3 个月。光学轮廓测定图像分析显示使用维生素 C 的一侧脸与对照组比较，差异具有统计学意义。细纹、触觉粗糙度、粗纹、皮肤松弛度 / 色调、蜡黄色 / 发黄、整体面部特征等临床评估也有明显改善。与对照组相比，照片评估显示维生素 C 治疗组有 57.9% 的提升。图 5.2 和图 5.3 显示患者持续外用 L- 抗坏血酸可得到预期的临床效果。图 5.2 显示患者眶周皱纹得到显著改善，而图 5.3 显示患者光老化所致的色素沉着斑有明显改善。

Humbert 等(2003)报道了一项对中度光老化患者为期 6 个月的双盲对照试验，应用 5% 维生素 C 霜剂涂于颈部和前臂，肉眼可观察到深皱纹非常显著地减少，硅胶印模证实了这一结果。组织学检查也证实了弹性组织修复的超微结构改变。作者认为外用维生素 C 对光损伤性皮肤的所有参数都有正面影响。

Fitzpatrick 和 Rostan(2002)报道了一项 10 例患者的双盲半面研究，一侧脸外用含有 10%L- 抗坏血酸和 7% 四己基癸基抗坏血酸盐(tetrahexyldecyl ascorbate)的无水有机硅聚合物凝胶，在对侧使用无活性的有机

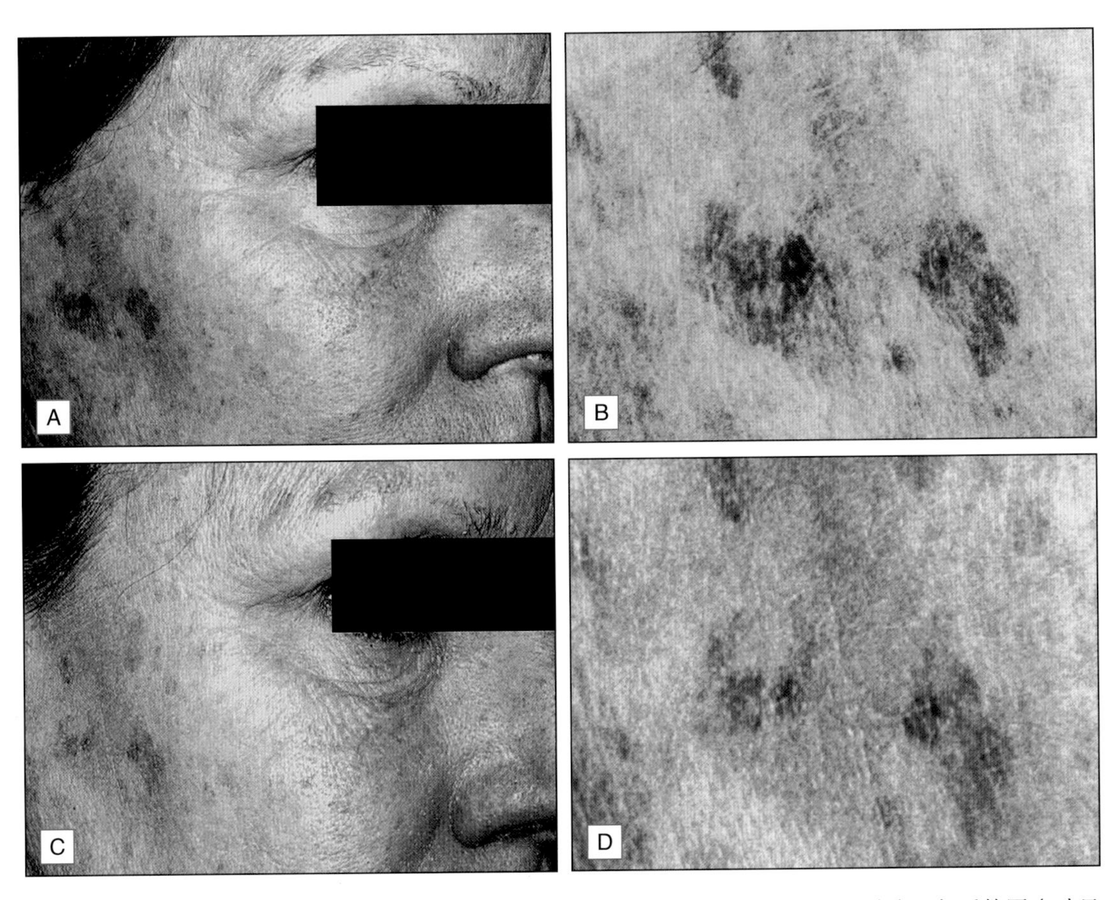

图 5.3 光化作用导致的色素沉着斑患者。(A)治疗前特写;(B)显示色素沉着;(C)治疗 1 年后特写;(D)显示日光所致的色素沉着有明显的改善(承蒙 Sheldon R. Pinnell，MD 提供)

硅聚合物凝胶作为对照。分别在第4周、第8周和第12周进行临床评估和组织活检。第12周时维生素C治疗侧的整体改善与对照侧相比具有统计学意义。维生素C治疗侧颊部和口周，显示光老化评分减少。双侧眶周区域都有改善，作者将其归功于水合作用。维生素C治疗侧的皮肤活检显示了境界带胶原蛋白的增加和Ⅰ型胶原mRNA信号的增多。

维生素C和痤疮

已有研究显示外用维生素C可能有助于治疗痤疮，可能因为它有抗炎和抗皮脂氧化作用。在一项12周的随机双盲对照试验中，50例炎症性痤疮患者外用5%抗坏血酸磷酸钠（SAP）洗剂或基质治疗，SAP洗剂耐受性良好，与对照组相比，皮损计数、受试者自我评价和研究者总体评估分均有所改善。在另一项随机双盲试验中，单独外用5%SAP，或0.2%视黄醇，或5%SAP与0.2%视黄醇联用，评估炎症性痤疮的疗效，SAP和视黄醇单用组在第4周和第8周显示出明显改善，而联合组改善最大。SAP和视黄醇联合组因通过多种机制治疗痤疮而提高了疗效。最后，当同羟基乙酸剥脱剂联合使用时，SAP对痤疮和痤疮瘢痕具有较好的功效。患者在一次性外用50%羟基乙酸剥脱剂后，再应用5%SAP或使用基质作为对照组每日2次。剥脱剂每月使用1~3次，间隔10天以上。应用SAP的患者改善情况（改善率为79%）明显优于对照组（改善率为44%）。所以，外用维生素C不仅可用于治疗活动性痤疮，还可用于治疗痤疮瘢痕。

维生素C用于激光术后处理治疗

Alster和West（1998）报道了外用L-抗坏血酸的创新性应用，评估了它治疗CO_2激光术后红斑的功效。半脸研究显示患者术后外用含有10%L-抗坏血酸、2%硫酸锌和0.5%酪氨酸的水溶液治疗后，术后第8周红斑有了显著改善。有趣的是相同配方的霜剂却没有这种效果。

结论

外用维生素仍然是抗衰老手段的中坚。此外，维生素C及其衍生物用作皮肤美白剂、光保护剂和治疗痤疮及痤疮瘢痕具有重要价值。它在皮肤中有多样的生物活性，是皮肤科医师手中的利器。

（翻译：潘毅　审校：许德田）

参考文献

Alster, T.S., West, T.B., 1998. Effect of topical vitamin C on postoperative carbon dioxide laser resurfacing erythema. Dermatol. Surg. 24, 331–334.

Austria, R., Semenzato, A., Bettero, A., 1997. Stability of vitamin C derivatives in solution and topical formulations. J. Pharm. Biomed. Anal. 15, 795–801.

Carcamo, J.M., Pedraza, A., Borquez-Ojeda, O., Golde, D.S., 2002. Vitamin C suppresses TNF alpha-induced NF kappa B activation by inhibiting I kappa B alpha phosphorylation. Biochemistry 41, 12995–30002.

Darr, D., Combs, S., Dunston, S., et al., 1992. Topical vitamin C protects porcine skin from ultraviolet radiation-induced damage. Br. J. Dermatol. 127, 247–253.

Eberlein-Konig, B., Placzek, M., Przybilla, B., 1998. Protective effect against sunburn of combined systemic ascorbic acid (vitamin C) and d–alpha-tocopherol (vitamin C). J. Am. Acad. Dermatol. 38, 45–48.

Fisher, G.J., Kang, S., Varani, J., et al., 2002. Mechanisms of photoaging and chronological skin aging. Arch. Dermatol. 138, 1462–1470.

Fitzpatrick, R.E., Rostan, E.F., 2002. Double-blind, half-face study comparing topical vitamin C and vehicle for rejuvenation of photodamage. Dermatol. Surg. 28, 231–236.

Haywood, R., Wardman, P., Sanders, R., Linge, C., 2003. Sunscreens inadequately protect against ultraviolet A-induced free radicals in skin: implications for skin aging and melanoma? J. Invest. Dermatol. 121, 862–868.

Humbert, P.G., Haftek, M., Creidi, P., et al., 2003. Topical ascorbic acid on photoaged skin. Clinical, topographical and ultrastructural evaluation: double-blind study vs. placebo. Exp. Dermatol. 12, 237–244.

Kameyama, K., Sakai, C., Kondoh, S., et al., 1996. Inhibitory effect of magnesium L-ascorbyl-2-phosphate (VC-PMG) on melanogenesis in vitro and in vivo. J. Am. Acad. Dermatol. 34, 29–33.

Lin, J.Y., Selim, M.A., Shea, C.R., et al., 2003. UV photoprotection by combination topical antioxidants vitamin C and vitamin E. J. Am. Acad. Dermatol. 48, 866–867.

Lind, F.H., Lind, J.Y., Gupta, R.D., et al., 2005. Ferulic acid stabilizes a solution of vitamins C and E and doubles its photoprotection of skin. J. Invest. Dermatol. 125, 826–832.

McCardle, F., Thodes, L.E., Parslew, R., et al., 2002. UVR-induced oxidative stress in human skin in vivo: effects of oral vitamin C

supplementation. Free Radic. Biol. Med. 33, 1355–1362.
Pinnell, S.R., 2003. Cutaneous photodamage, oxidative stress and topical antioxidant protection. J. Am. Acad. Dermatol. 48, 1–19.
Pinnell, S.R., Yang, H.S., Omar, M., et al., 2001. Topical L-ascorbic acid percutaneous absorption studies. Dermatol. Surg. 27, 137–142.
Stamford, N.P., 2012. Stability, transdermal penetration, and cutaneous effects of ascorbic acid and its derivatives. J. Cosmet. Dermatol. 11, 310–317.
Tournas, J.A., Fu-Hsiung, L., Burch, J.A., et al., 2006. Ubiquinone, idebenone and kinetin provide ineffective photoprotection to skin when compared to a topical antioxidant combination of vitamins C and E with ferulic acid. J. Invest. Dermatol. 126, 1185–1187.
Woolery-Lloyd, H., Baumann, L., Ideno, H., 2010. Sodium L-ascorbyl-2-phosphate 5% lotion for the treatment of acne vulgaris: a randomized, double-blind, controlled trial. J. Cosmet. Dermatol. 9 (1), 22–27.
Wu, Y., Zheng, X., Xu, X.G., et al., 2013. Protective effects of a topical antioxidant containing vitamins C and E and ferulic acid against ultraviolet irradiation-induced photodamage in Chinese women. J. Drugs Dermatol. 12 (4), 464–468.

第 6 章 维生素 B

John E. Oblong, Holly A. Rovito

本章概要

- 烟酰胺是水溶性的、稳定的、易穿透角质层的小分子维生素。
- 烟酰胺已被外用于预防光损伤、减少痤疮、改善大疱性类天疱疮，以及玫瑰痤疮和特应性皮炎的治疗。
- 泛醇或维生素原 B_5 又被称为右旋泛醇或泛酰醇。
- 泛醇被局部用于治疗创伤、挫伤、瘢痕、压伤、皮肤溃疡、热灼伤、术后切口 / 膨胀，以及皮肤病。
- 外用维生素 B_3 和维生素原 B_5 有多种皮肤美容功效，如增强皮肤屏障功能、保湿以及改善皮肤老化外观等。
- 研究发现 NAD^+ 和相关前体（如烟酰胺）与衰老性疾病有特定的、新颖的联系机制。

引言

维生素 B 族的营养价值早已为人所知，近年来，维生素 B_3（也称烟酰胺）和维生素 B_5（也称泛醇）外用的功效也逐渐被认可。已有外用烟酰胺和泛醇治疗皮肤病的报道。最近，这两种维生素 B 也被化妆品界所采用，用于缓解与皮肤老化等相关的常见皮肤问题。在这些应用中，它们易为皮肤所耐受，故适用于各种皮肤类型。

维生素 B 发挥效果的机制尚未被完全阐明。然而，由于这两类维生素 B 都是代谢中重要辅助因子的前体，我们或许可以援引这些前体功能的公共机制对之作以解释。

本章将概述 B 族维生素的外用效果和机制。有关这两种物质的研究文献很多，在此仅能扼要说明已发表的一些内容。

烟酰胺

原料

维生素 B_3 包括了一系列结构相似的化合物。在此重点讨论的是烟酰胺（niacinamide），也称尼克酰胺，在早期的文献中称为维生素 PP（用于预防糙皮病）。烟酰胺是一种水溶性的、稳定的低分子量物质，它能迅速穿过角质层。其作用机制是能作为前体快速并入 NAD（P）H 池，成为许多酶反应中关键的氧化还原因子。最近，已证明 NAD^+ 通过保护细胞免受氧化应激反应和老化，在调节细胞代谢中起着重要作用。这对每天暴露于诸如紫外线、污染、烟雾等环境压力中的皮肤有重要意义，且已有报道称老年男性和女性皮肤 NAD^+ 水平均较低。

外用治疗功效

烟酰胺已被局部应用以预防光损伤、减少痤疮、改善大疱性类天疱疮，以及治疗玫瑰痤疮和特应性皮炎。尽管烟酰胺有许多作用，但其具体作用机制尚不清楚。此外，烟酰胺是NAD(P)及其还原形式NAD(P)H的前体，后两者作为辅助因子，在许多细胞代谢酶反应中起重要作用，因此烟酰胺有可能影响许多组织的功能。又由于这些辅助因子的还原形式是强效的抗氧化剂，很可能形成强大的氧化还原反应调节机制。

外用药妆功效

烟酰胺外用易为皮肤所耐受。因其温和且应用范围很广，有研究者设计了临床对照研究，显示长期外用烟酰胺对老化的皮肤有许多益处。

屏障和刺激

烟酰胺外用可降低经皮水分丢失(transepidermal water loss，TEWL)，表明皮肤屏障功能得到改善；同时，使用过烟酰胺的皮肤对屏障破坏剂[如表面活性剂十二烷基硫酸钠(SLS)和反式视黄酸]引起的损伤具有更明显的抵抗作用，是故，烟酰胺能减少面部红斑和刺激症状(图6.1)。

这种改善屏障的效果机制可能是由于烟酰胺导致皮肤屏障层脂质(如神经酰胺)和屏障层蛋白(如角蛋白、外皮蛋白和丝聚蛋白)增加，从而在屏障的加固中起了重要作用。

色素斑

烟酰胺长期外用还可减少高加索人和亚洲人面部皮肤的色素斑。研究发现其机制是抑制黑素小体从黑色素细胞输送至角质形成细胞。随着输送途径的抑制，黑色素细胞停止产生黑色素。如预期的那样，在体外培养和临床上停止使用烟酰胺，这种效应是可逆的。

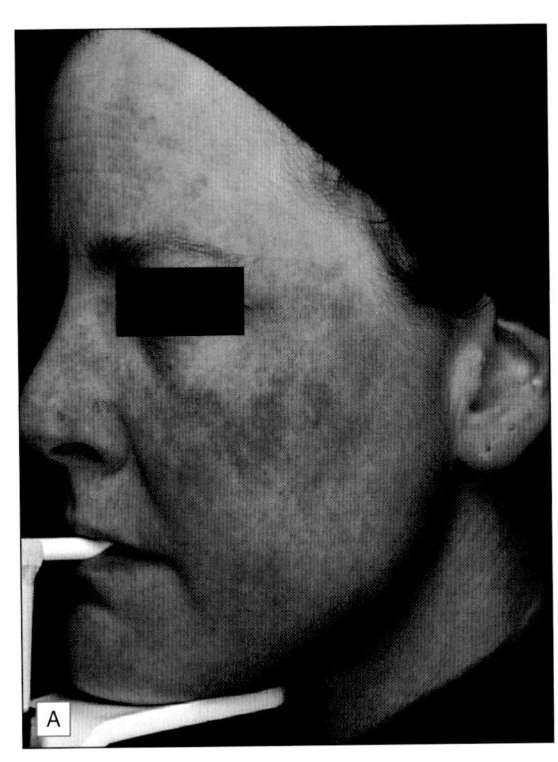

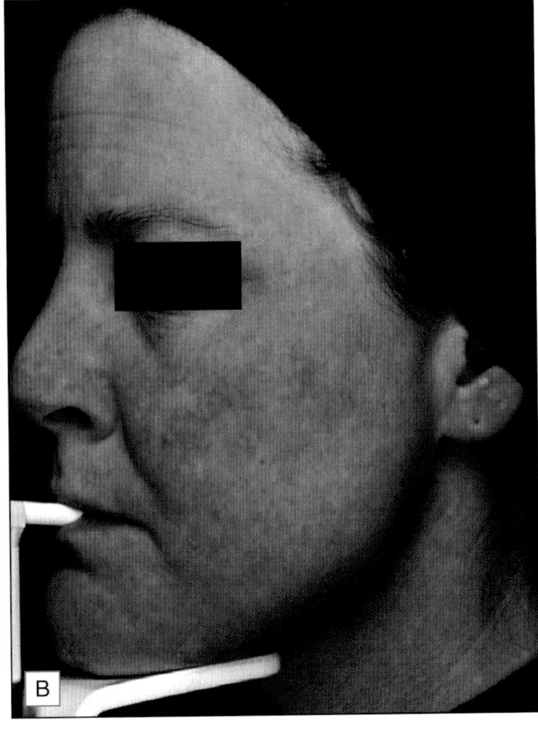

图6.1 高加索人面部皮肤外用5%烟酰胺后红斑改善：(A)基线情况；(B)8周后改善

面色发黄（肤色蜡黄）

外用烟酰胺可有效预防皮肤发黄（图6.2和图6.3），其机制可能包括经由NAD（P）H的抗氧化机制，特别是阻止了蛋白质糖化（Maillard反应），糖化的终产物是积累在皮肤中交联的黄棕色蛋白（amadori产物）。烟酰胺已被报道具有抗糖化特性。

皮肤纹理和皮脂

年长者皮肤纹理变差的因素之一是毛孔粗大。长期外用烟酰胺可显著改善皮肤纹理。烟酰胺还可减少皮脂分泌，进而缩小毛孔使皮肤更平滑。

环境损害防护

已有研究发现外用烟酰胺可有效预防和减少由模拟日光照射引起的红斑，包括消退潮红和降低皮肤表面炎症性生物指标。

皱纹

据观察，长期外用烟酰胺可减少皮肤皱纹（图6.4）。关于皱纹减少有两种机制：一种是通过烟酰胺使真皮的胶原生成增加，另一种是使真皮浅层过量的糖胺聚糖（glycosaminoglycan，GAG）生成减少。真皮正常的结构和功能只需要低浓度的GAG，过高的浓度反而会使皮肤外观变差。

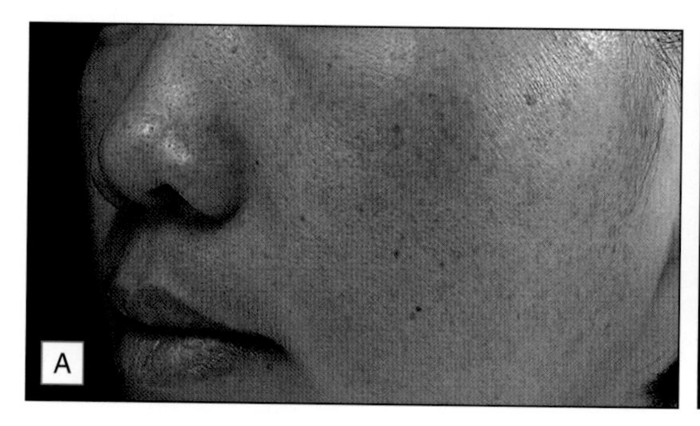

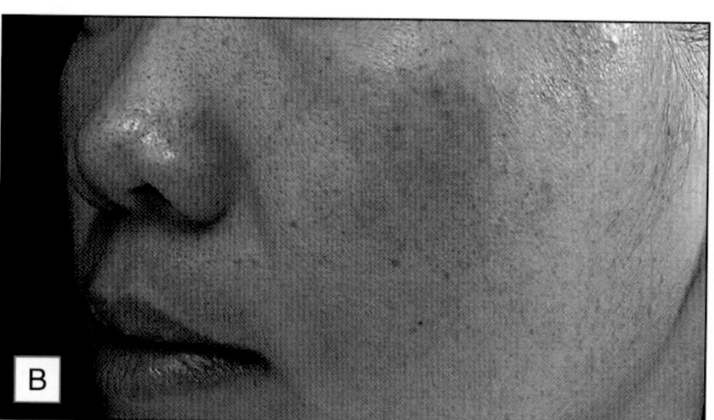

图6.2　中国人面部皮肤外用3.5%烟酰胺后的抗黄效果：（A）基线情况；（B）4周后改善

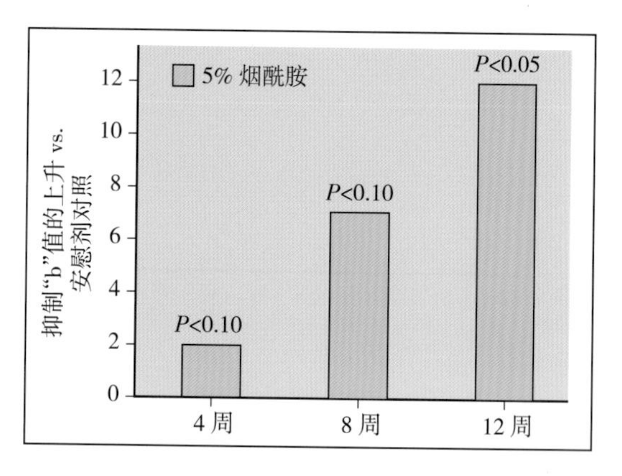

图6.3　外用5%烟酰胺抑制皮肤发黄（图像"b"值分析）

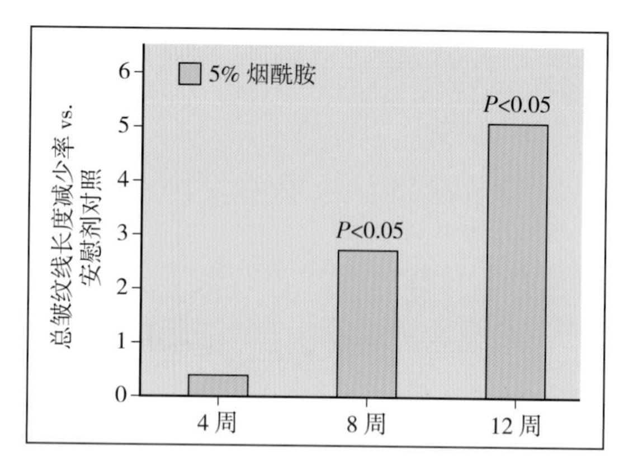

图6.4　外用5%烟酰胺减少面部皱纹（计算机图像定量分析显示总皱纹线长度减少）

泛醇

原料

泛醇(panthenol)或维生素原 B_5 又被称为右旋泛醇和泛酰醇。泛醇的右旋光学异构体被称为 D- 泛醇(右旋泛醇)。泛醇是一种水溶性的、稳定的、易穿透角质层的小分子药妆品原料。

外用治疗功效

泛醇被局部用于治疗创伤、挫伤、瘢痕、压伤、皮肤溃疡、热灼伤、术后切口或膨胀以及皮肤病,产生效果的具体机制还尚不清楚。然而,D- 泛醇是泛酸(维生素 B_5)的前体。泛酸是辅酶 A 的成分,后者对脂肪酸生物合成和糖异生过程中的辅酰基起重要作用。皮肤脂质合成的增加,将导致屏障的改善,屏障的改善进而使伤口愈合。另外,泛醇还能促进成纤维细胞增殖和表皮的再上皮化,故可促进伤口愈合。此外,还发现泛醇有利于增加皮肤的渗透性。

外用药妆功效

泛醇外用极易为皮肤所耐受,所以被广泛应用,有许多研究报道了它的美容功效,包括保湿作用和与保湿作用相关的皮肤粗糙度、鳞屑和弹性的改善;保护皮肤免受刺激和 SLS 引起的损伤;皮肤舒缓作用;抗炎和止痒作用。

保湿作用

泛醇的保湿作用可能源自其吸湿的特性。泛醇是一种有效的角质层保湿剂,与甘油联合使用时效果更佳。此外,泛醇还可改善和红斑相关的皮肤疾病,如特应性皮炎、鱼鳞病、银屑病和接触性皮炎相关的症状,包括皮肤干燥、粗糙、鳞屑、瘙痒。它还能减轻类视黄醇治疗引发的皮肤不良反应。这种保湿作用进一步使它在头发护理得到应用,改善头发的弹性、柔软度和易梳性。

屏障和刺激

泛醇通过改善皮肤屏障功能来减少刺激。外用泛醇进行局部预处理,可增加皮肤对表面活性剂 SLS 诱导损伤的抵抗力(表6.1)。由于泛醇是泛酸的前体,而泛酸是屏障层脂质生物合成的辅助因子,这就解释了屏障改善的原因。

表 6.1 外用泛醇预防 SLS 所致的红斑

SLS 处理后的时间点	处理后的红斑评分(0~6 分)	
	十二烷基硫酸钠	泛醇涂抹后 SLS 处理
2 天	4.0	2.4
3 天	3.4	1.7
4 天	2.7	1.4

一些消费者对化妆品中的特殊成分敏感(如某些防腐剂、香料、防晒活性物质等),导致诱发不良动觉刺激,如烧灼、刺痛、瘙痒和麻刺感。在此类化妆品中加入泛醇能减少不良反应(表 6.2),其机制可能与报道的舒缓或抗炎作用有关。

表 6.2 含有泛醇的化妆品配方可减轻动觉不良反应

可见的动觉特性	使用泛醇减少不良反应(0~6 分)
发红	−1.4
烧灼感	−2.4
麻刺感	−5.7
刺痛感	−4.9
瘙痒感	−4.9
发热感	−5.7

讨论

外用维生素 B_3 和维生素原 B_5 有多种皮肤美容功效，如增强皮肤屏障功能、保湿以及改善皮肤老化特征。更重要的是，对 NAD^+ 和相关前体（如烟酰胺）的新研究已经发现维生素 B 与衰老性疾病有特定的、新颖的联系机制，包括在调节细胞生物能量生成、去乙酰化酶活性、线粒体完整性以及许多与衰老相关的疾病总体进展中起着重要调节作用。未来的研究将探讨这些辅助因子作为“代谢变阻器”在调节昼夜节律性中的重要作用。在外用时，这些水溶性物质对面部皮肤无刺激性，易于配制，化学性能稳定并与其他制剂成分相容。因此，它们是药妆品理想的活性成分，联合使用更能整体提升护肤功效。

（翻译：潘毅 审校：许德田）

参考文献

Biro, K., Thaci, D., Ochsendorf, F.R., et al., 2003. Efficacy of dexpanthenol in skin protection against irritation: a double-blind, placebo-controlled study. Contact Dermatitis 49, 80–84.

Bissett, D.L., Miyamoto, K., Sun, P., et al., 2004. Topical niacinamide reduces yellowing, wrinkling, red blotchiness, and hyperpigmented spots in aging facial skin. Int. J. Cosmet. Sci. 26, 231–238.

Bissett, D.L., Oblong, J.E., Saud, A., et al., 2003. Topical niacinamide provides skin aging appearance benefits while enhancing barrier function. J. Clin. Dermatol. 32, S9–S18.

Cantó, C., Auwerx, J., 2012. Targeting sirtuin 1 to improve metabolism: all you need is NAD(+)? Pharmacol. Rev. 64, 166–187.

CIR, 2005. Final report of the safety assessment of niacinamide and niacin. Int. J. Toxicol. 24S, 1–31.

Draelos, Z.D., 2005. Niacinamide-containing facial moisturizer improves skin barrier and benefits subjects with rosacea. Cutis 76, 135–141.

Draelos, Z.D., Ertel, K.D., Berge, C.A., 2006. Facilitating facial retinization through barrier improvement. Cutis 78, 275–281.

Draelos, Z.D., Matsubara, A., Smiles, K., 2006. The effect of 2% niacinamide on facial sebum production. J. Cosmet. Laser Ther. 8, 96–101.

Ebner, F., Heller, A., Rippke, F., Tausch, I., 2002. Topical use of dexpanthenol in skin disorders. Am. J. Clin. Dermatol. 3, 427–433.

Fivenson, D.P., 2006. The mechanisms of action of nicotinamide and zinc in inflammatory skin diseases. Cutis 77S, 5–10.

Gehring, W., 2004. Nicotinic acid/niacinamide and the skin. J. Cosmet. Dermatol. 3, 88–93.

Gloor, M., Senger, B., Gehring, W., 2002. Do dexpanthenol/glycerin combinations achieve better skin hydration than either component alone? Aktuelle Derm. 28, 402–405.

Gomes, A.P., Price, N.L., Ling, A.J., et al., 2013. Declining NAD(+) induces a pseudohypoxic state disrupting nuclear-mitochondrial communication during aging. Cell 155, 1624–1638.

Greatens, A., Hakozaki, T., Koshoffer, A., et al., 2005. Effective inhibition of melanosome transfer to keratinocytes by lectins and niacinamide is reversible. Exp. Dermatol. 14, 498–508.

Hakozaki, T., Minwalla, L., Zhuang, J., et al., 2002. The effect of niacinamide on reducing cutaneous pigmentation and suppression of melanosome transfer. Br. J. Dermatol. 147, 22–33.

Herskovits, A.Z., Guarente, L., 2013. Sirtuin deacetylases in neurodegenerative diseases of aging. Cell Res. 23 (6), 746–758.

Kang, H.T., Lee, H.I., Hwang, E.S., 2006. Nicotinamide extends replicative lifespan of human cells. Aging Cell 5, 423–436.

Ma, Y., Chen, H., He, X., et al., 2012. NAD+ metabolism and NAD(+)-dependent enzymes: promising therapeutic targets for neurological diseases. Curr. Drug Targets 13, 222–229.

Massudi, H., Grant, R., Braidy, N., et al., 2012. Age-associated changes in oxidative stress and NAD^+ metabolism in human tissue. PLoS ONE 7 (7), e42357.

Matts, P.J., Oblong, J.E., Bissett, D.L., 2002. A review of the range of effects of niacinamide in human skin. Int. Fed. Soc. Cosmet. Chem. Magazn. 5, 285–289.

Niren, N.M., 2006. Pharmacologic doses of nicotinamide in the treatment of inflammatory skin conditions: a review. Cutis 77S, 11–16.

Proksch, E., Nissen, H.P., 2002. Dexpanthenol enhances skin barrier repair and reduces inflammation after sodium lauryl sulphate-induced irritation. J. Dermatolog. Treat. 13, 173–178.

Reber, F., Geffarth, R., Kasper, M., et al., 2003. Graded sensitiveness of the various retinal neuron populations on the glyoxal-mediated formation of advanced glycation end products and ways of protection. Graefes Arch. Clin. Exp. Ophthalmol. 241, 213–225.

Romiti, R., Romiti, N., 2002. Dexpanthenol cream significantly improves mucocutaneous side effects associated with isotretinoin therapy. Pediatr. Dermatol. 19, 368.

Rovito, H.A., Oblong, J.E., 2013. Nicotinamide preferentially protects glycolysis in dermal fibroblasts under oxidative stress conditions. Br. J. Dermatol. 169 (Suppl. 2), 15–24.

Sauberlich, H.E., 1980. Pantothenic acid. In: Goodhart, R.S., Shils, M.E. (Eds.), Modern Nutrition in Health and Disease. Lea & Febiger, Philadelphia, pp. 209–216.

Shindo, Y., Witt, E., Han, D., et al., 1994. Enzymic and non-enzymic antioxidants in epidermis and dermis of human skin. J. Invest. Dermatol. 102, 122–124.

Soma, Y., Kashima, M., Imaizumi, A., et al., 2005. Moisturizing effects of topical nicotinamide on atopic dry skin. Int. J. Dermatol. 44, 197–202.

Stozkowskaa, W., Piekos, R., 2004. Investigation of some topical formulations containing dexpanthenol. Acta Pol. Pharm. 61, 433–437.

Thornalley, P.J., 2002. Glycation in diabetic neuropathy: characteristics, consequences, causes, and therapeutic options. Int. Rev. Neurobiol. 50, 37–57.

Wozniacka, A., Sysa-Jedrzejowska, A., Adamus, J., Gebicki, J., 2003. Topical application of NADH for the treatment of rosacea and contact dermatitis. Clin. Exp. Dermatol. 28, 61–63.

生理性脂质与皮肤屏障

Peter M. Elias

第 7 章

本章概要

- 许多皮肤疾病伴有皮肤屏障功能紊乱现象。
- 正常皮肤屏障功能需要表皮脂质来维系。
- 生理性脂质是角质层脂质库的主要来源。非生理性脂质不能渗透到角质层以下，而是充分分散到角质层细胞间质中。
- 生理性脂质和非生理性脂质，既可以单独使用，也可以互相搭配，用于处理各种皮肤屏障异常。
- 新兴的皮肤屏障修复方案，是根据临床适应证分型采取针对性的方案达到修复功效。
- 三种生理脂质复配。
- 复配一种或几种非生理脂质。
- 透气或不透气的敷料。

引言

虽然角质层参与皮肤的多种防御性功能(表 7.1)，但最重要的是预防体液和电解质流失，即渗透屏障作用。渗透性屏障功能是由角质层中细胞间脂质排列成的多层双分子膜结构所实现的功能，这一结构不仅具有渗透屏障功能，还在表皮保护中发挥关键作用(图 7.1)。角质层的这一防御功能有赖于细胞间隔，或细胞外基质，或者两者的某些特性(表 7.1)。

表 7.1 哺乳类动物角质层的保护作用

功能	分布部位
渗透屏障[a]	细胞间(角质层)
诱导炎症(细胞因子活化)[a]	角质细胞胞质(及颗粒层细胞)
黏附力(完整性)→脱落[a]	细胞间(角质层)
抗菌屏障(天然免疫)[a]	细胞间(角质层)
机械保护(碰撞、剪切力)	角质细胞套膜和角质桥粒
防止有害化学物质 / 抗原	细胞间(角质层)
水合作用	细胞间和角质细胞胞质
紫外线屏障	角质细胞胞质(反式尿刊酸)
神经感受	颗粒层细胞

[a] 通过角质层的 pH 值调控

屏障修复的动力学

在日常生活中，皮肤屏障不断受到各种外界因素的侵袭，如水、洗涤剂、溶剂、机械损伤、自由基以及和职业相关的化学物质等。如果这些侵害经常发生，或者修复功能不足，皮肤屏障会由于经皮水分丢失(TEWL)增加引起干燥从而导致相应部位损伤。为了避免这类损伤，表皮形成了一种

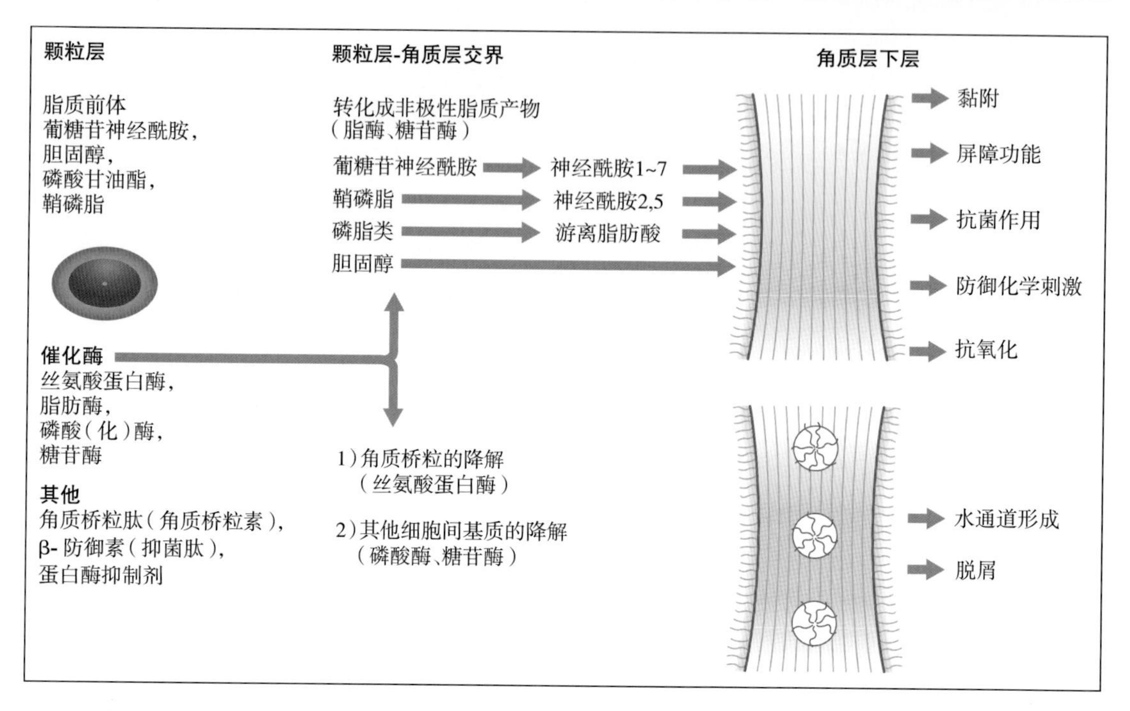

图 7.1　板层小体释放几种有重要保护功能的脂质和酶

协调的代偿机制，即通过提高脂质合成及加快脂质的分泌，来快速恢复皮肤正常屏障功能。引起屏障损伤的任何刺激（如有机溶剂、洗涤剂、胶带粘脱）都会诱发这种反应机制，这可能会耗竭角质层脂质的补充。尽管随着年龄增长，皮肤屏障的修复时间逐渐变长，但在初期都有一个快速恢复阶段，年轻人在 12 小时内可以恢复 50%~60% 的屏障功能，完全恢复大约需要 3 天（图 7.2）；但在年长的受试者（>75 岁）中，完全修复则需要 1 周。屏障修复（barrier recovery）的过程伴随着脂质的重新累积（可以通过油红染色或尼罗红染色后的荧光反应观察到），还伴有细胞间质中呈规则排列的板层结构，这在急性损伤后最早约 2 小时内即可观察到。非透气性或封闭性敷料进行人工修复反而会抑制屏障的修复，同时抑制相应的代偿机制，该机制的作用是恢复渗透屏障的稳态。

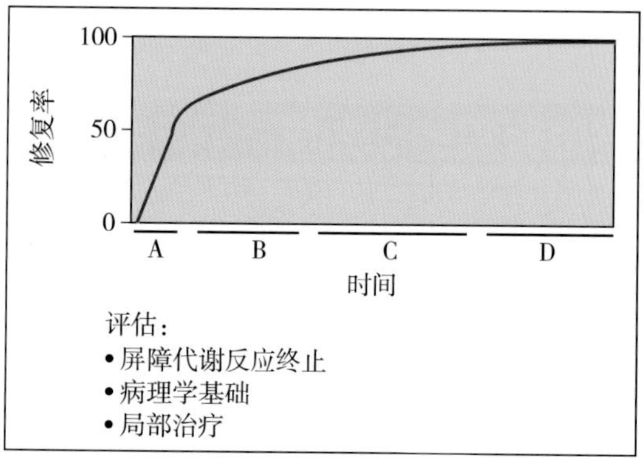

修复率　100　50　0
A　B　C　D
时间
评估：
• 屏障代谢反应终止
• 病理学基础
• 局部治疗

图 7.2　皮肤应激试验（皮肤负荷试验）显示表皮对屏障损伤的动力学反应

皮肤应激测试的临床应用

皮肤屏障修复的动力学在急性损伤（也被称作皮肤应激试验）后，即使基本指标表现正常（图 7.2），也能观察到皮肤功能异常或潜在的病理性变化，这与心功能检测中的踏板试验类似。皮肤应激试验（cutaneous stress test）中，虽然老年性皮肤和新生儿皮肤在基础条件下皮肤功能是正常的，但仍能观察到屏障功能弱化。而且，测试的结果会显著放大与其他“正常”组之间的差别：

- 睾酮充足的个体与睾酮缺乏的个体之间；
- 湿润环境中的皮肤与干燥环境中的皮肤；
- Ⅳ型 /Ⅴ型皮肤与Ⅰ型 /Ⅱ型肤色的皮肤。

有较高心理压力的个体常表现为屏障修复能力不完善，揭示了为什么这些心理因素容易引起炎症性皮肤病，如银屑病和特应性皮炎的倾向，在经受这些压力的个体中，也可能由于进一步的炎症级联反应而加剧。

板层膜中的脂质组成

角质层中的细胞间质大多由表皮中的板层小体（lamellar body，LB）分泌的成分降解而来，主要包括胆固醇、葡糖苷酰基鞘氨醇（葡糖基神经酰胺）以及磷脂和相应的水解酶（图 7.1），其中的脂加工酶类在细胞（角质形成细胞）外将神经鞘磷脂和葡糖苷酰基鞘氨醇（葡糖神经酰胺）降解成神经酰胺、磷脂、游离脂肪酸（free fatty acids，FFA）和胆固醇，这些成分共同组成渗透性屏障所需的板层膜。由此可见，角质层的板层膜由调节屏障作用的、有独特生物学活性的膜组成，并具有以下典型特征：

- 极强的疏水性（游离或酯化的脂肪酸具有较长的脂肪链并高度饱和）；
- 脂质在角质层中的重量百分比等于细胞间质中板层膜的层数（叠加越多，屏障功能越强）；
- 神经酰胺：胆固醇：游离脂肪酸（Cel：Chol：FFA）以等摩尔比共存；
- 其中某些神经酰胺（即乙酰神经酰胺）与亚油酸一起，将板层膜的两层之间紧紧连接在一起。

这些基本描述了角质层的屏障特点。

皮肤屏障中的脂质合成及条件

表皮中的板层小体合成需要一些关键脂质的前体，即胆固醇、葡糖酰神经酰胺和磷脂等成分的协同参与。虽然在基础条件下，表皮是非常活跃的脂质合成部位，但是当渗透性屏障发生异常时，胆固醇、游离脂肪酸和神经酰胺的合成会显著增加，为新的板层小体的生成提供充分的脂质储备。不过，这些脂质合成不仅仅由屏障需求所调控，也是屏障维持正常功能的需求。利用对关键脂质合成酶的特异性抑制剂，验证了屏障形成过程中对胆固醇、游离脂肪酸及神经酰胺等脂质的不同需要。事实上，如果抑制这些特定的酶，通常会出现类似的结果：细胞内的板层小体和细胞外的板层状双分子膜会显著减少。因此，角质层中这三种关键（生理性）脂质，每一种都是渗透屏障功能必需的。

角质层中三种关键脂质的等摩尔分布

上述研究已经阐明了胆固醇、游离脂肪酸、神经酰胺等成分对渗透屏障的必要性，当单独使用上述任一种生理性脂质时，屏障功能反而变差！因此，这三类生理性脂质必须以接近等摩尔比例同时使用，才有助于恢复屏障功能（表 7.2）。例如，在严重受损的皮肤表面仅使用这三种关键生理脂质中的一种或两种时，屏障功能的修复会延迟（表 7.2）。究其原因，是因为这三种关键脂质完整或不完整比例的混合物，都能快速渗透角质层，到达颗粒层，作用于生成板层小体的高尔基体反面网状结构（trans-Golgi network，图 7.3）。内源性和外源性脂质在初期的板层小体中混合，生成正常或不正常的板层小体，并转变成板层膜结构，而这

表 7.2　不同局部治疗后的屏障恢复

治疗(急性损伤后)	从初始的基值(%)到开始的修复率(%)			
	45 分钟	2 小时	4 小时	8 小时
空气暴露或载体(赋形剂)	15	25	35	55
生理性脂质(不完全混合物)	15	20	25	35
生理性脂质(等摩尔)	15	25	35	55
生理性脂质(最佳摩尔比)	10	55	75	90
矿脂	50	50	50	40
生理性脂质[a]+ 矿脂[a]	55	70	90	95

[a] 最佳摩尔比 =3∶1∶1(神经酰胺∶游离甾醇∶游离脂肪酸)
等摩尔比 =1∶1∶1

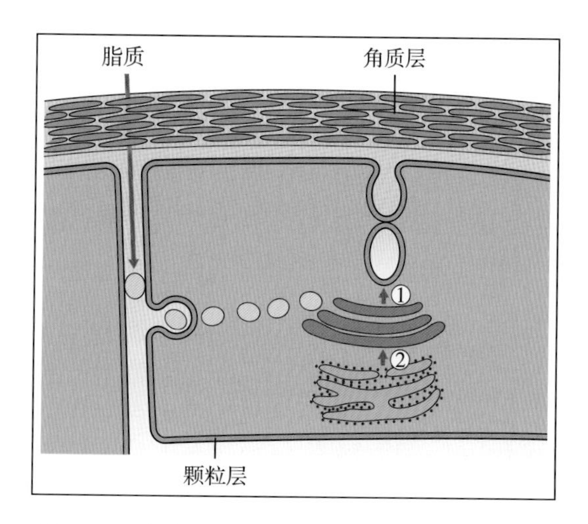

图 7.3　局部使用生理性脂质。相较于非生理性脂质,如与凡士林相比,能渗透到角质层,并深入到表皮的有核细胞层(①),再经板层小体分泌并重新转运到角质层之前,与高尔基体反面网状结构(②)的内源性脂质混合

一板层膜结构是否正常,则取决于脂质成分的摩尔比。如果增加三种脂质中的任一种,使其比例(摩尔比)提高到 3∶1∶1,则会加快屏障功能的修复(表 7.2 和图 7.4)。因而,外用脂质中生理性脂质混合物对皮肤屏障功能的影响,不是像非生理性脂质一样仅对角质层有封闭作用,而是参与表皮的脂质池并释放到角质层间隙发挥作用。

非生理性脂质的作用机制

与生理脂质不同,经典的非生理脂质(如矿脂)并非颗粒层细胞脂质分泌途径的产物,也不能渗透到角质层以下,却能深入到角质细胞间,形成疏水的非板层结构,取代内源性的板层双分子层。这类典型的非生理脂质,不仅包括矿脂,也包括其他的物质,如蜂蜡、羊毛脂、角鲨烯及其他一些碳氢化合物,主要起到水扩散屏障的作用,能立即降低水分的散失(表 7.2),但不能完全阻止。与此相反,生理性脂质防止水分扩散则有滞后性,因为生理性脂质需要时间进行胞吞、分泌,再形成板层结构膜(表 7.2,矿脂与生理脂质的比较)。非生理脂质的优点是不区分屏障受损类型,但能获得类似的修复效果,而且,虽然不是板层状膜的成分,但在某些情况下却有一些其他益处,如缓解炎症、保湿、防水、隔离等。所以,根据作用机制的差异性,生理脂质和非生理脂质具有互补性,在配方中可以复配使用(表 7.2,非生理脂质和生理脂质)。

屏障修复治疗的基本原理

非生理脂质和生理脂质之间截然不同

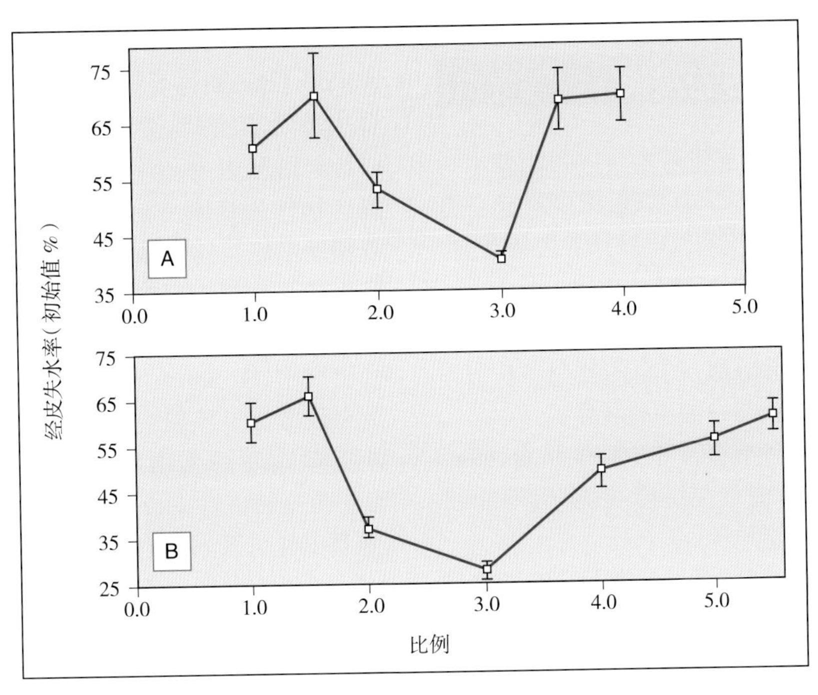

图 7.4　配方中提高任一关键脂质的比例趋向但不超过 3∶1∶1 会加快屏障的修复(0 为正常值)：(A)胆固醇；(B)神经酰胺(引自 Man，M.Q.，Feingold，K.R.，Thornfeldt，C.R.，Elias，P.M.，1996. Optimization of physiological lipid mixtures for barrier repair，Journal of Investigative Dermatology 106，1096-1101，已获授权)

的特点，进一步说明应根据各自独特的用途进行有针对性的临床设计。非生理脂质、如矿脂等，能在角质层表面作为水扩散屏障膜，而生理性脂质，则可以增加或补充内源性脂质的生物合成。如前所述，许多皮肤疾病与屏障功能异常有关，而一些病理性生理损伤(如心理压力或老化)会加剧这些不良进程。在某些情况下，如精神压力或糖皮质激素治疗时，脂质总量合成会均一性地降低。而在老年性皮肤和特应性皮炎中，三种关键生理脂质的任一种脂质进一步减少都会引起总生理脂质水平的降低。所以，从逻辑上讲，为了增强屏障功能，不仅应缓解对这些疾病的易感性，同时也要减少其他的有可能诱导恶化屏障异常的外部损伤，尤其是刺激或接触性皮炎以及银屑病(图 7.5)。实际上，所有以屏障异常为特点的皮肤疾病，屏障异常的程度与其临床严重程度均呈正相关性，即屏障越不完整，临床表现的症状越严重，这种现象进一步说明屏障异常在这类疾病病理学上的重要性。

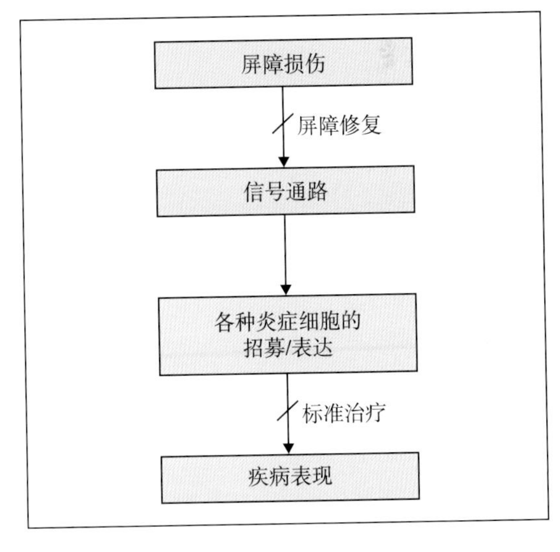

图 7.5　发病机制和屏障修复

屏障修复疗法的发展

近年出现的“屏障修复”疗法，代表了一种以皮肤病理生理学为基础，减少对这一类或其他疾病（此类疾病以屏障异常为特点）的易感性的治疗策略，可被分为三类（表 7.3）：

- 优化三种关键生理脂质（神经酰胺、胆固醇、游离脂肪酸）的摩尔比（1：1：1），纠正皮肤疾病状态中的生化异常；
- 利用一种或多种非生理性脂质（如矿脂、羊毛脂），暂时恢复屏障功能，但不能纠正特定皮肤功能异常；
- 透气性敷料，便于表皮下的修复过程持续进行，或者使用非透气性敷料，停止或下调表皮下的修复反应过程。

表 7.3　屏障修复原则和临床指征

修复策略	临床指征
敷料	
透气性的	正在愈合的伤口
非透气性的	瘢痕疙瘩
非生理性脂质	
矿脂或羊毛脂	放射性皮炎或严重晒伤、早产儿（<34 周）
生理性脂质：最佳摩尔比	
胆固醇为主	老化或光老化
神经酰胺为主	特应性皮炎
游离脂肪酸为主	新生儿皮肤（包括尿布疹）、银屑病
胆固醇、神经酰胺、或游离脂肪酸为主	刺激性接触性皮炎、用糖皮质激素治疗的、心理压力

这些修复策略各有其相应的用途和临床指征。实际上，我们可以根据特定临床表现的病理学知识，选择适用的屏障修复策略（表 7.3）。例如，特应性皮炎的主要表现是角质层中的脂质总量降低，以及神经酰胺减少导致板层小体分泌不足，同时 Th2 来源的细胞因子下调，使得受损的角质层中神经酰胺合成进一步减少。因此，近期有研究报道，以神经酰胺为主、比例适当的三种生理脂质混合物作为临床上治疗特应性皮炎的基础或辅助措施，已获得成功。近期有大量的研究报道采用以神经酰胺为主的三种生理脂质治疗特应性皮炎的具有显著优势。在这些研究中，Sugarman 和 Parish（2009）的研究最有说服力。该研究以神经酰胺为主的三种生理脂质混合物（EpiCeram®）对治疗儿童中重度特应性皮炎，发现效果与阳性对照（氯替卡松乳膏）相媲美。

老化或光老化表皮则表现为生理性脂质的总量减少，胆固醇合成更为不足，因此采用以胆固醇为主的三种生理脂质组合予以治疗，也取得成功。所以关键在于选择合适的配方，如果以游离脂肪酸为主的组合替代以胆固醇为主的组合，反而显著延迟老化皮肤的屏障修复（表 7.4）。尽管生理脂质在皮肤屏障修复中有积极作用，但在某些情况下，由于板层小体分泌系统受损，单独使用某种生理脂质并无效果。这种情况在临

表 7.4　生理性脂质复合物对年轻和老化皮肤屏障修复效果

生理性脂质	青年	老年
单一脂质	延迟	加速（仅见于胆固醇）
三种脂质（等摩尔）	无变化	加速
三种脂质（最佳比例）		
脂肪酸为主	加速	加速
神经酰胺为主	加速	未验证
胆固醇为主	加速	加速

生理性脂质 = 游离脂肪酸、胆固醇、神经酰胺

改编自 Zettersten，E.M.，Ghadially，R.，Feingold，K.R.，Crumrine，D.，Elias，P.M.，1997. Optimal ratios of topical stratum corneum lipids improve barrier recovery in chronologically aged skin. Journal of the American Academy of Dermatology 37，403-408.

床上可见于辐射性皮炎(UVB 和 X 线辐射)、早产儿(<34 周)和创伤愈合的早期。在这些情况下,如果单独使用非生理性脂质或透气性敷料,加或不加生理脂质,都可能是最合理的方案。

结论

本文总结了当前关于屏障功能以及非生理脂质和生理脂质在屏障修复研究中的一些新观点。表 7.4 比较了生理性脂质复合物对年轻皮肤和老化皮肤屏障的修复作用。请注意,细胞外脂质的构成,即游离脂肪酸、胆固醇及神经酰胺会影响皮肤屏障修复的能力。同时,含有神经酰胺的生理脂质复合物可以作为有效的药妆品,用于治疗或预防特应性皮炎或其他屏障异常性皮肤疾病(表 7.3)。

(翻译:梅鹤祥 姜义华

审校:袁超 许德田)

参考文献

Altemus, M., Rao, B., Dhabhar, F.S., et al., 2001. Stress-induced changes in skin barrier function in healthy women. J. Invest. Dermatol. 117, 309–317.

Behne, M.J., Barry, N.P., Hanson, K.M., et al., 2003. Neonatal development of the stratum corneum pH gradient: localization and mechanisms leading to emergence of optimal barrier function. J. Invest. Dermatol. 120, 998–1006.

Chamlin, S.L., Kao, J., Frieden, I.J., et al., 2002. Ceramide-dominant barrier repair lipids alleviate childhood atopic dermatitis: changes in barrier function provide a sensitive indicator of disease activity. J. Am. Acad. Dermatol. 47, 198–208.

Denda, M., Sato, J., Masuda, Y., et al., 1998. Exposure to a dry environment enhances epidermal permeability barrier function. J. Invest. Dermatol. 111, 858–863.

Elias, P.M., Menon, G.K., 1991. Structural and lipid biochemical correlates of the epidermal permeability barrier. Adv. Lipid Res. 24, 1–26.

Elias, P.M., Wood, L.C., Feingold, K.R., 1999. Epidermal pathogenesis of inflammatory dermatoses. Am. J. Contact Dermat. 10, 119–126.

Elias, P.M., Feingold, K.R., 2001. Does the tail wag the dog? Role of the barrier in the pathogenesis of inflammatory dermatoses and therapeutic implications. Arch. Dermatol. 137, 1079–1081.

Elias, P.M., Feingold, K.R., 2003. Skin as an organ of protection. In: Freedberg, I.M., Eisen, A.Z., Wolff, K., et al. (Eds.), Fitzpatrick's Dermatology in General Medicine. McGraw-Hill, Philadelphia, pp. 164–174.

Feingold, K.R., 1991. The regulation and role of epidermal lipid synthesis. Adv. Lipid Res. 24, 57–82.

Garg, A., Chren, M.M., Sands, L.P., et al., 2001. Psychological stress perturbs epidermal permeability barrier homeostasis: implications for the pathogenesis of stress-associated skin disorders. Arch. Dermatol. 137, 53–59.

Ghadially, R., Brown, B.E., Sequeira-Martin, S.M., et al., 1995. The aged epidermal permeability barrier. Structural, functional, and lipid biochemical abnormalities in humans and a senescent murine model. J. Clin. Invest. 95, 2281–2290.

Ghadially, R., Halkier-Sorensen, L, Elias, P.M., 1992. Effects of petrolatum on stratum corneum structure and function. J. Am. Acad. Dermatol. 26, 387–396.

Ghadially, R., Reed, J.T., Elias, P.M., 1996. Stratum corneum structure and function correlates with phenotype in psoriasis. J. Invest. Dermatol. 107, 558–564.

Grubauer, G., Elias, P.M., Feingold, K.R., 1989. Transepidermal water loss: the signal for recovery of barrier structure and function. J. Lipid Res. 30, 323–333.

Halkier-Sorensen, L., Menon, G.K., Elias, P.M., et al., 1995. Cutaneous barrier function after cold exposure in hairless mice: a model to demonstrate how cold interferes with barrier homeostasis among workers in the fish-processing industry. Br. J. Dermatol. 132, 391–401.

Hara, J., Higuchi, K., Okamoto, R., et al., 2000. High-expression of sphingomyelin deacylase is an important determinant of ceramide deficiency leading to barrier disruption in atopic dermatitis. J. Invest. Dermatol. 115, 406–413.

Holleran, W.M., Uchida, Y., Halkier-Sorensen, L., et al., 1997. Structural and biochemical basis for the UVB-induced alterations in epidermal barrier function. Photodermatol. Photoimmunol. Photomed. 13, 117–128.

Imokawa, G., Abe, A., Jin, K., et al., 1991. Decreased level of ceramides in stratum corneum of atopic dermatitis: an etiologic factor in atopic dry skin? J. Invest. Dermatol. 96, 523–526.

Kao, J.S., Garg, A., Mao-Qiang, M., et al., 2001. Testosterone perturbs epidermal permeability barrier homeostasis. J. Invest. Dermatol. 116, 443–451.

Krakowski, A., 2013. Barrier repair: where do we stand? Pract. Dermatol. 38–40.

Man, M.Q., Feingold, K.R., Elias, P.M., 1993. Exogenous lipids influence permeability barrier recovery in acetone-treated murine skin. Arch. Dermatol. 129, 728–738.

Man, M.Q., Feingold, K.R., Thornfeldt, C.R., Elias, P.M., 1996. Optimization of physiological lipid mixtures for barrier repair. J. Invest. Dermatol. 106, 1096–1101.

Mao-Qiang, M., Brown, B.E., Wu-Pong, S., et al., 1995. Exogenous nonphysiologic versus physiologic lipids. Divergent mechanisms for correction of permeability barrier dysfunction. Arch. Dermatol. 131, 809–816.

Proksch, E., Jensen, J.M., Elias, P.M., 2003. Skin lipids and epidermal differentiation in atopic dermatitis. Clin. Dermatol. 21, 134–144.

Reed, J.T., Ghadially, R., Elias, P.M., 1995. Skin type, but neither race nor gender, influence epidermal permeability barrier function. Arch. Dermatol. 131, 1134–1138.

Schmuth, M., Sztankay, A., Weinlich, G., et al., 2001. Permeability barrier function of skin exposed to ionizing radiation. Arch. Dermatol. 137, 1019–1023.

Sugarman, J.L., Fluhr, J.W., Fowler, A.J., et al., 2003. The objective severity assessment of atopic dermatitis score: an objective measure using permeability barrier function and stratum corneum hydration with computer-assisted estimates for extent of disease. Arch. Dermatol. 139, 1417–1422.

Sugarman, J.L., Parish, L.J., 2009. Efficacy of a lipid-based barrier repair formulation in moderate-to-severe atopic dermatitis. J. Drugs Dermatol. 8, 1106–1111.

Williams, M.L., Elias, P.M., 2003. Enlightened therapy of the disorders of cornification. Clin. Dermatol. 21, 269–273.

Zettersten, E.M., Ghadially, R., Feingold, K.R., et al., 1997. Optimal ratios of topical stratum corneum lipids improve barrier recovery in chronologically aged skin. J. Am. Acad. Dermatol. 37, 403–408.

第8章

植物来源的药妆品成分

Carl R. Thornfeldt

本章概要

- 用于外用产品中的植物性成分约有1100种。
- 草药小分子次级代谢物成分能够产生临床活性。
- 受环境和工艺因素的影响，开发草本配方的产品极其复杂，而且功能设计的可预见性低。
- 24种草药外用曾导致安全问题。
- 在美国市场，前5位的本草植物分别是银杏、圣约翰草、人参、蒜和紫锥菊。
- 41种用于光老化的植物在临床上开展过双盲测试。

引言

药妆品产业的爆炸式增长，促成许多新的天然来源活性成分的引进，这些成分演绎了独特魅力的市场营销故事。迄今有来自14 000多种植物的约1100种植物成分出现在超过90 000余种功能化妆品和护肤品中（Jellin and Gregory，2012；Van Wyk and Wink，2004）。

应用于医药、调料和香料中的植物被称为草药（herb，或称草本），它们是药理学的历史基石。植物的次级代谢产物（secondary metabolite，SM）通常是小分子成分，主要是为了储存和保护初级代谢产物中没有的成分。这些小分子物质也是添加到护肤品和彩妆产品中的草药成分。已经得到确认的次级代谢物约有40 000种。

德国E委员会（the German Commission E），即德国食品药品委员会，根据草药的使用方法、临床功效及其可靠性进行管理。德国E委员会已经建立了700余种草药的标准，这些标准也成为全球发达国家的标准。美国植物药研究所（PhytoPharm U.S. Institute of Phytopharmaceuticals）也评价了数百种草药的临床证据和副作用，以确认其合理应用范围（Greenwald et al.，2007；Van Wyk and Wink，2004）。在美国，联邦管理机构将草药治疗作为膳食补充剂或食品添加剂，所以对成分的效力和产品的效果没有标准。

制作草药产品并非简单地将植物粉碎后加到配方中。环境和工艺等因素对溶解度、稳定性、药代动力学、药理学及活性成分毒性均有影响，所以植物提取物较合成成分质量水平更易波动，相关影响因素包括：

- 植物的生长条件；
- 植物的健康状况；
- 收获季节；
- 运输过程中的保护情况；
- 加工前的储存时间和方法；
- 对植物合适部位的选择；
- 加工方法，包括空气或烘箱干燥、粉碎、冷压榨、研磨方式等；
- 提取方法，包括水、乙醇、乙二醇、己

烷、甘油酯类和油类等；

- 二次纯化技术，包括超临界流体和柱层析法（Greenwald et al., 2007; Van Wyk and Wink, 2004）。

外用草本产品的使用方法包括：

- 油包水或水包油型膏霜和乳液；
- 油状或蜡状软膏；
- 粉剂；
- 膏剂；
- 新鲜草药糊；
- 热敷，即湿的草药加热后按压之；
- 榨汁；
- 茶；
- 酊剂；
- 酏剂，一种加甜味的液体；
- 水煎剂；
- 静脉或皮下注射剂。

各种草药产品需要有确定的功效和安全数据。健康护理若要达到良好品质，也需要临床证据。可接受的循证效果应该由独立的研究机构在样本量足够（满足统计学要求）的志愿者中，对市售产品进行的完整的双盲、对照临床测试，与空白组或者与阳性处方药物组进行对比。

一个产品标识为“天然”并不等于安全。由于导致155例死亡案例，美国食品药品监督管理局（FDA）在2003年从市场上撤销了麻黄（*Ephedra sinica*）。据报道，还有23种草药外用致死事件，包括紫锥菊（*Echinacea purpurea*）、德国洋甘菊、马兜铃、芦荟、关木通、山金车黑芥子、紫草、鼠李、指甲花、大黄、巴豆、卡瓦椒、槲寄生、芸香油、漆树（盐肤木）、番泻叶、夹竹桃、欧洲赤松、云杉、圣约翰草、tobrandi（原文如此）、育亨宾等。草药提取物引起的严重皮肤黏膜反应包括过敏、血管性水肿/荨麻疹样表皮剥脱性红皮病、线状免疫球蛋白A大疱性皮肤病（linear IgA bullous dermatosis, LABD）、红斑狼疮、恶性肿瘤、天疱疮、多形性糜烂性红斑（Stevens-Johnson syndrome），急性发热性嗜中性皮病（Sweet syndrome）、口腔溃疡和血管炎等（Greenwald et al., 2007; Jellin and Gregory, 2012; Van Wyk and Wink, 2004; Yarnell et al., 2002）。中国医务人员也担心那些常见的副作用如接触性皮炎（Koo and Arain, 1999）。

接触性皮炎是草药制剂引起的最常见问题，接触刺激性和致敏性的常规安全试验是重复激发斑贴试验（repeat insult patch test, RIPT; Van Wyk and Wink, 2004），该测试要求50~150名受试者局部贴敷受试产品。尽管化妆品，包括本草护理品不要求进行这项测试，但专业的皮肤护理人员应将其视为最佳方法，希望针对上市产品开展这项测试。毕竟，患者/客户寻求你的帮助，是因为相信你有确切有效、安全的治疗手段、项目和产品（Thornfeldt and Bourne, 2010）。

美国针对护肤品的分类管理中，尚无明确的“天然产品”定义，“天然”还只是市场语言，而无功效含义。近期对宣称天然的建议标准是：“至少5%或5%以上的原料是天然存在的成分”。有机产品是指在产品的种植和加工过程中不采用合成的化学物质而用天然方法获得的成分。美国农业部对这一宣称的认证标准分为：100%有机产品；如果95%的原料为有机成分则称为有机产品；如果70%的成分是有机成分，称作有机来源的产品；不过，美国FDA尚未决定是否将转基因食品标识为“天然”产品（Jellin and Gregory, 2012; Thornfeldt and Bourne, 2010; Van Wyk and Wink, 2004）。

应用最广泛的草药

我们先讨论下美国销售量最大的前10种本草产品，年销售额超过1000万美元的，见框8.1，其中包括外用和口服产品。销量前5位产品的年销售额为7000万美元到

框 8.1
美国市场 2013 年(Auger,2014)销售量最多的草药

银杏(*Ginkgo biloba*)
圣约翰草(St. John's wort)
人参(西洋参,ginseng)
大蒜(garlic)
紫锥菊(*Echinacea*)
锯棕榈(saw palmetto)
大豆(soy)
卡佤胡椒(kava kava)
缬草(valerian)
蔓越橘(蔓越莓,cranberry)

1.5 亿美元,接下来的 4 种产品在 1000 万美元到 4500 万美元之间。从诺丽果汁(noni)排名的变化,可窥知大众对本草类喜好之变化无常:2009 年,诺丽果汁曾高居销售榜首位,而在本文落笔之时,却已跌出前 16 位,销售额也不足 200 万美元,下跌超过 99%(Auger,2014)。

只有 6 种针对光老化的植物提取物,在配方中作为单独的活性成分进行过随机、双盲临床对比试验,包括咖啡豆、椰枣仁、燕麦、豆奶、大豆全成分以及大豆蛋白酶抑制剂。这 6 种和另外 35 种进行过人体双盲临床测试的植物提取物见框 8.2。

人们越来越认识到光老化与多种临床

框 8.2
经人体临床测试具有光老化防护作用的植物

芦荟(*Aloe barbadensis*, A. vera)
苹果(*Malus domestica*)
鳄梨油(*Persea americana*)
黑升麻(*Cimicifuga racemosa*)
黑莓(*Rubis ursinus*)
蓝莓(*Vaccinium myrtillus*):仅口服
猫爪藤(*Uncaria guianensis*, *U. tomentosa*)
咖啡豆(*Coffea arabica*)[a]
紫草(*Symphytum officinale*)
椰枣仁(*Phoenix dactylifera*)[a]
莳萝(*Anethum graveolens*)
亚麻(*Linum usitatissimum*)
德国洋甘菊(*Matricaria recutita*)+ 口服
枸杞(*Lycium barbarum*)
葡萄柚(*Citrus xparadisi*):仅口服
葡萄籽(*Vitis vinifera*):仅口服
绿茶(*Camellia sinensis*)[a]+ 口服
薰衣草(*Lavandula augustifolia*)
甘草(*Glycyrrhiza glabra*, *G. inflate*, *G. uralensis*):仅口服,光甘草定用于外用[a]
山竹(*Garcinia mangostana*)
白池花(*Limnanthes alba*)
狗牙蔷薇(*Rosa canina*)
蘑菇 / 小麦复合物(mushroom/wheat complex)
橡树槲皮素(oak quercetin)
燕麦[a](*Avena sativa*)
橄榄(*Olea europaea*)
洋李(*Prunus domestica*)
石榴(*Punica granatum*)+ 口服
覆盆子(*Rubus idaeus*)
藏红花(*Carthamus tinctorius*)
樱花树叶(*Prunus speciosa*)
北美碱蒿(*Artemisia abrotanum*,青蒿)
豆乳、总大豆提取物[a](*Glycine soja*, *G. max*),大豆蛋白酶抑制剂[a]+ 口服
红芒柄花(*Ononis spinosa*)
甜橙(*Citrus sinensis*):仅口服
罗望子(*Tamarindus indica*,酸角)[a]
西红柿(*Lycopersicon esculentum*):仅口服
白檀香木(*Santalum album*)
白茶(*Camellia sinensis*)+ 口服
白柳(*Salix alba*)

[a] 单一功效成分
+ 口服和外用

因素相关，所以需要不同功能的多种草本成分，最近 3 年内推出的草本产品至少有 6 种活性成分组成，而每种活性成分又包含了 33 种不同的植物提取物，致使每种活性物都很难确定。

在 210 余种具有抗炎作用的植物中，140 种有抗氧化活性（框 8.3）。其他的 70 余种包括天然抗炎类固醇类、水杨酸酯类和非抗氧化剂，29 种具有屏障修复作用（框 8.4）。

框 8.3

抗炎 / 抗氧化草药

红木（*Bixa orella*）
欧洲龙牙草（*Agrimonia eupatoria*）
芦荟（*Aloe barbadensis*，*A. capensis*，*A. vera*）
美国白睡莲（*Nymphaea odorata*，*N. rosea*）
苹果（*Malus domestica*，*M. silvestris*，*Pyrus malus*）
杏果（*Prunus armeniaca*，*Armeniaca vulgaris*，*Passiflora incarnata*）
山金车（*Arnica montana*）
鳄梨（*Persea americana*）
猴面包树（*Adansonia digitata*）
熊葱（*Allium ursinum*）
辣木（*Moringa oleifera*）
拳参（*Polygonum bistorta*）
欧白英（*Solanum dulcamara*）
黑升麻（*Cimicifuga racemosa*）
龙葵（*Solanum nigrum*）
狸藻（*Utricularia vulgaris*）
蓝莓（*Vaccinium myrtillus*）
笃斯越桔（*Vaccinium uliginosum*）
睡菜（*Menyanthes trifoliata*）
波尔多树（*Peumus boldus*）
琉璃苣（*Borago officinalis*）
黄杨（*Buxus sempervirens*）
蚕豆（*Vicia faba*）
荞麦（*Fagopyrum esculentum*）
牛蒡（*Arctium lappa*，*A. minus*，*A. tomentosum*）
白鲜（*Dictamnus albus*）
狼把草（*Bidens tripartita*）
金雀花（*Ruscus aculeatus*）
甘蓝（*Brassica oleracea*）
白花牛角瓜（*Calotropis procera*）
绢毛鸢尾（*Costus speciosus*）
野胡萝卜（*Daucus carota*）
腰果（*Anacardium occidentale*）
蓖麻籽（*Ricinus communis*）
猫爪藤（*Uncaria guianensis*，*U. tomentosa*）
大西洋雪松（*Cedrus libani*）
洋甘菊（*Matricaria recutita*）
牡荆（*Vitex agnus-castus*）
夏朗德甜瓜（*Melo reticulatus*，网纹瓜）
大风子（*Hydnocarpus kurzii*）
苍耳（*Stellaria media*）
菊苣（*Cichorium intybus*）
石松（*Lycopodium clavatum*）
椰子油（*Cocos nucifera*）
咖啡豆（*Coffea arabica*）
紫草（*Symphytum officinale*）（allantoin）
苔景天（*Sedum acre*）
无叶梅藤（*Maytenus ilicifolia*）
冬虫夏草（*Cordyceps sinensis*）
矢车菊（*Centaurea cyanus*）
腔叶延胡索（*Corydalis cava*）
棉籽（*Gossypium hirsutum*）
蔓越莓（*Vaccinium macrocarpon*）
巴豆（*Croton tiglium*）
蒲公英（*Taraxacum officinale*）
椰枣（*Phoenix dactylifera*）
山茱萸（*Cornus florida*）
当归 / 阿魏酸（*Angelica sinensis*）
松果菊（*Echinacea angustifolia*，*E. pallida*，*E. purpurea*）
常春藤（*Hedera helix*）
长叶车前草（*Plantago lanceolata*）
蓝桉（*Eucalyptus globulus*）
接骨木（*Sambucus nigra*）
欧毒芹（*Cicuta virosa*）
月见草（*Oenothera biennis*）
吴茱萸（*Evodia rutaecarpa*）
小米草（*Euphrasia officinalis*）
小茴香（*Foeniculum vulgare*）
胡罗巴（*Trigonella foenum-graecum*）
Fernblock（*Evodia rutaecarpa*）
野甘菊（*Tanacetum parthenium*）
欧洲山萝卜（*Knautia arvensis*）
亚麻（*Linum usitatissimum*）

框 8.3（续）
抗炎 / 抗氧化草药

紫花毛地黄（*Digitalis purpurea*）
乳香（*Boswellia carteri*，*B. sacra*，*B. serrata*）
蓝堇（*Fumaria officinalis*）
大蒜（*Allium sativum*）
德国洋甘菊（*Matricaria recutita*）
姜（*Zingiber officinale*）
银杏（*Gingko biloba*）
花旗参（*Panax quinquefolius*）
人参（*Panax ginseng*）
刺五加（*Eleutherococcus senticosus*）
水龙骨（*Polypodium leucotomas*）
腊肠树（*Cassia fistula*）
黄连（*Coptis chinensis*）（黄色的根）
积雪草（*Centella asiatica*）
葡萄（*Vitis vinifera*）
葡萄柚（*Citrus xparadisi*）
刺果番荔枝（榴莲果）（*Annona muricata*）
地榆（*Sanguisorba officinalis*）
绿茶、红茶、白茶、乌龙茶（*Camellia sinensis*）
欧活血丹（*Glechoma hederacea*）
番石榴（*Psidium guajava*）
藤黄果（*Haronga madagascariensis*）
三色堇（*Viola tricolor*）
石楠（*Calluna vulgaris*）
火麻仁（marijuana）（*Cannabis sativa*）
海娜（*Lawsonia inermis*）
老鹳草（*Geranium robertianum*）
木槿花（*Hibiscus sabdariffa*）
七叶树（*Aesculus hippocastanum*）
观音莲（*Sempervivum tectorum*）
印度铁苋菜（*Acalypha indica*）
乌墨（*Syzygium cumini*）
野薄荷（*Mentha arvensis* var. *piperascens*，*M. canadensis*）
茉莉（*Jasminum officinale*）
凤仙花（*Impatiens pallida*）
萹蓄（*Polygonum aviculare*）
红茶菌（sweetened fermented black tea）
葛根（*Pueraria lobata*）
夏威夷果（tung seed）（*Aleurites cordatus*）
拉布拉多茶（*Ledum latifolium*）
羽衣草（*Alchemilla vulgaris*）
欧洲落叶松（*Larix decidua*）
薰衣草（*Lavandula augustifolia*）
柠檬（*Citrus xlimon*）
甘草（*Glycyrrhiza glabra*，*G. inflate*，*G. uralensis*）
地骨皮（*Lycium chinense*）
澳洲坚果（*Macadamia integrifolia*，*M. tetraphylla*）
舞茸（*Grifola frondosa*）
苹果属（*Malus sylvestris*）
山竹（*Garcinia mangostana*）
金盏花（*Calendula officinalis*）
药蜀葵（*Althaea officinalis*）
胡椒（*Piper elongatum*）
白池花（*Limnanthes alba*）
瑞香（*Daphne mezereum*）
水飞蓟（*Silybum marianum*）（水飞蓟素）
金钱草（*Lysimachia nummularia*）
附子（*Aconitum napellus*）
密花毛蕊（*Verbascum densiflorum*）
桑树（*Morus alba*，*m.nigra*）
没药（guggal）（*Commiphora molmol*，*C. myrrha*，*C. wightii*）
橡树（*Quercus robur*）
栎五倍子（*Quercus infectoria*）
燕麦（*Avena sativa*）
橄榄（*Olea europaea*）
洋葱（*Allium cepa*）
雏菊（*Chrysanthemum leucanthemum*）
木瓜（*Carica papaya*）
构树（*Broussonetia papyrifera*）
白头翁（*Pulsatilla pratensis*）
风铃木（*Tabebuia impetiginosa*）
花生（*Arachis hypogaea*）
蔓长春花（*Vinca minor*）
胡黄连（*Picrorhiza kurroa*）
菠萝（*Ananas comosus*）
松树（*Pinus maritima*，*P. pinaster*）［碧萝芷（pycnogenol）］
芭蕉（*Musa x paradisiaca*）
白花丹（*Plumbago zeylanica*）
石榴（*Punica granatum*）
梨果仙人掌（*Optuntia ficus-indica*）
卵叶车前（*Plantago ovata*）
西葫芦（*Cucurbita pepo*）
紫草（*Lithospermum erythrorhizon*）
千屈菜（*Lythrum salicaria*）
牙买加苦树木（*Picrasma excelsa*）
奎宁（*Cinchona pubescens*）
油菜籽（canola）（*Brassica napus*）
覆盆子（*Rubus idaeus*）

框 8.3(续)

抗炎 / 抗氧化草药

蛇跟木(萝芙木)(*Rauvolfia serpentine*)
红车轴草(*Trifolium pratense*)
丹参(*Salvia miltiorrhiza*)
灵芝(*Ganoderma lucidum*)
红叶茶树(*Aspalathus linearis*)
香叶天竺葵(*Pelargonium graveolens*)
玫瑰果(*Rosa canina*)
迷迭香(*Rosmarinus officinalis*)
芸香(*Ruta graveolens*)
鼠尾草(*Salvia officinalis*)
红花(*Carthamus tinctorius*)
洋菝契(*Smilax febrifuga*, *S. aristolochiifolia*)
锯棕榈(*Serenoa repens*)
蓝繁缕(*Anagallis arvensis*)
沙棘(*Hippophae rhamnoides*)
海茴香(*Crithmum maritimum*)
牛油树果(*Vitellaria paradoxa*)
香菇(*Lentinula edodes*)
肥皂草(*Saponaria officinalis*)
玉竹(*Polygonatum multiflorum*)
南非天竺葵(*Pelargonium sidoides*)
大豆(*Glycine soja*)
鬼针草(*Bidens pilosa*)
婆婆纳(*Veronica officinalis*)
胶大戟(*Euphorbia resinifera*)
圣约翰草(*Hypericum perforatum*)
苏合香(*Liquidambar orientalis*)
向日葵(*Helianthus annuus*)
草木樨(*Melilotus officinalis*)
香杨梅(*Myricia* gale)
甜橙(*Citrus sinensis*)
黄香草木樨(*Melilotus officinalis*)
互生叶白千层(*Melaleuca alternifolia*)
百里香(*Thymus vulgaris*)
香脂树(*Myroxylon balsamum*)
番茄(*Lycopersicon esculentum*)
姜黄(curcumin)(*Curcuma longa*)
石栗(Kukui)(*Aleurites moluccanus*)
马鞭草(*Verbena officinalis*)
核桃(*Juglans regia*)
小麦(*Triticum aestivum*)
白桦(*Betula alba*, *B. pendula*)
野葛根(*Pueraria mirifica*)
白百合(*Lilium candidum*)
白色野荨麻(*Lamium album*)
白檀香(*Santalum album*)
白柳(*Salix alba*)
赝靛(*Baptisia tinctoria*)
山药(*Discorea villosa*)
金缕梅(*Hamamelis virginiana*)
土荆芥(*Chenopodium ambrosioides*)
苏代白葡萄酒(*Sauternes wine*)

框 8.4

屏障修复类草药

扁桃仁(*Prunis dulcis*)
芦荟(*Aloe barbadensis*, *A. capensis*, *A. vera*)
鳄梨(*Persea americana*)
墨角藻(*Fucus versiculosus*)
琉璃苣(*Borago officinalis*)
蜡大戟(*Euphorbia antisyphilitica*)
巴西棕榈(*Copernicia prunifera*)
蓖麻(*Ricinum communis*)
椰子(*Cocos nucifera*)
黄瓜(*Echballium elaterium*)
胡罗巴(*Trigonella foenum-graecum*)
亚麻(*Linum usitatissimum*)
葡萄(*Vitis vinifera*)
大车前(*Plantago officinalis*)
霍霍巴(*Simmondsia chinensis*)
甘草(*Glycyrrhiza glabra*, *G. inflate*, *G. uralensis*)
夏威夷果(*Macadamia integrifolia*, *M. tetraphylla*)
锦葵(*Malva sylvestrius*)
掌状昆布(*Laminaria digitata*)
燕麦(*Avena sativa*)
橄榄(*Olea europaea*)
花生(*Arachis hypogaea*)
石榴(*Punica granatum*)
长叶车前草(*Plantago lanceolata*)
红花(*Carthamus tinctorius*)
海莴苣(*Ulva lactuca*)
芝麻(*Sesamum orientale*)
牛油果脂(*Vitellaria paradoxa*)
红榆(*Ulmus rubra*)
向日葵(*Helianthus annuus*)

框 8.5 中所列出的脱色剂/美白剂/增白剂包含 33 种草药，在相关的临床双盲试验中已被证实能有效抑制过度色素沉着、减轻或逆转色沉、黄褐斑及雀斑。另外 39 种虽然宣称是有效的脱色剂/美白剂/增白剂，但未经双盲对照试验或临床观察。据报道，共有约 130 种草药在体外可抑制一种或多种黑色素合成中间分子。框 8.6 列举的 16 种草药能够有助于紧致皮肤，改善皮肤松弛和皱纹。框 8.7 列出的 17 种草药经口服或外用时具有光防护作用(Greenwald et al., 2007; Jellin and Gregory, 2012; Thornfeldt and Bourne, 2010)。

框 8.5
脱色剂/美白剂/增白剂

芦荟素(*Aloe barbadensis*, *A. capensis*, *A. vera*)
熊果(*Arctostaphylos uva-uris*)
蓝莓(*Vaccinium angustifolium*)
黄芩(*Scutellaria lateriflora*)
胡萝卜(*Daucus carota*)
柑橘黄酮(芸香苷)
蔓越莓(*Vaccinium macrocarpon*, *V. oxycoccos*, *V. erythrocarpus*)
黄瓜(*Echballium elaterium*)
姜黄素(*Curcuma longa*)
椰枣(*Phoenix dactylifera*)
松果菊(*Echinacea angustifolia*, *E. pallida*, *E. purpurea*)
小白菊(*Tanacetum parthenium*)
桔梗(*Dianella ensifolia*)
花旗参(*Panax quinquefolius*)
刺五加(*Eleutherococcus senticosus*)
银杏(*Gingko biloba*)
葡萄籽(*Vitis vinifera*)
木槿花(*Hibiscus sabdariffa*)
余甘子(*Emblica officinalis*)
甘草(*Glycyrrhiza glabra*, *G. inflate*, *G. uralensis*), (ammonium glycyrrhizinate), (glabridin), (liquiritin)
山竹(*Garcinia mangostana*)
燕麦(*Avena sativa*)
橄榄(*Olea europaea*)
梨(*Pyrus communis*)
樱花树叶(*Prunus serrulata*)
虎耳草 Saxifrage(*Pimpinella saxifrage*)
大豆(*Glycine soja*, *G. max*)
姜黄(*Curcuma longa*)
桑白皮(*Morus alba*)
白柳(*Salix alba*)
野胡萝卜(*Daucus carota*)
艾蒿(*Artemisia absinthium*)
酸模(*Rumex crispus*, *R. obtusifolius*)

框 8.6
皮肤紧致剂

桦树(*Betula alba*)
桂皮(*Cinnamomum verum*)
亚麻(*Linum usitatissimum*)
生姜(*Zingiber officinale*)
银杏(*Gingko biloba*)
绿茶(*Camellia sinensis*)
啤酒花(*Humulus lupulus*)
七叶树(*Aesculus hippocastanum*)
白池花(*Limnanthes alba*)
狗牙蔷薇(*Rosa canina*)
薄荷(*Mentha piperita*)
紫檀(*Pterocarpus santalinus*)
迷迭香(*Rosmarinus officinalis*)
鼠尾草(*Salvia lavandula*, *S. lavandulifolia*, *S. fruticosa*)
绿薄荷(*Mentha spicata*)
金缕梅(*Hamamelis virginiana*)

框 8.7
紫外防护

红茶(*Camellia sinensis*)
可可豆(*Theobroma cacao*)：仅口服
小白菊(*Tanacetum parthenium*)
白绒水龙骨(*Polypodium leukotomos*)：仅口服
葡萄籽(*Vitis vinifera*)+口服
绿茶(*Camellia sinensis*)+口服
甘蓝(*Brassica oleracea*)
燕麦(*Avena sativa*)
橄榄(*Olea europaea*)
石榴(*Punica granatum*)+口服
翅果铁刀木(*Cassia alata*)
菠菜(*Spinacia oleracea*)
草莓(*Fragaria*)
罗望子(酸角)(*Tamarindus indica*)
番茄(*Solanum lycopersicum*)
白檀木(*Santalum album*)
野生胡萝卜(*Daucus carota*)

银杏

银杏(*Gingko biloba*)是美国市场上销售量最大的草药,2012年的销售额大约1.5亿美元。银杏传统上用来改善特应性皮炎、皮肤溃疡、冻疮、雷诺综合征、静脉曲张、血管灌注不足和疥疮等皮肤症状。临床试验已经证明银杏对外周血管性疾病和雷诺综合征有效,一项开放性研究还提示对治疗白癜风有效。

银杏含有芦丁(rutin)、槲皮素(quercetin)和其他的黄酮类,以及原花青素和银杏内酯等萜类成分。这些成分有抗氧化和抗炎效果,同时具有血管舒张和强健血管作用,因此能够增加血流量。银杏还能调控神经递质和糖皮质激素的合成。该草药具有抗细菌和真菌、抗革兰阳性菌和寄生虫等作用(Jellin and Gregory,2012)。皮肤对银杏的不良反应包括泛发性红斑性脓疱病、Stevens-Johnson综合征(重症多形性红斑)以及接触性过敏反应等。同时,它与漆树类、芒果及腰果树有交叉反应。此外,孕期女性应避免接触该草药(Auger,2014;Jellin and Gregory,2012;Thornfeldt and Bourne,2010)。

圣约翰草

圣约翰草(贯叶连翘,*Hypericum perforatum*)是美国市场上销量第2的草药,销售额超过1亿美元。临床证明,该草药具有抗葡萄球菌、抗炎、及促进淋巴细胞活性等作用,因此具有促进愈合伤口的功能。在民间医学中,口服或外用治疗皮炎、虫咬、烧伤和白癜风,一项临床测试结果显示其对伤口愈合有效。

该草药的基本功效是通过其成分金丝桃素、贯叶连翘素及其他神经递质调节剂等实现的。其他活性成分还包括黄酮,如槲皮素、原花青素(OPC)、口山酮、酰基间苯三酚、挥发油,咖啡酸衍生物以及金丝桃素等蒽类成分。

主要的副作用包括致死、干燥综合征(Sjögren's syndrome),以及辐射复发性皮炎和光毒性反应发生率较高。孕期应避免使用圣约翰草(Auger,2014;Jellin and Gregory,2012;Thornfeldt and Bourne,2010;Yarnell et al.,2002)。

人参

三种人参(Ginseng)的总销售额达到8400万美元。其中功能最佳的是西伯利亚人参(刺五加);然而在美国,西洋参比人参的使用更普遍。人参中的主要活性组分是甾体皂苷类,即人参皂苷、多糖、多烯类;木质素、香豆素、甾体类和咖啡酸只存在于刺五加中。这些功效性成分有增强免疫、抗炎和抗糖化作用。刺五加还有抗氧化和抗病毒活性,口服刺五加可以有效治疗Ⅱ型单纯疱疹(Herpes Simplex Ⅱ)。在一项开放临床试验中还证明局部使用人参能够促进毛发生长。

人参还有潜在的防光老化作用。体外试验表明,人参能促进成纤维细胞合成Ⅰ型胶原蛋白。人体测试证实人参皂苷可抑制环氧合酶-2(cyclooxygenase-2,COX-2)、核因子κB(nuclear factor kappa B,NF-κB)、激活蛋白-1(AP-1)和抑制黑色素生成,同时还促进透明质酸、表皮生长因子和基质金属蛋白酶1(matrix metalloproteinase-1,MMP-1)的合成,以及促进一氧化氮(NO)的释放。

有少数报道外用人参面霜导致阴道流血的临床案例。几乎未见Stevens-Johnson综合征(重症多形性红斑)、过敏反应及死亡等事件发生。孕期禁用(Auger,2014;Jellin and Gregory,2012;Thornfeldt and Bourne,2010)。

大蒜

大蒜（garlic，*Allium sativum*）与人参同处销量第3位。该植物的主要功能来自大蒜素（allicin），以烷基半胱氨酸亚砜为主，不仅有治疗作用，也有浓烈的特征性气味。其他组分还包括多糖类、皂苷类和维生素A、维生素B_2及维生素C。大蒜素有高效的抗氧化性和增强免疫作用。氧化过的大蒜素由于可抑制高级糖化终末产物，所以能抗光老化（Dehghani et al.，2005）。

大蒜有和多种抗生素类似的抗菌作用，能抑制革兰氏阳性及革兰氏阴性菌。它和制霉素有相同的抗酵母活性，对皮肤真菌的抑制效果甚至比市售的7种抗真菌药物更优秀，所以可有效治疗真菌感染。大蒜素能够抑制包括单纯疱疹病毒在内的6种病毒。在一项临床测试中发现大蒜素2周内可以有效治疗皮肤疣，甚至对治疗鸡眼也非常有效。

局部使用大蒜素极少诱发皮炎、水疱、溃疡及瘢痕，曾有报道发生皮肤敏感、荨麻疹/血管性水肿。孕期和哺乳期避免使用（Auger，2014；Jellin and Gregory，2012；Thornfeldt and Bourne，2010）。

松果菊（紫锥菊）

这种植物的年销售额约7000万美元，居第5位。狭叶紫松果菊（*Echinacea angustifolia*）是苏族印第安人的传统草药，因为有抗菌和止痛作用，所以不仅用来治疗蛇咬伤和创伤，还用于治疗虫咬皮炎、淋病、麻疹、脓肿和溃疡。另外两种紫松果菊分别是苍白紫锥菊和松果菊。

紫松果菊（*E. purpurea*）含有免疫促进作用的多糖、糖蛋白、黄酮、咖啡类、阿魏酸衍生物、挥发油、烷硫胺类、多烯及吡咯啶烷基生物碱等成分。狭叶松果菊和苍白松果菊（*E. pallida*）不含糖蛋白和吡咯啶烷基生物碱，其他的成分与紫松果菊相同。

这些成分对健康人群未表现出免疫增效作用。但这三种松果菊都有免疫促进、保护Ⅲ型胶原蛋白及抗氧化活性。通过防止紫外对胶原蛋白的损伤抑制透明质酸酶的活性，松果菊有确切的光老化治疗作用。这三种松果菊对多种细菌、病毒和真菌有细胞毒性。

德国E委员会（the German Commission E）批准松果菊用于治疗口腔炎、创伤、烧伤及防治感染等。研究还进一步确认对治疗银屑病、单纯疱疹病毒和阴道念珠菌有效。

约有10%使用紫锥菊类产品的特应性患者会发生局部过敏反应。口服这类制剂的儿童约7%会发生过敏性皮疹。同时这类植物与豚草、菊花、金盏花及雏菊会发生交叉反应。孕期使用未见不良反应（Auger，2014；Jellin and Gregory，2012；Thornfeldt and Bourne，2010）。

锯棕榈

锯棕榈（*Serenoa repens*）产品的销售额约4500万美元。该植物的主要成分包括甾醇、糖苷、类黄酮、挥发油、游离脂肪酸以及多糖类。有资料证明它具有抗雄激素、抗雌激素、抗炎、抗增生、抗渗出等效果。锯棕榈是民间用来治疗皮炎、黏膜炎、癌症和脱发症的传统草药。它可抑制5-α-还原酶、肿瘤坏死因子-α（TNF-α）、白介素-1β（IL-1β）、脂氧合酶（lipoxygenase，LPA）和环氧合酶-2（cyclooxygenase-2，COX-2）等介质。在一项研究中，20名受试者局部使用锯棕榈与其他2种草药的复合制剂，可显著降低皮脂分泌。口服锯棕榈β-谷甾醇的复合制剂，能有效治疗雄激素源性脱发。孕期和哺乳期避免使用（Auger，2014；Jellin and Gregory，

2012)。

卡佤胡椒

卡佤胡椒(kava)也被称作醉椒根,该草药产品和大豆类产品的销售额同为接近2000万美元。传统上该草药制剂被用来预防癌症、治疗炎症、性病和结核病。局部使用可治疗脓肿、溃疡、创伤和麻风病。它的抗炎、抗菌、抗真菌、止痛效果主要依赖于卡佤内酯(kavalactone)、醉椒素(kawain)和2′-羟基-4,4′,6′-三甲氧基查耳酮(flavokavin)A、B。这几种活性成分能够抑制环氧合酶-1(COX-1)和环氧合酶-2(COX-2)。迄今尚未对其进行光老化方面的研究。卡佤胡椒的皮肤副作用包括过敏性皮炎、荨麻疹以及干燥综合征。孕期和哺乳期避免使用(Auger,2014;Jellin and Gregory,2012;Greenwald et al.,2007)。

蔓越莓

欧洲越桔(*Vaccinium macrocarpon*),或称蔓越莓(cranberry),作为传统草药用于治疗败血症、癌症、发烧及微生物感染。它对革兰氏阴性和革兰氏阳性致病菌有效。蔓越莓的活性成分包括花青素、鞣花酸、三萜类、槲皮素、马来酸、水杨酸和抗坏血酸、维生素E、β-胡萝卜素和谷胱甘肽。因此,具有重要的临床抗炎和抗氧化意义。目前尚未对该草药在临床上开展抗光老化作用的研究。对阿司匹林敏感的人应避免接触蔓越莓(Auger,2014;Jellin and Gregory,2012)。

葡萄

葡萄(*Vitis vinifera*)的活性成分包括黄酮类——槲皮素、单宁、单分子儿茶素、原花青素多聚物、白藜芦醇、维生素E和果酸等。这些活性成分通过细胞毒性和诱导细胞凋亡作用而产生抗肿瘤作用,同时还有抗组胺、抗炎、抗氧化和扩张血管的作用。它还能抑制基质金属蛋白酶,从而稳定胶原蛋白。葡萄具有50倍于维生素C或维生素E的高效抗氧化作用。一项临床测试证明,口服葡萄制剂6个月能够减少黄褐斑。在口服抗衰老制剂中,将葡萄和其他6种活性成分一起使用,6个月后能改善皮肤的紧致性。红葡萄酒所含的黄酮约是白葡萄酒的10倍。含白藜芦醇最高、抗氧化作用最强的葡萄酒是加尔纳葡萄酒(Granache或Garnacha)。

葡萄提取物能够治疗过敏性鼻炎,促进伤口愈合、口腔溃疡、改善慢性静脉曲张。

已有1例关于葡萄皮导致的非致命性过敏反应的报道(Baumann 2007;Greenwald et al.,2007;Jellin and Gregory,2012;Yamakoshi et al.,2004)。

菌菇类

菌菇(mushroom)种类多达14 000余种,其中已经证明具有药用价值的有25种,大多是亚洲的传统草药。人们熟悉的种类包括松茸(*Agaricus blazei*)、冬虫夏草(*Cordyceps sinensis*)、云芝(*Trametes versicolor*)等。在日本被称作Reishi的菌菇类包括中国仙草灵芝(*Ganoderma lucidum*)、舞茸(*Grifola frondosa*)、金针菇(*Flammulina velutipes*)和香菇(*Lentinus edodes*)。日本的癌症死亡率最低,而饮食摄入菌菇的量最高。蘑菇提取物含有多糖,如β-葡聚糖,以及腺苷、肽类、三萜类、蛋白酶抑制剂和鞘脂类等成分。MMP-1和AP-1可被多数的菌菇所抑制,这提示菌菇有防止光老化的效果,同时伴有抗炎、抗氧化及抗肿瘤作用。此外,它们还表现出抗人类免疫缺陷病毒(human immunodeficiency virus,HIV)和抗带状疱疹病毒的活性。菌菇能同时抑制革兰氏阳性菌和阴性菌,并且能激活自然杀伤(natural killer,NK)细胞。

一组开放试验显示,37例女性受试者使用舞茸和小麦蛋白复合制剂,8周后的表皮光老化参数和按压回弹指标与基准值相比有明显改善。另一项临床试验使用舞茸(每天3次,804mg)联合氯米芬治疗多囊卵巢综合征,作为促排卵剂提升了排卵率。

香菇在紫外线照射下成为维生素D的丰富来源。一项双盲、随机、对照的临床测试中,香菇连同其他9种草本组合分别相比于生长因子精华、维生素C/维生素E混合制剂,每日2次,使用1周后皱纹显著减少(Rizer and Thornfeldt,待发表)。

黑升麻

黑升麻(black cohosh)是治疗痤疮、皮肤疣、咬伤、驱虫和改善皮肤状况的传统草药。由于含有水杨酸、咖啡酸、单宁、长链脂肪酸、三萜苷类、蜂斗菜酸(fukinolic acid)和植物甾醇等,所以黑升麻有雌激素样作用和抗炎效果。它还可以抑制乳腺癌、前列腺癌细胞以及抗HIV作用。

在一项12名受试者的临床试验中,将黑升麻和维生素C及转化生长因子-β(transforming growth factor-beta,TGF-β)联合使用3个月,发现具有改善皱纹的效果(Jellin and Gregory,2012;Van Wyk and Wink,2004)。

咖啡

咖啡(coffee)可制成三种产品:种子制得咖啡豆,果子制得咖啡果,果子烘烤至黑色制得咖啡碳。咖啡的活性成分包括咖啡因、可可碱、茶碱、阿魏酸、二萜类、植物雌激素、原花青素、糖类和镁盐。这些化合物有光保护、抗肿瘤、抗炎和抗氧化功能。咖啡因本身也表现出改善皮肤细纹和粗糙度的效果。

咖啡果提取物由未成熟的咖啡果制得。新的烘焙技术能够保留其活性分子。以咖啡果作为唯一的活性物,对20名受试者开展双盲测试,统计结果显示,与基准值相比,对细纹和皱纹有20%的改善作用。在另一组针对10名女性的测试中,与空白组对比,对细纹和皱纹有25%的显著改善,而且能够降低15%的色沉。

不良反应包括3例直肠灌肠死亡;昏迷、卒中及IgE过敏反应较少见(Cohen,2007;Jellin and Gregory,2012;Van Wyk and Wink,2004)。

其他

有两种水果,由于被观察到有非常强的延年益寿作用,正变得越来越受欢迎。它们正被越来越多地应用到护肤品中。夏朗德甜瓜(一种网纹瓜,*Melo reticulatus*)含有最高含量的过氧化物歧化酶(一种最强的抗氧化酶),而且还有大量的维生素A、维生素B和维生素C。在双盲测试中,将夏朗德甜瓜(Charantais melon)和9种其他的草药联合使用,每日2次,连续使用1周后,与生长因子组及维生素C/维生素E组对比,能显著减少皱纹(Rizer and Thornfeldt,pending publication;Milesi et al.,2009)。

瑞士欧蒂乐苹果(*Uttwiler spatlauber*)已被用到100余种药妆产品中,这些都是由于干细胞的长寿命(参见第14章)。在一项10人参加的研究中,连续使用3个月,结果显示皱纹可减少25%。当与其他4种抗衰老活性成分联合使用时,改善光老化皮肤状况有显著的统计学意义(Farris et al.,2012;Sadick,2010)。

一组草药的组合已有市售复方制剂。

通过6项前瞻性、双盲、对比临床试验，此配方治疗皮肤光老化的效果明显优于处方药0.05%的维A酸及12%的氨化乳酸制剂（$P<0.05$），在4项其他临床测试中也得到同样的结果（待发表）（Jellin and Gregory，2012；Thornfeldt and Sigler，2006a，2006b）。这是一组包含3种屏障修复和5种抗炎作用的草药的独特配方，对角质渗透屏障和修复进行了优化，组分包括藏红花、鳄梨油和特定比例的亚麻籽油。通过调整亚麻籽油、藏红花油、苹果提取物、椰枣提取物、白池花籽油、白柳皮提取物以及野玫瑰籽油的比例来调节表皮炎症因子的水平。

白柳皮

柳树有若干不同的种类，白柳（*Salix alba*）是最主要的水杨酸类成分的来源，因而最为知名。白柳还含有丰富的单宁和黄酮类，因此具有抗炎、止痛、退热、角质剥脱等作用。它能够抑制环氧合酶（cyclooxygenase，COX）和脂氧合酶（lipoxygenase，LPA），减少前列腺素（prostaglandin，PG）。抗氧化是这种作用机制下的附加功能。水杨苷是水杨酸的前体化合物，占白柳皮的1%，其他的苷类占12%。2.76倍水杨苷的用量可达到阿司匹林同等的治疗效果。通过两组随机双盲临床对比测试，已经证实无论是和处方药还是和非处方药相比，白柳皮提取物外用制剂对光老化治疗都有作用，其中一项测试证实，经12周连续使用，能减少42%的细纹（Thornfeldt and Sigler，2006a）。

10%的白柳皮提取物制剂比1%的水杨酸抗炎效果更好，刺激性更低。该草药是民间用来治疗痤疮和银屑病的传统药物。对阿司匹林过敏的人群对该草药也可能发生过敏反应，同时禁止用于儿童的病毒感染，哺乳期口服也不安全（Jellin and Gredory，2012；Thornfeldt and Sigler，2006b）。

苹果

苹果（*Malus domestica*）不仅有较高含量的黄酮类如槲皮素和根皮素，还含有马来酸、琥珀酸、乳酸和柠檬酸等，以及植物甾醇、维生素B和维生素C、类胡萝卜素、单宁、咖啡酰奎宁酸和芳香成分己醛、丁酸乙酯。以上成分使之具有提亮肤色、抗菌、抗组胺、抗炎、抗氧化和抗肿瘤作用（Thornfeldt and Sigler，2006a）。

枣椰果实

枣椰果实（date palm fruit）含有蔗糖、植物甾醇类、无色原花色素类以及黄酮类，如槲皮素，这些成分有抗炎、抗氧化、抗菌等活性。一组双盲测试证实，与空白组相比，枣椰子能显著减少眼周细纹（Bauza et al.，2002）。在另外一项双盲对照临床测试中，与空白组相比，枣椰果实与白柳皮、白池花籽油提取物组合能够使眼周皱纹减少42%。

亚麻籽

亚麻仁（Flaxseed，或linseed）是ω-3必需脂肪酸——亚麻酸最丰富的植物来源，其木质素的含量是大豆的800倍。上述成分使之具有抗炎、抗氧化、抗肿瘤及雌激素样作用。在与琉璃苣油对比的一项双盲临床测试中，45名受试者分为两组，服用亚麻籽油组能够显著降低红斑、脱屑和粗糙度，同时皮肤水分和屏障功能都得到了改善（Jellin and Gregory，2012；Thornfeldt and Sigler，2006a）

白池花

白池花（*Limnanthes alba*）籽油的单不饱和脂肪酸含量比橄榄油更丰富，同时也是植物性DHA(一种必需脂肪酸)最丰富的来源。这些成分使之具有抗炎和抗肿瘤活性。DHA是合成乙酰胆碱的关键前体,乙酰胆碱能够通过活化伸缩性纤维蛋白提高皮肤的紧致性(Jellin and Gregory,2012;Thornfeldt and Sigler2006a,2006b)。

狗牙蔷薇

狗牙蔷薇(*Rosa canina*)含有丰富的维生素C、马来酸和柠檬酸、果胶、香茅醇、香叶醇、橙花醇、芳樟醇和柠檬醛、原花青素和单宁等成分(Jellin and Gregory,2012;Thornfeldt and Sigler,2006a)。

红花

红花(*Carthamus tinctorius*,safflower)油含高浓度的亚油酸,具有抑制表皮炎症反应、抗菌和抗寄生虫活性。同时还能够保持角质层的弱酸性。红花油能够抑制基质金属蛋白酶(matrix metalloproteinase,MMP)-2,-9和黑素生成,从而减少光老化(Jellin and Gregory,2012;Thornfeldt and Sigler,2006a,2006b)。

鳄梨

鳄梨(牛油果,*Persea americana*)含有丰富的亚油酸、甾醇类、矿物质和维生素B、维生素C和维生素E。有资料记载鳄梨具有抗衰老、抗炎、抗氧化和屏障修复作用(Jellin and Gregory,2012;Thornfeldt and Sigler,2006a)。

结论

自2010年以来,陆续有19项针对应用到药妆品中植物成分的临床测试或综述发表在一些主要的科技期刊上,或者以壁报的形式在学术会议期间交流(Listed in Draelos,2014)。

人们追求皮肤青春永驻的梦想如此强烈,以至于即使是在科技如此发达的当下,一些随波逐流的人们也轻易相信伪科学去购买“蛇油”产品。(译者注:snake oil,是早期声称含有蛇油但实际不含蛇油的搽油产品,后来英文中借以指代“名不符实”之意。)尽管有令人信服的研究已经证实一些草药提取物能够实现这一梦想,但必须要在应用于抗光老化治疗前,对这些提取物进行正确的产品开发、配方稳定性考察和临床测试,并对上市产品进行安全性测试。

(翻译:梅鹤祥 姜义华
审校:谈益妹 许德田)

参考文献

Auger, D., 2014. Top selling herbal supplements. Online. Available: <http://www.Herbsandnaturalremedies.com> Accessed 9 March 2014.

Baumann, L.S., 2007. Melasma and its newest therapies. Cosmet. Dermatol. 20, 349–353.

Bauza, E., Dal Farra, C., Berghi, A., et al., 2002. Date palm kernel extract exhibits antiaging properties and significantly reduces skin wrinkles. Int. J. Tissue React. 24, 131–136.

Cohen, J., 2007. Coffeeberry. Skin Allergy News 1, 34.

Dehghani, F., Mera, A., Panjehshahin, M.R., Handjani, F., 2005. Healing effects of garlic extracts on warts and corns. Int. J. Dermatol. 44, 612–615.

Draelos, Z., 2008. Optimizing redness reduction, part 2. Cosmet. Dermatol. 21, 433–436.

Draelos, Z. (Ed.), 2014. Cosmetic Dermatology, second ed. John Wiley, Chichester.

Farris, P.K., Edison, B.L., Brouda, I., et al., 2012. Swiss apple stem cells plus 4 synthetics and one peptide. Improved photoaging to statistically significant degree in 69 women for 16 weeks. A high potency multimechanism skin care regimen provides significant anti-aging effects: results from a double blind, vehicle-controlled clinical trial. J. Drugs Dermatol. 11, 1447–1454.

Greenwald, J., Brendler, T., Jaenicke, C. (Eds.), 2007. PDR for Herbal Medicines, fourth ed. Thomson Healthcare, Montvale, NJ, pp. 95, 210–212, 238, 239, 266–269, 345–346, 372, 384–386, 405–409, 489, 725, 797–800.

Jellin, J.M., Gregory, P.J. (Eds.), 2012. Natural Medicines Comprehensive Data Base, thirteenth ed. Therapeutic Research Faculty, Stockton, CA, pp. 38–42, 31, 42, 191–195, 215, 255, 262, 263, 301, 443, 496–500, 563–567, 623–625, 689–696, 709–734, 768, 769, 788–793, 940–945, 1009–1013, 1058–1060, 1107, 1162, 1200–1202, 1260–1266, 1295–1298, 1333–1335, 1356–1359, 1374, 1375, 1390–1393, 1424, 1439–1450, 1460–1471, 1512–1515, 1672–1674.

Koo, J., Arain, S., 1999. Traditional Chinese medicine in

dermatology. Clin. Dermatol. 17, 21–27.
Milesi, M.A., Lacan, D., Brosse, H., et al., 2009. Effect of an oral supplementation with a proprietary melon juice concentrate (Extramel®) on stress and fatigue in healthy people: a pilot, double-blind, placebo-controlled clinical trial. Nutr. J. 8, 40.
Rao, J., Erhlich, M., Goddman, M., et al., 2004. Facial rejuvenation with a novel topical compound containing transforming growth factor beta, vitamin C and black cohosh. Cosmet. Dermatol. 17, 705–710.
Sadick, N., 2010. What's new. American Academy of Dermatology 68th Annual Meeting 2010, Miami Beach, FL.
Thornfeldt, C., Bourne, K., 2010. The New Ideal in Skin Health: Separating Fact from Fiction. Allured Books, Carol Stream, IL, pp. 31–55, 134, 143, 144, 191, 223–233, 243, 244, 352–367.
Thornfeldt, C., Sigler, M., 2006a. Comedolytic Anti-Inflammatory Cosmeceutical Reduces Signs of Maturity. Poster #229, presented at 64th Annual Meeting, American Academy of Dermatology, San Francisco.
Thornfeldt, C., Sigler, M., 2006b. A Cosmeceutical with Novel Mechanisms of Action Effectively Reduces Signs of Extrinsic Aging. Poster #1128, presented at 64th Annual Meeting, American Academy of Dermatology, San Francisco.
Van Wyk, B.E., Wink, M., 2004. Medicinal Plants of the World. Timber Press, Portland, pp. 16–26, 371–394.
Yamakoshi, J., Sano, A., Tokutake, S., et al., 2004. Oral intake of proanthocyanidin-rich extract of grape seeds improves chloasma. Phytother. Res. 18, 895–899.
Yarnell, E., Absacal, K., Hooper, C.G., 2002. Clinical Botanical Medicine. Mary Ann Liebert, Inc., Inc., Larchmont, NY, pp. 223–242.

第9章 海洋来源的药妆品成分

Patricia K. Farris

本章概要

- 死海镁盐有多种使皮肤年轻化的益处。
- 海泥被用于面膜和身体裹敷。
- 褐藻含有抗氧化剂海藻多酚(phlorotannins)。
- 红藻所含的类菌孢素氨基酸(mycosporine-like amino acid,MAA)是天然的光保护剂。
- 虾青素(astaxanthin)是一种存在于微藻中的类胡萝卜素(carotenoid)。
- 壳聚糖(chitosan)是一种成膜剂,可以促进损伤愈合。
- 海洋胶原蛋白(marine collagen)用于化妆品和营养补充剂。

引言

海洋是天然生物活性原料的资源宝库。从海洋中已确认的化学物质超过12 000种,其中很多都有医疗价值。利用海洋中的原料护肤的历史可以追溯到远古时代,那时人们就发现矿泉浴和海泥浴有好处。传说Cleopatra(埃及艳后)是如此迷恋死海泥和死海水的"回春"之效,以至于她怂恿Mark Anthony征服这一地区,这样她就可以得到无穷无尽的死海泥和死海水。来自海泥和死海水的原料成分很丰富、天然,又易于获取。重要的来源包括藻类、真菌、苔藓、海绵、细菌、甲壳类动物、鱼类、海水和海泥。在本章中,我们将综述部分常用的海洋来源的原料,以及其帮助改善皮肤外观的科学基础。

海水

不同海区的海水成分有所不同。大部分海水的含盐量是3.5%,而死海水的含盐量则是此数值的7~10倍。海水中含有许多有益皮肤的盐类、矿物质和痕量元素(表9.1)。大部分海水主要含钠盐,而死海水含有最高量的镁盐(magnesium salts)。镁盐具有保湿功能,可促进屏障修复和抗氧化剂产生,并有抗炎功效。死海水还含有氯化钙($CaCl_2$),它能给皮肤以滑爽的感觉,使皮肤更加光滑。

表9.1 海水中的盐类及其对皮肤的益处

盐类名称	益处
氯化钠(NaCl)	润肤、改善屏障功能、保湿
氯化钾(KCl)	保持屏障功能
氯化镁($MgCl_2$)	增加皮肤水分、抑制炎症、抑制细胞增殖
	增加抗氧化剂产生,减少皮肤皱纹和粗糙
氯化钙($CaCl_2$)	润肤、滑爽

死海浴疗(balneotherapy)已成功用于不少关节炎和炎症性皮肤问题的治疗。在

一项针对特应性皮炎患者的研究中，相对于自来水处理组，死海水浸浴显著增加了皮肤水分、改善了粗糙和发红状况。已证实死海浴疗对银屑病安全有效，联合死海光疗效果更好。体外试验显示，死海镁盐可抑制细胞增殖，这可能是其对治疗银屑病有效的原因之一。

已确认死海盐和矿物质具有皮肤年轻化效果。在一项为期4周的对照研究中，20位女性在不同部位（译者注：左右前臂）分别使用：①含1%死海矿物质溶液的凝胶；②相同的凝胶基质，但不添加死海矿物质；③空白凝胶，不含死海矿物成分或抗衰老成分。用轮廓测定法测得皮肤的粗糙度，分别下降了40.7%、27.8%、10.4%。近些时间，用Dead Sea Osmoter™浓缩物（Ahava，Dead Sea Laboratories Ltd，Israel）进行了人体皮肤培养试验。其含有高度浓缩的死海水和绿茶、葡萄籽、橄榄叶提取物，试验显示可减轻UVB所致的应激。Dead Sea Osmoter™浓缩物（DSOC，Dead Sea Osmoter™Concentrate）可减少UVB诱导的细胞凋亡，抑制光诱导的蛋白酶体降低和水通道蛋白3表达降低。把DSOC加入一个精华液配方，由志愿者试用，水分测试仪测量皮肤含水量，发现使用后0.5小时和8小时显著提升了皮肤水分含量。该研究的作者认为此专利成分对改善皮肤外观、保护皮肤免受日光损伤可能有价值。另一试验，DSOC联合三种产自喜马拉雅地区的原料，组成一个专利复合成分（Extreme Complex™，AHAVA Dead Sea Laboratories Ltd，Israel）。三种原料分别是宁夏枸杞（*Lycium barbarum*）、地衣苔藓（*Cetraria islandica*）和喜马拉雅覆盆子果实提取物。该复合物和其他抗衰老成分一起配入日霜和晚霜，在人工培养皮肤上进行测试，结果显示可减轻UVB诱导的肿瘤坏死因子-α（tumor necrosis factor-alpha，TNF-α）和基质金属蛋白酶1（matrix metalloproteinase-1，MMP-1）表达。该专利复合物有强大的抗氧化功能，故试验也观察到它可抑制UVB诱导的凋亡。在为期4周的人体试验中，PRIMOS系统（译者注：一种测量皮肤表面形貌的光学系统，主要用于皱纹和皮肤纹理的测量）测试显示，相对于对照组，含该成分的面霜减少了口周皱纹的深度，皮肤含水量也得以提升。

海泥

海泥由有机和无机成分组成。无机成分含有丰富的矿物质，因为海洋本身就富含矿物质；有机部分则主要有腐殖酸，主要来自于腐烂的植物和动物尸体。泥疗的意思是用事先加热的泥膜或泥片敷体，此方法已被广泛用于治疗关节炎和其他关节性问题。

海泥是一种流行的护肤原料，在SPA温泉疗养和家中都有应用，使用的范围包括面部角质剥脱、面膜、身体裹敷、消除橘皮组织和身体调理。海泥的益处有保湿、恢复皮肤pH值和促进循环。也有人宣称海泥可以改善活动性痤疮、抗衰老。一项韩国的研究显示海泥的保湿效果来自于其中的腐殖酸，而矿物质（包括钠、镁、锌）则显示出抗炎效果，所以海泥中的有机物和无机物都对皮肤有好处。使用有一种含有死海泥、死海水、氧化锌、芦荟胶、维生素原B_5和维生素E的产品（Dermud™，AHAVA Dead Sea Laboratories Ltd，Israel）在UVB照射的培养皮肤上测试，显示外用Dermud™具有抗氧化、抗凋亡和抗炎性，还可减轻UVB辐射所致的伤害。

藻类提取物

藻类是海洋中最为丰富的资源之一。大型藻类（海草）属多细胞生物，有红、绿和褐色等品种。大型藻类（macroalgae）在浅水中生活，暴露于紫外辐射，因而含有重要的内源性光保护化合物，亦为其他食用这些藻类的动物提供光保护。大型藻类是地球生态圈的重要组成部分。微藻类（microalgae）是单细胞生物，可呈单体、串状或团状存在，可进行光合作用。它们也富含生物活性成分，具有医学和营养价值。藻类提取物含有丰富的、对皮肤美丽与健康有益的成分，作为药妆品原料很受欢迎。

褐藻

褐藻有独特的成分，含有一些海洋中发现的、最重要的功能性原料（表 9.2）。海藻多酚（phlorotannin）是一类从褐藻中发现的海洋酚类化合物，它可以吸收 280~320nm 的紫外线，其种类包括昆布醇、二鹅掌菜酚和间苯三酚（藤黄酚）等，都是强大的抗氧化剂和抗炎剂。核因子 κB（nuclear factor kappa B，NF-κB）和转录因子激活蛋白 -1（transcription factor activator protein-1，AP-1）在暴露于紫外线后表达会升高，来自昆布属的昆布醇和二鹅掌菜酚可对其形成强烈抑制。AP-1 的激活可导致胶原蛋白合成减少、基质金属蛋白酶表达上升，后者可分解胶原蛋白。NF-κB 可促进炎症，进而促进老化。因此，海藻多酚可能有助于保持胶原蛋白的稳定，延缓老化。海藻多酚可通过抑制酪氨酸酶减少黑色素合成，故可作为美白剂。因为有这一系列生物活性，海藻多酚用于预防和治疗皮肤光损上有很大潜力。

藻褐素（fucoxanthin）是一种橙色的色素，存在于褐藻中。这种类胡萝卜素有强大的抗氧化活性，动物模型证实具有光保护效果。以褐藻为食的海洋动物摄取后，藻褐素会被进一步代谢成其他类胡萝卜素，也具有抗氧化活性。藻褐素在黑素瘤细胞和紫外诱导色素沉着试验中显示出抑制酪氨酸酶、抑制黑色素生成的活性。此

表 9.2　海洋来源的药妆品原料

来源	化合物	类型	药妆品用途
褐藻	海藻多酚	抗氧化剂	促进胶原蛋白稳定
			美白
	藻褐素	类胡萝卜素	促进胶原蛋白稳定
			美白
	藻酸钠	多糖	凝胶剂
	岩藻多糖	多糖	保湿
			保护胶原蛋白和弹性蛋白
红藻	类菌孢素氨基酸	氨基酸	光保护剂
	虾青素	类胡萝卜素	促进胶原蛋白稳定
			美白
甲壳类	壳聚糖	多糖	输送系统
			敷料
			创伤愈合
鱼类	海洋胶原蛋白	蛋白质	保湿
			提供胶原蛋白

外，藻褐素有抗炎能力，包括抑制环氧合酶（cyclooxygenase-2，COX-2）、前列腺素 E2（PGE2）的 mRNA 表达。藻褐素作为一种药妆品原料已引起很大关注。

海藻酸（alginic acid）或藻酸钠（alginate）是一种胶状的多糖，是构成褐藻细胞壁的两种主要成分之一。藻酸盐广泛用于制药、食品和化妆品业。在化妆品中作为一种胶凝、增稠、水合原料。岩藻多糖（fucoidan）是褐藻细胞壁的另一种主要成分。它是一种高度硫酸化的多糖，主要由 L- 岩藻糖构成。岩藻多糖的多种生物学活性来源于其高度硫化性和独特的化学结构，可以作为抗凝（血）剂，并具有抗肿瘤、抗病毒和抗氧化作用。因此，岩藻多糖被认为是一种超级食品。添加了岩藻多糖的营养补充剂因具有多种保健功能而十分流行。外用岩藻多糖，它可与皮肤表面相互作用，形成一层保护膜，提升皮肤水分。据报道，岩藻多糖与转化生长因子 -β（transforming growth factor-beta，TGF-β）同时存在时，紫外线灼伤可加速愈合。岩藻多糖还可以阻断选择素（selectin），从而减少白细胞黏附、减轻炎症。离体试验显示岩藻多糖可以减少人类白细胞弹性纤维酶的活性，从而保护弹性蛋白免于降解。在一项临床试验中，1%w/v 墨角藻（*Fucus vesiculosus*）岩藻多糖用于皮肤，每日 2 次，连续 5 周，皮肤弹性增加，且颊部厚度降低。作者认为岩藻多糖作为处理衰老皮肤的化妆品原料，具有重要潜力。

红藻

红藻（red algae）含有多种有益于皮肤的物质。类菌孢素氨基酸（mycosporine-like amino acid，MAA）是红藻天然产生的一种光保护剂，能有效地吸收 310~365nm 的紫外线，从而可以保护红藻免受紫外线伤害。MAA 是强效的抗氧化剂，并已在 UVA 照射的皮肤上测试。在一项研究中，提取自脐形紫菜（*Porphyra umbilicalis*）的 MAA 进行脂质体包裹后，以 0.005% 的比例加入到霜剂中，连续用 28 天，比对照组减少了 37% 的脂质过氧化。在该研究中，受试者每周接受 2 次 UVA 照射。含有 MAA 的产品中和自由基的能力与含有合成防 UVA 和 UVB 成分的防晒霜相当。皮肤紧实度、平滑度在试验后得到了改善。因此，MAA 看来在光保护和预防光老化方面有价值。

虾青素（astaxanthin）是雨生红球藻（*Haematococcus pluvialis*）应对环境应激而大量产生的一种类胡萝卜素，它使得很多摄食海底红藻的海洋鱼类和甲壳类都呈现红色。虾青素有多种健康益处，包括提升视力、保护神经、抑制脂质过氧化、防止肝损伤、降低血糖和化学预防（chemoprevention）。它是一种强效抗氧化剂，据报道比维生素 E 强 550 倍，比维生素 C 强 6000 倍，可通过抑制 UVA 诱导的基质金属蛋白酶来保护胶原蛋白，作为外用美白剂，还可以抑制黑色素合成。在一项开放标签试验里，30 位受试者每天口服虾青素（6mg/d），并外用 2ml 溶液（浓度为 78.9μM），连续 8 周。提取自雨生红球藻的虾青素改善了皮肤皱纹、老年斑大小、弹性、纹理、角质层水分含量和角质细胞的状态。更多研究已在进行中，以评估外用虾青素的效果。

几丁质和壳聚糖

几丁质（chitin）是甲壳类动物（crustaceans）外骨骼的支柱性成分，可以在酸性条件下，通过机械力转化为几丁质纳米纤维，这种生物纤维与人类皮肤细胞完全相容，无毒性、可降解。几丁质纳米纤维可以与其他化合物形成复合体，例如维生素、类胡萝卜素和胶原蛋白等，帮助经皮渗透。这类复合物的特性包括交联程度、密度、含水量和尺寸维度等，它们决定了那些活性成分如何释放以及在皮肤中的渗透深度。

壳聚糖（chitosan，又名“脱乙酰壳多糖”）是一种线性聚合物，可通过部分程度降解几丁质制备。壳聚糖由葡糖胺（glucosamine）和N-乙酰葡糖胺（*N*-acetyl glucosamine）形成的多糖链构成，有游离的氨基，从而可与其他生物分子互相作用。壳聚糖对pH值敏感，为阳离子型多聚物，可制作成各种性状，如小球、水凝胶、纳米纤维或纳米颗粒。作为水凝胶，有卓越的吸水性能，是一种很好的保湿剂。壳聚糖在促进创伤愈合中的价值体现在其优秀的成膜能力，是天然的生物胶水。壳聚糖寡聚体可促进成纤维细胞产生胶原蛋白，从而有利于伤口愈合。此外，它还显示出抗氧化和抑制基质金属蛋白酶的效果。壳聚糖的另一重要价值是广谱抗菌能力，包括细菌、真菌。制备成纳米颗粒或微颗粒，可作为输送系统，保护对环境因素（如光、氧化）敏感的原料成分，促进其输送入皮肤。工业界确认，壳聚糖是一种新的多用途药妆品原料。

海洋胶原蛋白

海洋胶原蛋白可从鱼鳞、鱼皮、软骨、鱼骨和海绵中获取，应用于食品、营养补充剂和化妆品，可更安全地替代牛或猪源性胶原蛋白。部分水解的胶原蛋白称为“明胶”，含有蛋白和肽的混合物。明胶溶于热水，冷却后形成胶冻状。明胶广泛应用于食品、胶囊，及个人护理用品，例如香波、调理剂、唇膏和美甲产品。化妆品中所用的明胶不形成胶冻，体现在产品标签上名为“部分水解胶原蛋白”。近来，明胶被用作抗衰老药妆品原料。在一项有意思的研究中，提取自罗非鱼（*Oreochromis sp.*）的鱼鳞胶原蛋白肽（fishscale collagen peptides，FSCP），以5%、7%和10%的比例加入护肤精华中，面部每天使用2次，共30天，皮肤的水分和弹性改善与FSCP呈时间、剂量相关。此外，体外试验显示FSCP可促进成纤维细胞增殖与胶原蛋白合成。用FSCP不同成分进行Franz细胞试验，发现较大分子量（3500Da和4500Da）的肽有更好的渗透能力。作者推测这可能是因为大分子量的肽更亲脂、结构更完整。该研究提示：鱼鳞胶原蛋白外用，可有效抗老化。

有宣传称含胶原蛋白的营养补充剂可改善骨密度、关节健康和皮肤外观。内服胶原蛋白肽以利健康和美丽的观念在日本和其他亚洲国家和地区被广泛接受。动物试验显示，含鳕鱼皮胶原蛋白肽的营养补充剂对UVA诱导的光损伤有保护作用，它可以改善皮肤水分和脂类保持能力、修复内源性胶原蛋白和弹性蛋白、保持Ⅲ型和Ⅰ型胶原蛋白的比例、预防UV损伤后的糖胺聚糖异常增加，并增强抗氧化防御能力。长期口服补充三文鱼（鲑鱼）来源的海洋胶原蛋白，可保持衰老小鼠的胶原蛋白稳定。海洋胶原蛋白水解物可调节胶原蛋白分解：下调MMP-1，上调属蛋白酶组织抑制物（tissue inhibitor of metalloproteinase，TIMP）活性，上调TGF-β、Ⅰ型和Ⅲ型胶原蛋白mRNA的表达。虽然胶原蛋白肽可能改善皮肤外观的机制尚不明了，但现有研究提示，消化胶原蛋白产生的寡肽类可能促进成纤维细胞合成胶原蛋白和其他结缔组织成分。需要进一步研究，以调查海洋胶原蛋白在人体试验中是否有类似的益处。

结论

就可用于药妆品和保健营养品（nutraceuticals）的天然成分，海洋是一个宝贵的资源库。这类新的原料是一个前沿地带，科学家和制造商在其中可寻找到有巨大潜力的有效生物活性成分。消费者一直在寻找、安全、天然的新产品，海洋及其中的生物将会吸引持续的关注。

（翻译：许德田）

参考文献

Conde, F.R., Churio, M.S., Previtali, C.M., 2000. The photoprotector mechanism of mycosporine-like amino acids. Excited state properties and photostability of porphyra-334 in aqueous solution. J. Photochem. Photobiol. B 56, 139–144.

Fitton, J.H., 2011. Therapies from fucoidan; multifunctional marine polymers. Marine Drugs 9 (10), 1731–1760.

Fujimura, T., Tsukahara, K., Moriwaki, S., et al., 2012. Cosmetic benefits of astaxanthin on human subjects. Acta Biochim. Pol. 59 (1), 43–44.

Hou, H., Zhang, Z., Xue, C., et al., 2012. Moisture absorption and retention properties and activity in alleviating skin photodamage of collagen polypeptide from marine fish skin. Food Chem. 135 (3), 1432–1439.

Katz, U., Shoenfeld, Y., Zakin, V., et al., 2002. Scientific evidence of the therapeutic effect of Dead Sea treatments: a systematic review. J. Cosmet. Sci. 53 (1), 1–9.

Liang, J., Pei, X., Zahng, Z., et al., 2010. The protective effects of long-term oral administration of marine collagen hydrolysate from chum salmon on collagen matrix homeostasis in the chronological aged skin of Sprague-Dawley rats. J. Food Sci. 75 (8), H230–H238.

Ma'Or, Z., Yehuda, S., 1997. Skin smoothing effects of Dead Sea minerals: comparative profilometric evaluation of skin surface. Int. J. Cosmet. Sci. 1 (9), 105–110.

Morganti, P., Morganti, G., 2008. Chitin nanofibrils for advanced cosmeceuticals. Clin. Dermatol. 26, 334–340.

Pallela, R., Na-Young, Y., Kim, S., 2010. Anti-photoaging and photoprotective compounds derived from marine organisms. Marine Drugs 8, 1189–1202.

Portugal-Cohen, M., Afriat-Staloff, I., Soroka, Y., et al., 2014. Protective effects of a novel preparation consists of concentrated Dead Sea water and natural plants extracts against skin photo-damage. J. Cosmet. Dermatol. Sci. App. 4, 7–15.

Schmid, D., Schurch, C., Zulli, F., et al., 2003. Mycosporine-like amino acids: natural UV-screening compounds from red algae to protect the skin against photoaging. SOFW 129, 2–5.

Senevirathne, M., Ahn, C.B., Kim, S.K., Je, J.Y., 2012. Cosmeceutical applications of chitosan and its derivatives. In: Marine Cosmeceuticals Trends and Prospects. CRC Press, Boca Raton, FL, pp. 169–178.

Tominaga, K., Hongo, N., Karato, M., Yamashita, E., 2012. Treatment of human skin with an extract of *Fucus vesiculosus* changes its thickness and mechanical properties. Acta Biochim. Pol. 59 (1), 43–47.

Wineman, E., Portugal-Cohen, M., Soroka, Y., et al., 2012. Photo-damage protective effects of two facial products, containing a unique complex of Dead Sea minerals and Himalayan actives. J. Cosmet. Dermatol. 11, 189–192.

第 10 章 金属元素类药妆品成分

James R. Schwartz, Kevin J. Mills

本章概要

- 几个世纪前,金属离子就已经用于外用的皮肤护理用品中。
- 金属离子的使用最初只是基于经验,现在的科学数据解释了许多已经发现的效果。
- 锌治愈受损皮肤和预防皮肤受损的作用已经得到很好的确认。
- 铜能够帮助受损皮肤修复也已经明确。
- 硒的好处体现在抗氧化活性上。
- 其他金属如铝和锶的应用范围更窄一些。

引言

某些金属离子外用治疗是否无害?在技术层面上来说是否有作用?这种治疗方法要追溯到公元前 1500 年,在古埃及埃伯斯伯比书中已有记录。例如,炉甘石(一种含氧化锌的天然原料)被记载可以治疗许多皮肤和眼部疾病;绿铜矿(如孔雀石)可以用来治疗烧伤和瘙痒。许多使用方法经历了 3500 年历史的验证,提供了真正有技术价值的第一线索。例如,锌仍旧是用来缓解婴儿臀部皮肤疾病的第一选择。

金属离子的重要性已经被很多严格的研究证实,例如因缺乏金属离子而产生的疾病症状。缺乏锌通常是因节食或者是遗传因素阻碍了肠道对锌的吸收,可造成肠病性肢端皮炎(acrodermatitis enteropathica,AE),即发生在口、鼻、耳和肛门,以及手指和足趾的皮肤和指(趾)甲(肢端)部位的严重皮炎。同样的,缺乏铜的疾病,如门克斯综合征(Menkes syndrome)引起的皮肤和头发生长角化不完全,表现为头发卷曲。

古人经验、实用价值、临床实践都显示金属离子对皮肤健康很重要,但需要更进一步的研究来验证,相关的分子理论基础开始出现,强化了金属离子和皮肤状况的联系。

本章将重点讲述目前用于药妆品中的 5 种特定金属元素 - 锌、铜、硒、铝和锶,以及有临床和科学数据支持的常用金属原料。还有许多其他金属用于药妆品中(表 10.1)。从查询到的关于这些金属和皮肤相关的文献看(Medline 上 1993 年至今),有大量的科学研究来探索使用其中一些金属的技术基础。表 10.1 中还概述了一些金属,见于一些新型个人护理产品中,显而易见是商业行为。

锌在药妆品中的应用

原料

International Cosmetic Ingredient (INCI) Dictionary and Handbook(国际化妆品成分词典和手册,即化妆品和个人护理用品原料

表 10.1　药妆品用金属一览表

金属	潜在作用	Medline 搜索命中数[a]	新产品[b]
锌	细胞生长，伤口愈合，光保护，抗氧化	675	10 339
铜	角质化，胶原蛋白形成，毛发生长，能量代谢	347	2031
铁	氧化作用，微循环	598	无
硒	抗氧化，抗真菌	201	647
铝	止汗剂	349	无
锶	抗刺激	27	51
硅	结缔组织形成	200	无
镁	维持皮肤健康	179	无
钙	细胞黏附，抗炎，表皮成熟	2274	无
铬	微循环	161	无
银	抗菌	624	无
钛	光防护作用	245	无

[a] 和皮肤相关的引证（1993 年至今）

[b] 在敏特集团全球新产品数据库（Mintel Group Global New Products Database）中有成分评估报告的新型个人护理产品，因为金属有许多非生物学作用的用途（如着色剂、增稠剂），无法从中分开而数据被排除在外（无）

表）中列出了 55 种不同的含锌原料。其中 7 种已经被美国食品药品监督管理局（Food and Drug Administration，FDA）批准用于非处方药（over-the-counter，OTC）中，具有安全性和一定的功效，包括护肤、抗菌和收敛（表 10.2）。含锌原料的护肤作用主要是用于治疗皮肤炎症，如毒葛接触性皮炎和尿布疹等。FDA 批准的含锌原料范围很宽，使得锌作为一种有效的成分，应用广泛。

在大多数的含锌原料中，锌离子起主要的功效作用。所有有效的含锌原料都以其离子形式（Zn^{2+}）和相反电荷的离子（抗衡离子）发生反应产生电中性化合物。这些抗衡离子能够调节锌类物质的溶解度和生物利用率。例如，硫酸锌是水溶性的，而氧化锌是很难溶解的。预计硫酸锌最初的利用率很高，消耗快，氧化锌的初始活性较低，但作用会持续很长一段时间。药妆品的配方师会根据产品功能的物理特性和活性来选择不同的原料。

其他用于药妆品中、但 FDA 没有明确可用于 OTC 药物中的含锌原料同样有可能存在以锌为基础的潜在功效。但是，因为这些原料的应用不是很广泛，产品配方师必须拿出更多的药理学依据来确认使用这些原料的预期效果，生物利用度是原料和产品基质复杂交互作用的结果。

锌原料的应用基础

临床观点

破损皮肤的自身修复需要一个很复杂的过程。在物理性损伤伤口处会发生炎症、表皮再生、肉芽组织形成、伤口收缩和组织重塑过程。在伤口愈合过程中，锌的需求会大量增加。在鼠伤口模型中，局部含锌量会增加，证实这种金属在伤口修复过程中是一种生理需要。局部使用含锌化合物可以加速修复，例如腿部溃疡，修复过程中锌对受损部位的输送速率最初可能是受限的。在猪模型中，局部用锌可提高表皮再生率；含

表 10.2　FDA 批准可用于 OTC 药物的含锌原料

锌盐		治疗依据	应用
名称	结构		
杆菌肽锌	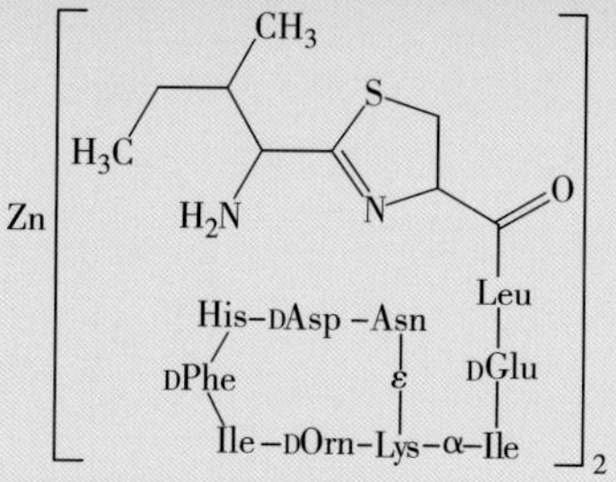 Zn[CH_3, H_3C, H_2N, S, N, O, Leu, DGlu, His-DAsp-Asn, DPhe, ε, Ile-DOrn-Lys-α-Ile]$_2$	抗菌	外用首选抗生素
硫酸锌	$ZnSO_4$	收敛剂	眼部护理
碳酸锌	$ZnCO_3$	皮肤防护剂	漆树皮炎（毒葛）
乙酸锌	$Zn[O-C(=O)-CH_3]_2$	皮肤防护剂	漆树皮炎（毒葛）
氧化锌	ZnO	收敛剂	痔疮
		皮肤防护剂	皮炎
		皮肤防护剂	尿布疹
		皮肤防护剂	漆树皮炎
		防晒剂	防晒
十一烯酸锌	$Zn[O-C(=O)-(CH_2)_8-CH=CH_2]_2$	抗真菌剂	足癣
		抗真菌剂	股癣
		抗真菌剂	体癣
吡硫鎓锌	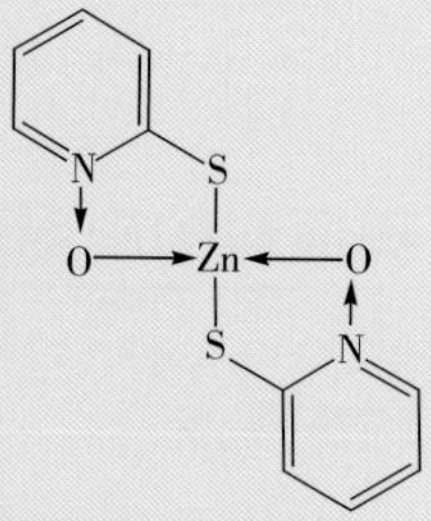 N, S, O→Zn←O, S, N（两个吡啶环）	抗真菌剂	头皮屑
		抗真菌剂	脂溢性皮炎

锌原料天然的生物利用度是很重要的，难溶性氧化锌优于易溶性锌形态。通过监测金属硫蛋白（metallothionein，MT），可以间接测量伤口修复部位的局部锌离子活性，MT 负责储存和传输锌离子到达其他需要锌来发挥其作用的蛋白和酶中。人体暴露于锌，可以出现 MT 上调；体外角质细胞试验中，可以加入特异性与锌结合的物质，抑制 MT 表达上调、减慢细胞增殖。

更多源于“化学”因素的皮肤损伤主要表现为炎症。越来越多的迹象表明锌具有抗炎活性。口腔中的锌可以降低由表面活性剂引起的刺激。这种作用通过体外试验和皮肤培养中的产生白介素 -1α（IL-1α）已经证实，例如吡硫鎓锌可以抑制表面活性剂引起的白介素 -1α（IL-1α）释放。大疱性类天疱疮和褥疮溃疡的炎症都伴随有血清中锌水平降低。锌在创面愈合过程中的抗炎作用在上文已经讨论过了。除了促进修复过程之外，锌还通过抗氧化活性发挥皮肤保护功能。锌可以减少由紫外线对细胞和基因的损害，增强皮肤成纤维细胞的抗氧化能力。

最近，锌还被证明可以改善皮肤弹性，减缓皮肤衰老，并开始应用于脱发的治疗。

科学基础

人体平均含锌量为 2.5g，并需要每天摄入 15mg 来保持健康(超过除了铁以外的其他微量元素)。大多数锌存在于金属酶和蛋白质中。这个领域的研究随着 1940 年碳酸酐酶的发现而被开拓，它是一种为维持生理 pH 值需要而无处不在的酶，含锌并且锌是催化活性所必需的。至今，已经有超过 300 种酶在结构特征上表现出需要锌来产生和维持其活性。而且，成千上万的含锌蛋白质需要锌的参与组成一个三维结构才能调节 DNA 的复制 RNA 的转录，称为“锌指结构”，控制着从基因信息转录到功能蛋白合成的基本生物过程。人类基因组编码的蛋白质中至少 3% 有锌指结构，这让伯格(Berg)用“生物电镀”这个词来强调金属锌在人体生理中的重要性。

本章涉及的内容之外，还有许多其他含

表 10.3　主要的含锌生物分子

酶	锌的化学作用	生物分子的生理功能	是否和皮肤相关
乙醇脱氢酶	促进醇(如乙醇)氧化成醛	肝新陈代谢	
羧肽酶	促进缩氨酸残留物羧基端的水解 消化蛋白质获取营养		
嗜热菌蛋白酶	促进肽的水解		
基质金属蛋白酶 胶原酶(MMP-1) 弹性蛋白酶(MMP-12) 明胶酶(MMP-2)	促进基质蛋白的水解	细胞外基质形成 胶原蛋白水解 弹性蛋白水解 明胶水解	是
β- 内酰胺酶	促进 β- 内酰胺环的水解(如青霉素)		
碳酸酐酶	促进 CO_2 的水合作用	促进 CO_2 输送生理和生理缓冲	
核酶 P1	促进 5’ 单链核苷酸从 DNA 和 RNA 的形成		
超氧化物歧化酶	促进过氧化阴离子歧化成 O_2 和 H_2O_2	有害过氧化物的清除	是
磷酸二酯酶	—		
碱性磷酸酶	促进磷酸单酯的水解		是
亮氨酸氨肽酶	促进亮氨酸残留物氨基端的水解		
磷脂酶 C	分开连接磷脂头基和油脂部分的键		
金属硫蛋白	结合锌	储存锌	是
锌指结构种类 DNA 聚合酶 RNA 聚合酶	赋予构象，促进核苷酸结合	核酸新陈代谢 DNA 复制 RNA 转录	是
α- 淀粉酶			
天冬氨酸转氨甲酰酶			

锌生物分子(表 10.3 概括了一些重要的)。本章重点介绍一些和皮肤生物学有特定关联以及可以支持上述临床观点的内容。基质金属蛋白酶(metalloproteinase,MMP)是一种锌依赖性蛋白酶,能够降解许多重要的创面愈合分子,包括信号因子以及细胞外基质(有胶原蛋白和弹性蛋白)的结构蛋白。创面愈合需要密集的细胞分裂和蛋白质合成,因此,锌指结构蛋白 DNA 和 RNA 聚合酶在整个过程至关重要,临床上观察到的锌的抗炎作用,无论是在创面愈合,还是在其他皮炎的情况下,可能有部分在于碱性磷酸酶(alkaline phosphatase,AP)的重要性。AP 需要多种锌离子,并参与腺苷一磷酸代谢,后者在抑制炎症反应中起作用。最近的研究还证明了锌具有调节角化细胞表面 Toll 样受体 2(TLR2)表达的作用,这将抑制一些炎症细胞因子的产生。这些锌生物分子影响创面愈合过程见图 10.1。

锌除了抗炎作用,还影响天然免疫。锌对许多固有免疫和获得性免疫细胞的正常发育和功能起着至关重要的作用,包括:中性粒细胞、天然杀伤细胞、巨噬细胞、T 细胞和 B 细胞。看起来,金属锌是作为信号离子,对固有免疫系统产生影响。

现已观察到锌的抗氧化活性,可产生多种效应:

- 锌是超氧化物歧化酶和金属硫蛋白的组成部分,它们都具有很强的抗氧化活性。已知锌可诱导 MT 的产生。

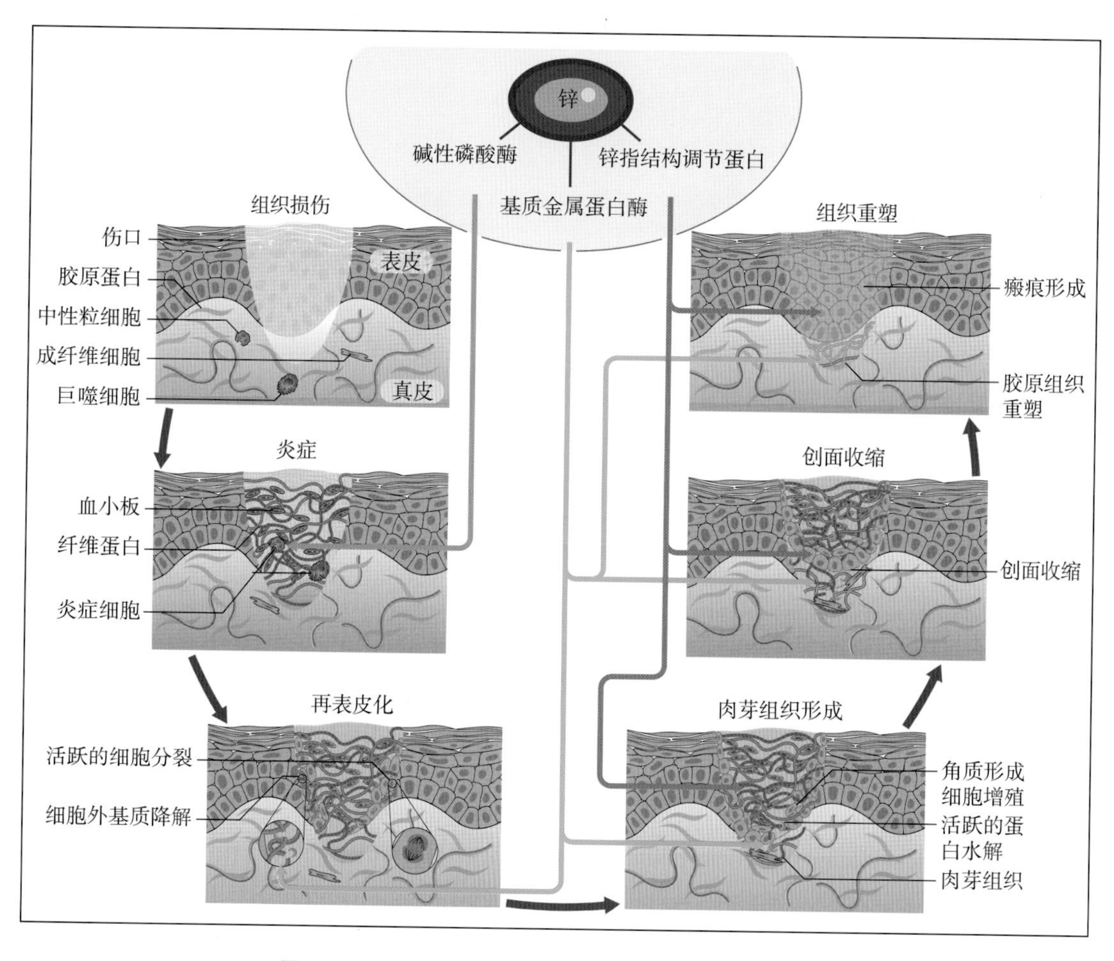

图 10.1　皮肤创面愈合过程的主要步骤以及锌的作用

- 锌还可以置换更多有害的金属离子(如铜和铁,它们的氧化还原活性会导致氧自由基的生成)。
- 锌不具有生成自由基的能力,因为它不发生氧化还原活性。

虽然这种研究几乎不能略过锌相关的生物化学性,但可以确定的是,从经验和临床观察来看,锌对皮肤健康的重要性是真实的,并且有稳固的科学基础。

铜在药妆品中的应用

原料

常用于个人护理产品中的铜化合物要远远少于锌。在 INCI 中列出的 20 种铜原料中,没有一种因安全、有效而被 FDA 批准用于 OTC 外用药物。和锌一样,正常以 Cu^{2+} 离子的形式存在,不同的抗衡(反)离子影响其溶解性。抗衡离子对生物有效性产生的影响尚不清楚,需要充足的产品药理学专业知识来实现含铜制剂预期的效果。铜对其他产品基质成分也具有很强的亲和力,必须仔细监测,以减少对这些基质或铜本身的负面影响。如上所述,铜还具有潜在的氧化还原活性,可以增强活性氧的形成。

铜原料的应用基础

临床观点

动物饲料中缺乏铜至少会产生两种不正常的皮肤状况:黑素水平降低和胶原合成的削弱,导致失去相应的物理属性。和锌一样,铜也有治愈受损皮肤的作用。最近的数据表明,在动物伤口修复模型中,铜肽(glycyl-l-histidyl-l-lysine,GHK)增强了细胞外基质的大分子表达。一种铜和锌双矿物复合物(铜锌丙二酸酯)可以增强与衰老相关的皮肤修复。

科学基础

铜在所有的细胞中都存在,但体内的总量是 0.1g,远低于锌的含量。和其他金属一样,主要与酶结合,有超过 100 种的结构特征(表 10.4)。黑素与皮肤色素沉着有关,具有天然的光防护作用。黑素的合成需要建立在铜酪氨酸酶的基础上。铜在皮肤损伤修复中的作用可能是通过几种含铜酶来实现:赖氨酰氧化酶交联原胶原蛋白分子形成胶原蛋白,一种尚未确定的酶参与了交联蛋白二硫键的形成(这一点可能对门克斯综合征形成卷曲头发的症状很重要)。抗氧化活

表 10.4 主要的含铜生物分子

酶	铜的化学作用	生物分子的生理功能	是否和皮肤相关
细胞色素 C 氧化酶	电子转移(氧化还原反应)	线粒体能量的产生	是
超氧化物歧化酶	促进过氧化阴离子歧化为 O_2 和 H_2O_2	清除有害过氧化物	是
酪氨酸酶	将酪氨酸氧化成二羟基苯丙氨酸 / 多巴(dihydroxyphenylalanine,DOPA)	产生黑素	是
多巴胺 β- 羟化酶	多巴胺羟基化形成去甲肾上腺素	产生儿茶酚胺	
赖氨酰氧化酶	促进赖氨酸和醛的氧化反应	胶原蛋白和弹性蛋白的交联	是
血浆铜蓝蛋白	结合铜	铜转移	
未确认的酶		角蛋白交联(二硫键)	是
凝血因子 V	刺激凝血酶的形成	血液凝结	

性最有可能有利于损伤修复,原因可以追溯到含铜的超氧化物歧化酶(同时含有铜离子和锌离子)和血浆铜蓝蛋白。复合铜锌丙二酸酯还被宣称为可以像原电池一样产生能够辅助受损皮肤修复的“生物电流”。

硒在药妆品中的应用

相对来说,硒(selenium)较少用于个人护理产品中,因为在INCI汇编中只有四种含硒化合物。最常见的应用是以二硫化硒的形式作为FDA接受的抗头皮屑活性物质。虽然已知这种原料具有抗真菌活性,但它可能还有与硒的抗氧化活性相关的多效性。除了在抗头皮屑方面的应用外,还缺乏支持个人护理产品中局部外用硒化合物的人体皮肤活性相关数据。然而,有一个新兴的理论基础就是含硒化合物可用于治疗从皮肤刺激到老化、癌症等多种皮肤问题。

对硒的生物化学和药理学的详尽回顾不在本章范围内,但这里应当说明的是,硒是一种是以有机和无机形式存在的微量元素。在哺乳动物细胞中,硒以多种形式来体现其生物学效应,而不是元素本身。硒早已被公认为膳食抗氧化剂。特别是最近,硒被确定为许多酶活性位点的重要组成部分,包括谷胱甘肽过氧化物酶、硫氧还原蛋白还原酶(thioredoxin reductase)和碘化甲腺氨酸脱碘酶(iodothyronine deiodinase)。除了抗氧化防御,硒也被证明参与哺乳动物生理学的许多方面,包括甲状腺激素稳态、免疫功能、细胞周期控制和细胞凋亡。

总之,关于硒如何影响皮肤生理,还知之甚少。然而,众所周知的是硒缺乏与小鼠和人类皮肤中对皮肤癌的易感性增加有关(Pence et al.,1994;McKenzie,2000), 皮肤也会表达许多(10~15种)不同的硒蛋白(Rafferty et al.,1998)。尽管这些蛋白质在皮肤中的确切作用还不太清楚,硒在细胞中的许多作用是由硒蛋白介导的,硒蛋白含有特殊氨基酸、硒代半胱氨酸(Kryukov et al.,2003)。下表回顾了已发表的有关硒对皮肤和皮肤来源细胞影响的文献。这些研究分别在小鼠皮肤(表10.5)和人类皮肤/皮

表10.5 小鼠皮肤/皮肤来源细胞中硒相关研究

化合物/治疗	方法内容	结果	参考文献
口服亚硒酸钠	裸鼠皮肤	防止紫外线诱引起的红斑和色素沉着	Acta Pathologica, Microbiologica et Immunologica Scandinavica 1983; 91:81-83
亚硒酸钠饮用水	裸鼠皮肤	紫外线诱导皮肤肿瘤形成的剂量依赖性防护	Cancer Letters1985;27:163-170
硒代蛋氨酸,饮用水和局部外用	BALB/c或Skh:2小鼠皮肤	降低肿瘤的潜伏期,多样性和炎症	Nutrition and Cancer1992;17:123-137
食物中的亚硒酸钠	Skh:HR-1裸鼠皮肤	紫外线对皮肤肿瘤形成的保护作用	JournalofInvestigative Dermatology, 1994;102:759-761
亚硒酸钠	BALB/c或MK-2鼠角质细胞	减少UVB引起DNA损伤(8-OH dG)	Journal of Investigative Dermatology, 1996;106:1086-1089
亚硒酸钠,硒代蛋氨酸	PAM212角质细胞	降低UVB引起的IL-10表达(IL-10抑制细胞免疫)	British Journal of Dermatology, 2002;146:485-490
阻止皮肤产生硒蛋白	C57BL/6×FVB/N敲除Trsp,转移RNA为硒代半胱氨酸	皮肤中没有产生硒蛋白;皮肤和头发异常,过早死亡	PloS One,2010;5(8):e12249

肤来源细胞中完成(表 10.6)。在小鼠皮肤中,硒化合物可以防止紫外线引起的皮肤肿瘤、红斑、色素沉着、DNA 损伤和细胞介导免疫的改变。最近一些在小鼠皮肤方面的研究表明,硒蛋白是角质细胞发挥正常功能和皮肤发育过程所必需的(Sengupta et al., 2010)。在这项研究中,编码硒代半胱氨酸 tRNA(transfer RNA for selenocysteine,Trsp)的基因被选择性敲除,使得动物不能在角质形成细胞中产生硒蛋白。这导致一些皮肤和头发的异常和过早死亡。在人类皮肤 / 皮肤来源细胞中,硒化合物可以改变 UVB 最小红斑量(minimal erythema dose,MED),诱导谷胱甘肽过氧化物酶,并减少紫外线诱导的脂质过氧化、DNA 损伤和细胞凋亡。有人推测,所有这些效应都可以追溯到硒的直接和间接抗氧化作用。然而,人类乳腺癌细胞的研究表明,硒化合物[例如甲基硒酸

表 10.6 人体皮肤 / 皮肤来源细胞中硒相关研究

化合物 / 治疗	方法内容	结果	参考文献
外用硒代甲硫氨酸洗剂	人体皮肤(活体)	UVB 引起的最小红斑剂量增加	Photodermatology, Photoimmunology and Photomedicine, 1992;9:52-57
亚硒酸钠;含硒泉水	人皮肤成纤维细胞	减少 UVA 诱导的脂质过氧化;诱导谷胱甘肽过氧化物酶	Skin Pharmacology, 1995;8:139-148
硒蛋白(与谷胱甘肽过氧化物酶同源的病毒蛋白)	蛋白质转染入 HaCaT 角质细胞;HeLa 细胞	增加紫外线照射后的细胞活力	Science, 1998;279:102-105
亚硒酸钠	人皮肤成纤维细胞	防护紫外线引起的细胞毒性	Photochemistry and Photobiology, 1993;58:548-553;Photochemistry and Photobiology 1997;40:84-90;Free Radical Biology and Medicine, 2001;30:238-241
亚硒酸钠,硒代甲硫氨酸	原代人角质细胞,HaCaT 细胞,成纤维细胞和黑素细胞	防止 UVB 引起的细胞毒性	Biochemical Journal, 1998;332:231-236
亚硒酸钠或硒代甲硫氨酸	原代人角质细胞	防紫外线引起的细胞凋亡	Clinical and Experimental Dermatology, 2003;28:294-300
亚硒酸钠,硒代甲硫氨酸	原代人角质细胞	防止紫外线引起的 DNA 损伤	British Journal of Dermatology, 2003;148:1001-1009
亚硒酸钠,硒代甲硫氨酸,甲基硒酸	原代人黑素细胞,黑素瘤细胞系	硒阻断紫外线诱导的黑素细胞氧化应激;阻止细胞周期,诱导黑素瘤细胞凋亡	Clinical and Experimental Dermatology, 2003;28:294-300
新型含硒组蛋白去乙酰化酶(HDAC)抑制剂	原代人角质细胞和黑素细胞,成纤维细胞和黑素瘤细胞系	抑制 HDAC;产生黑素瘤细胞凋亡;通过阻断细胞周期来阻止细胞增殖	Cancer Biology and Therapy, 2012;13(9):756-765

(methylseleninic acid, MSA)]可诱导细胞周期调节和细胞凋亡的基因表达谱变化。在前列腺癌细胞中，MSA也能调节许多细胞周期调控基因的表达，抑制细胞侵袭的基因、调控DNA修复和刺激TGF-β信号传导。此外，人肺癌细胞系的研究表明，MSA可以抑制细胞生长，阻滞细胞周期进程于G1期，诱导细胞凋亡。因此，人们越来越多认识到，硒不仅影响氧化还原状态，还可影响多种上皮细胞的细胞周期调控、细胞凋亡和分化，这对疾病状态皮肤和普通化妆品皮肤问题来说都是有意义的。

有关硒的效果，现有数据绝大多数来自对口服补充剂的研究。有趣的是，富硒酵母膳食补充剂能够减少整体人类癌症发病率将近50%。这些数据和其他的研究数据促使美国国家癌症研究所(National Cancer Institute, NCI)在2001年发起硒和维生素E肿瘤化学预防临床研究(selenium and vitamin echemoprevention trial, SELECT)，这项研究为期12年，以分别评估单独使用以及联合使用硒和维生素E对前列腺癌发病率的影响。然而，研究发现，这些疗法在患者生存期平均达到5.5年后并不能阻止前列腺癌的进一步恶化，所以患者被叫停服用含硒补充剂(Klein et al., 2011)。

虽然含硒药物治疗化妆品相关皮肤问题的潜力尚未得到充分的探究，但硒对皮肤疾病状态的所产生的新数据得出的结果好坏参半。从各种体外、离体和体内研究的几条证据表明，硒可能可以用于治疗/预防恶性黑素瘤(Cassidy et et al., 2013; Chung et al., 2011; Gowda et al., 2012)。对于非黑素瘤皮肤癌，现有的最佳流行病学资料表明，补硒对预防基底细胞癌无效，事实上还增加了鳞状细胞癌和非黑素瘤皮肤癌的风险。出乎意料地的是同样这项研究，显示硒补充剂降低整体癌症发病率和死亡率，包括前列腺癌、肺癌和结肠直肠癌的发病率降低(Duffield-Lillico et al., 2003)。

涉及硒化合物局部外用给药的研究相对较少，很少有人知道硒化合物外用的渗透和代谢，或者它们对皮肤基因表达的可能影响。最近的研究表明，L-硒代甲硫氨酸有效地穿透了离体的猪皮肤(Lin et al., 2011)，硫辛酸硒代硫代衍生物(selenotrisulfide derivative of lipoic acid, LASe)不仅可以渗透猪皮，而且是人角质形成细胞中硒蛋白生物合成中硒的有效来源，并且可能是一种局部硒补充剂(Alonis et al., 2006)。因此，如果硒化合物能够被皮肤充分地输送和代谢，那么它们用于治疗以细胞增殖、分化和炎症改变为特征的皮肤状况的多效作用就可以得到证明。需要更多的研究来充分评估含硒化合物在药妆品中的应用潜力。

铝在药妆品中的应用

INCI词典中列出了数百种不同的铝(aluminum)化合物，许多是着色剂或产品基质的一部分。大多数有益的原料与收敛剂或止汗剂相关(约9种不同的铝化合物被FDA允许作为止汗剂使用)。

绝大多数的铝盐都外用于抑汗，这主要是一个物理过程。铝盐与小汗腺分泌的汗液成分相互作用形成沉淀物，沉淀物形成于汗腺导管处，暂时堵塞了管口，并阻止汗液流动。这些产品以各种物理形式发挥作用，和特定铝盐组分及其药理学方面有关的大量技术用于最大化产生沉淀物和栓塞效果。

锶在药妆品中的应用

对锶(strontium)的了解就更少了，也没有已知的含锶蛋白。在INCI词典中列出了8种含锶的盐。

锶最早作为抗刺激剂用于个人护理产

品中。被提到的机制涉及锶离子和C型伤害性感受器之间的直接相互作用，公开发表的数据无法区分锶是否和潜在的刺激物(如α-羟基酸)也可能发生了化学反应。加强锶的科学研究是十分必要的。

结论

金属离子在护肤品中的广泛应用最初基于经验。简要回顾支持这些金属潜在应用的科学数据，能够理解为什么外用金属对皮肤有益是有现实基础的。本章回顾的金属锌、铜、硒和锶，科学研究不同程度地支持了它们的用处。锌的基本作用在于治愈损伤皮肤和预防皮肤受损，铜也显示出相似的修复损伤作用，虽然其科学性依据相对少一些。硒的抗氧化活性基于相应酶的活性；铝通过与汗液成分混合沉淀来抑制出汗；锶的抗刺激作用需要更多的科学证据。

(翻译：谈益妹 付琴 审校：许德田)

参考文献

Ågren, M.S., 1991. Influence of two vehicles for zinc oxide on zinc absorption through intact skin and wounds. Acta Derm. Venereol. 71, 153–156.

Albergoni, V., 1998. Physiological properties of copper and zinc. In: Rainsford, K., Milanino, R. (Eds.), Copper and Zinc in Inflammatory and Degenerative Diseases. Kluwer, New York, pp. 7–17.

Alonis, M., Pinnell, S., Self, W.T., 2006. Bioavailability of selenium from the selenotrisulphide derivative of lipoic acid. Photodermatol. Photoimmunol. Photomed. 22, 315–323.

Baumann, L., Weinkle, S., 2007. Improving elasticity: the science of aging skin. Cosmet Dermatol. 20, 168–172.

Berg, J.M., Shi, Y., 1996. The galvanization of biology: a growing appreciation for the roles of zinc. Science 271, 1081–1085.

Brocard, A., Dréno, B., 2011. Innate immunity: a crucial target for zinc in the treatment of inflammatory dermatosis. J. Eur. Acad. Dermatol. Venereol. 25, 1146–1152.

Cassidy, P.B., Fain, H.D., Cassidy, J.P. Jr., et al., 2013. Selenium for the prevention of cutaneous melanoma. Nutrients 5 (3), 725–749.

Chung, C.Y., Madhunapantula, S.V., Desai, D., et al., 2011. Melanoma prevention using topical PBISe. Cancer Prev. Res. 4 (16), 935–948.

Clark, L.C., Combs, G.F. Jr., Turnbull, B.W., et al., 1996. Effects of selenium supplementation for cancer prevention in patients with carcinoma of the skin. A randomized controlled trial. Nutritional Prevention of Cancer Study Group. J. Am. Med. Assoc. 276, 1957–1963.

Corbo, M.D., Lam, J., 2013. Zinc deficiency and its management in the pediatric population: a literature review and proposed etiologic classification. J. Am. Acad. Dermatol. 69 (4), 616–624.

Danks, D., 1991. Copper deficiency and the skin. In: Goldsmith, L. (Ed.), Physiology, Biochemistry, and Molecular Biology of the Skin, second ed. Oxford University Press, New York, pp. 1351–1361.

Dong, Y., Ganther, H.E., Stewart, C., Ip, C., 2002. Identification of molecular targets associated with selenium-induced growth inhibition in human breast cells using cDNA microarrays. Cancer Res. 62, 708–714.

Dong, Y., Zhang, H., Hawthorn, L., et al., 2003. Delineation of the molecular basis for selenium-induced growth arrest in human prostate cancer cells by oligonucleotide array. Cancer Res. 63, 52–59.

Duffield-Lillico, A.J., Slate, E.H., Reid, M.E., et al., 2003. Selenium supplementation and secondary prevention of non melanoma skin cancer in a randomized trial. J. Natl Cancer Inst. 95 (19), 1477–1481.

Frydrych, A., Arct, J., Kasiura, K., 2004. Zinc: a critical important element in cosmetology. J. Appl. Cosmetol. 22, 1–13.

Gowda, R., Madhunpantula, S.V., Desai, D., et al., 2012. Selenium containing histone deacetylase inhibitors for melanoma management. Cancer Biol. Ther. 13 (9), 756–765.

Hostýnek, J., Maibach, H., 2006. Copper and the Skin. Informa Healthcare, New York.

Idson, B., 1990. Trace minerals in cosmetics, Part 1. Drug Cosmet. Ind. 146, 18–20.

Idson, B., 1990. Trace minerals in cosmetics, Part 2: Physiology and potential uses. Drug Cosmet. Ind. 146, 37–38, 88.

Ip, C., Hayes, C., Budnick, R.M., Ganther, H.E., 1991. Chemical form of selenium, critical metabolites, and cancer prevention. Cancer Res. 51, 595–600.

Ip, C., Dong, Y., Ganther, H.E., 2002. New concepts in selenium chemoprevention. Cancer Metastasis Rev. 21, 281–289.

Jarrouse, V., Castex-Rizzi, N., Khamarri, A., et al., 2007. Zinc salts inhibit in vitro toll-like receptor 2 surface expression by keratinocytes Eur. J. Dermatol. 17, 492–496.

Kil, M.S., Kim, C.W., Kim, S.S., 2013. Analysis of serum zinc and copper concentrations in hair loss. Ann. Dermatol. 25, 405–409.

Klein, E.A., 2004. Selenium: epidemiology and basic science. J. Urol. 171 (2 Pt 2), S50–S53, discussion S53.

Klein, E.A., Thompson, I.M., Tangen, C.M., et al., 2011. Vitamin E and the risk of prostate cancer. The selenium and vitamin E cancer prevention trial (SELECT). J. Am. Med. Assoc. 306 (14), 1549–1556.

Kohrl, J., Brigelius-Flohe, R., Bock, A., et al., 2000. Selenium in biology: facts and medical perspectives. Biol. Chem. 381, 849–864.

Kryukov, G.V., Castellano, S., Novoselov, S.V., et al., 2003. Characterization of mammalian selenoproteins. Science 300, 1439–1443.

Laden, K., Felger, C., 1988. Antiperspirants and Deodorants. Marcel Dekker, New York.

Lansdown, A.B.G., Mirastschijski, U., Stubbs, N., et al., 2007. Zinc in wound healing: theoretical, experimental and clinical aspects. Wound Repair Regen. 15, 2–16.

Lin, C.H., Fang, C.L., Al-Suwayeh, S.A., et al., 2011. In vitro and in vivo percutaneous absorption of seleno-l-methionine, an antioxidant agent, and other selenium species. Acta Pharmacol. Sin. 32 (9), 1181–1190.

Maverakis, E., Fung, M.A., Lynch, P.J., et al., 2007. Acrodermatitis enteropathica and an overview of zinc metabolism. J. Am. Acad. Dermatol. 56, 116–124.

May, S.W., 2002. Selenium-based pharmacological agents: an update. Expert Opin. Investig. Drugs 11, 1261–1269.

McKenzie, R.C., 2000. Selenium, ultraviolet radiation, and the skin. Clin. Exp. Dermatol. 25, 631–636.

Mullin, C.H., Frings, G., Abel, J., et al., 1987. Specific induction of metallothionein in hairless mouse skin by zinc and dexamethasone. J. Invest. Dermatol. 89, 164–166.

Neldner, K., 1991. The biochemistry and physiology of zinc metabolism. In: Goldsmith, L. (Ed.), Physiology, Biochemistry, and Molecular Biology of the Skin, second ed. Oxford University Press, New York, pp. 1328–1350.

Neumann, P., Coffindaffer, T., Cothran, P.E., et al., 1996.

Clinical investigation comparing 1% selenium sulfide and 2% ketoconazole shampoos for dandruff control. Cosmet. Dermatol. 9, 20–26.

Nitzan, Y., Cohen, A., 2006. Zinc in skin pathology and care. J. Dermatolog. Treat. 17, 205–210.

Parat, M.O., Richard, M.J., Meplan, C., et al., 1999. Impairment of cultured cell proliferation and metallothionein expression by metal chelator NNN'N'-tetrakis-(2-pyridylmethyl)ethylene diamine. Biol. Trace Elem. Res. 70, 51–68.

Pirot, F., Millet, J., Kalia, Y.N., et al., 1996. In vitro study of percutaneous absorption, cutaneous bioavailability and bioequivalence of zinc and copper from five topical formulations. Skin Pharmacol. 9, 259–269.

Pence, B.C., Delver, E., Dunn, D.M., 1994. Effects of dietary selenium on UVB – induced carcinogenesis and epidermal antioxidant status. J. Invest. Dermatol. 102, 759–761.

Prasad, A.S., 2008. Clinical, immunological, anti-inflammatory and antioxidant roles of zinc. Exp. Gerontol. 43, 370–377.

Rafferty, T.S., McKenzie, R.C., Hunter, J.A.A., et al., 1998. Differential expression of selenoproteins by human skin cells and protection by selenium from UVB – radiation induced cell death. Biochem. J. 332, 231–236.

Rittenhouse, T., 1996. The management of lower-extremity ulcers with zinc-saline wet dressings versus normal saline wet dressings. Adv. Ther. 13, 88–94.

Rostan, E.F., DeBuys, H.V., Madey, D.L., Pinnell, S.R., 2002. Evidence supporting zinc as an important antioxidant for skin. Int. J. Dermatol. 41, 606–611.

Sengupta, A., Lichti, U.F., Carlson, B.A., et al., 2010. Selenoproteins are essential for proper keratinocyte function and skin development. PLoS ONE 5 (8), e12249.

Sheretz, E., Goldsmith, L., 1991. Nutritional influences on the skin. In: Goldsmith, L. (Ed.), Physiology, Biochemistry, and Molecular Biology of the Skin, second ed. Oxford University Press, New York, pp. 1315–1328.

Siméon, A., Wegrowski, Y., Bontemps, Y., Maquart, F.X., 2000. Expression of glycosaminoglycans and small proteoglycans in wounds: modulation by the tripeptide-copper complex glycyl-L-histidyl-L-lysine-Cu^{2+}. J. Invest. Dermatol. 115, 962–968.

Skaare, A.B., Rolla, G., Barkvoll, P., 1997. The influence of triclosan, zinc or propylene glycol on oral mucosa exposed to sodium lauryl sulphate. Eur. J. Oral Sci. 105, 527–533.

Sun, Y., Bruning, E., Weinkle, S.H., Tucker-Samaras, S., 2013. Essential ions and bioelectricity in skin care. In: Farris, P.K. (Ed.), Cosmeceuticals and Cosmetic Practice. John Wiley, Chichester, Ch18. doi:10.1002/9781118384824.

Swede, H., Dong, Y., Reid, M., et al., 2003. Cell cycle arrest biomarkers in human lung cancer cells after treatment with selenium in culture. Cancer Epidemiol. Biomarkers Prev. 12 (11 Pt 1), 1248–1252.

Tasaki, M., Hanada, K., Hashimoto, I., 1993. Analyses of serum copper and zinc levels and copper/zinc ratios in skin diseases. J. Dermatol. 20, 21–24.

Warren, R., Schwartz, J., Sanders, L., et al., 2003. Attenuation of surfactant-induced interleukin 1α expression by zinc pyrithione. Exogenous Dermatology 2, 23–27.

Zhai, H., Hannon, W., Hahn, G.S., et al., 2000. Strontium nitrate suppresses chemically induced sensory irritation in humans. Contact Dermatitis 42, 98–100.

保湿制剂与屏障修复配方

James Q. Del Rosso

第 11 章

本章概要

- 角质层是一个动态结构，不断地对各种削弱其完整性和功能性的日常外源性因素作出响应。
- “表皮屏障”一词实际上是生理和稳态屏障功能的集合，大多数生理功能与正常的角质层结构和功能完整性有关。
- 角质层（表皮）渗透屏障由两个功能成分组成：①细胞蛋白基质，②由特定排列的脂质双层组成的细胞间膜状基质。这两者适当的功能和维护，保障了皮肤的完整性、表皮水平衡和含水量及角质细胞有序地脱落。
- 对不同外源性和内源性因素造成角质层渗透屏障受损引起皮肤水分丢失增加和角质层含水量减少引发的许多皮肤疾患，保湿制剂是基础皮肤护理的重要组分，用于这些问题的辅助治疗。
- 使用一个好的保湿制剂或屏障修复配方有助于角质层内在的自我修复，它会将水分含量保持在高于维持生理角质层酶功能所需要的水平，来加速角质层渗透屏障的修复，从而最终保住角质层渗透屏障结构和功能的完整性。
- 好的屏障修复配方制剂，大多数凭处方才能买到，其配方设计中包含了各种封闭剂、吸湿剂和润滑剂等基本保湿成分的同时，还包括有增加天然屏障修复性能的特定“生理性”成分。

引言

在过去 10 年里，表皮屏障功能及其与皮肤健康和疾病的关系已在皮肤学的文献中有很多报道。由此，我们期望皮肤科医生对保持表皮屏障结构和功能的重要性有很好的认识，并且根据每位患者的临床状况，驾轻就熟地指导其适当护肤和合理选择产品。重要的是，如果临床医生理解某个特定的产品为什么对一个特定病症的患者有治疗意义的话，推荐起来会很轻松，无论是非处方药（OTC）还是处方药（Rx）。

在护肤品的选择方面，许多临床医生会提供一系列样品，或者通过个人体验或个别患者的试用经历来了解熟悉一些特殊产品。过去，临床医生选择个人护肤品往往是随意的。然而，标注含有更多特定成分的皮肤护理产品在不断增加，有的是基于某些特定的皮肤疾病状态所使用的成分（如神经酰胺和特应性皮炎）。尤其是 OTC 保湿制剂和处方屏障修护产品，除了含有基本的封闭剂和保湿剂外，还含有特定设计的成分，用于修护和保持角质层（stratum corneum，SC）渗透屏障的完整性和功能。为了取得特定配方功效依据的支持，对OTC制剂和处方屏障修复产品进行了更严格的科学评价。目前使用的科学评估有各种实验室检测，包括评估SC结构（如定量检测）和（或）功能（如经皮失水率）、SC含水量（corneometry）、表皮生理性脂质吸收（如拉曼光谱）方面的检测。临床研究主要在干燥皮肤或特定潜在皮肤疾病［如特应性皮炎（AD）、寻常痤疮（AV）、玫瑰痤疮］志愿者身上进行。随着对表皮屏障功能障碍是如何影响特定皮肤疾病的病理生理过程了解越来越多，和更多的科学数据来支持个性化处方和OTC护肤配方，临床医生越来越多地根据对制剂配方背后的科学性的领悟和认识向患者推荐产品。本章特别涵盖了保湿和屏障修复产品，包括其设计原理（即成分）及其在临床实践中的实际应用。

基础护肤一般原则

为什么适当的皮肤基础护理和保持皮肤生理性含水量是健康皮肤和患病皮肤管理的重要组成部分？从皮肤科学角度来理解这个问题，人们必须有这个意识：SC是一个动态的结构，不断对日常生活中各种影响其完整性和主要生理表皮屏障功能的外源性因素作出反应。同样重要的是要认识到："表皮屏障"实际上是生理和内稳态屏障功能的集合，其中大多数生理功能与SC结构正常和功能完整性有关。这些SC屏障功能包括渗透屏障，其控制水分通量和含量；抗微生物屏障，包括几个广泛分布的抗菌肽（antimicrobial peptides，AMP），当细菌、病毒和真菌入侵时可提供即时防护；抵抗由各种外源性暴露因素（如UV紫外线、污染物）引起的活性氧簇（reactive oxygen species，ROS）影响的抗氧化屏障；检验各种触发特异性免疫和（或）炎症反应的应答信号的免疫屏障；以减轻由外源性光暴露因素（如UV紫外线）产生的细胞损伤的光防护屏障。与整体表皮屏障完整性和活性有关的主要屏障功能与其他SC屏障性能相互作用，并影响整体SC结构的完整性和功能，这就是SC渗透屏障。这是因为SC渗透障碍导致SC水分含量的缺乏和不平衡；SC中适当水分含量和分布的不足，将导致需要维持表皮/SC结构、生理脱屑、正常皮肤弹性和韧性这些基本生理所需的几种酶系统功能的减弱。当SC含水量过低时，主要SC酶功能的受损将导致皮肤粗糙，可见成片脱落的角质细胞鳞屑；皮肤刚度增加，由于皮肤弹性和韧性的减少，无法对抗因脱水和剪切力而引起的微小裂纹和大裂纹，以及局部角化过度，特别是在手、脚和肘部。

保持整体皮肤健康和SC正常生理功能（特别是渗透屏障功能）所必需的三个基本的皮肤护理过程是清洁、保湿和防晒。清洁可以去除外部污垢、皮肤天然分泌物和微生物。使用清洁剂导致的SC渗透屏障损伤程度和制剂配方特性直接相关，例如pH值碱性的配方制剂、含有强力的表面活性剂或乳化剂，以及可引起皮肤刺激或过敏的其他赋形剂。保湿是基础皮肤护理的重要组成部分，它可以抵御各种外源性和内源性因素损伤SC导致TEWL增加和水分含量的减少。因此，使用一个好的保湿制剂有助于SC内部自我修复，并将SC含水量维持在保持生理SC酶功能所需的水平之上，以加快渗透屏障的修复，最后保持SC渗透性屏障结构和功能的完整性。虽然对光防护的讨论超出了本章的范围，但这也充分说明：控制急性和慢性光损伤的合理措施以及适当使用广谱防晒剂对保持皮肤健康至关重要。

导致SC渗透屏障功能损伤的外源性因素包括：使用配方不佳的皮肤清洁剂（如皂基）、干燥的收敛剂、外用刺激物、某些特定的外用药［如类视黄醇（维A酸）、过氧化苯甲酰、糖皮质激素、一些赋形剂］和低湿度环境，都会促使皮肤水分蒸发而流失，并使 SC 脱水。内源性因素包括：年老、慢性光损伤、表皮屏障和（或）SC 含水量减少的临床或亚临床改变密切相关的几种疾病状态，如遗传性干燥疾病、特应性皮炎、过敏性皮肤、寻常型鱼鳞病和与干性皮肤倾向相关的潜在疾病状态。因此，受上述内源性因素影响的个体表现出 SC 渗透屏障的固有损伤，当暴露于导致 SC 损伤的外源性因素时，甚至会进一步受损。当 SC 渗透屏障损伤超过自我修复，屏障修复和保湿不足时，如果不加控制的话，由于 TEWL 的持续增加和皮肤水分含量的减少，SC 将变得“过度应激（overstressed）”。这种情况逐渐导致明显的皮肤干燥性改变、皮脂缺乏性皮炎（如乏脂性湿疹）和局部角化过度。

在皮肤科临床中，通常推荐使用保湿和屏障修复制剂，因为临床医生已经认可了其辅助护肤治疗的作用。琳琅满目的保湿产品往往会扰乱消费者对产品的理性选择。一般原则是“最简单的就是最佳的”，因为某些产品宣称的含特殊添加剂和精心营销的“明星产品”很少或根本没有科学依据来支持其功效宣称和昂贵的价格。

正常皮肤完整性和水分含量的维护

皮肤水分平衡、内环境平衡和正常外观需要表皮，特别是结构和功能完整的 SC。表皮屏障由两个功能结构组成：①角质形成细胞交织形成的层状蛋白基质（“砖”），最上面是一层薄的 SC 细胞（角质细胞），②角质细胞间脂质（“灰泥”）。两个组分的正常运作和维护，确保皮肤的完整性、水平衡、水合作用和老化角质的脱落，其中任何一个受到干扰就会引起 TEWL 增加，若未得到及时纠正，最终的后果就是皮肤表现出干燥样改变。SC 含水量的理想范围是 20%~35%。虽然 SC 含水量的微小变化就可触发“自我修复”机制，如储存在颗粒层中的生理性脂质前体立即释放、天然保湿因子（natural moisturizing factor，NMF）前体（即丝聚蛋白）的增加，但在 SC 含水量降低到 10% 以下，仍然会出现明显的皮肤干燥症状。

角质细胞和天然保湿因子的作用

角质细胞不断地、有规则地更新，从表皮最底层向上穿过各层，直至最终脱落。当水分充足时，酶可以降解桥粒，让表面的角质细胞分离和脱落。和正常皮肤不同的是，干燥皮肤的角质细胞桥粒保留在正剥落的角质层中，导致在外观上可以明显地看到薄片或鳞屑样的角质细胞成块脱落下来，而单个细胞脱落时是觉察不到的。和正常皮肤相比，类似肥皂等引起的干燥皮肤中，角质层胰蛋白酶活性、角质细胞桥粒水解的完全性和脱落的生理过程将大大减少。

统称为“天然保湿因子”（NMF）的小分子吸湿性化合物使角质细胞中的水分得以保持。NMF 的成分包括来自丝聚蛋白的氨基酸（如精氨酸）/ 吡咯烷酮羧酸（PCA）、乳酸盐、糖和几种电解质。如果角质层含水量降至临界值以下，正常剥落所需酶的作用将减弱，导致角质细胞黏附和堆积在皮肤表面，皮肤出现干燥、粗糙、皮屑、鳞片、炎症和皲裂等现象。

细胞间脂质的作用

表皮增殖和分化的一个重要部分是由固定组合的、成比例的脂质所构成的渗透屏障。SC 中的脂质主要在表皮的有核细胞内合成，而且基本上是独立于循环脂质的。脂质合成主要受表皮屏障状态改变的调节。表皮屏障脂质主要由等摩尔浓度的游离脂肪酸、胆固醇和神经酰胺组成，也存在少量的胆固醇硫酸盐和非极性油脂。脂质的双极性，包括细胞间基质(细胞间的脂质膜)，使亲水性的“头部”和疏水的“尾部”可以形成交替的脂质层。这种有序的排列形成一个可控制水分在表皮细胞和角质细胞之间渗透和移动的屏障(调节 TEWL)，将水溶性吸湿性化合物(NMF)封锁在角质细胞内，从而维持细胞内 SC 酶执行多种重要生理和平衡功能所必需的水分。

表皮上层的角质形成细胞内的板层小体(lamellar bodies，或 Odland bodies)中也含有脂质，其生化作用就是将新合成的脂质转化成有序的膜结构(板层状膜结构)。板层小体向间质组织传递所需的蛋白水解酶，以利角质细胞剥脱，并将前体脂质转换为至关重要的屏障功能脂质(生理性脂质)，如神经酰胺。当上层表皮发生角化时，磷脂丰富的细胞膜转化为富含神经酰胺的双层膜结构。神经酰胺的几个亚型已经确定，其总量占到角质层脂质含量的 50% 以上。失去表皮脂质这一重要表皮的屏障组分，将导致 TEWL 的增加、皮肤可塑性的降低，以及出现和前述 SC 含水量减少相同的不良后果。有趣的是，无论有无皮损，特应性皮炎患者皮肤内多种神经酰胺亚型都显著减少。

表皮生理屏障修复

保持和修复表皮屏障功能的稳态信号是 TEWL，即使 TEWL 仅增加 1%，就能发出生理信号上调脂质合成，启动屏障修复。表皮渗透屏障受到干扰，即有生理响应，屏障功能修复启动。屏障功能修复过程的时间长短要看损伤程度、患者年龄和患者整体健康状况。修复过程中，在损伤部位下方，细胞外脂质从角质形成细胞分泌到角质细胞间，并形成有序的板层膜单位结构。30 分钟内即发生即刻自我修复反应，板层小体在颗粒层外沉积，释放预先储存的脂质；随后的 4 小时内合成脂肪酸和胆固醇，并在接下来 6~9 个小时内增加产生神经酰胺。

保湿制剂的临床效应

当内源和外源性因素引起屏障破坏和角质层含水量减少时，保湿制剂——特别是那些优化配方的制剂，可以模拟表皮脂质功能，改善和修复表皮屏障功能。外用脂质嵌入角质细胞间，能够减轻表面活性剂引起皮肤刺激。如矿脂等非生理性的封闭性脂质的使用，散布于 SC 上部细胞间质内，可形成一个弥漫性疏水相而迅速降低 TEWL。

一些评价生理性脂质用于保湿制剂和屏障修复配方中的研究发现，某些神经酰胺能够融入不同深度的 SC 中，且并没有导致皮肤生理性脂质生成下调。但是，基于小鼠体外模型，护肤品中生理性脂质的应用看来需要包含具有最佳浓度的三种脂质成分(神经酰胺、胆固醇、游离脂肪酸)，否则屏障修复功能可能会受到影响。

保湿制剂使用频率的意义

涂抹于皮肤上的保湿产品，受到角质层自然脱落过程和产品自身持久性的影响会不断损失，故需要每天反复使用才能维持效果。

评估(回归过程分析)停用保湿制剂后的保湿性能，发现停用后几天内会维持其功效，包括使用羊毛脂为基质和十六醇 / 矿脂 / 甲基丙烯酸聚甘油酯为基质的产品。然而，患者最好接受过日常皮肤护理原则的宣教，坚持定期使用保湿制剂，特别是那些患有慢性湿疹和有干燥皮肤倾向的患者。

保湿产品配方中的重要成分

实际使用的保湿制剂配方需要有明显的功效和可接受的美学(感官)指标。对于功效，要认识到使用保湿制剂并不意味着简单地将水分加到皮肤中去。更确切地说，完整的良好配方应含有封闭剂、保湿剂和润肤剂(柔软剂)(图 11.1)等基础成分，并且在某些情况下，有额外的添加剂以降低 TEWL、促进保持角质层含水量。

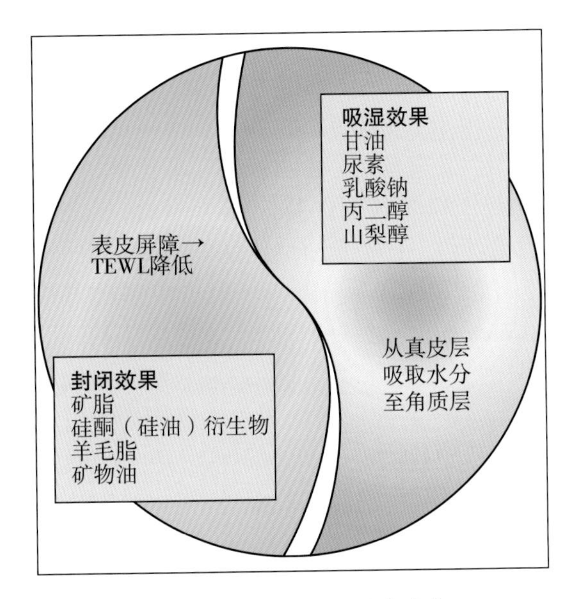

图 11.1 保湿制剂的基本成分

- 封闭剂(occlusive)成分，是通过在皮肤表面和表层角质细胞间形成一层疏水性薄膜来阻止(延迟)水分的蒸发和流失。封闭剂通常是油腻的，用于稍微润湿的皮肤时是最有效的，主要有矿脂、羊毛脂、矿物油和硅氧烷衍生物(聚二甲基硅氧烷、环聚二甲基硅氧烷)。羊毛脂(lanolin)受限于气味、成本和潜在致敏性。矿物油由于良好的质感(“感觉”)而经常被使用，但其减少 TEWL 的能力有限，“无油”一词意味着该配方不含有矿物油或植物油。硅氧烷衍生物不油腻，单独使用时，保护作用良好，而保湿作用有限。它们通常与矿脂组合使用以赋予更好的质感，因为矿脂单独使用时，许多消费者认为“太油腻”了(框 11.1)。
- 吸湿剂(humectant)成分，从真皮吸取水分并传输到外面的角质层中(“由内而外”)。若周围湿度增加到 70%，保湿剂成分也能够从环境中吸取和吸收水分(“由外而内”)。封闭剂和保湿剂共同作用，保持了角质层水分和屏障功能。有几种用于保湿制剂和屏障修复产品中的成分提供吸湿性，例如甘油(丙三醇)、透明质酸和丙二醇(低浓度)。许多保湿成分在用于皮肤时也具有润肤的作用(框 11.2)。
- 润肤剂(emollient)成分，具有油性物质“填充脱落的角质细胞碎片间裂缝”的

框 11.1
封闭剂

碳氢化合物(油状/蜡状)
- 矿脂
- 矿物油
- 石蜡
- 角鲨烯(十三碳六烯)
- 硅氧烷衍生物：
  聚二甲基硅氧烷
  环状聚二甲基氧烷

脂肪醇
- 十六(烷基)醇
- 十八(烷基)醇(硬脂醇)
- 羊毛脂醇

脂肪酸
- 硬脂酸(十八酸)
- 羊毛脂酸

蜡酯
- 羊毛脂
- 蜂蜡
- 十八烷醇硬脂酸盐

植物蜡
- 巴西棕榈
- 蜡大戟

磷脂
- 卵磷脂

固醇(甾酮)类
- 胆固醇

多羟基醇
- 丙二醇

框 11.2
保湿剂

- 甘油(丙三醇)
- 蜂蜜
- 乳酸钠
- 乳酸铵
- 尿素
- 丙二醇
- 吡咯烷酮羧酸钠(Na-PCA)
- 透明质酸
- 山梨醇
- 异丁烯酸甘油酯
- 泛醇
- 明胶

能力,是保湿制剂配方中第三种重要的成分。润肤剂通过使皮肤表面纹理光滑、柔软显现化妆品的魅力。根据固有性质,润肤剂可分为保护性、油脂性、收敛性或干性的(框11.3)。

框 11.3
润肤剂

保护性润肤剂
- 二油酸二异丙酯
- 异硬脂酸异丙酯

油脂性润肤剂
- 蓖麻油
- 丙二醇
- 硬脂酸辛酯
- 甘油硬脂酸酯
- 霍霍巴油

收敛性润肤剂
- 聚二甲基硅氧烷
- 环聚二甲基硅氧烷
- 肉豆蔻酸异丙酯
- 辛酸辛酯

干性润肤剂
- 棕榈酸异丙酯
- 癸基油酸酯
- 异硬脂醇

配方的特征和美学特性

保湿制剂大部分配制成乳液(水包油型乳化体)或膏霜(油包水型乳化体)。乳液配方产品较稀薄,适合日间使用,其特征性的基本成分包括矿物油、丙二醇和水。晚霜和营养霜或带“治疗”性质的制剂由重一些的油脂(如矿脂或羊毛脂衍生物)、矿物油和水组成。特定的配方用于特定的“皮肤类型”很重要,通过调节油-水比例、封闭剂成分和润肤剂的特定成分组合,使之适用于干性、正常或油性皮肤。例如,聚二甲基硅油(dimethicone)和环聚二甲基硅氧烷(cyclomethicone)是非油性、非致粉刺的润肤剂,通常被用于以“油性皮肤”为目标人群的“无油”面部保湿制剂中。而诸如滑石粉或高岭土这类吸油性物质可以用来吸收皮肤表面过剩的油脂和减少“面部油光”。

载体输送特性

载体特性影响成分的输送、耐受性和患者的偏好。输送可能涉及配方的微调以适应诸如布或垫片等辅助用品,这些物质的物理特性对保湿制剂在皮肤上的分布和皮肤耐受性有潜在的影响。载体特性可能含有配方中的“单位”成分,如脂质体、微球、多泡乳液或包裹体。多泡乳化体系(multivesicular emulsion system,MVE)已经用于某些基于神经酰胺的保湿制剂和清洁剂配方,其可被设计成同心圆层,内含多个独立的活性成分。MVE使用两相水包油乳化体系,采用多层小球的油和水,用至皮肤后使成分分离,并从各自所在的层中控释。重点是,MVE保湿体系已被证明可以降低TEWL和增加皮肤含水量。脂肪酸双重包裹(共轭亚油酸)用于特定的外用屏障修复乳液,包含以3∶1∶1比例混合的神经酰胺、胆固醇和脂肪酸。这种包裹技术在外用于皮肤后没有令人不快的黏着性或黏附性，并可以防止有效成分氧化，输送更高浓度的生理性脂质。

特殊成分在保湿和屏障修复中的作用

随着越来越多的 OTC 保湿制剂[特别是那些含有针对特定疾病状态和(或)皮肤类型的成分的]和处方屏障修复配方(尤其是修复霜剂)的使用，基础保湿制剂与屏障修复产品之间的界限变得模糊。简单地说，如果产品显示出很好的封闭性，能够显著降低 TEWL 和增加角质层含水量(如白矿脂)，则这种产品是保湿制剂。大多数商业目的上好的配方，是使用后可降低 TEWL 和增加 SC 含水量的保湿制剂，加入了提供封闭性、保湿性和润肤性的成分，做成感观上接受度较高的剂型(如膏霜、乳液)。最近，许多 OTC 保湿制剂中已经添加了一些"生理学"特性，通过加入一些其他的成分(如神经酰胺)，可补充细胞间脂质。在这种方式下，OTC 保湿制剂被认为除了可以降低 TEWL 和增加 SC 含水量外，还有助于皮肤屏障的修复。

精心设计的皮肤屏障修复配方，主要是处方产品，除了包含封闭剂、保湿剂和润肤剂这些基本成分外，还含有一些用于增强天然屏障修复性能的特定"生理性"成分，如 SC 脂质双层补充剂(神经酰胺、必需脂肪酸)和 SC 水通量(如甘油葡糖苷)。这类产品基本上是基于特应性皮炎 SC 屏障异常的数据来设计的，大多数的临床研究在急性期或特应性皮炎干性皮肤患者中完成。有些产品还加入了用于针对某些其他疾病状态的皮肤特性所需要的成分，虽然除特应性皮炎外的其他皮肤疾病中，SC 屏障损伤特征表现较为有限(如痤疮、玫瑰痤疮、脂溢性皮炎)。

一些屏障修复制剂在 SC 屏障完整性和功能方面可能有额外的治疗作用；然而，一项 OTC 保湿制剂的对比研究证实，这些优点较难设计，需要更长周期的研究，并且比起简单地评价 TEWL 值和 SC 含水量，需要更为复杂的评价方法。因此，临床医生必须根据配方设计背后的科学依据、已经完成的基础科学和临床研究结果、自己在临床实践中观察到的情况，以及患者的反馈来选择产品。

一些 OTC 保湿制剂和处方屏障修复配方产品含有特殊的成分，设计用于特定的临床情况和相关疾病皮肤类型，如特应性皮炎和易患痤疮的皮肤。表 11.1 列出了所选产品、配方设计和成分。我们鼓励临床医生仔细评估与产品相关的科学数据，以确定他们认为与临床相关的信息，并确定短期和长期改善的临床实践结果。

表 11.1　市售保湿制剂和屏障修复产品：特定成分的潜在临床相关性

产品(类型)	特殊成分；配方特点	依据 / 数据支持
OTC 产品		
CeraVe® 保湿霜	神经酰胺混合物 多泡乳液 透明质酸 植物鞘氨醇 二甲基硅油 胆固醇	补充缺乏的神经酰胺(如特应性皮肤) 外用糖皮质激素治疗特应性皮炎的辅助治疗

续表

产品(类型)	特殊成分;配方特点	依据/数据支持
CeraVe®SA 保湿修复霜	神经酰胺混合物 多泡乳液 水杨酸 烟酰胺 透明质酸 植物鞘氨醇 二甲基硅油 乳酸铵	补充缺乏的神经酰胺(即特应性皮肤) 水杨酸溶解桥粒(更严重的干燥症、毛发角化病)
丝塔芙皮肤修复保湿霜	(专利)神经酰胺 精氨酸 吡咯烷酮羧酸 烟酰胺 红花籽油 专为特应性皮肤配制	补充神经酰胺和由丝聚蛋白衍生而来的天然保湿因子成分(如特应性皮肤) 已有应用于婴幼儿、儿童和成人的研究 外用糖皮质激素治疗特应性皮炎时的辅助治疗 神经酰胺能沉积于角质层内
丝塔芙控油保湿防晒乳 SPF30	专利神经酰胺 油质体 二氧化硅微粒/玉米淀粉 微珠粉 适用于痤疮和易患痤疮	补充痤疮急性期的神经酰胺缺乏 油质体隔离防晒(SPF30 低浓度广谱保护) 吸收皮脂,减少面部油光 与外用痤疮产品组合,不导致 TEWL 值增加或水分流失
处方产品		
EpiCeram® 外用乳液	神经酰胺 共轭亚油酸(双重包裹) 胆固醇	用包裹方式减少亚油酸氧化损耗 神经酰胺:脂肪酸:胆固醇以 3∶1∶1 的比例在人体皮肤显示出最优屏障修复效果 特应性皮炎皮肤类固醇激素疗法的辅助治疗 对特应性皮炎的疗效与中等效力的外用皮质类固醇疗效相当(未研究在严重疾病的情况,发病速度降低) 可促进抗菌肽的增加(特应性皮肤缺乏)
Bionect® 霜	低分子量透明质酸	在脂溢性皮炎和玫瑰痤疮研究中证实有疗效 通过调节抗菌肽显示出抗炎作用
Hyalatopic Plus 霜	神经酰胺 大花可可树(脂肪酸来源) 透明质酸	将神经酰胺存储在角质层中;提供多种生理性脂肪酸/脂质 对特应性皮炎的治疗效果可与 1% 吡美莫司乳膏相比(未研究严重的情况)
优色林再生还原蛋白活性精华 Eucerin®Aporin Active	甘油葡糖苷 尿素 乳酸 神经酰胺	增强水通道蛋白 -3(AQP-3)的表达以改善表皮水平衡 提升角质层含水量和皮肤屏障功能 调节 AQP-3 功能,补充神经酰胺和天然保湿因子成分

使用保湿制剂对治疗的重要性

诸如寻常痤疮、玫瑰痤疮、皮炎湿疹和银屑病等皮肤病外用药的治疗和管理，不单单要选择药物，还应涉及恰当的护肤品。选择不含常见刺激物和过敏原的无刺激性清洁制剂和精心设计的保湿制剂，可减少外用药(如维 A 酸、过氧化苯甲酰、钙调磷酸酶抑制剂)相关的刺激性，并且还有助于改善潜在疾病状态体征和症状。后者已在如寻常痤疮、玫瑰痤疮和特应性皮炎等疾病的应用中得到证明。一些根据疾病情况开发的产品，含有前面所述的成分。

与患者自行选择护肤品相比，使用皮肤科医生选择的皮肤护理产品已被证明可以改善玫瑰痤疮体征和症状，并降低外用药治疗的潜在刺激性。已证明，外用他扎罗汀之前序贯应用一种基于神经酰胺的保湿制剂，可以减少皮肤刺激症状，且不影响治疗寻常痤疮的效果。在离体人皮肤模型上，使用 15% 壬二酸(azelaic acid，AZA)凝胶之前应用三种不同的保湿制剂，不影响 AZA 的渗透性。但是，由于针对特定产品组合的研究数据非常有限，应在外用药使用之前还是之后使用保湿剂并不总是很明确，因为疗效很大程度取决于保湿制剂特性和(或)外用药中活性成分的固有性质。总的来说，特定保湿制剂和外用药使用的先后顺序还需要有更多的数据来支持。在特应性皮炎的治疗中，使用温和的清洁和保湿制剂提高了外用皮质类固醇(topical corticosteroid，TCS)的疗效。虽然 TCS 能够有效控制皮炎湿疹的恶化，但是，表皮屏障受损这一潜在问题与特应性皮炎的病理生理学直接相关。此外，中等或更高效力的 TCS 已被证明可以减少表皮脂质合成。因此，在停用 TCS 后，仍然有部分 SC 渗透屏障受损，这说明了在皮炎湿疹治疗期间和治疗后，与 TCS 同时使用优质保湿制剂或屏障修复产品的重要性。即使皮炎湿疹表现不明显，适当的皮肤护理也是“日常管理”特应性皮炎皮肤的组成部分，因为保持表皮屏障完整性有助于降低 TEWL 并减少湿疹红斑。

结论

使用保湿产品最主要的目的是通过留住皮肤水分、阻止水分经表皮流失，以及当皮肤受到损伤时，通过修复屏障来保持皮肤的完整性和外观，最重要的配方成分是封闭剂、吸湿剂和润肤剂。为实现临床功效并产生有吸引力的感观表现，需要合理配比这些成分。保湿制剂与屏障修复产品的区分并不总是很清楚，主要取决于配方设计和成分。一个特定产品的临床作用最终取决于它与临床实践的融合以及由临床医生和患者确定的治疗效果。

(翻译：谈益妹　付琴　审校：许德田)

参考文献

Bikowski, J., Shroot, B., 2006. Multivesicular emulsion: a novel controlled-release delivery system for topical dermatological agents. J. Drugs Dermatol. 5, 942–946.

Cash, K., High, W., de Sterke, J., 2012. An evaluation of barrier repair foam on the molecular concentration profiles of intrinsic skin constituents utilizing confocal Raman spectroscopy. J. Clin. Aesthet. Dermatol. 5, 14–17.

Chamlin, S.L., Kao, J., Frieden, I.J., et al., 2002. Ceramide-dominant barrier repair lipids alleviate childhood atopic dermatitis: changes in barrier function provide a sensitive indicator of disease activity. J. Am. Acad. Dermatol. 47, 198–208.

Del Rosso, J.Q., 2003. Understanding skin cleansers and moisturizers: the correlation of formulation science with the art of clinical use. Cosmet. Dermatol. 16, 19–31.

Del Rosso, J.Q., 2013. The role of skin care as an integral component in the management of acne vulgaris. Part 1: the importance of cleanser and moisturizer ingredients, design, and product selection. J. Clin. Aesthet. Dermatol. 6, 19–27.

Del Rosso, J.Q., Brandt, S., 2013. The role of skin care as an integral component in the management of acne vulgaris. Part 2: tolerability and performance of a designated skin care regimen using a foam wash and moisturizer SPF 30 in patients with acne vulgaris undergoing active treatment. J. Clin. Aesthet. Dermatol. 6, 28–36.

Del Rosso, J.Q., Cash, K., 2013. Topical corticosteroid application and the structural and functional integrity of the epidermal barrier. J. Clin. Aesthet. Dermatol. 6, 20–27.

Del Rosso, J.Q., Levin, J., 2011. The clinical relevance of maintaining the functional integrity of the stratum corneum in both healthy and disease-affected skin. J. Clin. Aesthet. Dermatol. 4, 22–42.

DiNardo, A., Wetz, P., Giannetti, A., et al., 1998. Ceramide and cholesterol composition of the skin of patients with atopic dermatitis. Acta Dermatol. Venereol. 78, 27–30.

Draelos, Z.D., 1995. Moisturizers. In: Draelos, Z.D. (Ed.), Cosmetics in Dermatology, second ed. Churchill Livingstone, New York, pp. 83–95.

Draelos, Z.D., 1995. Skin cleansers. In: Draelos, Z.D. (Ed.), Cosmetics in Dermatology, second ed. Churchill Livingstone, New York, pp. 207–214.

Draelos, Z.D., 2000. Therapeutic moisturizers. Dermatol. Clin. 18, 597–607.

Elias, P.M., 2006. The epidermal permeability barrier: from Saran Wrap to biosensor. In: Elias, P.M., Feingold, K.R. (Eds.), Skin Barrier. Taylor and Francis, New York, pp. 25–32.

Fluhr, J., Holleran, W.M., Berardesca, E., 2002. Clinical effects of emollients on skin. In: Leyden, J.J., Rawlings, A.V. (Eds.), Skin Moisturization. Marcel Dekker, New York, pp. 223–243.

Flynn, T.C., Petros, J., Clark, R.E., et al., 2001. Dry skin and moisturizers. Clin. Dermatol. 19, 387–392.

Grubauer, G., Feingold, K.R., Elias, P.M., 1987. The relationship of epidermal lipogenesis to cutaneous barrier function. J. Lipid Res. 28, 746–752.

Imokawa, G., Abe, A., Jin, Y., et al., 1991. Decreased level of ceramides in stratum corneum of atopic dermatitis: an etiologic factor in atopic dry skin? J. Invest. Dermatol. 96, 523–526.

Kirsner, R.S., Froehlich, C.W., 1998. Soaps and detergents: understanding their composition and effect. Ostomy Wound Manage. 44 (3A), 62S–69S.

Kligman, A., 1978. Regression method for assessing the efficacy of moisturizers. Cosmetics and Toiletries 93, 27–32.

Levin, J., Miller, R., 2011. A guide to the ingredients and potential benefits of over-the-counter cleansers and moisturizers for rosacea patients. J. Clin. Aesthet. Dermatol. 4, 31–49.

Levin, J., Momin, S.B., 2010. How much do we really know about our favorite cosmeceutical ingredients? J. Clin. Aesthet. Dermatol. 3, 22–41.

Levin, J., Friedlander, S., Del Rosso, J.Q., 2013. Atopic dermatitis and the stratum corneum. Part 1: the role of filaggrin in the stratum corneum barrier and atopic skin. J. Clin. Aesthet. Dermatol. 6, 16–22.

Levin, J., Friedlander, S., Del Rosso, J.Q., 2013. Atopic dermatitis and the stratum corneum. Part 2: other structural and functional characteristics of the stratum corneum barrier in atopic skin.
J. Clin. Aesthet. Dermatol. 6, 49–54.

Levin, J., Friedlander, S., Del Rosso, J.Q., 2013. Atopic dermatitis and the stratum corneum. Part 3: the immune system in atopic dermatitis. J. Clin. Aesthet. Dermatol. 6, 37–44.

Loden, M., Andersson, A.-C., Lindberg, M., 1999. Improvement in skin barrier function in patients with atopic dermatitis after treatment with a moisturizer cream. Br. J. Dermatol. 140, 264–267.

Lucky, A.W., Leach, A.D., Laskarzewski, P., et al., 1997. Use of an emollient as a steroid sparing agent in the treatment of mild to moderate atopic dermatitis in children. Pediatr. Dermatol.
14, 321–324.

Lynde, C.W., Andriessen, A., Barankin, B., et al., 2014. Moisturizers and ceramide-containing moisturizers may offer concomitant therapy with benefits. J. Clin. Aesthet. Dermatol. 7, 18–26.

Mao-Qiang, M., Brown, B.E., Wu-Pong, S., et al., 1995. Exogenous non-physiologic vs physiologic lipids. Divergent mechanisms for correction of permeability barrier dysfunction. Arch. Dermatol. 131, 809–816.

Menon, G.K., Feingold, K.R., Elias, P.M., 1992. Lamellar body secretory response to barrier disruption. J. Invest. Dermatol. 98, 279–289.

Presland, R.B., Jurevic, R.J., 2002. Making sense of the epithelial barrier: what molecular biology and genetics tell us about the functions of oral mucosal and epidermal tissues. J. Dent. Educ. 66, 564–574.

Proksch, E., Elias, P.M., 2002. Epidermal barrier in atopic dermatitis. In: Bieber, T., Leung, D.Y.M. (Eds.), Atopic Dermatitis. Marcel Dekker, New York, pp. 123–143.

Rawlings, A.V., Canestrari, D.A., Dobkowski, B., 2004. Moisturizer technology versus clinical performance. Dermatol. Ther. 17, 49–56.

Rawlings, A.V., Harding, C.R., 2004. Moisturization and skin barrier function. Dermatol. Ther. 17, 43–48.

Rawlings, A.V., Harding, C.R., Watkinson, A., Scott, I.R., 2002. Dry and xerotic skin conditions. In: Leyden, J.J., Rawlings, A.V. (Eds.), Skin Moisturization. Marcel Dekker, New York, pp. 119–144.

Schlesinger, T.E., Rowland Powell, C., 2013. Efficacy and tolerability of low molecular weight hyaluronic acid salt 0.2% cream in rosacea. J. Drugs Dermatol. 12, 664–667.

Schrader, A., Siefken, W., Kueper, T., et al., 2012. Effects of glyceryl glucoside on AQP3 expression, barrier function and hydration of human skin. Skin Pharmacol. Physiol. 25, 192–199.

Tabata, N., O'Goshi, K., Zhen, X.Y., et al., 2000. Biophysical assessment of persistent effects of moisturizers after daily applications: evaluation of corneotherapy. Dermatology 200, 308–313.

Weber, T.M., Kausch, M., Rippke, F., et al., 2012. Treatment of xerosis with a topical formulation containing glyceryl glucoside, natural moisturizing factors, and ceramide. J. Clin. Aesthet. Dermatol. 5, 29–39.

Zettersten, E.M., Ghadially, R., Feingold, K.R., et al., 1997. Optimal ratios of topical stratum corneum lipids improve barrier recovery in chronically aged skin. J. Am. Acad. Dermatol. 37, 403–408.

皮肤美白剂

Marta I. Rendon,
Suzanne R. Micciantuono

第 12 章

本章概要

- 色素沉着是一种常见的皮肤问题，特别是在中老年人，它会影响人们的外表以及生活质量。
- 氢醌通过抑制酪氨酸酶的活性来减少皮肤中的黑色素，从而使皮肤变白，其有效率达 90%。
- 曲酸的使用浓度为 1%~4%，当它和其他成分复配使用时效果更佳。不过，有报道显示其具有潜在的高度致敏性和可能引发刺激性接触性皮炎。
- 大豆能诱导阻断蛋白酶活化受体 -2（protease-activated receptor-2，PAR-2）通道，减少角质形成细胞吞噬黑素小体，减少黑色素的传输，从而达到美白皮肤的作用。
- 熊果含有可结晶的糖苷，即熊果苷和甲基熊果苷，它们都有皮肤美白的作用。

引言

色素沉着是个普遍的皮肤问题，特别常见于中老年人。这是个非常重要的美容问题，很大程度上影响外表和生活质量，特别是在一些国家，光滑的皮肤作为一种健康信号或者有美丽意识的标志，尤其如此。痤疮、外伤、化学剥脱或激光治疗炎症可能会遗留色素沉着。外在因素，特别是紫外线照射，是引起如黄褐斑、晒斑和雀斑（图 12.1）等色素异常的重要因素。框 12.1 中列出的药物和化学物，以及某些疾病都会导致色素沉着。

框 12.1
获得性色素沉着

皮肤疾病和状况

- 黄褐斑
- 瑞尔（Riehl）黑变病
- Civatte 皮肤异色病
- 毛囊性红斑黑变病
- linea fusca（译者注：亦称 brown forehead ring，是一种罕见的额部发际线附近出现的色素沉着，主要发生于成人。有人称为“棕黑线”）
- 炎症后色素沉着

外在原因

- 紫外线暴露（如黄褐斑、日光性黑子和雀斑）
- 光敏剂[如由香柠檬油、呋喃香豆素引起的伯洛克皮炎（berloque dermatitis，香料皮炎）]
- 药物[如雌激素、四环素、胺碘酮、二苯乙内酰脲（苯妥因）、吩噻嗪、磺胺药物]
- 化妆品

其他原因

- 妊娠
- 肝病
- 艾迪生病
- 血色素沉着病
- 垂体肿瘤

一直以来，治疗获得性（即后天性）色素沉着性疾病就很有挑战性，结果常不如意。

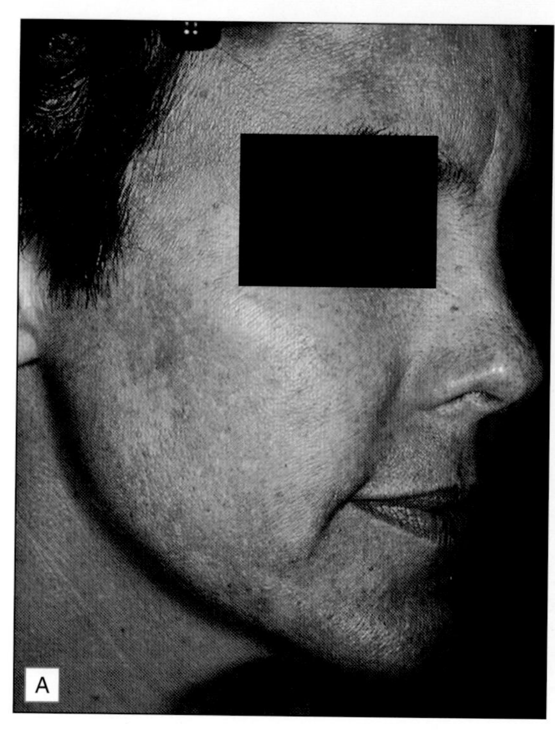

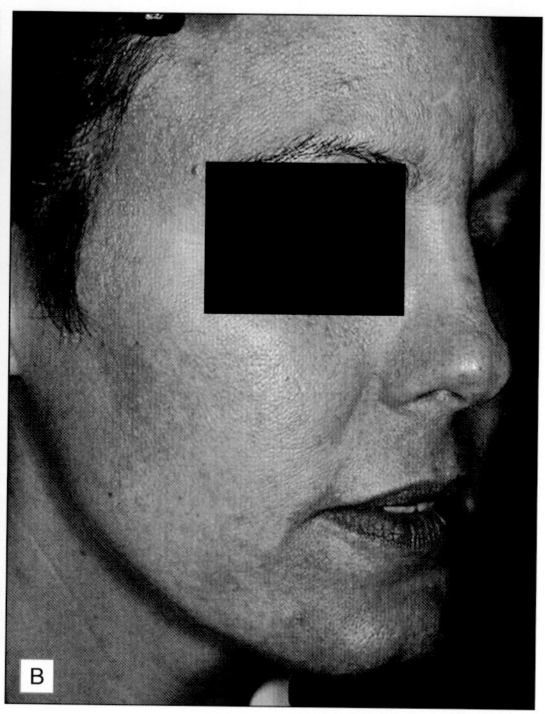

图 12.1 黄褐斑的典型表现——局部网状色素沉着斑块:(A)使用药妆品前;(B)使用药妆品 8 周后

目前使用的很多美白剂会对皮肤有刺激,需要连续几个月有规律地使用才会显效或者只是部分有效。患者必须严格依从治疗产品的使用说明。避免晒太阳和严格地使用高防晒指数(SPF)的防晒霜是成功治疗所不可或缺的要求。

美白药妆品

目前已有多种淡化色素的药妆品,虽然公开发表的临床功效证据还不充分。这些皮肤美白化合物会清除由一步或多步过程形成的、令人讨厌的色素(框 12.2)。酪氨酸酶(tyrosinase)是黑色素生物合成的限速酶,因此,许多皮肤美白的药妆品针对这种酶发挥其功效。

氢醌

多年以来,酚类化合物氢醌是用来治疗黄褐斑、炎症后色素沉着和其他色素沉着性问题最广泛和最成功的成分(图 12.2)。氢醌(hydroquinone,对苯二酚)存在于很多天然植物中,如咖啡、茶、啤酒和葡萄酒。氢醌通过抑制酪氨酸酶转换成黑色素来减退皮肤色素,研究显示它可以将酪氨酸酶活性降低 90%。氢醌还可能抑制 DNA 和 RNA 的合成,以及使黑素小体降解。

在美国,氢醌用于非处方药(OTC)的浓度可达 2%。大多数强化处方药配方中的氢醌浓度为 3%~4%,医院制剂的药物浓度可高达 10%。

目前在美国使用的几种新的复方制剂,一种是含有 4% 的氢醌、维 A 酸、弱效氟化类固醇和肤轻松醋酸酯(醋酸氟轻松)的处方药,对黄褐斑的治疗很有效,也很安全。其他一些复方产品中含有羟基乙酸、维生素 C 和 / 或视黄醇(维生素 A)用作促渗剂来增强氢醌的活性。

一般认为氢醌是安全的。常见的不良

框 12.2
已经报道的褪色剂及其对黑色素合成路径的影响

黑色素合成前

酪氨酸酶转录

维 A 酸(维甲酸)

黑色素合成期中

酪氨酸酶抑制剂

氢醌

4- 羟基茴香醚(苯甲醚)

4-S-CAP(cystaminylphenol,半胱氨酰苯)及其衍生物

熊果苷

芦荟苦素

壬二酸

曲酸

余甘子提取物

Tyrostat〈译者注:一种提取自酸模属植物的美白成分〉

过氧化物酶抑制剂

酚类

还原剂和 ROS 清除剂

抗坏血酸(维生素 C)

抗坏血酸棕榈酸酯

黑色素合成后

酪氨酸酶降解剂

亚油酸

α- 亚麻酸

黑(色)素小体转运抑制剂

丝氨酸蛋白酶抑制剂

卵磷脂和新生糖蛋白

大豆 / 牛奶提取物

烟酰胺

皮肤更新加速剂

羟基乙酸

乳酸

亚油酸

甘草甙

维 A 酸

螺旋蜗牛萃取液

改编自 Briganti,S.,Camera,E.,Picardo,M.,2003. Chemical and instrumental approaches to treat hyperpigmentation. Pigment Cell Research 16,1-11.

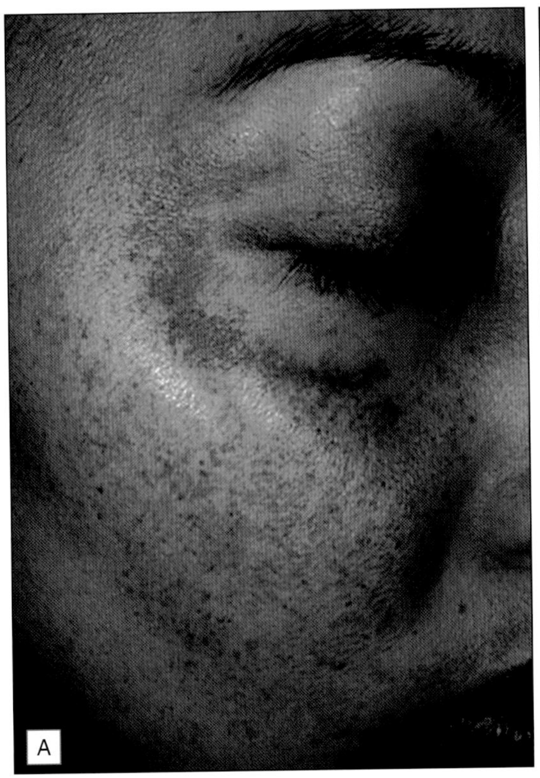

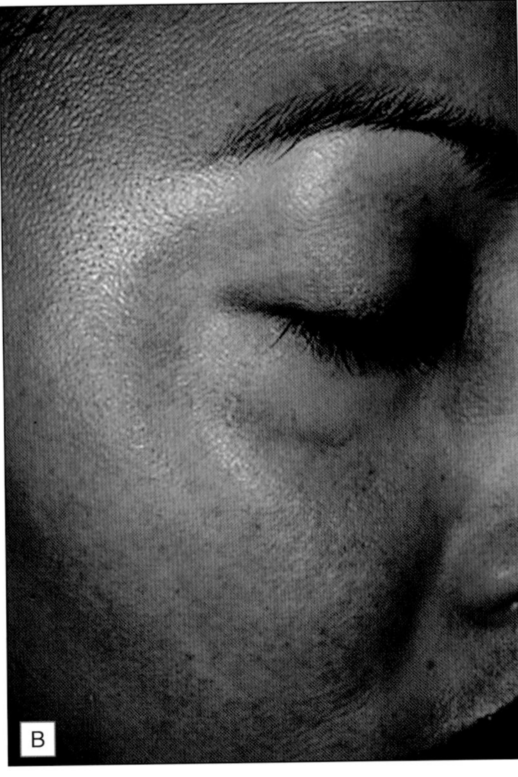

图 12.2 (A)面部黄褐斑的表现(治疗前);(B)用氢醌治疗后色素沉着改善(治疗 8 周后)

反应是刺激皮肤有或导致接触性皮炎，可外用类固醇激素来治疗。氢醌很少发生的一种很严重的不良反应是在治疗部位产生一种过度色素沉着——外源性褐黄病(exogenous ochronosis)，而且可能很难减退。外源性褐黄病通常出现在使用高浓度氢醌或长期使用低浓度氢醌的深肤色患者。

因此，氢醌在不少非洲国家和许多管理严格的亚洲国家中已被限用。因为有潜在的致突变作用，氢醌作为一种 OTC 褪色剂也在欧盟和日本被禁用。所以，其他替代的褪色剂种类正在增加，它们可以单方使用或者复配氢醌，或和其他皮肤美白剂一起使用。用一种其他皮肤褪色剂替代氢醌，和氢醌交替使用 4 个月将有助于预防发生刺激的副作用，也可以降低发生外源性褐黄病的风险。

用于色素沉着异常的天然药妆成分

随着对天然活性成分使用兴趣的增加，也需要找出一种可以替代氢醌使用的物质，激发了对多种不同天然美白成分的研究(框 12.3)。

框 12.3
天然色素减褪剂

- 芦荟苦素
- 熊果苷
- 壬二酸
- 羟基乙酸
- 曲酸
- 甘草提取物
- 褪黑素
- 烟酰胺
- 构树
- 视黄醇(维生素 A)
- 大豆提取物
- 维生素 C

曲酸

曲酸(kojic acid)是一种来源于不同的真菌(如曲霉和青霉)的酪氨酸酶抑制剂。用于食品制造过程中预防褐变以及加速不成熟的草莓变红。在亚洲用作局部皮肤美白剂，也用于食物中。

曲酸的使用浓度为 1%~4%，和其他成分复配使用会有更佳的功效(框 12.4)。据报道，曲酸有很强的致敏性，可能会产生刺激性接触性皮炎。但是，它对使用氢醌不耐受的患者很有帮助，有研究显示曲酸和皮质类固醇复配使用可以降低刺激。含有曲酸的皮肤美白产品每天使用 2 次，使用 1~2 个月或者一直到实现预期效果。

框 12.4
曲酸皮肤美白复配产品中出现的活性成分

- 熊果苷
- 阿魏提取物
- 蔓越橘提取物
- γ- 氨基丁酸
- 羟基乙酸
- 羟基酸
- 月桂果衍生物
- 甘草提取物
- 保湿剂
- 桑树提取物
- 维生素 C

甘草提取物——光甘草定

甘草(licorice)提取物来源于甘草类植物的根部。它最主要的活性成分是 10%~40% 的光甘草定(glabridin)。光甘草定在不产生细胞毒性的条件下对酪氨酸酶的抑制率可达 50%，而且已证明比氢醌的抑制能力高 16 倍。

甘草提取物和其他成分复配可以产生很好的皮肤美白效果(框 12.5)。正在研发

框 12.5
甘草提取物复配美白产品中出现的活性成分

- 熊果苷
- 透明质酸
- 保湿剂
- 曲酸
- 保湿剂复合物
- 桑树提取物
- 酪氨酸肽类
- 维生素 C 磷酸盐
- 维生素 E

含有甘草提取物的新型配方用于治疗真皮黄褐斑。

熊果和熊果苷

熊果（*Arctostaphylos uva-ursi*）——“熊的葡萄”，是从“熊吃的果子”而得名，尽管这种果子味道并不好。该植物中的主要成分是可结晶的配糖体，已知的有熊果苷（对苯二酚 -β-D- 吡喃葡萄糖苷）和甲基熊果苷，它们都有美白皮肤的作用。这种皮肤美白剂更多是抑制黑素体酪氨酸酶的活性，而非抑制酪氨酸酶的合成。

尽管熊果苷在皮肤美白剂中的有效浓度还无法确定，但发现其功效要逊于曲酸。单独使用熊果苷，或与 1% 其他褪色剂复配使用，都很有效。

构树

构树（paper mulberry）提取物是一种酪氨酸酶抑制剂，提取自一种观赏树 - 构树（*Broussonetia papyrifera*）的根部。韩国进行了一项构树、氢醌及曲酸对酪氨酸酶活性抑制功效的比较研究。据报道，构树提取物的半数有效抑制浓度（50% inhibitory concentration，IC50）是 0.396%，而氢醌为 5.5%，曲酸为 10%。用 1% 构树提取物做人体斑贴试验，24 小时和 48 小时观察未见明显皮肤刺激性。尽管构树已经显示出有抑制酪氨酸酶的作用，但目前还没有研究评估其对色素障碍的效果。

大豆

大豆（soy）提取物是一种目前广泛用于面部护肤产品中改善肤色均一性的植物性成分。天然大豆中含有小分子蛋白 Bowman-Birk 胰蛋白酶抑制剂（Bowman-Birk inhibitor，BBI）和大豆胰蛋白酶抑制剂（soybean trypsin inhibitor，STI）。大豆提取物的作用机制和氢醌、曲酸或者光甘草定不同。STI 干扰蛋白酶活化受体 -2（Protease-activated receptor-2，PAR-2）途径，减少角质形成细胞吞噬黑素小体，减少黑色素的输送，达到纠正色素沉着异常的作用。值得注意的是这种功效仅存在于新鲜的豆浆中，用巴氏法灭菌的豆浆中不存在，因为 STI 会被迅速降解。

维生素 C

维生素 C（vitamin C）可以从天然的水果和蔬菜中获取，本书第 5 章对维生素 C 进行了单独讨论。维生素 C 通过和铜离子在酪氨酸酶中的活性部位相互作用以及减少多巴醌等多个黑色素合成步骤来干扰黑色素的产生。L- 抗坏血酸 -2- 磷酸酯镁（magnesium l-ascorbic acid 2-phosphate，MAP）是一种稳定的维生素 C 衍生物，可以减轻色素沉着异常。

褪黑素

褪黑素（melatonin）是松果体受日光变化刺激而分泌的一种激素。除对哺乳动物昼夜节律有调节作用以外，在体外能抑制黑色素的生成，并有量效关系。它对酪氨酸酶的活性有影响，提示其作用更接近黑色素的生成路径。褪黑素还能抑制黑素细胞中的 AMP 循环过程。褪黑素在药妆品中对皮肤美白的有效浓度还未确定。已经发现 0.6mg/

cm^2 的剂量具有抗炎作用。

羟基乙酸

羟基乙酸(glycolic acid)是源于甘蔗的α-羟基酸,是一种对皮肤有美白作用的重要功效物质(参见第 13 章)。在低浓度时,羟基乙酸具有表皮剥离的作用,可加速着色角化细胞的脱落。与维 A 酸一样,羟基乙酸可缩短细胞循环周期,因此,加速色素剥落。在高浓度时,羟基乙酸会导致表皮松解。多项研究显示,用 30%~70% 羟基乙酸使表皮外层剥脱,能够提高其他(如氢醌)等外用皮肤美白剂的渗透。

当羟基乙酸用于治疗炎症后色素沉着或黄褐斑时,建议在刚开始时用低浓度,避免对皮肤产生刺激或者引起炎症后色素沉着(postinflammatory hyperpigmentation),特别是对深肤色的人群。在剥脱前后都使用氢醌可以降低色素改变的风险。而且,在氢醌配方中加入羟基乙酸似乎由于促进了渗透作用而使美白功效有所增加。

芦荟苦素

芦荟苦素(aloesin)是从天然芦荟中分离出来的羟基对氧萘酮(hydroxychromone)衍生物,在不产生细胞毒性的浓度下就能抑制酪氨酸酶,根据推断,它能竞争性地抑制多巴(dihydroxyphenylalanine,DOPA)氧化,但并非酪氨酸的竞争者。在人体试验中,芦荟苦素复配熊果苷可协同增效,抑制紫外线诱导产生黑色素。

烟酰胺

烟酰胺(niacinamide)是维生素 B_3 的氨基化合物形式。烟酰胺对色素的影响是通过抑制黑素小体由黑素细胞转移到表皮角质细胞来实现的。有研究证实 3.5% 的烟酰胺和视黄醇棕榈酸酯复配对高度色素沉着有很显著的改善作用。

壬二酸

壬二酸(azelaic acid)是一种源自卵圆形糠秕孢子菌(即卵圆形马拉色菌)的天然二羧基酸。它的美白功效具有选择性,大多数针对高活性的黑色素细胞起作用,对正常色素皮肤的作用非常有限。

20% 的壬二酸比 2% 的氢醌效果更佳,不仅可以使色沉皮损变轻,还能减小皮损的范围。每天使用 15% 或 20% 的壬二酸产品 2 次,连续 3~12 个月,对面部雀斑显示出临床和组织上的治疗效果。壬二酸用于治疗玫瑰痤疮、日光性角化症以及灼伤和口唇疱疹引起的严重色素沉着也很有效。

通常壬二酸具有很好的耐受性,可以长时间使用。常见的副作用有短暂性红斑和脱屑、瘙痒和灼烧感等皮肤刺激反应,一般来说在使用后 2~4 周会消退。

其他皮肤美白产品

其他一些化合物,虽然体外试验数据很明确,但是还没有足够的人体测试依据来判定其临床功效。

- 余甘子提取物是一种源于余甘子(*Phyllanthus emblica*)果实的物质,产于热带的东南亚。这种物质是一种铁和铜的螯合剂,在 1% 浓度时可降低紫外线引起皮肤色素沉着,并可能抑制酪氨酸酶及其表达。
- 不饱和脂肪酸,如油酸和亚油酸,在体外试验中表现出抑制色素沉着的作用。在人体试验中,亚油酸对 UVB 引起的色素沉着有美白的功效,却无黑素细胞毒性。
- 一种从智利蜗牛中提取的螺旋蜗牛萃取液(*Helix aspersa* Müller)已经成功地用于治疗黄褐斑和色素沉着。

- Tyrostat™ 是产于加拿大北部 Prairie 地区一种植物的提取物，可以抑制黑色素的合成。

这些只是在文献中宣称具有美白作用的许多植物和天然成分中的一部分，暂时呈现给读者，以便对大量不同的、化妆品工程师能用到的功效性活性物有一个概念。

类视黄醇和其复配的治疗

类视黄醇和视黄醇都源于维生素 A，常用于治疗包括黄褐斑和长期反复性痤疮引起的炎症后色素沉着等色素异常性疾病。

类视黄醇作为色素减退剂的真正作用机制尚不清楚，在动物试验中，显示出抑制酪氨酸酶的作用。在 1975 年 Kligman 和 Willis 早期研究中提出，维 A 酸可能通过消耗基底层核上帽（supranuclear caps）将黑素颗粒分散在角化细胞中，从而减退色素，也可能干扰了色素转移到角化细胞的过程。另外，类视黄醇可促进表皮更新，使角化细胞更快脱落，也使得色素脱落。

维 A 酸已被批准用于治疗黄褐斑的三重复配产品中，也用于治疗痤疮和抗老化的处方药中，其浓度在 0.04%~0.1%。视黄醇（维生素 A）用于非处方（OTC）制剂中，治疗色素沉着异常的功效和刺激性都低于维 A 酸。以 0.15% 视黄醇（维生素 A）作为主要成分，同 4% 氢醌以及防紫外线 A（UVA）和 B（UVB）的遮光剂复配而成的膏霜，用于治疗色素沉着性疾病。其他产品在其配方中也含有防 UVA、UVB 的遮光剂。

促进产品吸收的方法

外用美白药妆品进行治疗已经有相当长的历史了。然而，有很多研究通过加强经皮输送系统来提高其功效。有一项关于 11-精氨酸（一种可透过细胞膜的多肽）的研究，熔合了几种天然来源的酪氨酸酶抑制肽来促进传输和分配，从而取得增强产品功效的效果。我们往往也通过不同的手段来达到促进活性物吸收的目的，比如在激光治疗和微针后使用。

激光治疗

一般来说，激光治疗对改善色素沉着并没有足够的临床功效。事实上，它还往往引起更加严重的色素沉着问题。然而，某些长期研究表明，低通量调 Q Nd：YAG（low fluence Q-switched Nd，YAG）激光对于治疗黄褐斑非常有效。据推测这种设备选择性地作用于黑素小体，而不破坏表皮、诱发严重的炎症（炎症往往导致色素沉着）。另外一项研究显示用 587~511nm 的溴化铜（copper bromide）激光联合发光二极管可以有效治疗由于化学剥脱或者激光等医美手段所导致的炎症后色素沉着，这项治疗的不良反应同样很小。采取激光治疗时，我们必须非常耐心地逐个治疗色斑，从而避免大面积的色素改变。

结论

随着人们年龄的增长，光老化引起的色素沉着异常越来越多见。其他因素引起的色素沉着，如黄褐斑和炎症后色素沉着，需要让患者认识到这些难看的褐色斑点是可以通过皮肤科的治疗来改善的，从而增加她们对此类问题的关注程度（图 12.3）。

虽然有许许多多的美白药妆品，以及可以使用的新设备和新技术，但需要更多的临床对照试验来评估它们的安全性和效果。

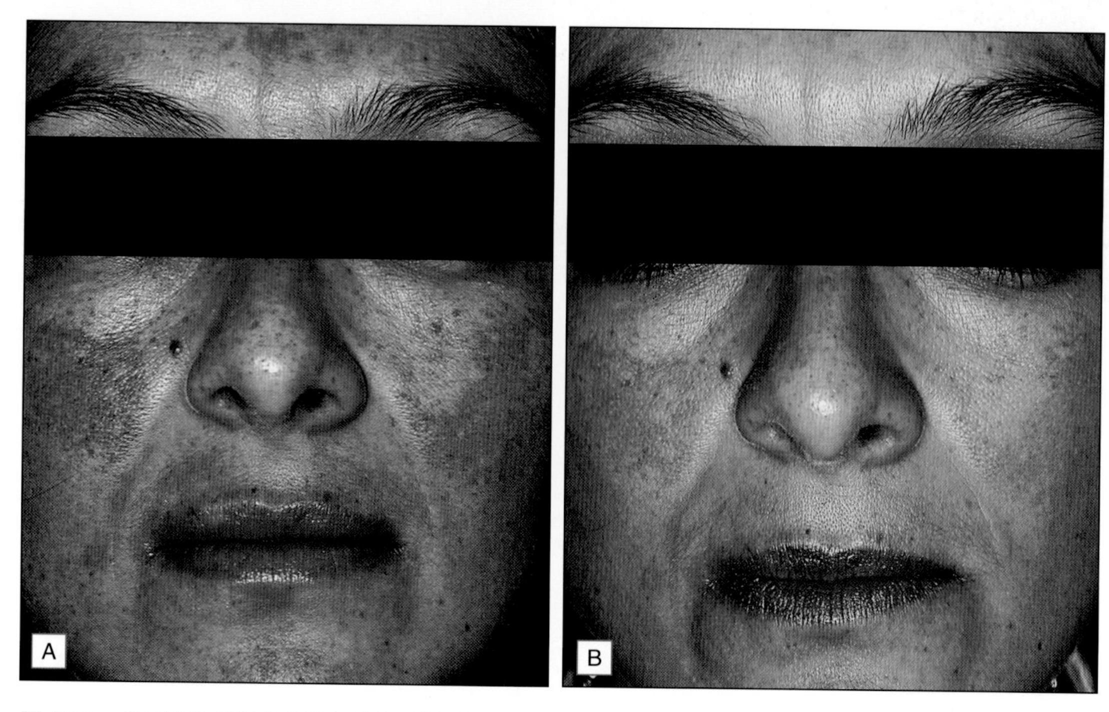

图 12.3　美国肤色较深的女性人群的不断增加，使得色素沉着治疗备受关注。(A)使用药妆品治疗前；(B)使用药妆品治疗 8 周后

（翻译：姜义华　梅鹤祥　审校：谈益妹　许德田）

参考文献

Adebajo, S.B., 2002. An epidemiological survey of the use of cosmetic skin lightening cosmetics among traders in Lagos, Nigeria. West Afr. J. Med. 21, 51–55.

Baumann, L., 2004. Depigmenting agents. In: Day, D.J. (Ed.), Understanding Hyperpigmentation. What You Need to Know. Continuing Medical Education Monograph. Intellyst Medical Communications, Aurora, CO.

Briganti, S., Camera, E., Picardo, M., 2003. Chemical and instrumental approaches to treat hyperpigmentation. Pigment Cell Res. 16, 1–11.

Cameli, N., Marmo, W., Gaeta, A., et al., 2001. Evaluation of clinical efficacy of a mixture of depigmenting agents. Pigment Cell Res. 14, 406.

Draelos, Z.D., 2004. Several active naturals aid in the prevention of photoaging. Highlights of a symposium: the role of natural ingredients in dermatology. Skin and Allergy News Supplement January 4.

Guevara, I.L., Pandya, A.G., 2003. Safety and efficacy of a 4% hydroquinone combined with 10% glycolic acid, antioxidants, and sunscreen in the treatment of melasma. Int. J. Dermatol. 42, 966–972.

Hakozaki, T., Minwalla, L., Zhuang, J., et al., 2002. The effect of niacinamide on reducing cutaneous pigmentation and suppression of melanosome transfer. Br. J. Dermatol. 147, 20–31.

Holloway, V.L., 2003. Ethnic cosmetic products. Dermatol. Clin. 21, 743–749.

Jones, K., Hughes, J., Hong, M., et al., 2002. Modulation of melanogenesis by aloesin: a competitive inhibitor of tyrosinase. Pigment Cell Res. 15, 335–340.

Kauvar, A.N., 2012. The evolution of melasma therapy: targeting melanosomes using low-fluence Q-switched neodymium-doped yttrium aluminum garnet lasers. Semin. Cutan. Med. Surg. 31 (2), 126–132.

Kligman, A.M., Willis, I., 1975. A new formula for depigmenting human skin. Arch. Dermatol. 111, 40–48.

Kollias, N., Wallo, W., Pote, J., et al., 2003. Documentation of changes in cutaneous pigmentation incorporating advances in imaging technology. Scientific Poster Presented at American Academy of Dermatology 61st Annual Meeting, San Francisco, CA, March 21–26.

Lim, J.T., 1999. Treatment of melasma using kojic acid in a gel containing hydroquinone and glycolic acid. Dermatol. Surg. 25, 282–284.

Ookubo, N., Michiue, H., Kitamatsu, M., et al., 2014. The transdermal inhibition of melanogenesis by a cell-membrane-permeable peptide delivery system based on poly-arginine. Biomaterials 35 (15), 4508–4516.

Park, K.Y.1., Choi, S.Y., Mun, S.K., et al., 2014. Combined treatment with 578-/511-nm copper bromide laser and light-emitting diodes for post-laser pigmentation: a report of two cases. Dermatol. Ther. 27 (2), 121–125.

Pérez-Bernal, E., Muñoz-Pérez, M.A., Camacho, F., 2000. Management of facial hyperpigmentation. Am. J. Clin. Dermatol. 1, 261–268.

Piamphongsat, T., 1998. Treatment of melasma: a review with personal experience. Int. J. Dermatol. 37, 897–903.

Rendon, M.I., 2003. Melasma and post-inflammatory hyperpigmentation. Cosmet. Dermatol. 16, 9–17.

Sarkar, R., Bhalla, M., Kanwar, A.J., 2002. A comparative study of 20% azelaic acid cream monotherapy versus sequential therapy in the treatment of melasma in dark skinned patients. Dermatology 205, 249–254.

Seiberg, M., Paine, C., Sharlow, E., et al., 2000. Inhibition of melano-some transfer results in skin lightening. J. Invest. Dermatol. 115, 162–167.

抗衰老成分:α-羟基酸、多羟基酸和生物酸

Barbara A. Green, Yamini Sabherwal

第13章

本章概要

- 多项严格的临床研究已经证实α-羟基酸(AHA)具有抗衰老作用,并且发表在经同行评议的杂志上。
- AHA最常用作角质松解剂(去角质剂),但是作用不限于此。AHA(羟基乙酸、柠檬酸、乳酸)还可以促进真皮糖胺聚糖和胶原蛋白的合成,改善弹性纤维的质地。
- 在AHA类成分中,乳酸和羟基乙酸常用作浅表剥脱剂。
- 临床体内研究证实多羟基酸和生物酸的抗衰老和嫩肤效应可媲美于AHA,但是却具备多种治疗上的优势。
- 在应用导致皮肤干燥的药物或刺激性药物治疗时,PHA可用于皮肤保湿和调理。
- 乳糖酸因为具备独特的结构和分子组成,对皮肤的益处比传统的AHA更多。
- 麦芽糖酸和乳糖酸一样,具有植物来源的优势,更温和且无刺激性,是一种强效保湿剂和抗氧化剂/螯合剂。
- PHA和生物酸是有效、无刺激性、具备抗氧化功能和抗衰老功能的保湿剂。
- AHA和新一代羟基酸(PHA和生物酸),代表了抗衰老的未来。除了AHA经典的益处,还具备无刺激性、保湿、屏障修复等特点,还是糖化和MMP抑制剂、抗氧化剂/螯合剂。

引言

鉴于年轻和美貌至关重要,近些年来,聚焦确定新的抗衰老美容有效成分,热度从未减退。但是,自从20世纪70年代中期Eugene J. Van Scott博士和Ruey J. Yu博士发现了α-羟基酸,α-羟基酸至今仍然是至关重要的有效抗衰老成分,可以出奇地保持年轻外观。随后他们发现新一代羟基酸类成分,包括多羟基酸(PHA)和生物酸(bionics),具备更好的皮肤护理特性和治疗用途。从而,这些新成分长久占据着有效皮肤护理成分的前沿。这一章节涵盖了AHA、PHA和生物酸等在美容产业领域广泛应用与在皮肤护理产品中起效的关键成分。

α-羟基酸类

α-羟基酸类(alpha-hydroxy acid,AHA)是第一代羟基酸,主要用于非敏感性皮肤,对皮肤所有层面均可发挥抗衰老作用,包括浅表松解剥脱和真皮重塑效应。AHA是一组天然存在于水果和食物中的酸类,因而又称为果酸。这些成分可以作为角质剥脱剂(角质松解剂),使得皮肤表面角质层的死皮脱落并且刺激皮肤修复,也可以刺激糖胺聚糖(glycosaminoglycan,GAG)和胶原蛋白的合成,这两者为健康皮肤和年轻化皮肤所必

备。大多数 AHA 是水溶性的，部分可以通过脂质基团改造以增强可溶性，例如扁桃酸和二苯乙醇酸(benzilic acids)。这些成分可以用于美容抗衰老产品，尤其针对油性皮肤和粉刺痤疮好发性皮肤。

AHA 的结构

AHA 是美容护肤产品中最常用且研究最广泛的成分。它们是最简单的羟基酸，这些有机羧酸的特点是一个羟基连接到羧基的 α 位。羟基和羧基都是直接连接到一个脂肪族或脂环族羟基的碳原子，羟基呈现中性，仅有的羧基保持酸性。有很多 AHA 天然存在于食物和水果中。

羟基乙酸(glycolic acid，又称甘醇酸、乙醇酸)是最常用、也是分子量最小的 AHA(分子量 76)，发现于甘蔗。乳酸(lactic acid)天然存在于番茄中，是另一种小分子 AHA(分子量 90)，广泛用于外用角质剥脱剂中，有抗衰老作用。柠檬酸(citric acid)是三羧酸循环(Krebs cycle)的中间产物，在自然界中无处不在，天然存在于许多柑橘类水果中的(浓度 5%~9% 不等)，它既是 α- 羟基酸，也是 β- 羟基酸，具有一个单羟基基团，相对于酸性羧基基团，羟基基团位于 α 位和 β 位。柠檬酸除了广泛应用于工业和食品，还能深刻影响皮肤形态，发挥显著的抗衰老功效，包括减少黑色素、促进肤色均匀(图 13.1)。

有一些 AHA 含有苯基侧链取代基，从而改变 AHA 的溶解度曲线，增加亲脂性。相对于传统的水溶性 AHA 时，有这些特性的 AHA 非常适合油性和痤疮好发性皮肤。扁桃酸(mandelic acid，或称苦杏仁酸)，又称苯乙醇酸(phenyl glycolic acid)、二苯乙醇酸(benzilic acid 或 diphenylglycolic acid) 均属此类 AHA。

AHA 的组织学作用

Van Scott 博士和 Yu 博士在证实 AHA 可以促进严重的角化过度皮肤(例如板层状鱼鳞病)角化正常化的同时，有一个新发现：他们的开创性研究发表于 1974 年，清楚地证实了局部应用 AHA 对皮肤脱屑的临床和组织学效应。他们早期的研究表明，AHA 对皮肤的效应呈浓度依赖性。低浓度连续应用(例如 10% 羟基乙酸)可以使鱼鳞病皮

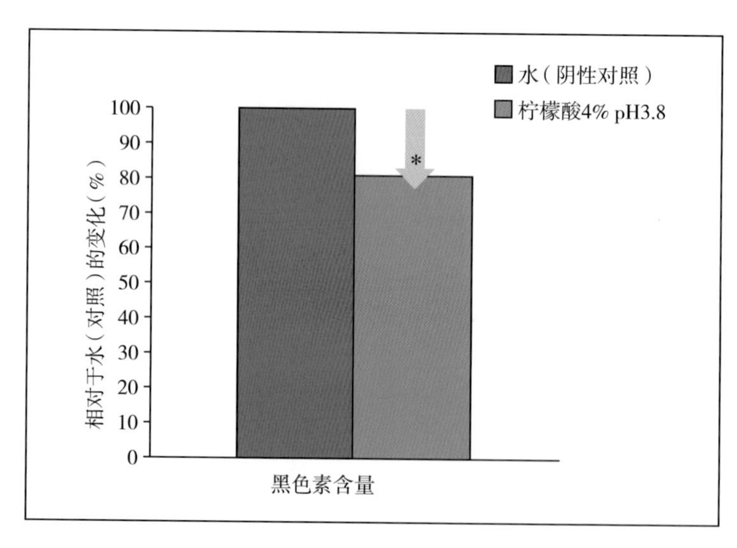

图 13.1 柠檬酸体外美白作用：在体外皮肤替代物模型中，以水为对照，柠檬酸显著减少黑素细胞真皮中的黑色素含量，P=0.01

肤趋于正常化。相反，低 pH 值和高浓度间断应用(如使用局部强力剥脱浓度)则引起表皮松解。

Van Scott 博士和 Yu 博士的进一步研究发现，除了角质剥脱(松解)作用，这些物质亦具备显著的抗衰老护肤作用。外用果酸的浓度在 10%~25% 时，真皮糖胺聚糖(GAG)和胶原纤维合成增加，同时可改善光老化皮肤中弹性纤维的质量。进一步的筛选工作表明，在前臂外用 AHA 乳膏制剂(10%~35%)，1~9 个月，每日 2 次，和空白对照相比，利用卡尺检测发现皮肤厚度增加。相应的组织学分析显示 GAG 和胶原纤维合成增加，这解释了为什么临床观察到皮肤厚度显著增加。继这些初步发现之后，几十年的临床、组织学和细胞学研究进一步支持了羟基乙酸以及其他 AHA 的抗衰老作用，包括对角质层脱落、表皮增殖、真皮基质重塑和黑色素重新分布的作用；例如，Ditre(1995)等人的一项研究从临床和微结构分析揭示了 AHA 对人体光老化皮肤的作用：使用含羟基乙酸、乳酸、柠檬酸(25%)的乳液和空白对照乳液分别外涂于两侧前臂，持续 6 个月。终点分析时，用电子千分尺测量前臂皮肤厚度，同时双侧前臂取活检，结果显示 AHA 治疗组前臂皮肤明显增厚，高于对照组 25%，特别是表皮厚度和真皮乳头层厚度(AHA 治疗组和对照组相比 $P<0.05$)。其他真皮改变包括酸性黏多糖增加、弹性纤维质量改善、胶原纤维密度增加，而且没有炎症反应。表皮中黑色素团簇也有所减少。这项关键研究确凿地证实了 AHA 的多重抗衰老作用。

美容性 AHA 的临床效应

美容性 AHA 的抗衰老作用经过多项严格临床研究证实，结果发表在同行评议的期刊上。例如，Stiller 等人(1996)进行的一项随机、双盲、安慰剂对照研究中，74 例光损伤性皮肤的女性，局部外用 8% 羟基乙酸或乳酸霜持续 22 周。AHA 霜单用于脸部和其中一个前臂，另外一前臂外用安慰剂对照。结果表明，AHA 面霜能被很好地耐受，明显改善皮肤光损伤。前臂对照实验显示，无论是羟基乙酸还是乳酸均较安慰剂组明显减少色斑和色素沉着和(或)蜡黄($P<0.05$)。受试者主观自评也认为临床分级结果比基线(处理前)明显改善，包括细纹减少、皮肤更紧致、老年斑减少、色泽更均匀。

Thibault(2008)等进行了另外一项随机双盲安慰剂对照的面颈部研究，比较 5% 未中和的羟基乙酸和安慰剂外用 12 周的效果。相对于安慰剂，医师评估认为羟基乙酸治疗显著改善了皮肤纹理和整体色泽。外用羟基乙酸霜(8%，pH3.8)的作用已经被多项前臂光损伤模型和安慰剂对照实验证实。AHA 的抗衰老作用是可信的。值得注意的是，经过 8~12 周的应用，羟基乙酸可显著改善皮肤的绉纱样外观。Hawkins(2002)等进行了一项半脸对照实验，对比 8% 羟基乙酸霜(pH3.8)和安慰剂，采取客观的检测设备(数字摄像、弹性测试和 3D 面部扫描)来评估。这些检测设备可以测量光损伤的指标，包括弹性和紧致程度，并捕获皱纹和细纹的长度、深度的 3D 图像，可以对眶周、眉间和鼻唇沟等目标区域的早期改变进行量化评估。经过 8 周的羟基乙酸治疗，眶周的细纹和皱纹减少、变浅。皮肤色泽显著提亮，整体纹理更加光滑。AHA 已经被明确证实，能显著从质量和数量上改善光损伤，包括皮肤光泽、衰老外观、粗糙、色素不均和细纹、皱纹。

AHA 的作用机制

AHA 作用于皮肤的准确机制尚未完全明确，可基于已有的体外和临床数据洞察可能机制。早期的超微结构评估揭示了潜在机制的线索：在角质层下层可以减少角质细胞的黏附力；减少连接相邻角质细胞的桥粒数量和力量；增加光损伤皮肤中表皮马尔匹基层和真皮的厚度，这也符合体外观察到角质形成细胞和成纤维细胞的增殖（Bartolone et al.，1995；Kim and Wong，1998），以及真皮GAG和胶原纤维的合成增加。

近些年的研究集中在其他AHA抗皮肤衰老的机制和路径。例如，在体外研究AHA对成纤维细胞的作用，可以更好地理解AHA在体内的真皮重塑作用。人成纤维细胞体外培养加入羟基乙酸或乳酸，可明显产生更多的Ⅰ型前胶原，且呈剂量依赖性（Bartolone et al.，1995）。另外两项研究以^{3}H-脯氨酸标记，定量测定胶原蛋白，也发现了类似效应，证实AHA在蛋白质合成水平有刺激胶原蛋白合成的作用（Kim和Wong，1998；Moy et al.，1996）。

AHA也影响表皮-真皮细胞间相互作用。Okana等（2003）在体外和离体系统中研究了羟基乙酸对真皮基质代谢的作用。他们发现羟基乙酸可以直接作用于角质形成细胞，促进胶原合成并呈剂量依赖性。羟基乙酸处理的角质形成细胞释放更多的IL-1α。这些作用也在离体标本中被观察到。有意思的是，收集羟基乙酸处理过的角质形成细胞培养基，当成纤维细胞置于这些培养基时，基质金属蛋白酶（matrix metalloproteinases）MMP-1和MMP-3的mRNA表达上调。MMP水平的上调极有可能由羟基乙酸刺激角质形成细胞释放的IL-1α所介导。

局部外用AHA

去皮屑作用

一直以来，人们注意到AHA可以影响角质层底部细胞的黏附，产生特异性角质脱落作用，这和传统使用的非特异性角质松解剂有所不同。这在角化过度的皮肤中清晰可见，例如板层状鱼鳞病和新近研究的斑块型银屑病。水杨酸目前用于治疗斑块型银屑病去皮屑。然而Van Scott和Yu（2005）发现，水杨酸可以导致真皮变薄并且加重糖皮质激素诱发的皮肤萎缩，而AHA可以增加真皮的生物合成作用并且拮抗糖皮质激素诱发的真皮变薄（Lavker et al.，1992）。在一项双盲、阳性对照、双侧对照的研究中，20%AHA/PHA/生物酸复配的功能性霜剂（pH3.7）和处方的强效水杨酸（6%，pH4.4）对比，使用1周后，前者的去皮屑作用显著高于后者。两种产品均每日使用2次，耐受性良好（图13.2）。AHA是有效的去皮屑剂，当需要拮抗外用糖皮质激素带来的真皮变薄时，比水杨酸更受青睐。

角质剥脱（松解）作用

在丹磺酰氯细胞更替研究模型中，羟基乙酸是皮肤角质剥脱的“金标准”，它可以加速脱屑和丹磺酰氯染色皮肤的脱落。然而，值得注意的是，虽然AHA在这个模型中加速角质剥脱和细胞更替，正常干性皮肤应用美容强度的AHA并不引起明显的角质松解和剥脱作用。另外，干燥的皮肤状态可以外用水、保湿剂、润肤剂暂时得到改善，这些方法只是把水留在皮肤表面或者锁住皮肤原有水，但是如果角质层屏障功能依然受损，干燥的皮肤状态依然存在。AHA还可以通过增加角质层的神经酰胺而改善皮肤屏障功能。

抗衰老作用

AHA是常用的角质剥脱剂，但其益处并不局限于角质剥脱。AHA（羟基乙酸、柠檬酸、乳酸）已被证明能增加真皮GAG和胶

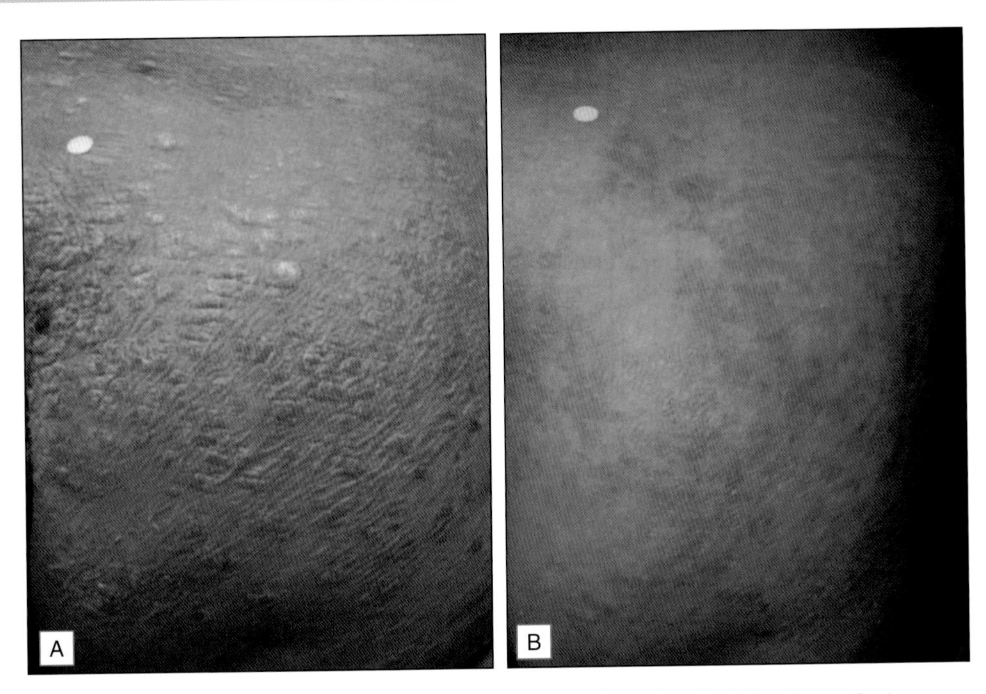

图 13.2　20%AHA/PHA/ 生物酸混合物的去皮屑作用:(A)治疗前,(B)治疗后

原纤维的合成,提高弹性纤维的质量。体内和体外研究均证明,羟基乙酸能促进成纤维细胞的增殖和刺激成纤维细胞产生胶原蛋白,还可间接诱导胶原蛋白的合成。用羟基乙酸刺激表皮角质形成细胞产生细胞因子,再将皮肤成纤维细胞置于这些细胞因子中,成纤维细胞的胶原蛋白合成增加。真皮基质成分增加可以使皮肤更紧致饱满,细纹和皱纹减少。

对色素沉着的作用

组织学上,AHA 减少表皮中的黑色素聚集。大量的体外研究和人体临床研究支持这个结果,含 AHA 的配方可减少黑色素的生成,或促进肤色更均匀。Usuki 等人(2003)以往的研究表明,用羟基乙酸或乳酸处理的小鼠黑素瘤细胞,黑色素呈剂量依赖性减少,这可能通过抑制酪氨酸酶活性发挥作用。为了研究柠檬酸对人黑素细胞的作用,采用 4% 柠檬酸(pH3.8)处理 3D 器官型含黑素细胞的皮肤模型(3D organotypic melanoderm model)。结果表明,与水相比,柠檬酸处理后黑色素含量显著降低。通过细胞活力检测,证实柠檬酸对此模型中的黑素细胞无毒性(图 13.1)。

浅表角质剥脱作用(浅层皮肤换肤术应用)

乳酸和羟基乙酸是 AHA 类化合物中常用的浅表剥脱剂(浅表换肤剂)。柠檬酸和扁桃酸也用于一些换肤配方中。相对于其他化学换肤剂三氯乙酸(trichloroacetic acid,TCA)和水杨酸(salicylic acid,SA),AHA 作为换肤剂有很大优势。例如,AHA 在换肤过程中可以随时用碳酸氢钠溶液中和,以终止酸的作用,这是很重要的安全性因素。三氯乙酸(TCA)是一种强效变性剂,能使肌肤迅速破坏;一旦应用于皮肤,TCA 换肤作用会一直持续到反应完全结束。水杨酸可用于痤疮易感性皮肤,但如前所述,可导致真皮变薄的副作用。和 AHA 不同的是，这些化合物没有营养功效，只是单纯作为剥脱剂诱发创伤修复或角质层松解作用。相反，AHA 作为浅表换肤剂，对所有皮肤类型（Fitzpatrick 皮肤分型）和大多数情况治疗都安全有效。高浓度（高达 70%）不调节 pH 值的游离 AHA 换肤液可迅速短时（少于 5 分钟）应用于皮肤剥脱，加速表皮和真皮的更新。这些高强度的 AHA 换肤需要在医生的诊室进行局部治疗，用于多种皮肤类型的护理、抗衰老和光滑嫩肤。案例研究发现医用级别的羟基乙酸换肤可以改善光老化皮肤，包括眼周的皱纹（图 13.3）、炎症性玫瑰痤疮和痤疮（图 13.4），以及炎症后色素沉着（图 13.5）。

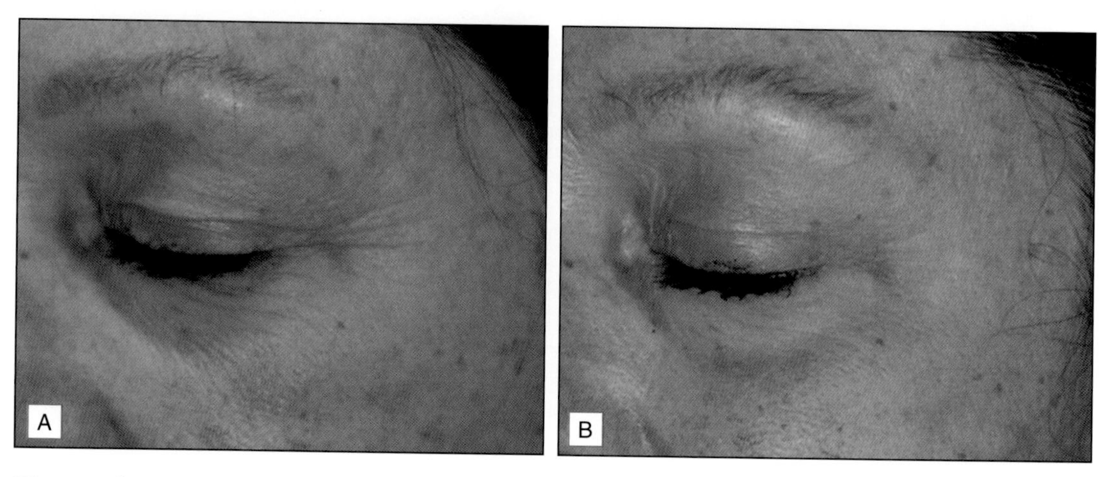

图 13.3　羟基乙酸换肤 4 次减少眶周皱纹：35%（pH 1.3），50%（pH 1.2）和 2×70%（pH 0.6），换肤间隔期间加用抗衰老护肤产品

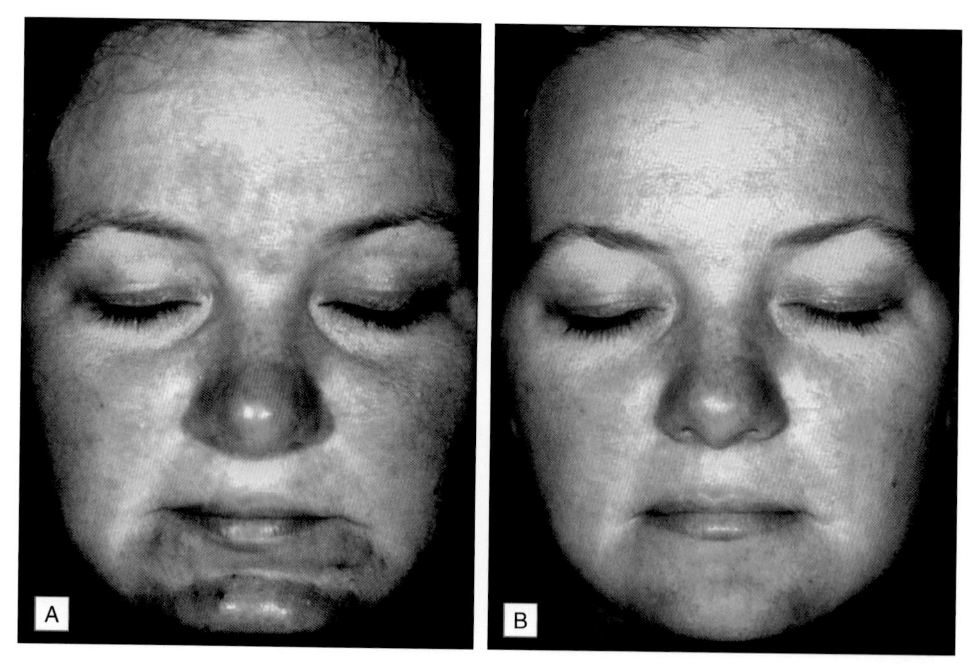

图 13.4　炎症性玫瑰痤疮经过羟基乙酸 9 次换肤后改善：2×35%（pH 1.3），2×50%（pH 1.2），5×70%（pH 0.6）。患者同时外用日常护肤品，而且在第 5 次换肤时停用治疗药物（外用磺胺醋酰钠溶液和口服抗生素）

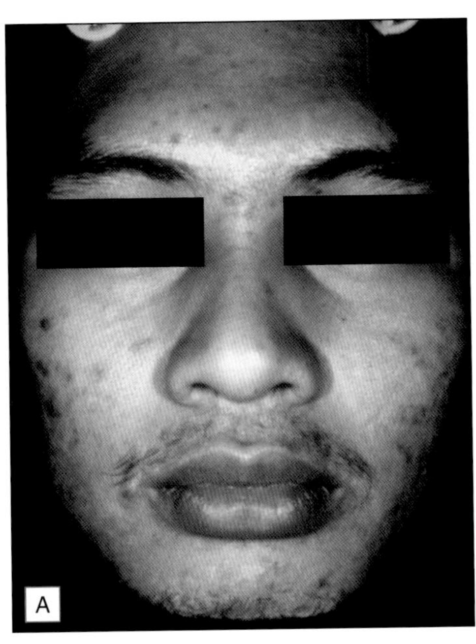

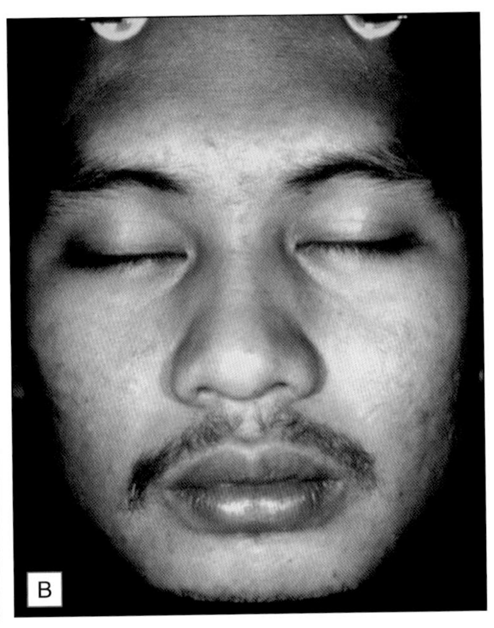

图 13.5 6 次羟基乙酸换肤后痤疮和炎症后色素沉着减少：2×35%（pH1.3），3×50%（pH1.2），1×70%（pH 0.6）。患者同时使用日常无泡沫型 PHA 洁面产品，能够脱离治疗药物（第 4 次换肤时停用口服抗生素，第 6 次换肤后停用局部外用壬二酸）

中等强度的 AHA 换肤液（例如，最高 30% 浓度），可在水疗中心和沙龙用于美容，将 pH 值调整为最低 3.0 以确保安全。家用 AHA 换肤液的浓度和 pH 值需要进一步调整至家用安全限度。

多羟基酸和生物酸

多羟基酸（polyhydroxy acid，PHA）和多羟基生物酸（生物酸）分别代表了用于美容和皮肤专业护理的第二代和第三代 α- 羟基酸。类似于传统的第一代 AHA，PHA 和生物酸也有 α- 羟基分子结构。然而，PHA 和生物酸分子中含有多个羟基，保湿作用显著；生物酸有一个额外的糖分子结合到 PHA 结构中。体内研究证实，PHA 和生物酸的抗衰老和光滑皮肤临床效果可以和 AHA 媲美，而且优势更多。重要的是，和 AHA 相比，这些化合物不刺激皮肤，刺痛感和烧灼感更微弱。因此，PHA 可用于与临床上敏感的皮肤类型，包括特应性皮炎和玫瑰痤疮患者。PHA 可同时增强皮肤的屏障，对皮肤状态受损的患者非常有利。此外，这些物质可用作保湿剂和滋润剂，其多羟基结构还提供抗氧化螯合作用。PHA 还具有自由基的清除作用，且不增加皮肤的光敏感性。PHA 和生物酸也减少非酶糖化和糖化终末产物（AGE）的形成，有助于保护皮肤结构蛋白的形态完整性。生物酸还有更多的好处，包括抑制 MMP 酶，预防衰老。最后，PHA 和生物酸（8%：葡糖酸内酯、麦芽糖、乳糖酸）在丹磺酰氯细胞更新模型显示出显著的剥脱作用，但比羟基乙酸（8%）更温和可控。PHA 和生物酸对皮肤有多重好处，是皮肤科非常理想的活性成分，可以单用，也可以和其他药妆品或美容手段联合应用（表 13.1）。

PHA 和生物酸的化学结构

PHA 和生物酸是有机酸，其碳链结构

表 13.1 PHA/生物酸的抗氧化和皮肤保护作用

	螯合作用	脂质过氧化作用	弹性蛋白酶抑制剂[a]	MMP 抑制剂	抗糖化	屏障修复作用
	螯合具有促氧化作用的金属离子	保护脂质免受氧化损伤(例如细胞膜、线粒体)	保护健康的弹性蛋白	保护真皮基质(胶原蛋白、糖胺聚糖)	减少 AGE 从而保护皮肤天然的胶原蛋白和弹性蛋白	增强皮肤屏障对抗外界刺激的功能
葡糖酸内酯	+	+	+	+	+	+
乳糖酸	+	+	未检测	+	+	
麦芽糖酸	+	+	未检测	+	+	未检测

[a]Bernstein, E.F., Brown, D.B., Schwarz, M.D. et al., 2004. The polyhydroxy acid gluconolactone protects against ultraviolet radiation in an in vitro model of cutaneous photoaging. Dermatologic Surgery 30, 1-8.

中具有两个或以上的羟基基团。当一个羟基位于 α 位时,PHA 就是多羟基 α 羟基酸(AHA);如果再一个额外的糖连接到 PHA 的结构上,该分子就是生物酸(图 13.6)。因为它们有着共同的 α 羟基酸(AHA)结构,PHA 和生物酸对皮肤的作用和传统 AHA(如羟基乙酸)类似。

葡糖酸内酯:使用最广泛的 PHA

葡糖酸内酯(gluconolactone,葡萄糖酸 δ 内酯)是一种皮肤中天然存在的无毒物质。分子量相对偏大(分子量 178,而羟基乙酸只有 76),故只能渐进式渗透到皮肤中,因而

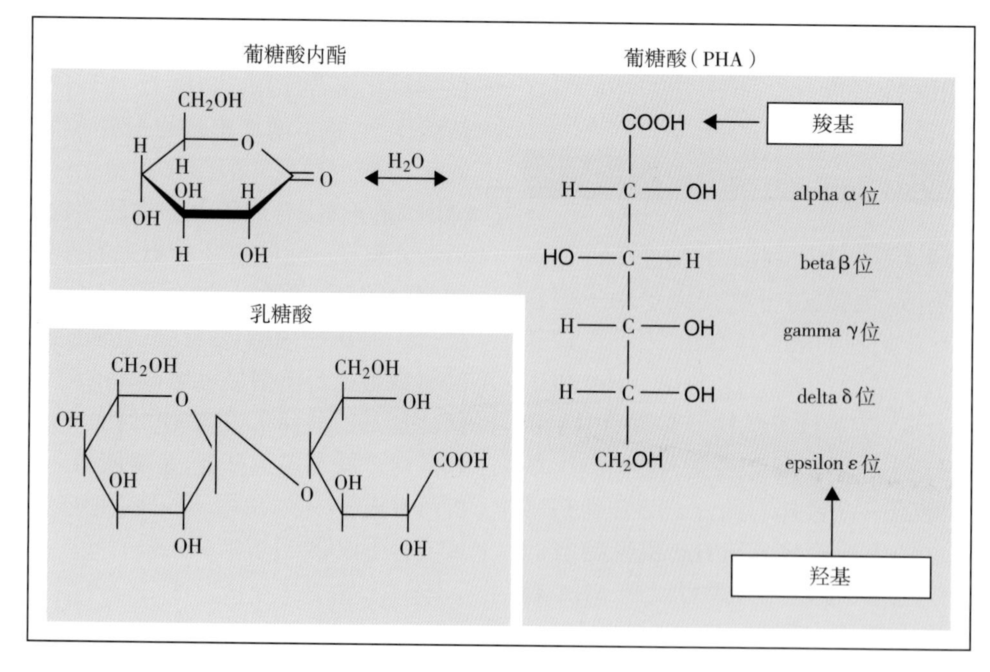

图 13.6 PHA:葡糖酸内酯和乳糖酸

刺激性减少。分子量较小的羟基乙酸迅速穿透皮肤,常引起疼痛和灼烧感。葡糖酸内酯因为含有更多的羟基基团可以结合水分子的氢键,因而保湿能力更强(图 13.7)。

葡糖酸内酯的抗氧化作用和自由基清除作用

在食品和药物中,葡糖酸内酯的抗氧化功效明确、显著,可以抑制氧化反应,有助于保持产品的稳定性(图 13.8)。

Bernstein(2004)等证明葡糖酸内酯具备清除自由基的能力,在体外光老化模型中,其效果可以和众所周知的抗坏血酸或 α-生育酚相媲美。在这个模型中,测定了各化合物通过清除自由基抑制紫外线(UV)活化弹性纤维启动子的能力。弹性纤维启动子的表达增加导致异常的无定形弹性物质在皮肤中沉积,这种现象称为日光弹力变性。各种自由基清除剂的保护作用最高可达到 50%。UV 直接作用引起的细胞损伤和细胞内 DNA 损伤打破了基因活化的平衡,这种损伤只能通过防晒剂预防。这项研究的结果表明,葡糖酸内酯可使紫外线诱导的基因激活减少 50%,这是抗氧化剂 / 自由基清除剂能达到的最强作用程度。这难以用紫外线防护作用解释,可能原因是葡糖酸内酯能螯合促进氧化的金属,通过直接清除自由基发挥作用。

临床上,这一发现可能有助于解释为什么 PHA 并不增加皮肤的光敏感性。外用羟基乙酸后加上阳光暴露会使得皮肤中晒伤细胞增加。使用低水平的防晒剂(例如 SPF 2~3)就可以预防这种现象。然而,个人护理产品委员会(以前的化妆品、盥洗用品和香料协会)和食品药品管理局(FDA)的模型检测结果证实(图 13.9),PHA 如葡糖酸内酯和葡庚糖酸内酯(glucoheptonolactone)并不会造成 UVB 诱导的晒伤细胞增加。

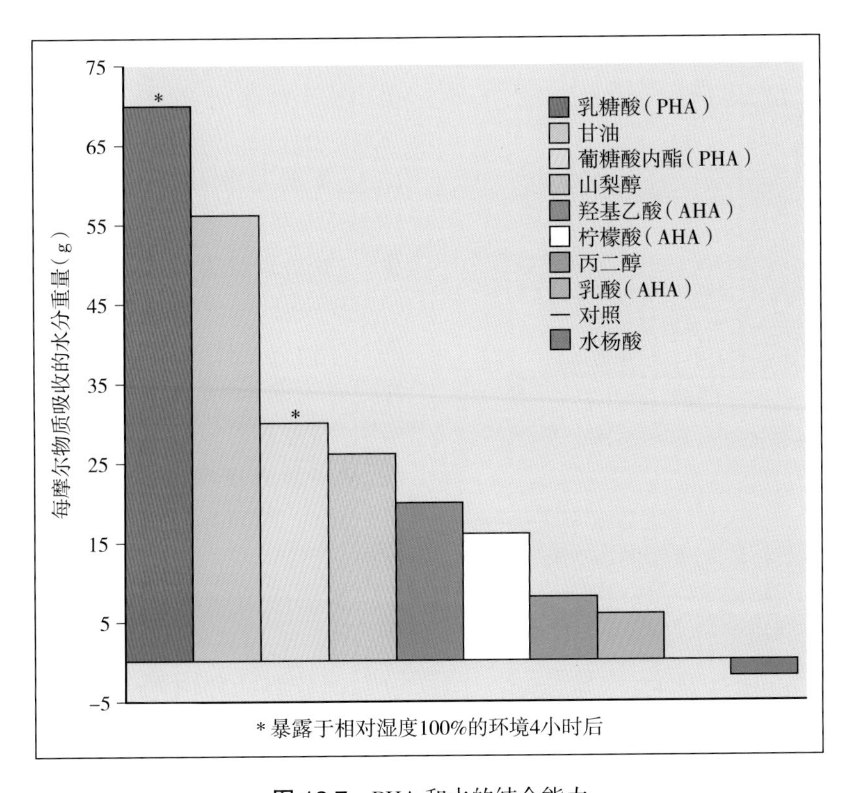

图 13.7　PHA 和水的结合能力

	蒽林	氢醌	香蕉皮
非常有效	草酸	草酸	草酸
			抗坏血酸
			柠檬酸
			葡糖酸内酯
很有效	抗坏血酸	抗坏血酸	**乳糖酸**
	柠檬酸	柠檬酸	酒石酸
	葡糖酸内酯	**葡糖酸内酯**	
	乳糖酸	**乳糖酸**	

蒽林模型
暴露环境中1周

香蕉皮
暴露环境中72小时

PHA防止
氧化褐变

图 13.8 PHA 的抗氧化作用：葡糖酸内酯和乳糖酸抑制蒽林和氢醌的氧化变黑和防止香蕉皮暴露于环境氧化褐变。照片展示筛选过程

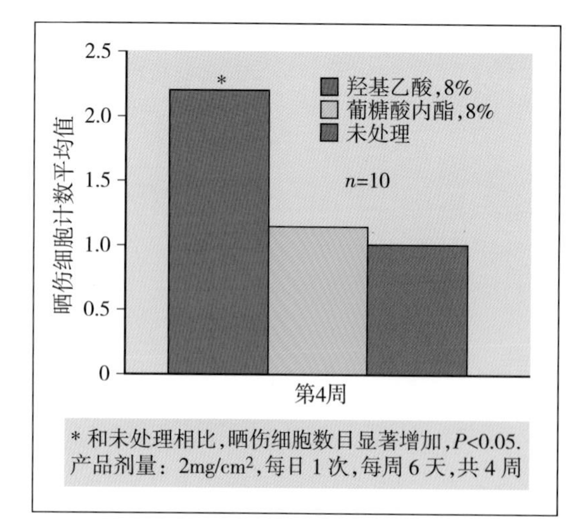

图 13.9 日光敏感性模型：平均晒伤细胞计数（每高倍视野下的晒伤细胞计数）

葡糖酸内酯的临床作用

体内的临床研究证实，含有 4%~15% 葡糖酸内酯配方可以抗衰老，使皮肤紧致，效果可以和常用的 AHA（例如羟基乙酸）媲美，而且刺激性更小。此外，Grimes 等人（2004）在 Fitzpatrick Ⅳ~Ⅵ型皮肤的非裔美国人、亚洲人、西班牙人中做了一项研究，同样显示出抗衰老作用，受试者色素沉着减少、皮肤纹理改善。

Berardesca 等（1997）在一项双盲安慰剂对照研究中评估了 PHA 的肌肤屏障强化作用。为期 4 周的抗氧化 PHA（即 8% 葡糖酸内酯）处理可以显著地增强角质层屏障功能，减少经表皮水分丢失，色度计检测发现可以减少 5%SLS（十二烷基硫酸钠）诱发的红斑。

葡糖酸内酯特别适合于外用药物的辅助治疗。它可以轻度促进表皮细胞更新，这可以部分解释 PHA 辅助治疗痤疮的作用。Hunt 和 Barnetson 等（1992）进行了一项双盲安慰剂对照临床研究，证实 14% 葡糖酸内酯乳液的抗痤疮效果和 5% 的过氧化苯

甲酰溶液相似，且刺激性小。此外，PHA 对其他治疗和药物引起的皮肤干燥刺激可起到保湿和调理作用，例如外用维 A 酸、过氧化苯甲酰和壬二酸治疗引起的皮肤干燥刺激。Draelos 等（2006）设计了一项临床研究来证明这些作用，在外用 15% 壬二酸治疗玫瑰痤疮时，联合使用 PHA 清洁产品和 PHA 保湿产品。结果表明，PHA 辅助治疗组相对于单纯壬二酸治疗组，玫瑰痤疮的整体状况和红斑均显著改善（$P<0.05$）。一种含 15% 葡糖酸内酯的霜剂（pH3.3）联合 0.1% 维 A 酸凝胶联合治疗痤疮也证实了类似功效。

乳糖酸：一种多羟基生物酸

乳糖酸（lactobionic acid，分子量 358，pKa 3.8）是一种由乳糖氧化形成的多羟基生物酸，由一个 D- 半乳糖分子和 D- 葡萄糖酸分子（例如葡糖酸内酯）构成。乳糖酸被称为生物酸，是在经典的 PHA（葡糖酸内酯）结构上增加了一个糖单元（图 13.6）。乳糖酸分子中有个结构是种多羟基葡糖酸，其众多皮肤益处前已述及。半乳糖是乳糖酸分子的第二个组分，是一种天然存在的糖，皮肤真皮糖蛋白和原胶原蛋白的合成需要半乳糖。此外，体外研究表明，半乳糖可能在伤口愈合中发挥作用。

乳糖酸的抗氧化 / 螯合作用

乳糖酸目前在制药行业中用于抗离子（如乳糖酸红霉素、乳糖酸钙）以减少刺激。此外，乳糖酸是器官移植保存液中一种关键的抗氧化螯合剂，可在器官储存和血液再灌注过程中抑制由羟自由基导致的组织损伤。据知，乳糖酸通过螯合二价铁离子形成复合物抑制羟基自由基的产生。

在体外脂质过氧化抗氧化剂模型中，乳糖酸可以作为羟自由基清除剂。抑制脂质过氧化对于维护细胞膜和线粒体至关重要，可以保护细胞免受日光损伤和氧化应激，也是衡量抗氧化能力的指标。食物和药物研究显示，乳糖酸可以抑制易氧化药物包括蒽林和对苯二酚（氢醌）、还有香蕉皮的氧化（图 13.8）。由于氧化和紫外线诱导的自由基是皮肤老化的原因，乳糖酸的抗氧化能力可能使其在抗衰老中发挥重要作用。

乳糖酸抑制 MMP 的作用

器官保存领域的研究发现，乳糖酸是肝移植过程中肝脏的灌注液中的一种 MMP 的抑制剂。MMP 降解皮肤的细胞外基质，破坏皮肤结构完整性，因而皮肤也需要类似保护剂。紫外线照射和年龄增长均可增加皮肤 MMP 的活性，导致可见的光损伤特征，包括形成皱纹、皮肤松弛和肉眼可见的毛细血管扩张。研究已证实，局部外用乳糖酸在组织学层面抑制 MMP，使得皮肤免受光损伤造成的伤害。体外研究证实乳糖酸（0.0001%~0.1% 溶液）显著抑制 MMP，在最高浓度 0.1% 时，几乎完全阻断 MMP 的活性。乳糖酸抗皮肤衰老最重要的机制可能是保护皮肤天然胶原蛋白不受损害。

乳糖酸的临床作用

乳糖酸的功能和 AHA 类似，可抗衰老并促进细胞更替。由于其独特的化学结构和分子组成，乳糖酸对皮肤还有超越传统 AHA 的益处。多羟基基团使乳糖酸成为一个强效的保湿剂，吸水性和储存水分的能力比常见的保湿剂（包括甘油和山梨醇）更强（图 13.7）。由于它可以强力锁住水分，因而在干燥的过程中形成一种独特的凝胶基质。重要的是，PHA/ 生物酸配方无刺激性。含有 4% 的乳糖酸和 8% 葡糖酸内酯的霜剂（pH 3.8）与轻度刺激物（阳性对照）、正常生理盐水（阴性对照）相比，一点也没有刺激性（图 13.10）。

PHA/ 生物酸联合应用具备强效抗衰老作用，包括明显改善皮肤亮度（260%，*P*<0.05，*n*=26）和显著的皮肤丰满效果（9.7%，*P*<0.05，*n*=26）。Green 等人（2001）做了一项研究，在简单的基质中添加乳糖酸（8%，pH3.8），外用 12 周后，评价抗衰老效果，比较①面部的基本状况，②前臂皮肤厚度测量，以未处理组为对照。31 名受试者完成了这项研究，6 周和 12 周时，临床评分均显著改善（*P*<0.05）。值得注意的是，皮肤亮度 100% 改善，细纹减少 37%。掐捏回弹模型检测皮肤紧致度和弹性在 12 周增加了 14.5%。前臂皮肤厚度相对于基线和未治疗组增加了 7%，差异具有统计学意义。组织标本显示活性表皮（译者注：角质层以外的表皮层）厚度增加和真皮糖胺聚糖（GAG）增加，MMP-9 染色减弱，证明乳糖酸可以预防和逆转皮肤衰老。

麦芽糖酸：一种植物来源的生物酸

麦芽糖酸（maltobionic acid，分子量 358，pKa 3.86）是一种由麦芽糖氧化形成的多羟基生物酸，由一个 D- 葡萄糖分子连接到 D- 葡萄糖酸（前文已经讨论过的一种 PHA）上形成。麦芽糖酸的优点是植物来源，像乳糖酸一样温和无刺激性，是强大的保湿剂和抗氧化剂 / 螯合剂。

有一项研究外用含有 8% 的麦芽糖酸的霜剂（pH 3.8）共 12 周，评价抗衰老效果，比较①面部的基本状况；②前臂皮肤厚度测量，以未处理组为对照。共有 28 名女性受试者完成了研究，在 6 周和 12 周皮肤衰老改善明显，差异显著具有统计学意义（*P*<0.05），皮肤亮度改善 92%，细纹改善 30%，皮肤粗糙度的改善 66%（图 13.11）。在第 12 周，通过掐捏回弹模型检测皮肤紧致度和弹性皮

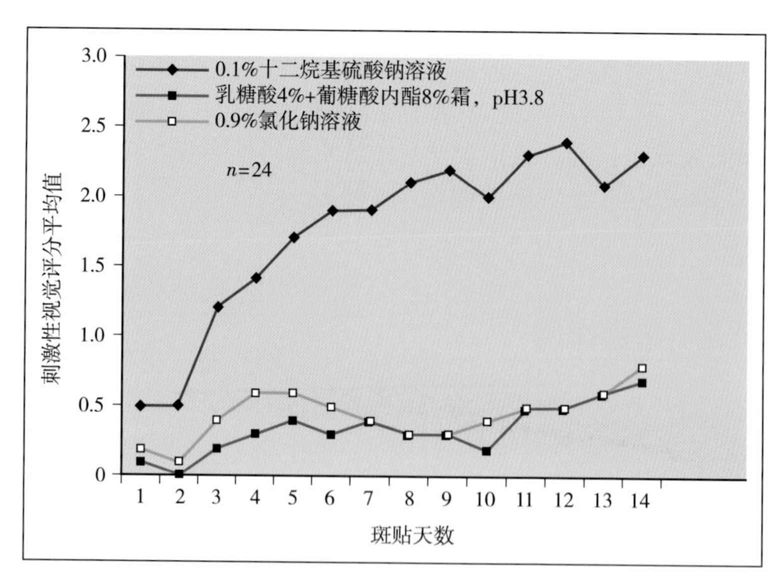

图 13.10　14 天累积刺激斑贴试验的结果：12%PHA/ 生物酸配方、轻度刺激物［0.1% 的十二烷基硫酸钠（SLS）溶液］和阴性对照（0.9% 氯化钠溶液）。PHA/ 生物酸配方无刺激性，得分和阴性对照组类似（生理盐水）

肤紧实度增加了 14%。前臂皮肤厚度相对于基线和未治疗组增加了 7.5%，差异有统计学意义（图 13.12）。组织标本显示表皮厚度增加（图 13.13）和真皮糖胺聚糖（GAG）（图 13.14）增多。由于真皮糖胺聚糖含量增加，皮肤的保水能力增强，显得更加饱满，增加的体积也让皮肤看起来更光滑。临床照片显示皮肤深皱纹和皱纹改善，看起来更年轻（图 13.15）。

PHA 和生物酸增加真皮基质成分的合成

透明质酸（hyaluronic acid，HA）和胶原蛋白是皮肤中必不可少的真皮基质成分。透明质酸和胶原蛋白在年轻皮肤中含量高、形态规整，随着年龄的增长逐渐减少，导致皱纹和皮肤松弛。透明质酸是一种能够结

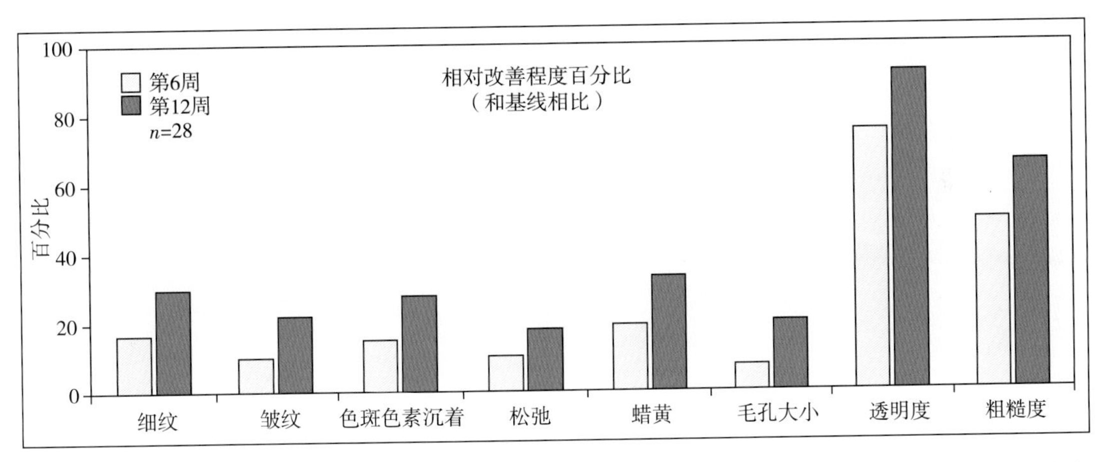

图 13.11　麦芽糖酸的抗衰老作用：外用含 8% 麦芽糖酸的霜剂，每天 2 次，共 12 周，经培训的临床医师评价光老化视觉评分指标相对于基线改善百分比。6 周和 12 周，所有指标均显著改善（$P<0.05$）

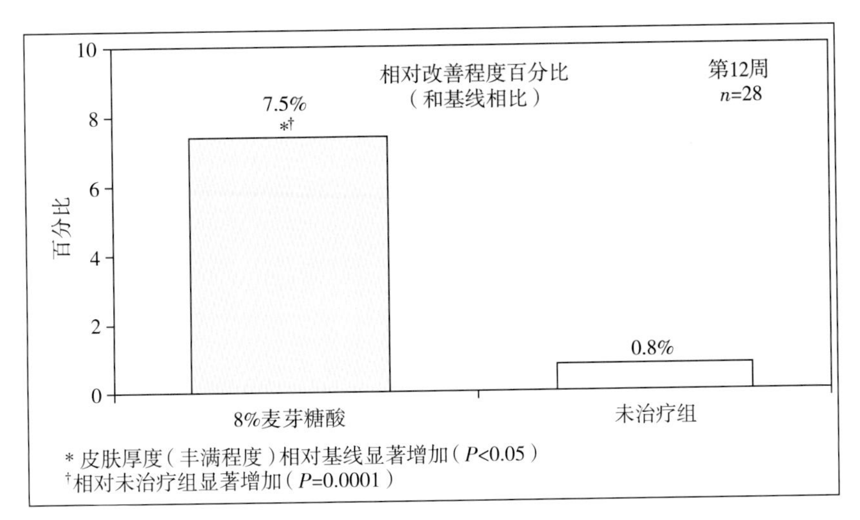

图 13.12　前臂皮肤厚度测量：外用 8% 麦芽糖酸霜剂每天 3 次，共 12 周后，其中一个前臂未治疗作为对照。通过电子卡尺测量相对改善程度，麦芽糖酸可使前臂皮肤厚度（丰满程度）相对于基线（$^*P<0.05$）和未治疗组（$^\dagger P=0.0001$）显著增加

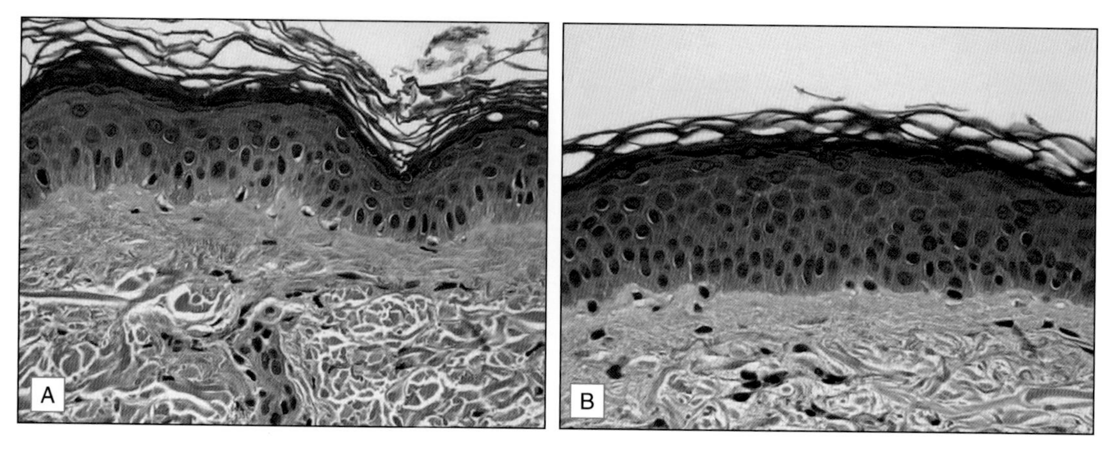

图 13.13　8% 麦芽糖酸治疗后，表皮厚度显著增加，角质层更致密。(A) 未治疗对照组；(B) 8% 麦芽糖酸，12 周

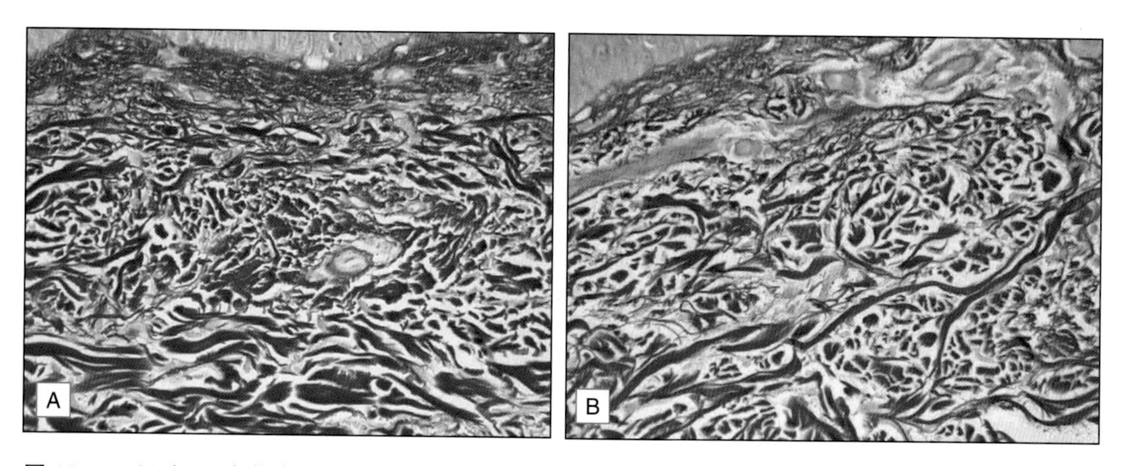

图 13.14　经过 8% 麦芽糖酸治疗后，真皮胶体铁染色（蓝色）显示糖胺聚糖密度增加。(A) 未治疗对照组；(B) 8% 麦芽糖酸，12 周

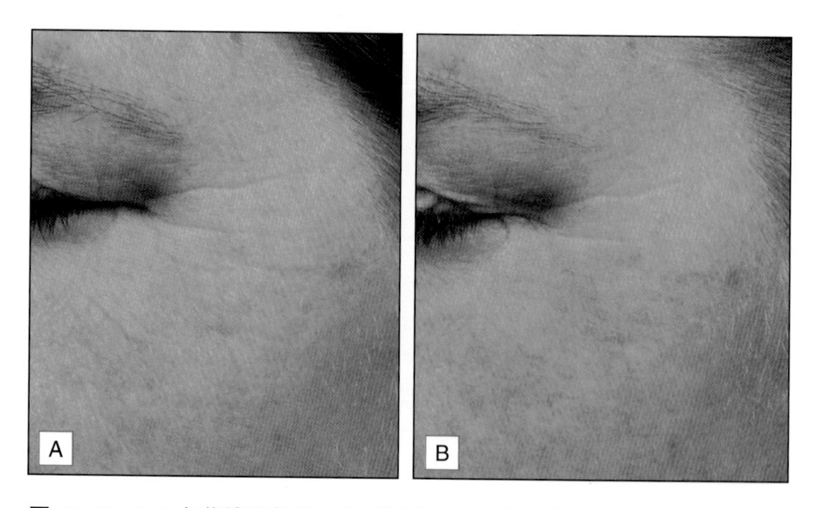

图 13.15　8% 麦芽糖酸每日 2 次，外用 12 周，治疗前 (A) 后 (B)。眶周皱纹减少，皮肤纹理更光滑

合大量水的糖胺聚糖（GAG），在真皮中形成胶状基质。研究人员发现，HA 水平与许多重要功能直接相关，包括保水、缓冲或填充、有效的组织修复，并为皮肤的结构成分胶原蛋白和弹性蛋白提供支持。组织学分析显示，HA 增多时皮肤光滑度改善和皱纹改善。胶原蛋白是皮肤的主要结构蛋白，提供强度和延展性。它形成一个脚手架状的支持系统，支撑表皮，联结真皮表皮交界，以保证皮肤结构完整。胶原蛋白和透明质酸均是巨大分子，不能直接穿透皮肤。局部外用透明质酸只是作为表面保湿剂，并不能作为皮肤的天然填充基质（译者注：近年的研究显示，也有一定分子量的透明质酸可以穿透皮肤）。除了可注射的填充剂外，自然增加这些成分的最好方法是刺激皮肤自己合成 HA 和胶原蛋白。一些抗衰老产品的成分（如羟基乙酸），可以诱导皮肤产生这些物质，最终使得皮肤看起来更年轻。

为了评价 PHA 和生物酸类物质对真皮基质的刺激作用，研究者进行了体外细胞培养实验：将老年人的皮肤成纤维细胞经无细胞毒性浓度的葡糖酸内酯、乳糖酸和麦芽糖酸内酯处理 48 小时，之后采用酶联免疫吸附试验（ELISA）检测细胞上清液中的 HA 和 I 型前胶原。结果表明（图 13.16），乳糖酸和麦芽糖酸处理的细胞上清中，HA 水平显著增加（$P<0.05$）。葡糖酸内酯处理的细胞

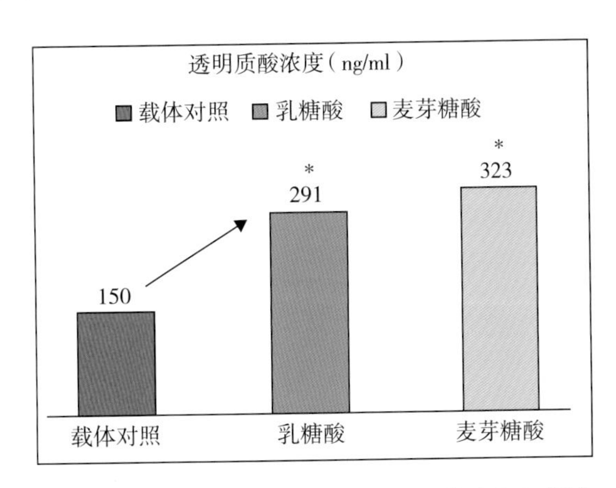

图 13.16　老年人成纤维细胞经过乳糖酸和麦芽糖酸处理后，和安慰剂对照相比，透明质酸水平显著升高 $^{*}P<0.05$

上清（数据文件，NeoStrata Co.，Inc.）较安慰剂对照组（培养基中加入 1%DMSO 在 PBS）I 型前胶原水平显著增加（$P<0.05$）。这些增加的 HA 和 I 型胶原很可能是临床局部外用 PHA 和生物酸产生显著抗衰老功效的原因（图 13.17）。

PHA 和生物酸的抗糖化作用

糖化是一种自然存在的老化反应，发生在糖（如葡萄糖）和真皮的蛋白（如胶原蛋白、弹性蛋白）之间，形成有害的高级糖化终末产物（advanced glycation end products，AGE）。AGE 使蛋白质纤维永久交联，减少皮肤的

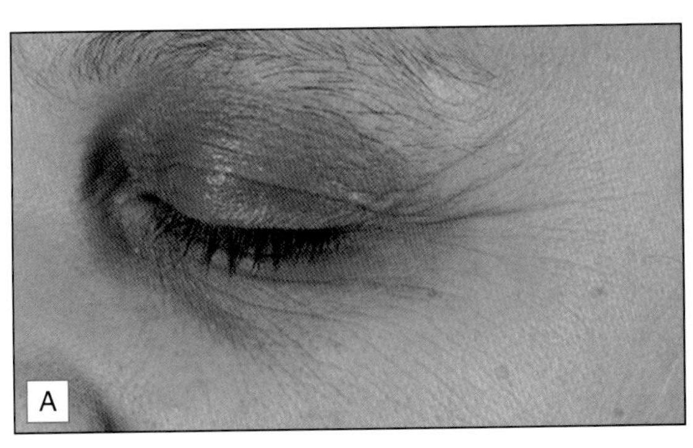

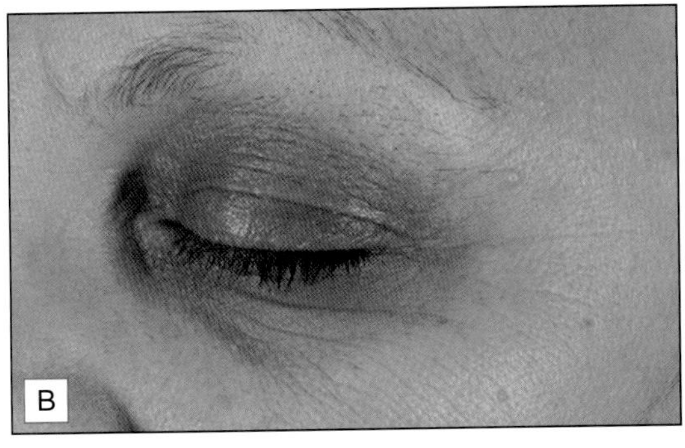

图 13.17　外用含有 PHA/ 生物酸（3% 麦芽糖酸和 3% 葡糖酸内酯）的眼霜，每日 2 次，共 12 周，鱼尾纹明显改善。使用前（A）和使用后（B）

弹性和紧致度，此外还导致皮肤蜡黄，这是皮肤衰老的另一个常见特征。

为了防止 AGE 的形成，一些化妆品成分抗氧化剂或螯合剂通过结合促进氧化的金属干预 Maillard 途径（Maillard pathway，译者注：即糖化反应）的最后一步。生物酸（乳糖酸、麦芽糖酸和 PHA 葡糖酸内酯），都具备抗氧化和金属螯合功能。在体外，对这些物质（0.05%~0.5%）进行抗糖化实验，评估它们调节葡萄糖和血清白蛋白（蛋白）之间非酶糖化的能力。实验结果显示，葡糖酸内酯和水相比，可明显抑制非酶糖化作用，效果呈剂量相关性（$P<0.05$）（图 13.18），和阳性对照（0.01% 氨基胍）的作用类似。乳糖酸和麦芽糖酸的结果类似（文件数据）。既往研究已经证实局部外用 12 周 PHA/ 生物酸产品，每日 2 次，可以改善皮肤蜡黄外观达 36%（$P<0.05$）。这可能和抗糖化作用相关，抗糖化作用纠正了糖化蛋白复合体的功能障碍，形成形态相对正常的基质蛋白。

PHA 和生物酸在皮肤科医生诊所的应用

在皮肤科医生诊所，PHA 和生物酸可作为一类温和的治疗护理手段。PHA 和生物酸很有效，具备无刺激、抗氧化、保湿与抗衰老功效。这些成分可以单独用于抗衰老护肤方案，也可外用治疗炎症性皮肤疾病，包括银屑病、痤疮、脂溢性皮炎、痤疮后或炎症后色素沉着。PHA 和生物酸可以和美白成分联合应用，有效减少色素沉着，而且它们的抗氧化 / 螯合性能有助于保持氢醌稳定。当外用药物引起皮肤干燥或刺激时，它们可以舒缓皮肤的不适。近期的研究证实，6% 的 PHA/ 生物酸配方（包含植物、红藻类、褐藻和棕榈酸三肽 -8）显著改善玫瑰痤疮的色斑 / 发红，应用 2 小时内就发挥作用，并且持续 2 周。2 周后，临床医生评估的红斑减少了 33%（$P<0.01$）。客观摄影系统和影像分析软件（BTBP Clarity™Pro R&D，BrighTex Bio-Photonics，LLC）显示，从 2 小时后到 2 周，色斑 / 发红都显著改善，2 周后，红斑依然明显改善（$P<0.02$）（图 13.19）。

PHA 非常适合和其他美容手段组合应用。在激光换肤、微晶磨削、强脉冲光治疗、化学换肤前后使用 PHA，可以皮肤更光滑和调理皮肤。PHA 抗氧化和保湿作用可以增强上述治疗手段的治疗效果和抗衰老效果。

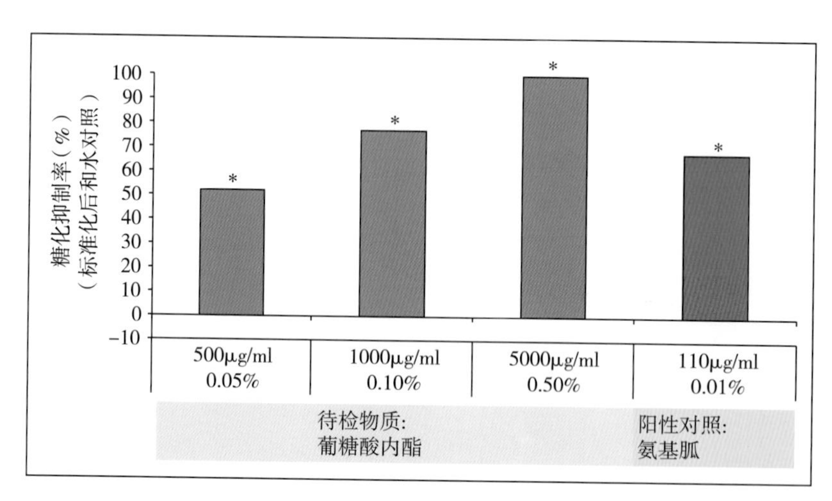

图 13.18　PHA 的抗糖化作用：葡糖酸内酯和水（对照组）相比可以显著抑制非酶糖化（$P<0.05$），有剂量相关性。和阳性对照（0.01% 氨基胍）的作用相似

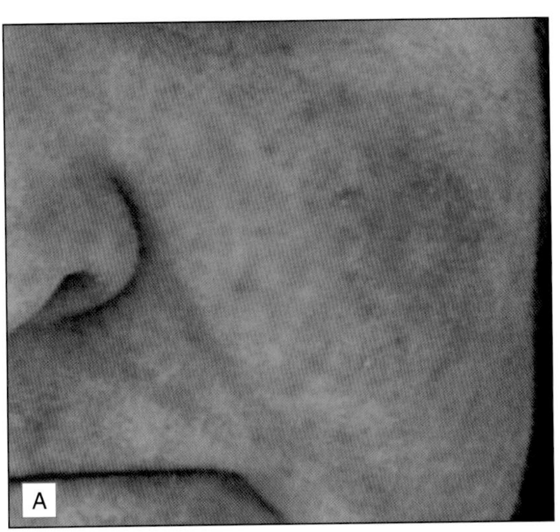

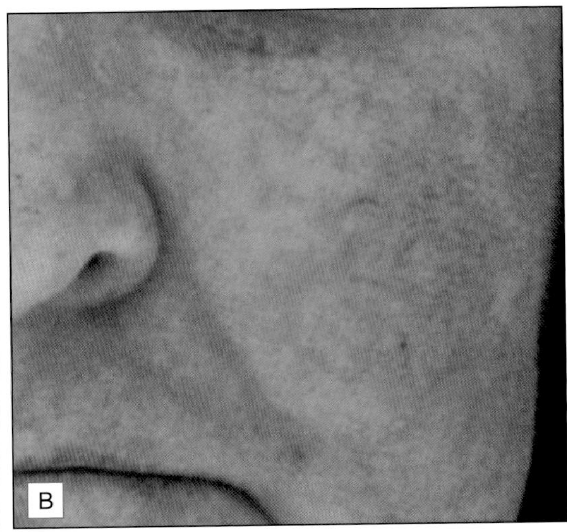

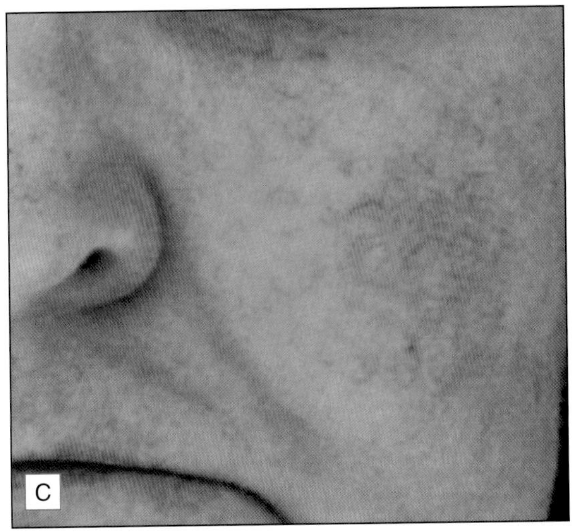

图 13.19　PHA+ 生物酸化妆品配方的去红作用，外用每天 2 次，共 14 天：应用 2 小时后色斑 / 红斑显著改善。2 周后，视觉评分显示红斑减少 33%（$P<0.01$）。(A)治疗前；(B)单次应用 2 小时后；(C)14 天后

结论

在化妆品和皮肤治疗护理领域，AHA、PHA 和生物酸应用广泛。AHA 和下一代羟基酸（PHA 和生物酸），代表抗衰老的未来方向。它们集合了 AHA 确凿的有效性和保湿性，却无刺激，能促使皮肤屏障修复，可抗糖化和抑制 MMP，可作为抗氧化剂 / 螯合剂等，优势众多。AHA、PHA 和生物酸可单独使用，有显著的抗衰老作用，亦可和各种外用药物和美容手段组合使用，以保护皮肤、调理皮肤和改善光老化。

（翻译：王佩茹　审校：许德田）

参考文献

Bartolone, J., Santhanam, U., Penksa, C., Lang, B., 1995. Alpha hydroxy acids modulate skin cell biology. J. Invest. Dermatol. 104, 609.

Berardesca, E., Distante, F., Vignoli, G.P., et al., 1997. Alpha hydroxy acids modulate stratum corneum barrier function. Br. J. Dermatol. 137, 934–938.

Bernstein, E.F., Uitto, J., 1995. Connective tissue alterations in photoaged skin and the effects of alpha hydroxy acids. J. Geriatr. Dermatol. 3 (Suppl. A (3)), 7A–18A.

Bernstein, E.F., Underhill, C.B., Lakkakorpi, J., et al., 1997. Citric acid increases viable epidermal thickness and glycosaminoglycan content of sun-damaged skin. Dermatol. Surg. 23, 689–694.

Bernstein, E.F., Brown, D.B., Schwartz, M.D., et al., 2004. The polyhydroxy acid gluconolactone protects against ultraviolet radiation in an in vitro model of cutaneous photoaging. Dermatol. Surg. 30, 1–8.

Briden, E., Jacobsen, E., Johnson, C., 2007. Combining superficial glycolic acid (AHA) peels with microdermabrasion to maximize treatment results and patient satisfaction. Cutis 79 (Suppl. 1[i]), 13–16.

Bucala, R., Cerami, A., 1992. Advanced glycosylation: chemistry,

biology and implications for diabetes and aging. Adv. Pharmacol. 23, 1–4.
Charloux, C., Paul, M., Loisance, D., Astier, A., 1995. Inhibition of hydroxyl radical production by lactobionate, adenine, and tempol. Free Radic. Biol. Med. 19, 699–704.
Danoux, L., Mine, S., Abdul-Malak, N., et al., 2014. How to help the skin cope with glycoxidation. Clin. Chem. Lab. Med. 52 (1), 175–182.
Ditre, C.M., Griffin, T.D., Murphy, G.F., et al., 1995. Effects of α-hydroxy acids on photoaged skin: a pilot clinical, histologic, and ultrastructural study. J. Am. Acad. Dermatol. 34, 187–195.
Draelos, Z.D., Green, B.A., Edison, B.L., 2006. An evaluation of a polyhydroxy acid skin care regimen in combination with azelaic acid 15% gel in rosacea patients. J. Cosmet. Dermatol. 5, 23–29.
Dyer, D., Dunn, J., Thorpe, S., et al., 1993. Accumulation of Maillard reaction products in skin collagen in diabetes and aging. J. Clin. Invest. 91, 2463–2469.
Edelstein, D., Brownlee, M., 1992. Mechanistic studies of advanced glycosylation end product inhibition by aminoguanidine. Diabetes 41, 26–29.
Edison, B.L., Green, B.A., Wildnauer, R.H., Sigler, M.L., 2004. A polyhydroxy acid skin care regimen provides antiaging effects comparable to an alpha-hydroxyacid regimen. Cutis 73 (Suppl. 2), 14–17.
Effron, C., Briden, M.E., Green, B.A., 2007. Enhancing cosmetic outcomes by combining superficial glycolic acid (AHA) peels with nonablative lasers, intense pulsed light, and trichloroacetic acid peels. Cutis 79 (Suppl. 1[i]), 4–8.
Feinberg, C., Hawkins, S., Battaglia, A., Weinkauf, R.L., 2004. Comparison of antiaging efficacy from cosmetic ingredients on photoaged skin. J. Am. Acad. Dermatol. 50 ((3)Suppl.), P27.
Fu, M., Wells-Knecht, K., Blackledge, J., et al., 1994. Glycation, glycoxidation, and cross-linking of collagen by glucose: kinetics, mechanisms, and inhibition of late stages of the Maillard reaction. Diabetes 43, 676–683.
Gasser, P., Arnold, F., Peno-Mazzarino, L., et al., 2011. Glycation induction and antiglycation activity of skin care ingredients on living human skin explants. Int. J. Cosmet. Sci. 33 (4), 366–370.
Green, B.A., Edison, B.L., Sigler, M.L., 2008. Antiaging effects of topical lactobionic acid: results of a controlled usage study. Cosmet. Dermatol. 21 (Suppl. 2), 76–82.
Green, B.A., Edison, B.L., Wildnauer, R.H., Sigler, M.L., 2001. Lactobionic acid and gluconolactone: PHAs for photoaged skin. Cosmet. Dermatol. 14, 24–28.
Green, B.A., Edison, B.L., Bojanowski, K., Weinkauf, R.L., 2014. Antiaging bionic and polyhydroxy acids reduce non-enzymatic protein glycation and skin sallowness. J. Am. Acad. Dermatol. 17 (5), AB22.
Grimes, P.E., Green, B.A., Wildnauer, R.H., Edison, B.L., 2004. The use of polyhydroxy acids (PHAs) in photoaged skin. Cutis 73 (Suppl. 2), 3–13.
Hunt, M.J., Barnetson, R., St, C., 1992. A comparative study of gluconolactone versus benzoyl peroxide in the treatment of acne. Aust. J. Dermatol. 33, 131–134.
Griffin, T.D., Murphy, G.F., Sueki, H., et al., 1996. Increased factor XIIIa transglutaminase expression in dermal dendrocytes after treatment with alpha-hydroxy acids: potential physiologic significance. J. Am. Acad. Dermatol. 34, 196–203.
Hawkins, S.S., Lavine, B.K., Hancewicz, T., 2002. Optimized in vivo Elasticity Measurement of Skin Using Digital Filtering and Pattern Recognition. IFSCC Congress, Edinburgh.
Hawkins, S.S., DeSantis, C., Matzke, M., Weinkauf, R.L., 2004. Consumer evaluation of before and after photographs increases perception of antiaging benefits. J. Am. Acad. Dermatol. 50 (3 Suppl.), P27.
Januario, T., Bartolone, J., Santhanam, U., 1998. Topical application of AHAs release IL-1α from stratum corneum. J. Invest. Dermatol. 110, 663.
Kajimoto, O., Odanaka, W., Sakamoto, W., et al., 2001. Clinical effects of dietary hyaluronic acid on dry skin. J. New Rem. Clin. 90–102.
Kim, S.J., Won, Y.H., 1998. The effect of glycolic acid on cultured human skin fibroblasts: cell proliferative effect and increased collagen synthesis. J. Dermatol. 25, 85–89.
Kossi, J., Peltonen, J., Ekfors, T., et al., 1999. Effects of hexose sugars: glucose, fructose, galactose and mannose on wound healing in the rat. Eur. Surg. Res. 31, 74–82.
Lavker, R.M., Kaidbey, K., Leyden, J.J., 1992. Effects of topical ammonium lactate on cutaneous atrophy from a potent topical corticosteroid. J. Am. Acad. Dermatol. 26 (4), 535–544.
Leyden, J.J., Lavker, R.M., Grove, G., Kaidbey, K., 1995. Alpha hydroxy acids are more than moisturizers. J. Geriatr. Dermatol. 3 (Suppl. A (3)), 33A–37A.
Moy, L.S., Howe, K., Moy, R.L., 1996. Glycolic acid modulation of collagen production in human skin fibroblast cultures in vitro. Dermatol. Surg. 22, 439–441.
Nomoto, K., Masayuki, Y., Seizaburo, A., et al., Y 2012. Skin accumulation of advanced glycation end products and lifestyle behaviors in Japanese. J. Antiaging Med. 9, 165–173.
Ohshima, H., Oyobikawa, M., Tada, A., et al., H 2009. Melanin and facial skin fluorescence as markers of yellowish discoloration with aging. Skin Res. Technol. 15, 496–502.
Okano, Y., Abe, Y., Masaki, H., et al., 2003. Biological effects of glycolic acid on dermal matrix metabolism mediated by dermal fibroblasts and epidermal keratinocytes. Exp. Dermatol. 12 (Suppl. 2), 57–63.
Papakonstantinou, E., Roth, M., Karakiulakis, G., 2012. Hyaluronic acid: a key molecule in skin aging. Dermatoendocrinology 4 (3), 253–258.
Rakic, L., Lapiére, C.M., Nusgens, B.V., 2000. Comparative caustic and biological activity of trichloroacetic and glycolic acids on keratinocytes and fibroblasts in vitro. Skin Pharmacol. Appl. Skin Physiol. 13, 52–59.
Ray, A., Tatter, S.B., Santhanam, U., et al., 1989. Regulation of expression of interleukin-6. Molecular and clinical studies. Ann. N. Y. Acad. Sci. 557, 353–361.
Rendl, M., Mayer, C., Weninger, W., Tschachler, E., 2001. Topically applied lactic acid increases spontaneous secretion of vascular endothelial growth factor by human reconstructed epidermis. Br. J. Dermatol. 145 (1), 3–9.
Rendon, M.I., Effron, C., Edison, B.L., 2007. The use of fillers and botulinum toxin type A in combination with superficial glycolic acid (AHA) peels: optimizing injection therapy with the skin-smoothing properties of peels. Cutis 79 (Suppl. 1[i]), 9–12.
Sato, T., Sakamato, O., Odanaka, W., et al., 2002. Clinical Effects of dietary hyaluronic acid on dry, rough skin. J. Aesthet. Dermatol. 12, 109–120.
Schmid, D., Muggli, R., Zülli, F., 2002. Collagen glycation and skin aging. Cosmetics and Toiletries Manufacture Worldwide 1–6.
Stiller, M.J., Bartolone, J., Stern, R., et al., 1996. Topical 8% glycolic acid and 8% L-lactic acid creams for the treatment of photodamaged skin: a double-blind vehicle-controlled clinical trial. Arch. Dermatol. 132, 631–636.
Thibault, P.K., Wlodarczyk, J., Wenck, A., 2008. A double-blind randomized clinical trial on the effectiveness of a daily glycolic acid 5% formulation in the treatment of photoaging. Dermatol. Surg. 24 (5), 573–577, discussion 577-578.
Thibodeau, A., 2000. Metalloproteinase inhibitors. Cosmetics and Toiletries 115, 75–76.
Upadhya, G.A., Strasberg, S.M., 2000. Glutathione, lactobionate, and histidine: cryptic inhibitors of matrix metalloproteinases contained in University of Wisconsin and histidine/tryptophan/ketoglutarate liver preservation solutions. Hepatology 31, 1115–1122.
Usuki, A., Ohashi, A., Sato, H., et al., 2003. The inhibitory effect of glycolic acid and lactic acid on melanin synthesis in melanoma cells. Exp. Dermatol. 12 (s2), 43–50.
Van Scott, E.J., Yu, R.J., 1974. Control of keratinization with α-hydroxy acids and related compounds. Arch. Dermatol. 110, 586–590.
Van Scott, E.J., Yu, R.J., 1984. Hyperkeratinization, corneocyte cohesion, and alpha hydroxy acids. J. Am. Acad. Dermatol. 11, 867–879.

Van Scott, E.J., Yu, R.J., 1989. Alpha hydroxy acids: procedures for use in clinical practice. Cutis 43, 222–228.

Van Scott, E.J., Yu, R.J., 1995. Actions of alpha hydroxy acids on skin compartments. J. Geriatr. Dermatol. 3, 19A–24A.

Van Scott, E.J., Yu, R.J., 2002. Hydroxy acids: past, present, future. In: Moy, R., Luftman, D., Kakita, L. (Eds.), Glycolic Acid Peels. Marcel Dekker, New York, pp. 1–14.

Weinkauf, R.L., Barrow, J., Hoogerhyde, K., et al., 1998. Method for Assessing the Efficacy of Cosmetic Formulations Containing Alpha Hydroxy Acids on Photoaged Skin of the Forearms. Annual Meeting of the American Academy of Dermatology, San Francisco.

Wilhelmi, B.J., Blackwell, S.J., Mancoll, J.S., Phillips, L.G., 1998. Creep vs. stretch: a review of the viscoelastic properties of skin. Ann. Plast. Surg. 41, 215–219.

Yu, R.J., Van Scott, E.J., 1994. Alpha-hydroxy acids: science and therapeutic use. Issues and Perspectives of AHA. Cosmetic Dermatology Supplement 1–6.

Yu, R.J., Van Scott, E.J., 2005. α-Hydroxyacids, polyhydroxy acids, aldobionic acids and their topical actions. In: Baran, R., Maibach, H.I. (Eds.), Textbook of cosmetic dermatology, third ed. Taylor & Francis, New York, pp. 77–93.

第14章 干细胞与药妆品

Aleksandra J. Poole, Gabriel Nistor

本章概要

- 再生医学涉及干细胞，一般被定义为替代或再生人类细胞、组织和器官，以修复或重建正常功能的过程。
- 有效的干细胞性化妆品和药妆品需能保留生长因子，维持其功效并且可穿透角质层。
- 两种主要的干细胞类型是胚胎干细胞和成体干细胞。
- 干细胞来源的产品并不包含干细胞，而是干细胞培养液混合物，其中富含干细胞所分泌的生长因子、细胞因子及蛋白。
- 人胚胎干细胞端粒酶活性高，具有长期增殖活性，使其培养后可无限扩增。

引言

再生医学通常被定义为替代或再生人体细胞、组织和器官来达到修复或重建正常功能的过程。受损组织和器官的再生可通过刺激和滋养机体自身修复系统来实现自我修复，或在实验室培植组织和器官后再安全地移植。该技术可以解决供体器官不足以及器官移植排异的问题。

干细胞的应用是再生医学发展最快的领域，其中包括了针对皮肤的再生医学。对于光老化，寻求以非创治疗以及外用产品来逆转皱纹及光老化皮肤表现，再生医学已经成为皮肤领域的研究焦点（Fitzpatrick and Rostan，2003）。

总体而言，皮肤的老化受内源性、外源性因素影响。内源性因素包括生理、内分泌和基因，又称为时程老化。外源性因素包括环境影响如空气污染、日光和紫外线、吸烟、化学物质暴露及营养不良（Chung et al.，2003），外源性老化又称为光老化。光老化使得表皮变薄、胶原降解，变性弹力纤维沉积，表现为皱纹及黄色皮肤的脱色（Talwar et al.，1995）。另外，光老化产生自由基，后者激活金属基质蛋白酶（matrix metalloproteinase，MMP），进而降解细胞外基质（extracellular matrix，ECM）。

临床上，年轻的皮肤特点为光滑、无皱纹、色素分布均匀、红润有光泽。相反，老化的皮肤变薄、有细小皱纹且伴有较深的面部表情纹。组织学上，老化的皮肤表现为表皮变薄，真表皮连接处真皮表皮突变平，角质形成细胞失去极性，真皮胶原合成减少。

干细胞药妆品的作用在于缓解外源因素的损伤、发掘内源性因素的潜力。

有效的干细胞护肤品或药妆品需要保留这些生长因子，维持其效果且能使其穿透角质层，在较短的时间内可改善皮肤视觉外观而不影响皮肤屏障（Lintner，2002）。

一些在皮肤再生与嫩肤中使用的干细胞化妆品含有成体或胚胎干细胞生物活性

分泌物。

干细胞种类及来源

干细胞具有无限分化增殖潜能，可生成、修复或再生组织。两个特点使干细胞有别于其他细胞：①自我更新，即使在长时间失活状态后也能更新；②分化潜能，在特定生理或试验条件下可以分化为其他特定细胞。干细胞的每次分裂可保留干细胞特性或分化为其他细胞。

根据来源不同，干细胞分为几种类型，其中两种主要类型为胚胎干细胞（embryonic stem cells，hESC）和成体干细胞（adult stem cells 或 somatic stem cells）。另一种为诱导性多能干细胞（induced pluripotent stem cells，iPSC），是在实验室条件下对成体细胞重编程使其具有胚胎干细胞特性而来。

人胚胎干细胞从着床前囊胚内细胞团分离而来，这些细胞可在合适条件下转变成任何种类的细胞。因为其有形成多种不同成体组织的能力，故亦被称为“多能干细胞”。

成体干细胞或组织特异性干细胞是在成人、儿童或胚胎组织中一类特殊的细胞，一般认为存在于大部分躯体组织和器官。这些细胞会特征性地转变为与来源组织一致的细胞，但仍具有分化为任一相关细胞的能力。例如，骨髓来源的干细胞可增加血液循环中红细胞或白细胞数量；脑组织中干细胞可形成神经元及其他脑支持细胞，但不会形成非脑组织。有别于胚胎干细胞，研究者尚不能在实验室无限培养成体干细胞。不同器官具有不同的再生能力和干细胞成分。例如，结肠干细胞，可规则分裂以修复和替代坏死或损伤组织。然而在其他器官，如胰腺和心脏，干细胞只在特殊条件下分裂。

皮肤干细胞

研究者特别关注皮肤干细胞是因为这些细胞容易获得，并且可在生长因子或其他物质刺激下分裂。皮肤干细胞存在于表皮基底层和真皮层。真皮来源于中胚层，含有间充质干细胞样的成体干细胞。层状的表皮为外胚层来源，由角质形成细胞组成，后者可分化为水分不易渗透的角质层。表皮干细胞的特性较真皮干细胞更为典型，更易被外用制剂影响。表皮终末分化的细胞会从皮肤脱落，这一过程则需要新的、不断分化的细胞持续补充。表皮平均 4 周完全更新，由于分化的细胞不再分裂，其更新则依赖于表皮干细胞。

很多证据证实毛囊隆突区（hair bulge）是表皮干细胞的储存库，干细胞间或会移行到毛囊基质、皮脂腺和毛囊间的表皮基底层，分别产生前体细胞，再分别分化为毛细胞、腺体细胞和表皮上层细胞。

干细胞在化妆品中的应用

干细胞化妆品可包含很多干细胞提取物，促进皮肤更新、再生和修复。干细胞相关产品不包含干细胞，而是富含干细胞所分泌的生长因子、细胞因子、蛋白质的干细胞培养液混合物。

使用细胞源性生长因子的理念基于一个假说，即外源性皮肤老化过程与慢性伤口愈合过程相类似（Sundaram，2009；Sundaram et al.，2009；Watson and Griffiths，2005）。这些细胞源性生长因子可激活皮肤干细胞，诱导其分化为新皮肤。生长因子和细胞因子是细胞间和细胞内信号传导通路的调节蛋白。

真皮干细胞在伤口修复过程中有重要作用，它们与角质形成细胞、脂肪细胞和肥大细胞相互作用，也是其他一些细胞因子和分子的来源，这些物质参与支持细胞间相互作用、促伤口愈合并且维持皮肤完整性与年轻化，还可以促进成纤维细胞和角质形成细胞增殖，促进细胞外基质形成（Gold et al.，2007），支持了这一假说。老化皮肤中成纤维细胞、角质形成细胞和黑素细胞更新减缓，并且分泌的生长因子水平降低。局部补充这些正常的生长因子可促进皮肤正常修复。化妆品中所含生长因子和细胞因子及其功能概况详见表 14.1。

人脂肪干细胞在化妆品中的应用

人体脂肪中富含脂肪干细胞（adipose stem cells，ASC），具有有限的多向分化潜能，并且与骨髓间充质干细胞具有类似的细胞表面标记和基因型（Barry and Murphy，2004）。资料显示这些成体 ASC 具有修复皮肤损伤的功能（Kim et al.，2007；Yang et al.，2010）。ASC 所分泌的生长因子可促进真皮内成纤维细胞的胶原合成（Malerich and

表 14.1　人脂肪干细胞和（或）人胚胎干细胞所分泌的生长因子、细胞因子及其他蛋白

生长因子、细胞因子、蛋白	皮肤生理学作用
骨形成蛋白 5（BMP-5）	调节角质形成细胞数目和大小
Ⅰ型胶原	细胞外基质成分
表皮生长因子（EGF）	成纤维细胞和角质形成细胞最强效的有丝分裂源
成纤维细胞生长因子（FGF）	诱导成纤维细胞和角质形成细胞增殖、诱导真皮胶原合成
纤连蛋白	细胞外基质成分
粒细胞 - 巨噬细胞集落刺激因子（GM-CSF）	损伤后角质形成细胞在短时间内分泌，促进伤口愈合 成纤维细胞相关细胞因子
生长分化因子 15（GDF-15）	调节角质形成细胞分化
生长激素（GH）	诱导角质形成细胞和成纤维细胞生长诱导伤口愈合
肝细胞生长因子（HGF）	参与组织再生和伤口愈合
肝素结合表皮生长因子	成纤维细胞和角质形成细胞的有丝分裂源
胰岛素样生长因子和结合蛋白 1 和 2（IGF、IGF-BP1、IGF-BP2）	成纤维细胞和内皮细胞的有丝分裂源
角质形成细胞生长因子（KGF）	促进上皮化过程和毛发生长
胎盘生长因子（PGF）	成纤维细胞有丝分裂源，促进内皮细胞生长
血小板衍生生长因子 -AA（PDGF-AA）和受体	诱导成纤维细胞移行并产生基质
转化生长因子 -β1，-β2（TGF-β1、TGF-β2）	诱导角质形成细胞、成纤维细胞和巨噬细胞移行 调节血管生成 启动胶原和纤连蛋白合成
血管内皮生长因子（VEGF）	介导血管生成
白介素 IL-1α 和 IL-1β	激活巨噬细胞、角质形成细胞和成纤维细胞生长
白介素 IL-6	调节伤口愈合过程
白介素 IL-10	抗炎
肿瘤坏死因子 -α（TNF-α）	激活巨噬细胞、角质形成细胞和成纤维细胞生长
干扰素 -γ（IFN-γ）	抗炎

Berson, 2014; Rehman et al., 2004)。并且，ASC 培养上清液可促进伤口愈合、改善皱纹，并且抑制色素合成(Kim et al., 2008a, 2008b, 2009a, 2009b)。可将 ASC 诱导分化为脂肪细胞，用以填补软组织缺失。

人胚胎干细胞在化妆品中的应用

hESC 细胞株的成功获取及培养为干细胞在再生医学中的应用开拓了局面。与 hASC 不同，hESC 的可塑性更强，只有 hESC 可分化为任何细胞类型，包括皮肤，而 ASC 或其他成体干细胞则不能。ASC 体外培养周期有限，而 hESC 可永久培养。hESC 端粒酶活性高，具有显著长期增殖潜能，体外培养可无限扩增。

过去几年，相关研究的重要进展在于发现促进 hESC 生长和多能分化的合适培养液、底物及生长因子。由于这些细胞有特殊的生长方式，可继续保持干细胞特性，亦可分化为人体任何类型细胞，故其培养具有一定挑战性。干细胞培养液中生长因子、营养物、维生素、盐和氧气的含量可影响 hESC 的生长情况。因此，不同培养条件下它们分泌的生长因子、细胞因子及细胞基质蛋白存在差异，最常见的生长因子及蛋白如表 14.1 所示。

- 骨形态发生蛋白 -5(bone morphogenetic protein 5, BMP-5)是由 TGF-β 家族基因编码的蛋白，在再上皮化和结缔组织再生中具有重要作用。小鼠试验中 BMP-5 参与调节皮肤角质形成细胞干细胞的数目(Kangsamaksin and Morris, 2011)。
- 胶原蛋白，除了美容外科广泛用以辅助烧伤患者骨重建，I 型胶原蛋白在其他学科如口腔科、整形外科和普通外科治疗也使用广泛。人和牛胶原可作为真皮填充剂治疗皱纹和皮肤老化。
- 成纤维细胞生长因子(fibroblast growth factors, FGF)-1 和 -2，在伤口愈合、血管生成及胚胎发育中具有重要作用。FGF-1 和 FGF-2 通过刺激血管生成以及成纤维细胞增殖来促进肉芽组织生长，可在伤口愈合过程早期填充伤口的空隙 / 空腔。FGF-7 和 FGF-10(即角质形成细胞生长因子 KGF 和 KGF2)可刺激上皮细胞增殖、移行和分化，并且通过直接趋化作用来促进受损皮肤和黏膜组织的修复。
- 生长分化因子 -15(growth differentiation factor-15, GDF-15)是 TGF-β 家族蛋白略远的一个成员，对于细胞生长和分化具有多重效应(Noorali et al., 2007)。GDF-15 也参与调节角质形成细胞分化(Ichikawa et al., 2008)。
- 生长激素(growth hormone, GH)。编码 GH 的基因是生长激素 / 催乳素家族成员，在调控生长中具有重要作用。5 个 GH 基因具有高度序列同源性。不同基因切割产生 5 种生长激素的不同异构体，导致更多样化和特异化。基因的突变或删除可导致 GH 缺乏和身材矮小。动物试验模型中的临床观察和分子水平分析显示 GH 系统在皮肤发育、维持和修复中具有重要作用。实际上生命过程中不同阶段真皮结构直接体现了 GH 合成的变化(Lange et al., 2001; Tanriverdi et al., 2006)。
- 肝细胞生长因子(hepatocyte growth factor)可影响皮肤色素沉着和黑素小体生物合成(Yamaguchi and Hearing, 2009)，亦可促进上皮细胞移行至受损区域加速伤口修复，并且促进角质形成细胞的移行和增殖(Bevan et al., 2004)。
- 角质形成细胞生长因子(keratinocyte growth factor, KGF)或成纤维细胞生长因子 -7 (fibroblast growth factor 7, FGF-7)在上皮形成及伤口再上皮化过程中具有重要作用。角质形成细胞生长因子亦可刺激毛发生长，有助于预防肿瘤患者放疗中脱发(Braun et

al.,2006)。

- 血小板衍生生长因子-AA(platelet-derived growth factor-AA,PDGF-AA,亦称“血小板源生长因子”)及受体PDGF-α。血小板衍生生长因子是结缔组织细胞的主要有丝分裂源,在胚胎发育和伤口愈合过程中具有重要作用(Heldin and Westermark,1999)。
- 转化生长因子(transforming growth factor,TGF)-1和-2。TGF-β1是皮肤伤口愈合过程中的主要TGF-β蛋白,伤口愈合过程中,在炎症、血管生成、再上皮化和结缔组织再生中具有重要作用。在伤口早期,TGF-β1表达上调(Kopecki et al.,2007)。体外试验表明TGF-β1可促进ECM形成的相关基因表达,包括纤连蛋白、纤连蛋白受体、胶原和蛋白酶抑制剂(Mauviel et al.,1996),有助于肉芽组织生成。在体外试验中TGF-β1可促进胶原基质中成纤维细胞的收缩进而促进伤口收缩(Meckmongkol et al.,2007)。在伤口愈合的基质形成和重塑阶段,TGF-β1影响胶原尤其Ⅰ型和Ⅱ型胶原的合成(Papakonstantinou et al.,2003)。

结论

在化妆品中使用干细胞源性生长因子仍是新兴领域,从前期研究来看获得了良好的临床和组织学结果。最早4周肉眼即可见对皮肤皱纹、质地、透亮度、柔软度和光泽的改善作用,并且活检标本组织学可见表皮突延长、丝聚蛋白和胶原合成增多。

在制备含干细胞分泌物的化妆品时,需要关注合适的保存方法,要在产品效期内防止蛋白降解、保留活性并且保证皮肤充分吸收。

另外还要重点关注其他活性添加物,如促透皮剂、添加剂、酒精以及其他可使蛋白变性的物质。虽然过去含生长因子的化妆品比较安全、无风险,但在高度敏感皮肤人群中还是可能出现过敏反应。任何含干细胞分泌物的产品上市前均需经安全性测试。

(翻译:许阳 审校:许德田)

参考文献

Barry, F.P., Murphy, J.M., 2004. Mesenchymal stem cells: clinical applications and biological characterization. Int. J. Biochem. Cell Biol. 36, 568–584.

Bevan, D., Gherardi, E., Fan, T.P., et al., 2004. Diverse and potent activities of HGF/SF in skin wound repair. J. Pathol. 203, 831–838.

Braun, S., Krampert, M., Bodo, E., et al., 2006. Keratinocyte growth factor protects epidermis and hair follicles from cell death induced by UV irradiation, chemotherapeutic or cytotoxic agents. J. Cell Sci. 119, 4841–4849.

Chung, J.H., Hanft, V.N., Kang, S., 2003. Aging and photoaging. J. Am. Acad. Dermatol. 49, 690–697.

Fitzpatrick, R.E., Rostan, E.F., 2003. Reversal of photodamage with topical growth factors: a pilot study. J. Cosmet. Laser Ther. 5, 25–34.

Gold, M.H., Goldman, M.P., Biron, J., 2007. Efficacy of novel skin cream containing mixture of human growth factors and cytokines for skin rejuvenation. J. Drugs Dermatol. 6, 197–201.

Heldin, C.H., Westermark, B., 1999. Mechanism of action and in vivo role of platelet-derived growth factor. Physiol. Rev. 79, 1283–1316.

Ichikawa, T., Suenaga, Y., Koda, T., et al., 2008. TAp63-dependen induction of growth differentiation factor 15 (GDF15) plays a critical role in the regulation of keratinocyte differentiation. Oncogene 27, 409–420.

Kangsamaksin, T., Morris, R.J., 2011. Bone morphogenetic protein 5 regulates the number of keratinocyte stem cells from the skin of mice. J. Invest. Dermatol. 131, 580–585.

Karvinen, S., Pasonen-Seppanen, S., Hyttinen, J.M., et al., 2003. Keratinocyte growth factor stimulates migration and hyaluronan synthesis in the epidermis by activation of keratinocyte hyaluronan synthases 2 and 3. J. Biol. Chem. 278, 49495–49504.

Kim, W.S., Park, B.S., Sung, J.H., et al., 2007. Wound healing effect of adipose-derived stem cells: a critical role of secretory factors on human dermal fibroblasts. J. Dermatol. Sci. 48, 15–24.

Kim, W.S., Park, S.H., Ahn, S.J., et al., 2008a. Whitening effect of adipose-derived stem cells: a critical role of TGF-beta 1. Biol. Pharm. Bull. 31, 606–610.

Kim, W.S., Park, B.S., Kim, H.K., et al., 2008b. Evidence supporting antioxidant action of adipose-derived stem cells: protection of human dermal fibroblasts from oxidative stress. J. Dermatol. Sci. 49, 133–142.

Kim, W.S., Park, B.S., Park, S.H., et al., 2009a. Antiwrinkle effect of adipose-derived stem cell: activation of dermal fibroblast by secretory factors. J. Dermatol. Sci. 53, 96–102.

Kim, W.S., Park, B.S., Sung, J.H., 2009b. Protective role of adipose-derived stem cells and their soluble factors in photoaging. Arch. Dermatol. Res. 301, 329–336.

Kligman, A.M., Dogadkina, D., Lavker, R.M., 1993. Effects of topical tretinoin on non-sun-exposed protected skin of the elderly. J. Am. Acad. Dermatol. 29, 25–33.

Kopecki, Z., Luchetti, M.M., Adams, D.H., et al., 2007. Collagen loss and impaired wound healing is associated with c-Myb deficiency. J. Pathol. 211, 351–361.

Lange, M., Thulesen, J., Feldt-Rasmussen, U., et al., 2001. Skin morphological changes in growth hormone deficiency and acromegaly. Eur. J. Endocrinol. 145, 147–153.

Lintner, K., 2002. Promoting production in the extracellular matrix without compromising barrier. Cutis 70, 13–16, discussion 21-13.

Makrantonaki, E., Zouboulis, C.C., 2007. Molecular mechanisms

of skin aging: state of the art. Ann. N. Y. Acad. Sci. 1119, 40–50.
Malerich, S., Berson, D., 2014. Next generation cosmeceuticals: the latest in peptides, growth factors, cytokines, and stem cells. Dermatol. Clin. 32, 13–21.
Marchese, C., Chedid, M., Dirsch, O.R., et al., 1995. Modulation of keratinocyte growth factor and its receptor in reepithelializing human skin. J. Exp. Med. 182, 1369–1376.
Mauviel, A., Chung, K.Y., Agarwal, A., et al., 1996. Cell-specific induction of distinct oncogenes of the Jun family is responsible for differential regulation of collagenase gene expression by transforming growth factor-beta in fibroblasts and keratinocytes. J. Biol. Chem. 271, 10917–10923.
Meckmongkol, T.T., Harmon, R., McKeown-Longo, P., et al., 2007. The fibronectin synergy site modulates TGF-beta-dependent fibroblast contraction. Biochem. Biophys. Res. Commun. 360, 709–714.
Noorali, S., Kurita, T., Woolcock, B., et al., 2007. Dynamics of expression of growth differentiation factor 15 in normal and PIN development in the mouse. Differentiation 75, 325–336.
Papakonstantinou, E., Aletras, A.J., Roth, M., et al., 2003. Hypoxia modulates the effects of transforming growth factor-beta isoforms on matrix-formation by primary human lung fibroblasts. Cytokine 24, 25–35.
Rehman, J., Traktuev, D., Li, J., et al., 2004. Secretion of angiogenic and antiapoptotic factors by human adipose stromal cells. Circulation 109, 1292–1298.
Sandilands, A., Sutherland, C., Irvine, A.D., McLean, W.H., 2009. Filaggrin in the frontline: role in skin barrier function and disease. J. Cell Sci. 122, 1285–1294.
Sundaram, H., 2009. Role of physiologically balanced growth factors in skin rejuvenation. J. Drugs Dermatol. 8, 3.
Sundaram, H., Mehta, R.C., Norine, J.A., et al., 2009. Topically applied physiologically balanced growth factors: a new paradigm of skin rejuvenation. J. Drugs Dermatol. 8, 4–13.
Talwar, H.S., Griffiths, C.E., Fisher, G.J., et al., 1995. Reduced type I and type III procollagens in photodamaged adult human skin. J. Invest. Dermatol. 105, 285–290.
Tanriverdi, F., Borlu, M., Atmaca, H., et al., 2006. Investigation of the skin characteristics in patients with severe GH deficiency and the effects of 6 months of GH replacement therapy: a randomized placebo controlled study. Clin. Endocrinol. (Oxf.) 65, 579–585.
Watson, R.E., Griffiths, C.E., 2005. Pathogenic aspects of cutaneous photoaging. J. Cosmet. Dermatol. 4, 230–236.
Werner, S., Smola, H., Liao, X., et al., 1994. The function of KGF in morphogenesis of epithelium and reepithelialization of wounds. Science 266, 819–822.
Yamaguchi, Y., Hearing, V.J., 2009. Physiological factors that regulate skin pigmentation. Biofactors 35, 193–199.
Yang, J.A., Chung, H.M., Won, C.H., Sung, J.H., 2010. Potential application of adipose-derived stem cells and their secretory factors to skin: discussion from both clinical and industrial viewpoints. Expert Opin. Biol. Ther. 10, 495–503.

第15章 营养性抗氧化剂

Karen E. Burke

本章概要

- 一些外用抗氧化剂[特别是维生素C、维生素E、泛醌(辅酶Q)和染料木黄酮]可以有效地预防紫外线对皮肤的伤害(包括晒伤、晒黑和皮肤癌),并可逆转皱纹和日光性黑子的色素沉着。
- 每种特定外用抗氧化剂的配方非常重要,合理配方可确保商品保持稳定,能被皮肤吸收,以及吸收后维持活性。
- α-硫辛酸及其代谢产物二氢硫辛酸可以保护皮肤免受氧化应激损害,它们的活性和作用机制既有差异,也有一些共同之处。动物和人体研究已经得出多方面的结果,也发现它们有潜在的不良反应。显然,这方面仍需进一步研究。
- 外用以及口服泛醌(辅酶Q10)能有效地延缓内源性和外源性皮肤老化,并加速皮肤愈合。

引言

现代皮肤科医师可以通过药妆品的使用,预防正常皮肤受损,甚至延缓皮肤的自然老化。特别是近10年来的研究,已经证明了多种外用营养物质(特别是抗氧化剂)的临床功效。这些营养物质,有些不能由人体合成,因此是人体所必需的,如维生素C和维生素E;有些可以自我合成,如α-硫辛酸、泛醌;此外,还有一些外源性营养物质,如染料木黄酮(genistein)。我们所面临的挑战是,如何制备理想的外用制剂,使活性物质能透皮吸收,并保持其抗氧化活性。这些药妆品不仅可以保护皮肤,还可减少和逆转皮肤老化。

α-硫辛酸

α-硫辛酸(r-alpha-lipoic acid,αLA)在植物和动物(包括人类在内)的线粒体内合成。天然α-硫辛酸通过赖氨酸与蛋白质共价结合,因此在生物合成或进食富含α-硫辛酸的食物后,只有微量游离α-硫辛酸进入循环系统。硫辛酰胺是三羧酸循环中两种酶的必需辅助因子,同时也是合成核酸和支链氨基酸代谢所必需的辅助因子。

口服补充游离αLA后,未结合状态的αLA被输送到机体组织。游离αLA能被肝脏迅速代谢,其吸收后的血液半衰期仅为30分钟左右,故αLA到达组织中的量较为有限。由于大多数游离αLA迅速降解为二氢硫辛酸(dihydrolipoic acid,DHLA),故组织中高浓度的游离αLA水平持续时间也不长,如图15.1所示。

尽管其组织浓度仅是短暂升高,但游离αLA已被证明可用于治疗多种疾病:它通过

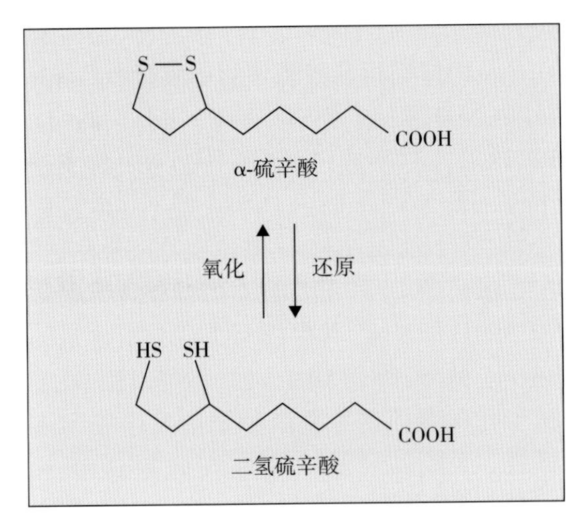

图 15.1 α- 硫辛酸和二氢硫辛酸的分子结构

结合自身抗体来治疗自身免疫性肝病、通过捕获血液中的金属来治疗重金属中毒、通过预防氧化损伤来治疗糖尿病性多发性神经病,并可用于治疗蕈类中毒。虽然皮肤中通常不会有高浓度 αLA,但它却非常适合外用于皮肤:

- 作为一种小而稳定的分子,它可被良好地经皮吸收。
- 作为一种高效的抗氧化剂,它可以使皮肤免受紫外线(UV)和其他环境自由基的伤害。
- 因为它可溶于水和脂质,所以能与许多细胞成分中的氧化剂和抗氧化剂相互作用。

已经有研究发现,αLA 可以迅速渗透到小鼠和人类皮肤的真皮和皮下组织层。外用5% 的 αLA 丙二醇溶液 2 小时后,在表皮、真皮和皮下组织中,αLA 浓度即可达到峰值。角质层 αLA 浓度可用于预测其在皮肤下层的渗透性和吸收水平。5% 的 αLA 在表皮和真皮中均转化为 DHLA,研究者据此得出结论:角质形成细胞和成纤维细胞都能减少 αLA。

如图 15.2 所示,与 αLA 不同,DHLA 具有再生内源性抗氧化剂(维生素 E、维生素

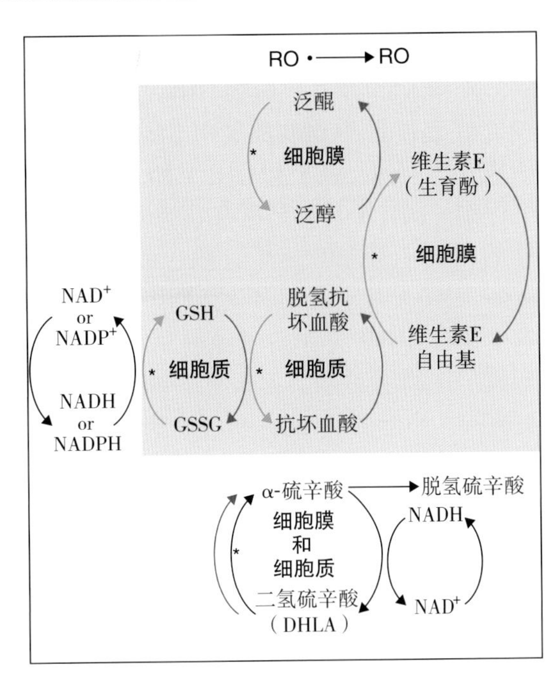

图 15.2 低分子量抗氧化剂的相互作用。红色箭头所示(RO·→ RO)反应直接淬灭氧自由基(RO·);绿色箭头表示反应再生这些抗氧化剂。箭头连接的是直接发生的反应。产生于细胞膜的 RO·,被维生素 E 结合而淬灭,形成一种维生素 E 氧自由基,后者可以在泛醇膜或细胞膜质交界处,被抗坏血酸(维生素 C)淬灭。产生于胞浆的 RO·,直接由抗坏血酸淬灭。氧化的脱氢抗坏血酸可由谷胱甘肽(GSH)再次转变成抗坏血酸。α- 硫辛酸和 DHLA 均可以直接淬灭氧自由基。同时 DHLA 本身是一个强还原剂,可以还原氧化型维生素 C、维生素 E 和谷胱甘肽(GSSG);这种联系以星号表示(改编自 Podda and Grundmann-Kollmann,2001;Biewenga et al.,1997)

C、谷胱甘肽和泛醇)的能力。这对于皮肤来说显然是非常重要的,因为紫外线照射直接消耗泛醌(辅酶 Q10/CoQ10),特别是维生素 E,以及维生素 C,从而影响到其他有关的抗氧化剂。再生这些抗氧化剂,为细胞膜和细胞质都提供了级联保护效应。将 αLA 加入到细胞培养物中,可发现其他重要抗氧化剂(细胞内谷胱甘肽和细胞外半胱氨酸)的含量显著增加。补充了 αLA,维生素 E 缺乏的动物不出现体重减轻、神经肌肉异常的

症状。

外用 αLA 及其代谢物 DHLA 可能以几种方式直接保护皮肤免受氧化应激损害。如表 15.1 所示，αLA 和 DHLA 都是高效抗氧化剂。DHLA 其实是更有效的形式，体内外的活性氧族（ROS）都能被它成功清除。然而，已经发现它有促氧化活性。这种情况发生在当 DHLA 与 ROS 清除剂发生反应时，形成的产物有可能会比被清除掉的活性氧更有害。幸运的是，αLA 可以作为抗氧化剂对抗 DHLA 的促氧化活性（Biewenga et al., 1997）。αLA 和 DHLA 都通过螯合 Fe^{2+}、Cu^{2+}（αLA）和 Cd^{2+}（DHLA）来进一步提供抗氧化活性。

表 15.1　α- 硫辛酸和 DHLA 的抗氧化活性

	α- 硫辛酸	DHLA
抗氧化	+	++
清除活性氧簇（ROS）	+	+
螯合金属离子		
Fe^{2+}、Cu^{2}、	+	–
Cd^{2+}	–	+
使内源性抗氧化剂再生（维生素 E、维生素 C、谷胱甘肽、泛醇）	–	+
修理氧化损伤的蛋白质	–	+
促氧化	+	+

+ 有活性；++ 有更强的活性；– 无活性

DHLA，dihydrolipoic acid，二氢硫辛酸

引自 Biewenga，G.P.，Haenen，G.R.M.M.，Bast，A.，1997. The pharmacology of the antioxidant lipoic acid. General Pharmacology 29，315-331，已获授权

此外，αLA（但不是 DHLA）是一种抗炎剂。它通过减少炎症产物，并抑制转录因子如核因子 κB（nuclear factor kappa B，NF-κB）的结合活性，间接影响炎症细胞因子如肿瘤坏死因子 -α（tumor necrosis factor-alpha，TNF-α）和白介素的基因表达。DHLA（但不是 αLA）可以修复受氧化损伤的蛋白质，反过来又调节蛋白酶抑制剂如 α1-AP（一种炎性调节剂）的活性。体外研究中，αLA 和 DHLA 均抑制脂多糖诱导的一氧化氮（nitric oxide，NO）和前列腺素 E2（prostaglandin E2，PGE2）的形成，抑制诱导型 NO 合成酶（inducible NO synthase，iNOS），但不影响环氧合酶 -2（cyclooxygenase-2，COX-2）的表达。在小鼠模型中，外用 DHLA 可抑制化学物质诱导的皮肤炎症，并伴随有炎症介质含量的减少。此外，外用 DHLA（但不是口服 αLA）减少化学物质诱导皮肤肿瘤的发生率和多样性，并且以剂量依赖方式抑制 iNOS 和 COX-2。作为抗氧化剂，αLA 和 DHLA 都凭借其淬灭炎症部位白细胞和巨噬细胞分泌氧化产物的能力，而具有直接抗炎活性。

作为具有抗炎潜能的抗氧化剂，αLA 可能是一种极好的外用药妆品原料。遗憾的是，该分子由于其低熔点和扭曲的二硫戊环而不稳定，二硫戊环可因吸收波长约为 330nm 的紫外线(波长较短的 UVA）而分解。然而，当 αLA 暴露于 UVB 时，在有巯基化合物（thiol compound）如半胱氨酸和同型半胱氨酸，而不是有甲硫氨酸的环境下，其分子降解过程可被延迟。不仅如此，相反地，这种环境下，αLA 分子结构甚至可逐渐恢复。因此，将 αLA 用半胱氨酸或高半胱氨酸配制，可提高其光化学稳定性。二硫戊环的环形结构使得 αLA 相当容易受到热刺激，导致降解以及交联聚合物的形成。由于这个问题，含有 αLA 的产品难以具有足够的稳定性，也难以确保有效的保质期。

因此，尚不清楚 αLA 能否有效防护中波紫外线的损伤作用。有研究发现，在猪皮上单次外用 αLA（0.5μmol/cm^2），可减少 UVB 辐射诱导的氧化应激和脂质过氧化反应，从而减少细胞凋亡。与此相反，其他一些研究报道显示，以角质形成细胞中的凋亡标志物为指标来衡量，外用 5%LA 无法抑制紫外线诱导的晒伤细胞，后者被认为是凋亡的角质形成细胞。在全身组织，特别是大脑

中，αLA 被证明可以防护电离辐射诱导的小鼠脂质和蛋白质氧化，并显著减少丙二醛（MDA，一种氧化应激的标记）的形成，这种作用最可能归因于其自由基淬灭能力。

αLA 和 DHLA 已被证明是有效的脱色剂。两者都可漂白深色猪皮，减少浅色猪皮的晒黑反应，并在黑素细胞体外培养体系中证实，可抑制化学物质和 UVB 诱导的酪氨酸酶活性增强。近来出现的一种 αLA 衍生物，已被体外黑素瘤细胞培养体系证明是有效的脱色剂。该脱色效果是通过形成 DAPA 结合物而实现的。

αLA 被证明可能延缓和改善皮肤以及其他器官的内源性和外源性老化。ROS 在正常新陈代谢过程中不断形成。通过损伤 DNA，ROS 被认为是导致器官在老化进程中功能退化的主要原因。在老年大鼠肝脏、肾脏和脾脏中，细胞蛋白质、DNA 以及 αLA 水平均降低。补充 αLA 可增加老化器官的核酸和蛋白质水平。同样地，通过补充 αLA 可以改善年龄相关的心脏和脑细胞线粒体功能低下。显然，老化的皮肤也能同样受益于 αLA。

为了评估对光损伤的疗效，有研究者开展了一项纳入 33 位女性的半脸对照研究。与安慰剂相比，每日 2 次 5% 硫辛酸乳膏外用 12 周后，皮肤粗糙度降低 50.8%（通过激光轮廓测定法测量）。临床和影像学评估显示皮肤雀斑和细纹减少。在另一项研究中，每日 2 次口服 αLA 和其他蛋白质、维生素和矿物质，4~6 个月后通过临床评估，并测量皮肤厚度和弹性显示，皮肤皱纹、粗糙度和毛细血管扩张等症状均有改善。

体外试验显示，高浓度的 αLA 加入成纤维细胞培养基中，可提升后者的胶原合成能力。显然，应进一步通过定量分析技术研究外用 αLA 的效果，以证实体外试验的结果，并阐明作用机制。目前尚难以确定 αLA 是作为抗氧化剂清除 ROS 来调节信号通路，还是像酶一样直接抑制信号转导。在 αLA 抑制紫外线相关的皮肤炎症的同时，有可能增加诸如诱发皮肤癌等风险。事实上，尚无 αLA 抑制光致癌的报道。需谨慎使用 αLA 治疗皮肤老化，以避免不必要的不良反应。关于 αLA 进一步基础研究必不可少，以确认外用 αLA 的长期稳定性和安全性。

泛醌（辅酶 Q10）

泛醌（ubiquinone，辅酶 Q10/CoQ10，图 15.3）被如此命名是因为它或多或少、普遍存在于除一些细菌和真菌之外的所有活细胞中。由于大多数人体组织能够合成 CoQ10，因此它不被认为是一种维生素。

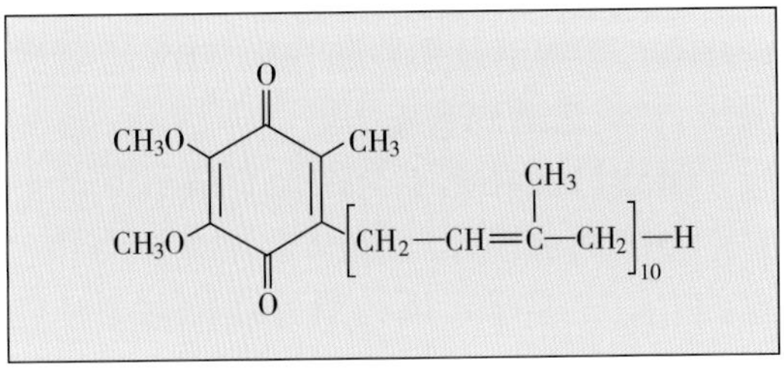

图 15.3 泛醌的分子结构。泛醌分子的“头”是一个完全取代的醌环，故无法与细胞内巯基（如 GSH）发生反应。泛醌的“尾巴”长度是可变的：Q10 有 10 个异戊二烯单元。人类可以经由其他辅酶 Q1~Q9 合成 Q10，虽然这种能力随着年龄的增加而减弱

CoQ10 主要位于线粒体内膜中，线粒体是产生 ATP 至关重要的细胞器，为维持重要细胞功能所必需。直到最近，CoQ10 还被认为仅在能量转导中发挥作用：事实上，外源性 CoQ10 已被证明在缓解生物能量损伤方面非常重要，不仅在肌病和心肌病中如此，在老化的皮肤中亦然。最近相关研究发现 CoQ10 也是亚细胞膜中的抗氧化剂，所以 CoQ10 一些新作用正在被逐渐认识：

如图 15.2 所示，CoQ10 可以再生还原型生育酚。事实上，在细胞膜内，CoQ10 的

量是生育酚的 3~30 倍。如果没有 CoQ10，生育酚的再生将很慢。

- 在皮肤中，CoQ10 不仅维持着因内源性老化而减弱的抗氧化防御机制，而且还可以帮助防止外源性（特别是紫外线）损伤。
- 通过基因诱导，CoQ10 增加胶原蛋白和弹性蛋白的合成，降低金属蛋白酶的表达，后者的主要作用是降解胶原蛋白。
- CoQ10 抑制紫外线激活的促炎细胞因子表达。

CoQ10 的含量在心脏、肾脏和肝脏这些代谢率高的器官中最高，其扮演能量转移分子的角色。在皮肤中，CoQ10 的含量相对较低，表皮含量比真皮高 10 倍。因此，特别是表皮有可能受益于局部外用 CoQ10。已经证明局部外用 CoQ10 可以被皮肤吸收：将 CoQ10 乙醇溶液外敷在猪皮上，20% 渗透到表皮，27% 渗透到真皮中。

虽然口服补充不会增加真皮或其他器官 CoQ10 的水平，但它确实会增加血清和表皮的 CoQ10 水平。因为紫外线辐射会消耗 CoQ10 以及皮肤中的其他抗氧化剂，加剧了氧化损伤，故这种外源性补充是重要的。皮脂是首先直接对抗外源性氧化损伤的皮肤成分之一。紫外线消耗皮脂中的 84% 的维生素 E、70% 的 CoQ10 和仅仅 30% 的角鲨烯。在不含维生素 E 和 CoQ10 的情况下，相同剂量的紫外线照射会减少 90% 角鲨烯。因此，维生素 E 和 CoQ10 协同作用可以抑制紫外线消耗角鲨烯和其他不饱和脂质分子。

因为 CoQ10 可以作为能量产生剂、抗氧化剂和基因诱导调节剂，故它有抑制皮肤内源性和外源性老化的潜力。CoQ10 通过在线粒体维持适当的能量水平，可以防止老化细胞进入厌氧代谢状态。皮肤老化的特征是皮肤细胞的线粒体能量代谢的下降，这一过程经由内源性自由基反应（呼吸链电子“泄漏”增加产生 ROS）和外源性（UV 暴露）引起的自由基反应介导。线粒体功能受损阻碍了细胞 ATP 的合成，减少了修复机制的“燃料供应”。受损线粒体的副产物是形成 ROS，它们又反过来损害邻近的线粒体复合物、细胞膜和线粒体 DNA（mtDNA）导致基因突变，从而以正反馈的方式加速老化过程。此外，由于线粒体能量丧失，转向厌氧代谢途径，如糖酵解，形成高级糖化终末产物（AGE），产生非功能性细胞骨架蛋白和诱导凋亡来破坏细胞。

正如复杂的体外超弱光子发射（ultra-weak photon emission，UPE）试验证实的那样，CoQ10 不仅作为能量发生器，还作为抗氧化剂，可延缓皮肤内源性衰老。抗氧化作用增强导致 UPE 反应减弱。与年轻皮肤相比，屈侧老化皮肤的抗氧化活性降低了 33%。每日 2 次局部外用 0.3%CoQ10 1 周后，这种表现可以得到纠正。

CoQ10 也维持了皮肤固有抗氧化防御机制。随着内源性老化，一些不利因素逐渐累积，如磷酸酪氨酸激酶活化、谷胱甘肽减少和 DNA 的氧化损伤增多。所有这些内源性老化的表现都可以通过使用 CoQ10 来预防。

已经证明 CoQ10 可直接通过基因诱导来延缓皮肤内源性老化。体外培养的人老化成纤维细胞增殖比年轻细胞慢，并产生较少的胶原蛋白、弹性蛋白和透明质酸。既往研究发现添加 CoQ10 可以增加新生儿成纤维细胞的细胞分裂速率和糖胺聚糖水平。最近对胚胎、新生儿、青少年和成年人皮肤成纤维细胞的试验研究证实，CoQ10 处理促进成纤维细胞的增殖，增强Ⅳ型胶原蛋白的合成。这项研究还进一步证明了弹性蛋白合成的增加。胶原蛋白和弹性蛋白产生增加，这一现象与Ⅳ型（和Ⅶ型）胶原蛋白和弹性蛋白基因表达增强密切相关。各年龄组的成纤维细胞均具有类似的反应。

许多研究已经广泛证明了 CoQ10 可以

防止 UVA 和 UVB 介导外源性的光老化效应。在无毛小鼠中，UVB 照射导致锰超氧化物歧化酶（manganese superoxide dismutase，SOD2）和谷胱甘肽过氧化物酶（glutathione peroxidase，GPx）的显著降低。在 UVB 辐射后外用 CoQ10，皮肤中 SOD2 和 GPx 显著增加。类似地，在 UVA 照射后，抗氧化活性降低，局部外用 0.3%CoQ10 可以显著纠正这种损伤。进一步研究表明，在青年和老年供体培养的角质形成细胞和成纤维细胞中，CoQ10（0.3%）也抑制了 UVA 诱导的线粒体膜电位的降低（改善 53%）。在暴露于过氧化氢的人角质形成细胞中，补充 CoQ10 可有效抑制 UVA 介导的氧化应激。

非常重要的是，CoQ10 可防止 UVA 诱导的胶原蛋白降解。在体外成纤维细胞中，CoQ10 和维生素 E 均能抑制 UVA 诱导的胶原酶产生，从而显著延缓胶原蛋白降解。CoQ10 比维生素 E 更久地抑制胶原酶的表达。上述几个试验（用不同年龄段的体外成纤维细胞，显示了对内源性老化的抑制作用）证实了 CoQ10 对外源性（UV）损伤的防护作用及其抗氧化能力。CoQ10 可减少 UV 诱导的细胞内 ROS，抑制紫外线激活的基质金属蛋白酶 1（MMP-1），从而防止 UV 诱导的胶原蛋白降解，也抑制紫外线激活的炎性细胞因子，特别是白细胞介素 IL-1α 的表达，从而防止紫外线诱发的炎症以及由此引起的提前老化表现。

进一步的临床试验研究了 CoQ10 通过维护胶原和弹性蛋白而逆转光老化的疗效。一半面部外用 0.3% 的 CoQ10 霜，另一半用安慰剂，每日 1 次，持续 6 个月。对眼眶周围的皱纹进行了印模复制。在图 15.4 所示的照片中可以看到光老化症状的改善。定量微观形态显示，平均皱纹深度减少了 27%。

色素沉着是光老化表现之一，或许可以用 CoQ10 有效治疗。B16 黑素瘤细胞在体外暴露于 CoQ10 之后，黑色素合成能力以剂量依赖性方式降低。与此相应，酪氨酸酶活性也剂量依赖性降低。最高浓度的 CoQ10（2μM）与 5mM 抗坏血酸的黑素抑制作用等效。

光老化的另一临床测量指标是角质细胞的大小。随着皮肤老化，角质层细胞更替时间延长，角质细胞变大。使用 CoQ10 霜治疗，每日 1 次，持续 6 个月，角质细胞的大小能恢复到相当于年轻 20 年前的水准。

艾地苯醌（idebenone）亦称艾地苯，是一种分子量较低的 CoQ10 短支链结构类似物，临床上已经用来修复光老化皮肤。在非对照研究中，41 名 30~65 岁的女性每天 2 次使用 0.5% 或 1.0% 艾地苯醌，共 6 周。使用 1.0% 艾地苯醌可增加皮肤含水量 37%（通过电导测量），皮肤粗糙度 / 干燥度降低

图 15.4　使用泛醌治疗皱纹。通过激光轮廓分析皮肤硅胶印模表明，一位 46 岁女性经过每天 2 次泛醌霜外用共 10 周，眼周细纹和皱纹的深度明显降低（Eucerin 敏感皮肤辅酶 Q10 抗皱霜）（摘自 Wrinkle Reduction Study，2003. In：Eucerin Q10 Product Compendium 2003，Beiersdorf Inc.，Wilton，CT，p.11）

26%,细小皱纹减少 29%,光皮肤改善 33%(主观评估)。0.5% 浓度的效果几乎与 1.0% 艾地苯醌相同,使用免疫荧光和环钻活检标本染色显示,两种浓度都可以使 IL-1β、IL-6 和 MMP-1 类似程度地降低,以及使胶原蛋白增加。然而,艾地苯醌没有改善体外 CoQ10 缺陷成纤维细胞的细胞生物能学指标。

CoQ10 的另一个优势在于能加速愈合。在治疗前和治疗后口服辅酶 Q10 可以促进激光换肤术和化学剥脱术后的愈合(加速再上皮化)。

因此,CoQ10 通过以下方式来使皮肤年轻化:①增强线粒体能量的产生;②增加成纤维细胞分裂和促进合成胶原蛋白和弹性蛋白;③作为有效的抗氧化剂,预防表皮和真皮基质内源性和外源性的老化。最近很多研究继续证明 CoQ10 对于皮肤具有新的益处,使得其可能成为一个非常重要的、有效的药妆品成分。

染料木黄酮

染料木黄酮(genistein)是一种从大豆分离的异黄酮类药妆品原料。近年来流行病学调查发现,富含大豆的饮食与心血管疾病、骨质疏松和某些癌症发病率的降低相关,这激发了人们对染料木黄酮的兴趣。

已有文献报道了染料木黄酮的直接抗癌作用。动物试验证明,口服染料木黄酮可预防膀胱、乳腺、结肠、肝脏、肺、前列腺和皮肤的癌症,而大豆膳食可以抑制化学诱导的小鼠皮肤癌。染料木黄酮可抑制许多体外肿瘤细胞株的生长。染料木黄酮也可以在体外试验中阻止恶性黑色素瘤细胞生长和诱导其分化,抑制体内恶性黑色素瘤细胞的肺转移。染料木黄酮抑制肿瘤转移的能力,可能与其减少肿瘤细胞迁移和抑制血管生成相关。

染料木黄酮抑制癌变的机制可能是通过抑制酪氨酸蛋白激酶(tyrosine protein kinases,TPK)实现的,此酶使蛋白质磷酸化,为调节细胞分裂和蛋白质转化所必需。特别重要的是,TPK 依赖性表皮生长因子受体(EGF-R)的磷酸化作用与肿瘤诱发效应相关,具体包括转录因子的启动、炎性介质(如前列腺素)的释放和促细胞增殖。在体外人鳞状细胞癌细胞中,染料木黄酮可下调 UVA 和 UVB 诱导的表皮生长因子受体磷酸化。通过直接抑制核因子 κβ(NF-κβ)的激活及其下游炎性细胞因子的表达,染料木黄酮可以提供进一步保护作用。在小鼠皮肤,染料木黄酮也可阻断 UVB 诱导的光致癌基因 *c-fos* 和 *c-jun* 的表达,这两个基因可在肿瘤发生过程中促进细胞增殖。同样,染料木黄酮延缓紫外线诱导的一些细胞凋亡表现,包括激活人表皮癌细胞中的半胱氨酸天冬氨酸蛋白酶 -3(caspase-3)和 p21 激活的活化激酶 2(p21-activated kinase 2),以及人角质形成细胞中磷酸激酶 Cδ。

染料木黄酮也是一种强效抗氧化剂,可清除过氧化氢自由基,从而防止体内、外脂质过氧化作用。高大豆饮食人群心血管疾病的发病率下降,可能是由于在亲水和亲脂性环境中,染料木黄酮抑制了低密度脂蛋白(LDL)胆固醇的氧化。在人二倍体成纤维细胞(human diploid fibroblasts,HDF)中的研究,进一步阐明了染料木黄酮延缓细胞衰老的抗氧化机制。体外 HDF 细胞中,染料木黄酮抑制 UVB 照射导致的细胞内 MDA 升高,提高细胞内 SOD 的活性。此外,染料木黄酮处理可以显著降低线粒体 DNA 大片段缺失突变拷贝数(4977bp 和 3895bp,皮肤线粒体光老化的两种生物标记)。

染料木黄酮对紫外线引起的皮肤损伤有重要的直接保护作用,它也可抑制体外化学和紫外线引起的 DNA 氧化以及补骨脂素光化学疗法(PUVA)所致的 DNA 损伤。

染料木黄酮减少由 PUVA 引起的皮肤红斑和组织学炎症这一现象，提示它可用于减少 PUVA 疗法可能导致的短期和长期不良反应。

局部外用染料木黄酮（10μmol/cm^2）可以预防急慢性皮肤紫外线损伤。如图 15.5 和图 15.6 所示，Skh：1 无毛小鼠曝光于中波紫外线后，局部外用染料木黄酮可阻断急性皮肤日晒伤，抑制 UVB 诱导的皮肤皱纹。组织学分析证实，局部外用染料木黄酮改善慢性光损伤表现，诸如表皮增生和伴细胞核异型的棘层肥厚（图 15.7）。在分子水平上，紫外线诱导的 DNA 损伤（通过检测 8- 羟基 -2′脱氧鸟苷）显著降低。另外，在 Skh：1 小鼠皮肤局部外用染料木黄酮抑制 UVB 诱导形成嘧啶二聚体，以及减轻 UVB 对增殖细胞核抗原（proliferating cell nuclear antigen，PCNA）对光损伤修复的抑制作用。染料木黄酮的这一光保护作用在体外试验中进一步得到了证明，其对 UVA 诱导 MMP 有抑制作用，而 MMP 是光老化皮肤中胶原降解的重要原因。在人体试验中证明：局部外用染料木黄酮（5μmol/cm^2）可抑制急性紫外线诱导的皮肤红斑。如图 15.8 所示，局部外用染料木黄酮（在 UVB 照射前 30 分钟应用）抑制了 UVB 一个最小红斑量（MED）所致的红斑。因此，染料木黄酮可以用于预防人类皮肤光损伤。

同样令人印象深刻的是，局部外用染料木黄酮也抑制皮肤癌，皮肤癌是慢性 UVB 损伤的后果之一。在 Skh：2 无毛小鼠的试验中发现，UVB 照射 25 周之后，染料木黄酮可以减少 90% 的皮肤癌发病率和皮肤肿瘤多样性。图 15.9 显示了在 UVB 照射前用染料木黄酮处理对小鼠光致癌具有防护作用的代表性案例。此外，化学诱导和促进皮肤肿瘤后，局部外用染料木黄酮可减少 60%~75% 的肿瘤细胞数。

染料木黄酮另一种对皮肤可能的益处是作为一种植物雌激素。皮肤具有 α 和 β 核雌激素受体（estrogen receptor，ER），通过与雌激素结合能调节增殖和分化相关基因。染料木黄酮对 ERβ 的亲和力比 ERα 高 30 倍，但对 ERα 的激动活性大于 ERβ。虽然雌二醇对 ERα 和 ERβ 的活性分别是染料木黄酮的 700 倍和 45 倍，但通过膳食补充大豆异黄酮而生成染料木黄酮，可能产生的生物学效应也是重要的。已在体外 B16F1 黑素瘤细胞中证明染料木黄酮的这种雌激素活性。

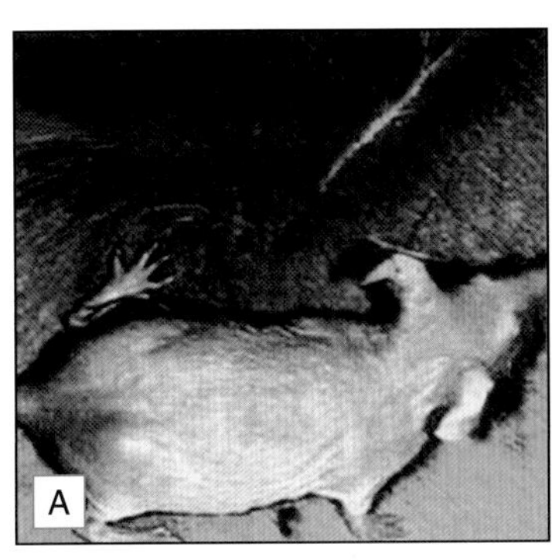

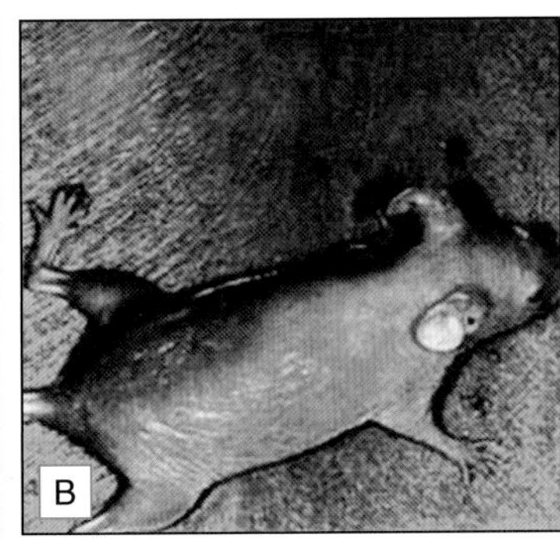

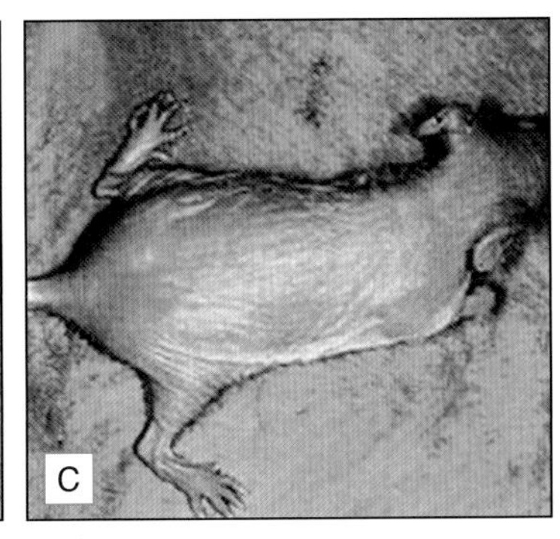

图 15.5 染料木黄酮对 UVB 致小鼠急性皮肤灼伤的影响。Skh：1 无毛小鼠在每次 UVB 照射前 60 分钟局部外涂 5μmol 染料木黄酮，UVB 照射剂量 1.8kJ/cm^2，连续照射 10 天。在最后一次 UVB 照射后 24 小时拍摄照片。（A）阴性对照（假照射）；（B）UVB 照射前外涂基质；（C）UVB 照射前外涂 5μmol 染料木黄酮（摘自 Wei，H.，Saladi，R.，Lu，Y.，et al.，2003. Isoflavone genistein：photoprotection and clinical implications in dermatology. Journal of Nutrition 133，3811S－3819S，已获授权）

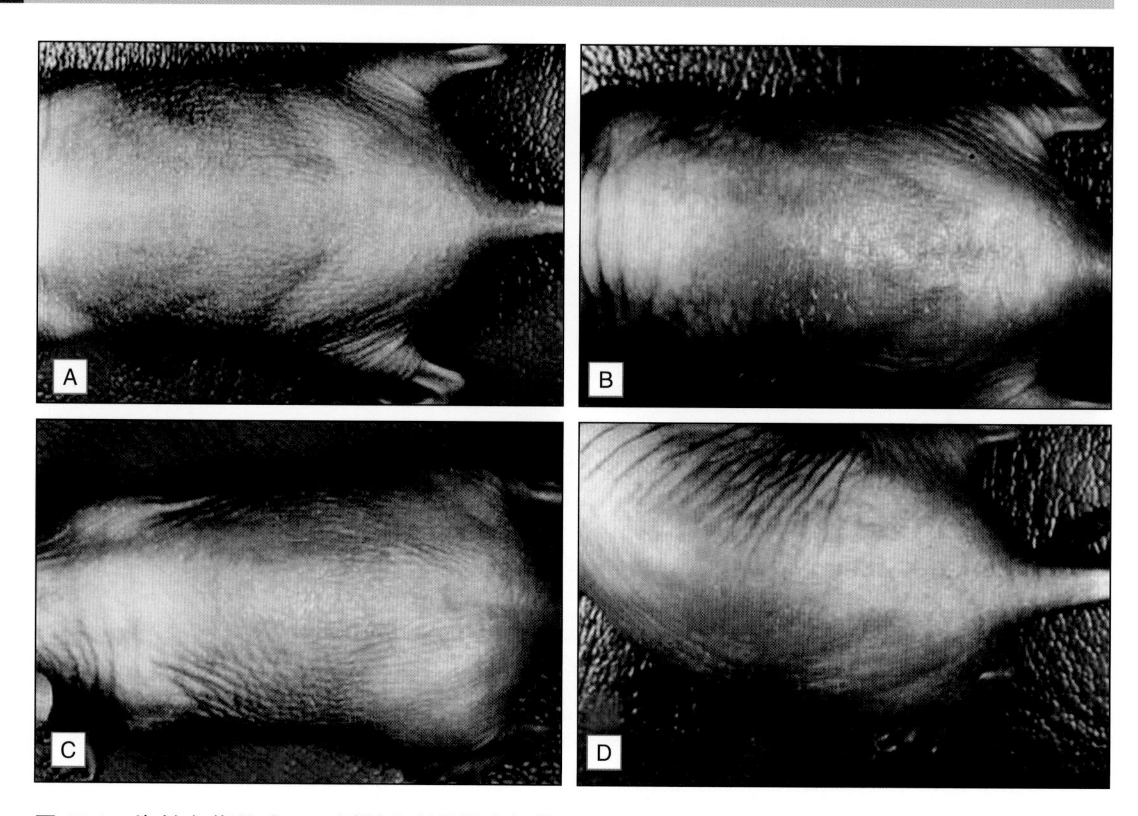

图 15.6　染料木黄酮对 UVB 诱导小鼠慢性光损伤的影响。Skh:1 无毛小鼠在每次 UVB 照射前 60 分钟或者照射后 5 分钟局部外涂 5μmol 染料木黄酮,UVB 照射剂量 0.3kJ/cm^2,每周 2 次,连续照射 4 周。在最后一次 UVB 照射后 24 小时拍摄照片。(A)阴性对照(假照射);(B)UVB 照射前外涂基质;(C)UVB 照射前外涂 5μmol 染料木黄酮;(D)UVB 照射后外涂 5μmol 染料木黄酮(摘自 Wei,H.,Saladi,R.,Lu,Y.,et al.,2003. Isoflavone genistein:photoprotection and clinical implications in dermatology. Journal of Nutrition 133,3811S-3819S,已获授权)

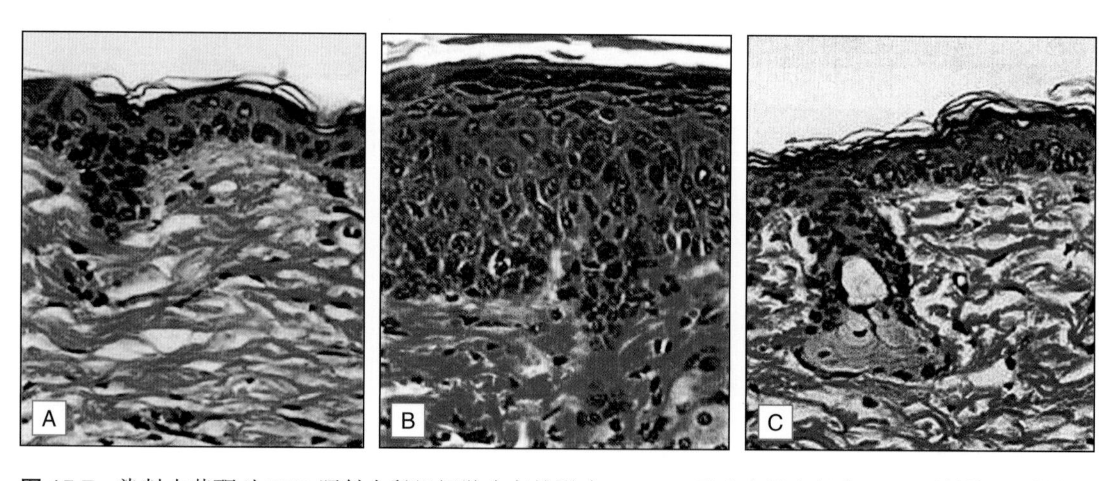

图 15.7　染料木黄酮对 UVB 照射小鼠组织学改变的影响。Skh:1 无毛小鼠在每次 UVB 照射前 60 分钟局部外涂 5μmol 染料木黄酮,UVB 照射剂量 0.3kJ/cm^2,每周 2 次,连续照射 4 周。末次 UVB 照射后 24 小时处死小鼠,取皮肤标本进行组织学观察。(A)阴性对照(假照射);(B)UVB 照射前外涂基质;(C)UVB 照射前外涂 5μmol 染料木黄酮(摘自 Wei,H.,Saladi,R.,Lu,Y.,et al.,2003. Isoflavone genistein:photoprotection and clinical implications in dermatology. Journal of Nutrition 133,3811S-3819S. 已获授权)

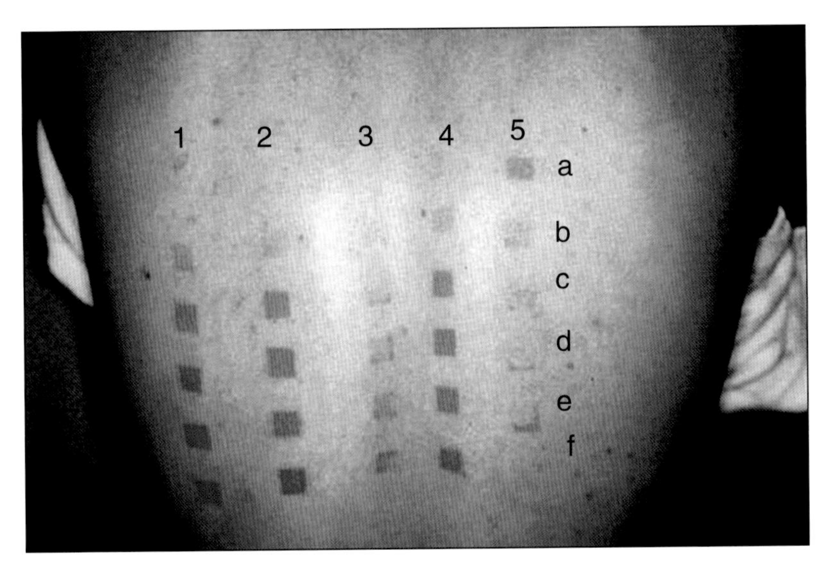

图 15.8 染料木黄酮对 UVB 诱发的皮肤红斑的影响。这项研究是在西奈山医院皮肤科光疗部进行的。UVB 能量使用范围为 0~100mJ/cm^2。在 UVB 照射前 60 分钟或照射后 5 分钟,染料木黄酮外用于背部皮肤。UVB 照射后 24 小时拍摄照片。此受试者的最小红斑剂量(MED)为 40mJ/cm^2。第 1 列:UVB 照射前外用基质;第 2 列:UVB 照射之前或之后均没有处理;第 3 列:UVB 照射前外用 1μmol/cm^2 染料木黄酮;第 4 列:UVB 照射后外用 1μmol/cm^2 染料木黄酮;第 5 列:1MED 剂量 UVB 照射前外用不同浓度的染料木黄酮(0.05~5μmol/cm^2)(摘自 Wei, H., Saladi, R., Lu, Y., et al., 2003. Isoflavone genistein: photoprotection and clinical implications in dermatology. Journal of Nutrition 133, 3811S-3819S, 已获授权)

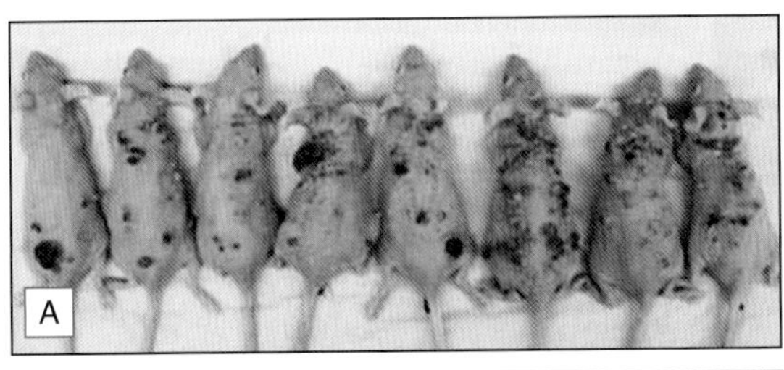

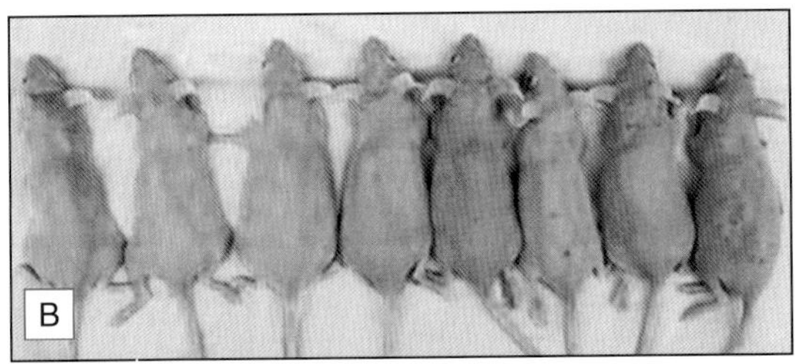

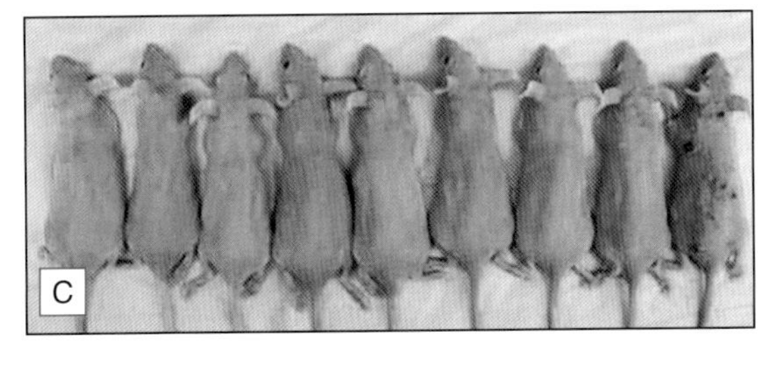

图 15.9 染料木黄酮抑制小鼠皮肤光致癌的代表性照片。(A) 无毛小鼠每周 3 次 UVB 照射,剂量 0.3kJ/m^2,连续 25 周;(B) 小鼠皮肤在每次 UVB 照射前外用 1μmol 染料木黄酮;(C) 小鼠皮肤在每次 UVB 照射前外用 5μmol 染料木黄酮(摘自 Wei, H., Saladi, R., Lu, Y., et al., 2003. Isoflavone genistein: photoprotection and clinical implications in dermatology. Journal of Nutrition 133, 3811S-3819S, 已获授权)

角质形成细胞主要表达 ERβ，很少或不表达 ERα，而在真皮成纤维细胞 ERβ 和 ERα 均表达。选择性 ERβ 激动剂显著降低体外培养的角质形成细胞和成纤维细胞光老化炎症标志物水平。此外，ERβ 激动剂抑制多种基质金属蛋白酶基因（包括 MMP-1、胶原酶），从而防止紫外线诱导的胶原降解。在所有的受试浓度中，紫外线照射后外敷 ERβ 激动剂明显减少皱纹的形成，这些试验直接证实了染料木黄酮保护皮肤免受光损伤的作用，与其植物雌激素（特别是 ERβ）活性相关。在绝经后妇女面部皮肤中还发现，染料木黄酮能增加真皮中的透明质酸浓度、胶原纤维和弹性纤维，不仅减少皱纹，而且滋润皮肤。

随着老化，皮肤的胶原蛋白含量减少，口服和外用雌激素可使皮肤的胶原蛋白含量增加。这个效果在更年期和更年期后妇女中特别显著。染料木黄酮可以通过抑制人体皮肤的金属蛋白酶而预防光损伤（不依赖于滤光作用）；通过刺激胶原蛋白的合成，减少老化皮肤的萎缩外观。因此，局部外用染料木黄酮不仅可以保护皮肤免受急慢性光损伤，而且能促进合成因内源性皮肤老化而减少的胶原蛋白。

结论

营养性抗氧化剂代表了一类新型药妆品。毫无疑问，通过外用比口服补充更能在皮肤达到高浓度水平，从而为皮肤提供良好的保护性抗氧化能力储备。目前的研究表明，外用辅酶 Q10 和染料木黄酮可提供光保护作用。此外，外用这两种成分和 αLA 可能会延缓内源性老化和光老化。局部外用抗氧化剂仍然是药妆品研究的一个重要领域。

（翻译：周炳荣　审校：许德田）

参考文献

Accorsi-Neto, A., Haidar, M., Simões, R., et al., 2009. Effects of isoflavones on the skin of postmenopausal women: a pilot study. Clinics 64, 505–510.

Aklyama, T., Ishida, J., Nakagawa, S., et al., 1987. Genistein, a specific inhibitor of tyrosine-specific protein kinases. J. Biol. Chem. 262, 5592–5595.

Beitner, H., 2003. Randomized, placebo-controlled, double blind study on the clinical efficacy of a cream containing 5% alpha-lipoic acid related to photoaging of facial skin. Br. J. Dermatol. 149, 841–849.

Biewenga, G.P., Haenen, G.R.M.M., Bast, A., 1997. The pharmacology of the antioxidant lipoic acid. Gen. Pharmacol. 29, 315–331.

Blatt, T., Littarru, G.P., 2011. Biochemical rationale and experimental data on the antiaging properties of CoQ_{10} at skin level. Biofactors 37, 381–385.

Chang, K.C., Wang, Y., Oh, I.G., et al., 2010. Estrogen receptor β is a novel therapeutic target for photoaging. Mol. Pharmacol. 77, 744–750.

Crane, F.L., 2001. Biochemical functions of coenzyme Q10. J. Am. Coll. Nutr. 20, 591–598.

Farina, H.G., Pomies, M., Alonso, D.F., et al., 2006. Antitumor and antiangiogenic activity of soy isoflavone genistein in mouse models of melanoma and breast cancer. Oncol. Res. 16, 885–891.

Han, B., Nimni, M., 2005. Transdermal delivery of amino acids and antioxidants enhance collagen synthesis: in vitro and in vivo studies. Connect. Tissue Res. 46, 251–257.

Ho, Y.S., Lai, C.S., Liu, H.I., et al., 2007. Dihydrolipoic acid inhibits skin tumor promotion through anti-inflammation and anti-oxidation. Biochem. Pharmacol. 73, 1786–1795.

Hoppe, U., Bergemann, J., Diembeck, W., et al., 1999. Coenzyme Q10, a cutaneous antioxidant and energizer. Biofactors 9, 371–378.

Jackson, R.L., Greiwe, J.S., Schwen, R.J., 2011. Ageing skin oestrogen receptor β agonists offer an approach to change the outcome. Exp. Dermatol. 20, 879–882.

Khan, A.Q., Khan, R., Rehman, M.U., et al., 2012. Soy isoflavones (daidzein & genistein) inhibit 12-O-tetradecanoylphorbol-13-acetate (TPA)-induced cutaneous inflammation via modulation of COX-2 and NF-κβ in Swiss albino mice. Toxicology 302, 266–274.

Lin, J.Y., Lin, F.H., Burch, J.A., et al., 2004. Alpha-lipoic acid is ineffective as a topical antioxidant for photoprotection of skin. J. Invest. Dermatol. 123, 996–998.

Matsugo, S., Bito, T., Konishi, T., 2011. Photochemical stability of lipoic acid and its impact on skin ageing. Free Radic. Res. 45, 918–924.

McDaniel, D., Neudecker, B., Dinardo, J., et al., 2005. Clinical efficacy assessment in photodamaged skin of 0.5% and 1.0% idebenone. J. Cosmet. Dermatol. 4, 167–173.

Moore, J.O., Wang, Y., Stebbins, W.G., et al., 2006. Photoprotective effect of isoflavone genistein on ultraviolet B-induced pyrimidine dimer formation and PCNA expression in human reconstituted skin and its implications in dermatology and prevention of cutaneous carcinogenesis. Carcinogenesis 27, 1627–1635.

Patriarca, M.T., Barbosa de Moraes, A.R., Nader, H.B., et al., 2012. Hyaluronic acid concentration in postmenopausal facial skin after topical estradiol and genistein treatment: a double-blind, randomized clinical trial of efficacy. Menopause 20, 336–341.

Pinnell, S.R., Lin, J.-Y., Lin, F.-H., et al., 2004. Alpha lipoic acid is ineffective as a topical photoprotectant of skin. J. Invest. Dermatol. 123, 996–998. (Poster presentation, 62nd Annual Meeting of the American Academy of Dermatology, Washington, DC.)

Podda, M., Grundmann-Kollmann, M., 2001. Low molecular weight antioxidants and their role in skin ageing. Clin. Exp. Dermatol. 26, 578–582.

Podda, M., Traber, M.G., Packer, L., 1997. Alpha-lipoate: antioxidant properties and effects on skin. In: Fuchs, J.,

Packer, L., Zimmer, G. (Eds.), Lipoic Acid in Health and Disease. Marcel Dekker, New York, pp. 163–180.

Podda, M., Zollner, T.M., Grundmann-Kollmann, M., et al., 2001. Activity of alpha-lipoic acid in the protection against oxidative stress in skin. Curr. Probl. Dermatol. 29, 43–51.

Rijnkels, J.M., Moison, R.M., Podda, E., et al., 2003. Photoprotection by antioxidants against UVB-radiation-induced damage in pig skin organ culture. Radiat. Res. 159, 210–217.

Shyong, E.Q., Lu, Y.H., Lazinsky, A., et al., 2002. Effects of the isoflavone (genistein) on psoralen plus ultraviolet A radiation (PUVA)-induced photodamage. Carcinogenesis 23, 317–321.

Stocker, R., 2003. Coenzyme Q10. The Linus Pauling Institute Micronutrient Information Center Online. Available: <http://lpi.oregonstate.edu/infocenter/othernuts/coq10/>.

Thom, E., 2005. A randomized, double-blind, placebo-controlled study on the clinical efficacy of oral treatment with DermaVite™ on aging symptoms of the skin. J. Int. Med. Res. 33, 267–272.

Tsuji-Naito, K., Hatani, T., Okada, T., et al., 2007. Modulating effects of a novel skin-lightening agent, α-lipoic acid derivative, on melanin production by the formation of DOPA conjugate products. Bioorg. Med. Chem. 15, 1967–1975.

Varila, E., Rantalia, I., Oikarinen, A., et al., 1995. The effect of topical oestradiol on skin collagen of post-menopausal women. Br. J. Obstet. Gynaecol. 102, 985–989.

Wang, Y.N., Wu, W., Chen, H.C., et al., 2010. Genistein protects against UVB-induced senescence-like characteristics in human dermal fibroblast by p66Shc down-regulation. J. Dermatol. Sci. 58, 19–27.

Wei, H., Saladi, R., Lu, Y., et al., 2003. Isoflavone genistein: photoprotection and clinical implications in dermatology. J. Nutr. 133, 3811S–3819S.

Zhang, M., Dang, L., Guo, F., et al., 2012. Coenzyme Q10 enhances dermal elastin expression, inhibits IL-1α production and melanin synthesis in vitro. Int. J. Cosmet. Sci. 34, 273–279.

第16章

内源性生长因子与药妆品

Rahul C. Mehta, Richard E. Fitzpatrick

本章概要

- 生长因子在皮肤的修复和再生中起关键作用。
- 局部外用生长因子能改变关键细胞外基质基因的表达。
- 临床证据显示生长因子可促进胶原蛋白的生成,以及减少面部细纹和皱纹。
- 生长因子可与其他的皮肤年轻化方式相结合,如激光和局部使用抗氧化剂。
- 外用制剂中的生长因子必须稳定,以确保功效。

引言

人体暴露于紫外线(ultraviolet,UV)辐射会导致累积性损伤,从而加速正常老化过程并加剧对皮肤组织的损伤,最终导致光损伤。随着人口老龄化,特别是"婴儿潮"时期出生的一代人目前已到中年,消费者对于修复光损伤的外在表现,如皱纹、色素沉着、皮肤松弛和纹理粗糙等的兴趣正在增加。根据皮肤损伤严重程度的不同,可选用的治疗方法包括局部外用维A酸和抗氧化剂、化学换肤、皮肤磨削、激光和各种外科提拉手术。

过去10年中,研究人员将研究重点放在光损伤的病理生理学上,并发现了光损伤与急、慢性伤口愈合某些方面的相关性。化妆品制造商感兴趣的是生长因子在伤口愈合过程中的作用。生长因子是介导细胞间和细胞内信号通路的调控蛋白。形成伤口后,各种生长因子会出现在伤口部位并协同作用,启动和协调伤口愈合的各个阶段,过程复杂,具体机制尚不清楚。大多数研究评估了单一生长因子在创伤愈合中的作用,证明了生长因子在损伤组织修复中的重要性。但对伤口愈合各阶段的研究表明,对于组织再生而言,多种生长因子的协同作用才是至关重要的。化妆品制造商关注到了生长因子在加速伤口愈合方面临床研究的积极结果,并已开始将生长因子应用于旨在减轻内源性老化和日光损害的产品中。

皮肤组织的光损伤效应

光损伤主要发生在表皮和真皮乳头层上层。组织学研究表明,紫外线暴露会破坏真皮内结缔组织的正常结构。真皮细胞外基质(dermal extracellular matrix,ECM)主要由Ⅰ型胶原组成,而Ⅲ型胶原、弹性蛋白、蛋白多糖和纤连蛋白含量较少。UV暴露减少了其中胶原蛋白和弹性蛋白的数量,并改变了ECM内胶原纤维和弹性纤维的交联结构。含有弹性蛋白和纤维蛋白片段的异常弹性结构积聚起来,似乎取代了流失的胶原蛋白。这种异常弹性结构的沉积被称为日光性弹性组织变性。糖胺聚糖

(glycosaminoglycan, GAG)是 ECM 中的一类蛋白多糖，这种多糖分子可与水结合形成聚合物，在胶原纤维和弹力纤维之间起到填充作用，以支撑皮肤组织。在光损伤皮肤中，GAG 异常沉积在弹性组织中，而不是胶原纤维和弹力纤维之间。皮肤胶原蛋白和弹性蛋白减少和正常支撑体系被破坏的临床结果是出现皱纹、皮肤松弛、异常的色素沉着、色素沉着过度和皮肤纹理粗糙。虽然随着年龄老化，皮肤也会出现皱纹，但可以通过判断是否存在日光性弹性组织变性，将自然老化皮肤和光损伤皮肤在组织学上区分开来。

皮肤老化的生化途径

过去 10 年中，对光老化领域的研究使人们对老化过程的分子机制有了更深入的了解。图 16.1 对老化过程中涉及的主要途径进行了总结。皮肤中的发色基团吸收紫外线辐射，以及细胞氧化代谢导致活性氧簇(reactive oxygen species, ROS)的形成。ROS 通过促使细胞表面受体的氧化磷酸化，引起转录因子激活蛋白 -1(activator protein-1, AP-1)和核因子 κB(nuclear factor kappa B, NF-κB)的激活。

AP-1 刺激成纤维细胞和角质形成细胞中基质金属蛋白酶(matrix metalloproteinase, MMP)基因的转录，并抑制成纤维细胞中的 I 型原胶原基因表达。MMP 促进 I 型和 Ⅲ 型胶原纤维的降解。与金属蛋白酶组织抑制因子(tissue inhibitors of metalloproteinase, TIMP)结合后，MMP 的活性降低。ROS 可以灭活 TIMP，从而增加 MMP 的活性。AP-1 介导的原胶原合成减少似乎是由以下两种机制引起的：干扰 I 型和 Ⅲ 型原胶原基因的转录，以及通过破坏 TGF-β 受体 2/Smad 通路以阻断转化生长因子 -β(transforming growth factor-beta, TGF-β)的促纤维化作用。

NF-κB 的激活刺激了白介素 -1(interleukin-1, IL-1)、TNF-α、IL-6 和 IL-8 等促炎细胞因子基因的转录。这些细胞因子引起的炎症使 ROS 和细胞因子增加，进一步加重了紫外线的损害。炎症引起了蛋白

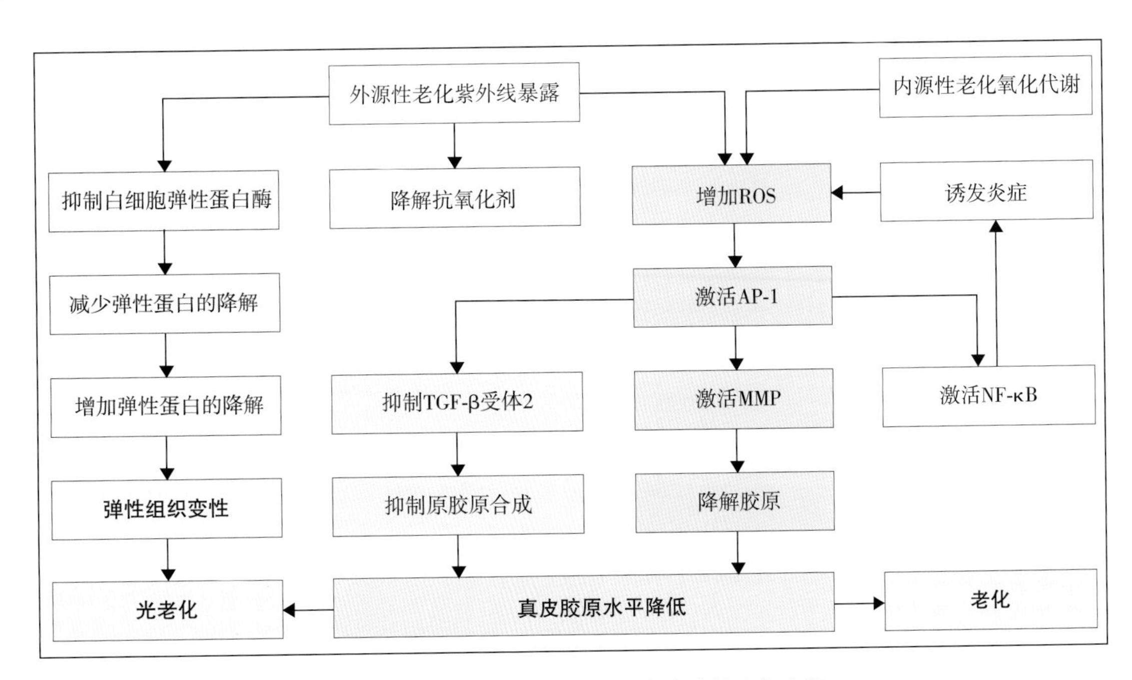

图 16.1　内在和外在老化过程中涉及的生化途径

酶介导的弹性蛋白降解，同时紫外线暴露会导致成纤维细胞形成异常弹性蛋白。紫外线也是白细胞弹性蛋白酶的抑制剂，从而增加了弹性纤维的积累。弹性纤维的积累伴随着周围胶原网络的退化。

这些相互联系的生化活动共同减少了皮肤细胞外基质中原胶原的合成，增加胶原蛋白的降解，以及不规则弹力蛋白的沉积。

生长因子与皮肤修复

皮肤中已经发现了数百种生长因子，包括在伤口愈合起重要作用的、参与免疫应答和吞噬作用的细胞因子，以及介导合成新生胶原蛋白/弹力蛋白和GAG（糖胺聚糖，皮肤细胞外基质的一类成分）的生长因子。表16.1列出了在伤口愈合中最重要生长因子的功能。

伤口愈合需要诸多生长因子的协同作用。皮肤受到损伤后，细胞因子和其他生长因子会进入伤口部位介导炎症反应，促进细胞新生，并抑制伤口收缩和瘢痕形成。伤口愈合过程的生理反应通常分为四个相互重叠的阶段，包括止血、炎症、增殖和重塑。图16.2总结了伤口愈合的每个阶段以及主要参与的生长因子和细胞因子。在止血阶段，血小板在伤口处释放各种细胞因子和生长因子，以促进白细胞趋化作用和细胞有丝分裂。在炎症阶段，受到特定的细胞因子和生长因子的趋化，中性粒细胞和单核细胞迁移到伤口部位启动吞噬作用并释放额外的生长因子吸引成纤维细胞。增殖期以上皮形

表16.1 皮肤修复生长因子

生长因子与细胞因子	性能/活性
血管内皮生长因子（VEGF）	介导血管生成
	内皮细胞趋化
	内皮细胞和角质形成细胞有丝分裂
肝细胞生长因子（HGF）	介导组织再生
血小板衍生生长因子（PDGF）	成纤维细胞和巨噬细胞趋化
	促成纤维细胞、平滑肌细胞和内皮细胞的有丝分裂
表皮生长因子（EGF）	介导血管生成，内皮细胞趋化
	促成纤维细胞、内皮细胞和角质形成细胞的有丝分裂
粒细胞集落刺激因子（G-CSF）	介导血管生成
	促造血细胞有丝分裂
转化生长因子-β（TGF-β）	介导血管生成
	趋化成纤维细胞、角质形成细胞和巨噬细胞
	促成纤维细胞和平滑肌细胞有丝分裂
	抑制内皮细胞、角质形成细胞和淋巴细胞
	调节基质蛋白包括胶原蛋白、蛋白聚糖、纤维连接蛋白和基质降解蛋白
角质细胞生长因子	介导组织再生
白细胞介素（IL-6、IL-8）	炎症细胞和角质形成细胞趋化
	淋巴细胞和角质形成细胞有丝分裂

引自Fitzpatrick，R.E.，Rostan，E.F.，2003. Reversal of photodamage with topical growth factors：a pilot study. Journal of Cosmetic and Laser Therapy 5，25-34；Moulin，V.，1995. Growth factors in skin wound healing. European Journal of Cell Biology 68，1-7.

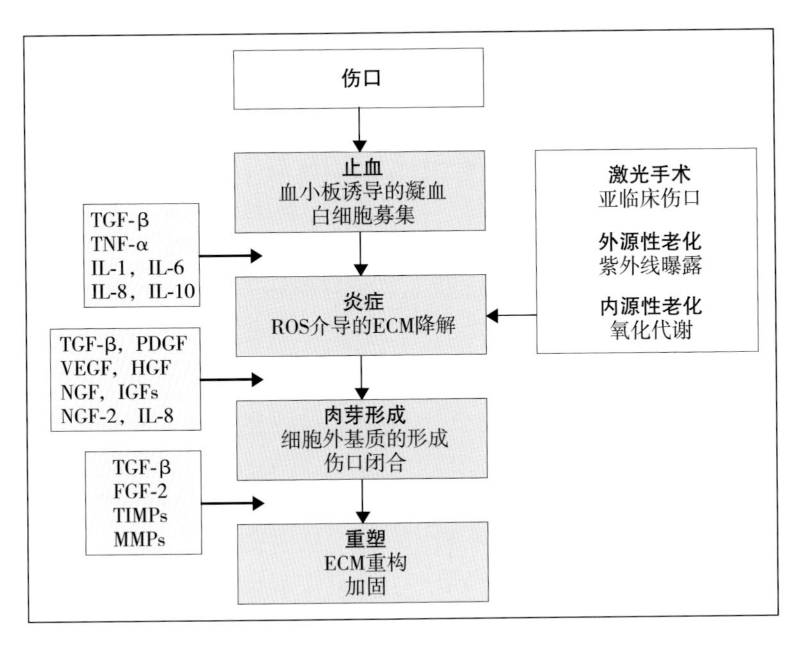

图 16.2　伤口愈合阶段及各生长因子的作用

成、血管再生、肉芽组织形成和胶原沉积为特征。在增殖期，角质形成细胞修复皮肤屏障功能，并分泌额外的生长因子刺激角蛋白的表达。同时，成纤维细胞产生胶原蛋白沉积在伤口上。胶原蛋白生成和生长因子分泌的循环在伤口修复的过程中不断持续，形成了自分泌反馈回路。

重塑阶段是伤口修复过程的最后一步，通常持续数月。在重塑过程中，ECM 被重组，瘢痕组织形成，伤口变得强韧。在增殖阶段沉积的Ⅲ型胶原逐渐由Ⅰ型胶原代替。Ⅰ型胶原与Ⅲ型胶原相比，交联更加紧密，从而使细胞外基质具有更大的拉伸强度。创伤部位的细胞会分泌几种具有与组织重构和基质形成有关功能的生长因子。例如，胶原蛋白和纤连蛋白的合成通常由 TGF-β 引发，而 PDGF 和 TGF-β 刺激成纤维细胞产生 GAG 并调节平滑肌细胞的增殖，其他生长因子可以改造脉管系统。最终，随着时间的推移，细胞密度逐渐增加，皮肤组织变得强韧。

特异性生长因子可以直接启动伤口愈合的活动，并调节基质细胞和其他生长因子的活性。生长因子既能刺激也能抑制特定的活动。生长因子的活性受到其他生长因子和各种内在因子的调节，以实现愈合过程中的平衡。进一步研究获得的更多信息揭示了伤口愈合过程中单个生长因子的功能，以及生长因子与伤口愈合过程中其他成分之间的协同作用。单个生长因子在伤口愈合中的重要性尚不明确。目前的理解是：多种生长因子的协同作用很重要，没有单一生长因子在伤口愈合中是起唯一决定性作用的。

皮肤光损伤的治疗

治疗光损伤最积极的方法是去除受损皮肤，并促进健康新生表皮和真皮乳头层的生长。酸性试剂换肤和皮肤磨削能有效地破坏受损皮肤，但难以精确控制去除表皮组织的量。这些治疗方法的不良反应包括红斑、瘢痕、色素沉着或色素减退。二氧化碳激光皮肤表面重建术也被广泛应用，通过气化皮肤外层去除光损伤皮肤。激光可以精确控制去除的皮肤组织量。然而,去除表皮会导致部分开放性伤口,可能需要数周才能愈合,并且与酸性试剂换肤和皮肤磨削一样,有出现红斑、瘢痕和色素沉着等不良反应的风险。

非剥脱性激光换肤似乎可以刺激皮肤愈合和新胶原形成,而不去除表皮。相关研究证明它在治疗皮肤光老化方面,效果改善具有统计学意义,而仅有短暂性红斑等轻微副作用,并且通过组织活检确认治疗后有新生胶原蛋白产生。对传统剥脱性激光伤口的组织学检查显示,EGF、TGF-β、PDGF 和 FGF 的表达以及伤口愈合过程均与外科手术伤口愈合相类似。非剥脱性激光技术可以造成亚临床热损伤伤口,引发愈合过程,并且可能伴随着生长因子的释放。

局部外用生长因子

研究显示单一生长因子(例如 TGF-β、EGF、PDGF 等)可以加速急性和慢性伤口愈合。皮肤光损伤类似慢性伤口,可能无法完全组织重塑。由于损伤面积太大,并且持续的累积性损伤每天都在不断发生,光损伤皮肤往往难以完全修复。据估计,阳光照射 15 分钟就能对皮肤胶原纤维和弹力纤维造成需要重塑的损伤。表 16.1 列出影响皮肤成纤维细胞增殖和 ECM 产生的一些重要生长因子和细胞因子。将这些因子提供给负责生产和重塑 ECM 的细胞,可能会促使老化皮肤的修复。几款含有多种人类生长因子和细胞因子、针对皮肤年轻化的药妆品产品目前正在市场上销售。多项临床对照研究结果已经证明,局部使用适当比例配制的稳定的人类生长因子有助于减少面部皮肤老化。

一项初步研究中,研究者观察了衍生自三维组织培养人成纤维细胞(生理均衡生长因子标准品)的多种生长因子混合物对光损伤皮肤的疗效。使用多种生长因子的目的是通过多种生长因子的协同作用刺激伤口的重塑。受试者为皮肤分型为 Fitzpatrick Ⅱ型的光损伤皮肤患者,每天 2 次应用生长因子混合物,共 60 天,约 78% 的患者在 60 天时显示出临床改善,境界带(grenz zone)新胶原含量增加了 37%。数据还显示皮肤细纹、皱纹和眶周光损伤减少,结果具有统计学意义。

随后,在双盲对照研究中,60 名受试者随机分为两组,分别接受生理均衡生长因子标准品或安慰剂外用,并与保湿洁面剂和防晒剂一起使用,每天 2 次,共 6 个月。治疗 3 个月后,光学轮廓测量法和研究者对照片的评估显示,试验组皮肤细纹和皱纹对比安慰剂组显著减少。图 16.3 显示了该研究中观察到的面部光损伤的改善。该研究表明,即使与优秀的保湿剂和防晒剂相比,被测试的产品也能显著逆转皮肤老化症状。

组合:激光加生长因子

激光换肤和局部使用生长因子都可以改善光损伤的临床症状,并刺激真皮胶原形成。使用二氧化碳激光还是非剥脱性激光,决定了会发生何种程度的红斑,以及伤口愈合时间的长短。由人类成纤维细胞衍生而来的临时皮肤替代物已被广泛用于部分深度烧伤患者。除了提供保护性屏障之外,这种临时皮肤替代物含有由组织分泌的生长因子,可促进成纤维细胞增殖和分泌胶原蛋白、基质蛋白和生长因子。在 CO_2 激光换肤后使用临时皮肤替代物的研究表明,相比于传统术后措施,该方法愈合速度更快,疼痛和炎症反应更少。

非剥脱性激光换肤的临床和组织学改善程度均与局部外用生长因子非常相似。这是合乎逻辑的,因为两者似乎都涉及相同

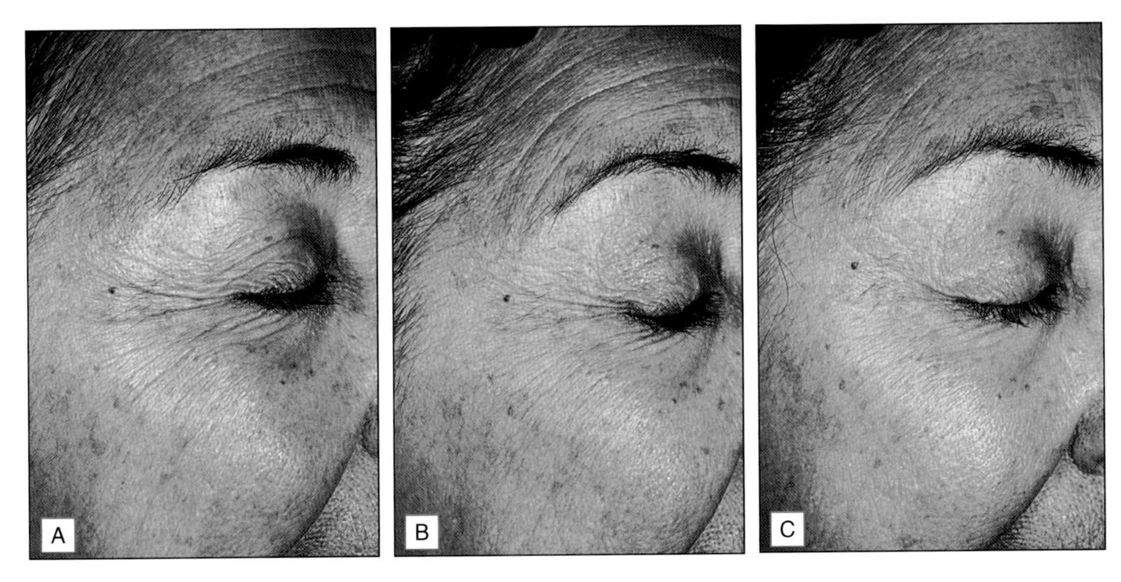

图 16.3 含生长因子的保湿剂临床效果案例。(A)使用前;(B)使用后 3 个月;(C)使用后 6 个月

的机制。由此可以推测,两者的联合应用将产生更好的改善效果,因而正被许多医生所采用。

对于无创激光换肤,治疗后局部应用生长因子制剂可以加速或改善的伤口愈合。一项纳入 42 名受试者的半脸对照研究显示,在剥脱性和非剥脱性激光换肤后立即使用人类细胞培养基可以加速伤口愈合和皮肤修复。在另一项研究中,生理平衡生长因子显示出与富血小板血浆相似的术后恢复疗效。

组合:生长因子加抗氧化剂和类视黄醇

生长因子通过不同于类视黄醇和抗氧化剂的途径介导 ECM 产生。抗氧化剂可防止诸如紫外线辐射等环境因素以及功能失调的线粒体介导的内源性衰老。使用抗氧化剂联合生长因子可在改善光损伤方面实现协同作用。临床结果表明,在中度面部光损伤患者中,使用生长因子和抗氧化剂联合治疗光损伤改善更快。图 16.4 显示了每天使用含有生长因子和多种抗氧化剂的组合产品 1 个月后的效果。如图 16.4C 和 D 所示,将抗氧化剂、维生素 A 与生长因子联合应用显示了更显著的效果。严重的光损伤患者应用 4 周后也能取得显著改善。虽然目前研究提供了生长因子联合抗氧化剂和维生素 A 协同效应的初步依据,但仍需要更多的研究来确定单一成分在组合中的作用。

生长因子的来源

人类生长因子可以从体外培养的人类细胞或基因工程微生物中获得。三维培养的人类细胞能分泌混合物,含有大量生长因子和其他能够促进伤口愈合蛋白质。在类似伤口环境中生长的细胞,最可能产生有助于伤口愈合的生长因子、细胞因子和基质蛋白。因此,在组织培养物胶原生成阶段,天然分泌的生长因子和细胞因子组合是诱导伤口愈合的最佳组合(表 16.1)。

曾有研究试图通过脂肪干细胞和脐带干细胞分泌生长因子的能力来发挥促进伤口愈合和抗衰老作用。初步研究表明,皮内

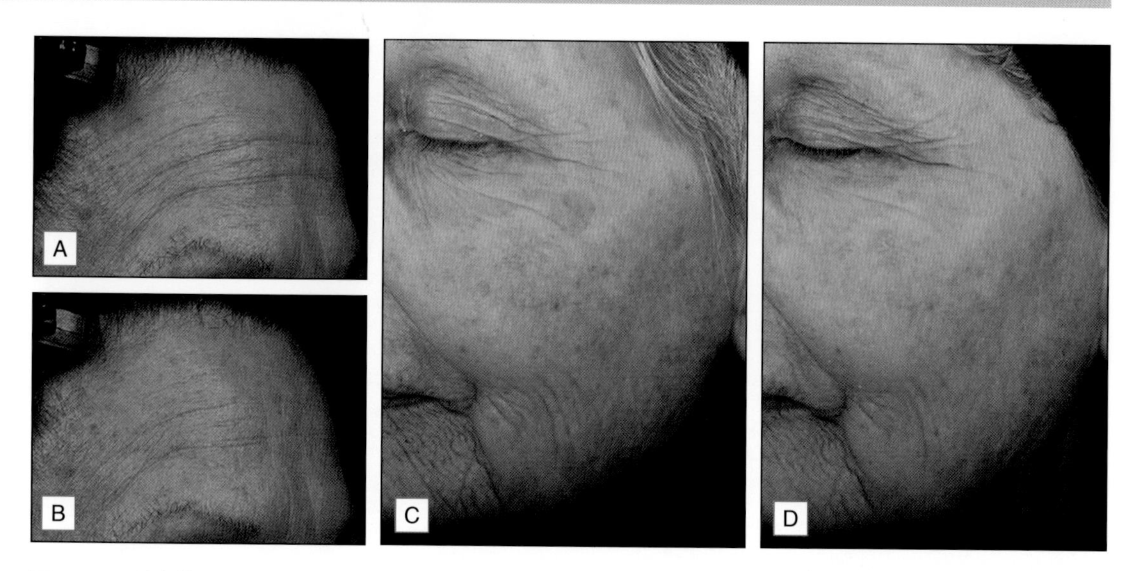

图 16.4　联合使用生长因子和抗氧化剂的临床疗效观察。(A)使用前;(B)54 岁女性受试者使用生长因子、抗氧化剂、皮肤增白剂和视黄醇复合制剂后 1 年;(C)使用前;(D)69 岁女性受试者使用后 1 个月

注射脂肪干细胞悬液可以促进胶原蛋白生成,提升细胞抗氧化水平并减少皮肤老化迹象。这些临床前结果需要进行大量测试,并且在制定出获得自体脂肪干细胞标准化方法后,对临床效果进一步评估。

在酵母或细菌培养中使用重组 DNA 技术,可产生多种生长因子,包括 TGF-β、血管内皮生长因子(vascular endothelial growth factor,VEGF)、表皮生长因子(epidermal growth factor,EGF)、各种 FGF、PDGF 等等。由于多种生长因子参与了包括伤口愈合在内的大多数生化过程,因此能够发挥协同作用的生长因子组合可能比单一生长因子更有效。

激动素(kinetin)是大约 50 年前发现的一种植物来源生长激素,最近作为一种抗衰老成分被用于几种药妆品中。激动素存在于几乎所有生物的 DNA 中(包括人类)。然而,其在人类细胞中的功能是未知的。激动素和其他植物细胞分裂素都是有效的抗氧化剂,并且初步研究显示 0.1% 激动素能有效地保湿、减少细纹和色素沉着。然而,仍需要更多的对照研究来证实其抗衰老作用。

其他输送方式

除了局部使用之外,已有人应用细针将生长因子以 2~5mm 的深度进行微注射,通过多次密集注射以确保对治疗区域的充分覆盖。一个新方法是使用微针装置或激光器在局部外用生长因子之前,对角质层进行微穿刺,削弱其屏障功能,从而发挥更大的功效。目前尚无临床研究评估其功效,且缺乏确保生长因子无菌的有效方案,其安全性仍然是值得关注的问题。

与生长因子相关的风险

除了过敏反应外,目前没有发现与局部外用生长因子相关的风险。尽管蛋白质可能因分子量太大而不能被大量吸收,但越来越多的证据表明,少量的大分子和颗粒可以渗透入表皮上层,诱导细胞因子级联反应而发挥潜在的作用。有理论提出,生长因子可能促进黑素瘤的发展。该理论是基于各种类型的黑素瘤中都存在一些生长因子(例如 VEGF)受体。此外,某些特定生长因子在癌细胞中表达，而其他生长因子被认为可以改变细胞周围环境以促进肿瘤生长。例如，VEGF 是肿瘤血管生长的关键因子，可由某些类型的皮肤肿瘤表达。上调 VEGF 的表达是否会促进肿瘤生长目前尚不清楚。一项研究显示，将外源性 VEGF 添加到黑素瘤细胞中可促进细胞增殖，但在另一项研究中，上调 VEGF 的表达并未导致黑素瘤细胞的增殖。与此相反，头颈部鳞状细胞癌中的 VEGF 的表达则显示对肿瘤细胞增殖和迁移有显著抑制作用。VEGF 是否会促进肿瘤细胞增殖和肿瘤的生长仍是未知的。迄今为止，关于生长因子及其与肿瘤的关系的研究主要集中在生长因子是否在肿瘤中表达上，因此局部外用 VEGF 不会影响肿瘤的增殖。类似地，已有多个研究报告 TGF-β 可以降低或促进肿瘤的发展。一般认为，这种生长因子对肿瘤生长具有抑制作用，但 TGF-β 在癌组织中的活性复杂，且尚不完全明确。与 VEGF 一样，研究主要集中于 TGF-β 在肿瘤和其他类型细胞中的表达上，局部应用不太可能抑制或促进癌症生长。

对生长因子的另一个关注点是它们是否会促进增生性瘢痕形成。具体来说，由于在皮肤损伤部位可观察到 TGF-β 水平升高，可以推测 TGF-β 会激活成纤维细胞合成胶原蛋白的功能，从而增加伤口愈合过程中瘢痕形成的风险。然而，目前尚没有临床证据表明局部应用生长因子会诱导异常瘢痕的形成，也没有观察到任何生长因子会导致异常伤口愈合反应的案例。事实上，基于目前对伤口愈合环境中生长因子活性的理解，其在促进和抑制作用之间维持平衡，整个伤口愈合过程被这些生长因子精细调节以达到稳态。

保持生长因子制剂的稳定性

通常来说，在非生理环境中被制造出来和储存，生长因子和其他生物活性肽在本质上是不稳定的，这使得即使在保质期内，也有可能影响产品的临床疗效。检测技术已经发展到可以极易通过免疫检测法测定溶液或凝胶制剂中生长因子的存在，并分析在室温下储存 2 年商品化产品中的生长因子。对于复杂配方，如生长因子乳膏难以分析，可使用最近公布的用于测定所有抗衰老产品生物活性的新模型来检测。通过评估全层皮肤中 ECM 相关基因的表达，并使用维 A 酸作为阳性对照，可以轻易测试产品的潜在临床疗效。图 16.5 展示了使用生长因子商业产品后的基因表达变化。所有声称基于 ECM 生成以发挥抗衰老疗效的产品都应使用这种或类似的技术进行测试，以验证产品在保存期内生长因子的稳定性和活性。

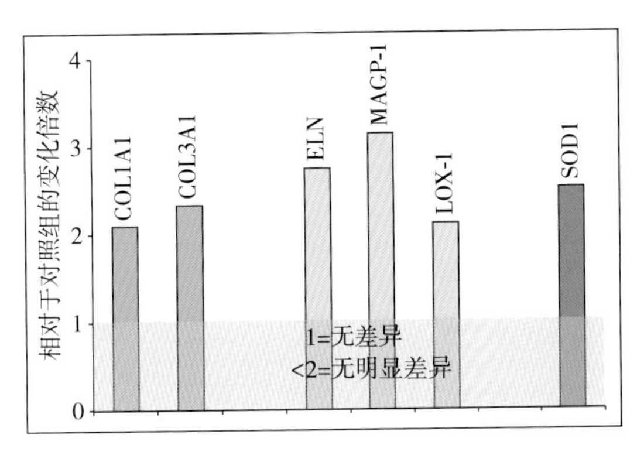

图 16.5　在人体皮肤模型上使用生理均衡生长因子标准品后，细胞外基质成分相关基因表达的变化

结论

通过研究生长因子在皮肤伤口愈合中的作用，推动了其在美容和临床中的相关研究，并显示其在治疗皮肤光损伤方面具有良好的效果。尽管局部外用生长因子是一种新兴的治疗方法，但初步研究表明生长因子对皮肤胶原蛋白的生成和皮肤光损伤外观的临床改善是有意义的。此外，可以通过组织检查定量检测由局部外用生长因子后产

生胶原蛋白的量。虽然生长因子在自然皮肤愈合过程中的功能复杂，并尚未被完全理解，但临床证据提示稳定的生长因子及其与抗氧化剂和视黄醇的组合，有减轻光损伤效果。

多种生长因子外用复方制剂似乎有望成为治疗轻中度皮肤光损伤的一线方案。将其与激光治疗和其他局部治疗方式联合也是有前途的，但目前需要更多的对照研究来证实联合方案协同作用的效果。同时，必须对产品中生长因子的生物活性进行严格评估，以确保其在储存和使用期间的稳定性。

（翻译：周炳荣　审校：许德田）

参考文献

Alam, M., Hsu, T.S., Dover, J.S., et al., 2003. Nonablative laser and light treatments: histology and tissue effects – a review. Lasers Surg. Med. 33, 30–39.

Atkin, D.H., Ho, E., Trookman, N.S., et al., 2010. Clinical efficacy of a treatment serum containing growth factors and antioxidants for facial photodamage. J. Cosmet. Laser Ther. 12, 14–20.

Bayat, A., Bock, O., Mrowietz, U., et al., 2003. Genetic susceptibility to keloid disease and hypertrophic scarring: transforming growth factor beta 1 common polymorphisms and plasma levels. Plast. Reconstr. Surg. 111, 535–543.

Bernstein, E.F., Brown, D.B., Urbach, F., et al., 1995. Ultraviolet radiation activates the human elastin promoter in transgenic mice: a novel in vivo and in vitro model of cutaneous photoaging. J. Invest. Dermatol. 105, 269–273.

Bernstein, E.F., Fisher, L.W., Li, K., et al., 1995. Differential expression of the versican and decorin genes in photoaged and sun-protected skin. Comparison by immunohistochemical and northern analyses. Lab. Invest. 72, 662–669.

Bernstein, E.F., Underhill, C.B., Hahn, P.J., et al., 1996. Chronic sun exposure alters both the content and distribution of dermal glycosaminoglycans. Br. J. Dermatol. 135, 255–262.

Bernstein, E.F., Andersen, D., Zelickson, B.D., 2000. Laser resurfacing for dermal photoaging. Clin. Plast. Surg. 27, 221–240.

Bernstein, E.F., Ferreira, M., Anderson, D., 2001. A pilot investigation to subjectively measure treatment effect and side-effect profile of non-ablative skin remodeling using a 532 nm, 2 ms pulse-duration laser. J. Cosmet. Laser Ther. 3, 137–141.

Brown, G.L., Nanney, L.B., Griffen, J., et al., 1989. Enhancement of wound healing by topical treatment with epidermal growth factor. NEJM 321, 76–79.

Cobb, M.H., 1999. MAP kinase pathways. Prog. Biophys. Mol. Biol. 71, 479–500.

El-Domyati, M., Attia, S., Saleh, F., et al., 2002. Intrinsic aging vs. photoaging: a comparative histopathological, immunohistochemical, and ultrastructural study of skin. Exp. Dermatol. 11, 398–405.

Fisher, G.J., Wang, Z.Q., Datta, S.C., et al., 1997. Pathophysiology of premature skin aging induced by ultraviolet light. NEJM 337, 1419–1428.

Fisher, G.J., Talwar, H.S., Lin, J., et al., 1998. Retinoic acid inhibits induction of c-Jun protein by ultraviolet radiation that occurs subsequent to activation of mitogen-activated protein kinase pathways in human skin in vivo. J. Clin. Invest. 101, 1432–1440.

Fitzpatrick, R.E., 2000. TNS recovery complex aids in the healing of sun-damaged skin improving hydration, roughness, dispigmentation and wrinkles. Society for Investigative Dermatology 2001. May 11–14. Chicago, IL, Poster.

Fitzpatrick, R.E., Rostan, E.F., 2003. Reversal of photodamage with topical growth factors: a pilot study. J. Cosmet. Laser Ther. 5, 25–34.

Fournier, N., Dahan, S., Barneon, G., et al., 2002. Nonablative remodeling: a 14 month clinical ultrasound imaging and profilometric evaluation of a 1540 nm Er:glass laser. Dermatol. Surg. 28, 926–931.

Gold, M.H., Goldman, M.P., Biron, J., 2007. Efficacy of novel skin cream containing mixture of human growth factors and cytokines for skin rejuvenation. J. Drugs Dermatol. 6, 197–201.

Goldberg, D.J., 2000. New collagen formation after dermal remodeling with an intense pulsed light source. J. Cutan. Laser Ther. 2, 59–61.

Goldman, R., 2004. Growth factors and chronic wound healing: past, present, and future. Adv. Skin Wound Care 17, 24–35.

Graeven, U., Fiedler, W., Karpinski, S., et al., 1999. Melanoma-associated expression of vascular endothelial growth factor and its receptors FLT-1 and KDR. J. Cancer Res. Clin. Oncol. 125, 621–629.

Hardaway, C.A., Ross, E.V., Paithankar, D.Y., 2002. Nonablative cutaneous remodeling with a 1.45 micron mid infrared diode laser; phase II. J. Cosmet. Laser Ther. 4, 9–14.

Hensley, K., Floyd, R., 2002. Reactive oxygen species and protein oxidation in aging: a look back, a look ahead. Arch. Biochem. Biophys. 397, 377–383.

Herold-Mende, C., Steiner, H.H., Andl, T., et al., 1999. Expression and functional significance of vascular endothelial growth factor receptors in human tumor cells. Lab. Invest. 79, 1573–1582.

Kao, B., Kelly, K.M., Majaron, B., et al., 2003. Novel model for evaluation of epidermal preservation and dermal collagen remodeling following photorejuvenation of human skin. Lasers Surg. Med. 32, 115–119.

Lavker, R.M., Kligman, A.M., 1988. Chronic heliodermatitis: a morphologic evaluation of chronic actinic dermal damage with emphasis on the role of mast cells. J. Invest. Dermatol. 90, 325–330.

Lazar-Molnar, E., Hegyesi, H., Toth, S., Falus, A., 2000. Autocrine and paracrine regulation by cytokines and growth factors in melanoma. Cytokine 12, 547–554.

Lewis, M.P., Lygoe, K.A., Nystrom, M.L., et al., 2004. Tumour-derived TGF-beta 1 modulates myofibroblast differentiation and promotes HGF/SF-dependent invasion of squamous carcinoma cells. Br. J. Cancer 90, 822–832.

Liu, B., Earl, H.M., Baban, D., et al., 1995. Melanoma cell lines express VEGF receptor KDR and respond to exogenously added VEGF. Biochem. Biophys. Res. Commun. 217, 721–727.

Liu, Q., Luo, Z., He, S., et al., 2013. Conditioned serum-free medium from umbilical cord mesenchymal stem cells has anti-photoaging properties. Biotechnol. Lett. 35, 1707–1714.

Martin, P., 1997. Wound healing – aiming for perfect skin regeneration. Science 276, 75–81.

Mehta, R.C., Fitzpatrick, R.E., 2007. Endogenous growth factors as cosmeceuticals. Dermatol. Ther. 20, 350–359.

Miyachi, Y., Ishikawa, O., 1998. Dermal connective tissue metabolism in photoageing. Australas. J. Dermatol. 39, 19–23.

Moulin, V., 1995. Growth factors in skin wound healing. Eur. J. Cell Biol. 68, 1–7.

Mustoe, T.A., Pierce, G.F., Thomason, A., et al., 1987. Accelerated healing of incisional wounds in rats induced by transforming growth factor-beta. Science 237, 1333–1336.

Mustoe, T.A., Pierce, G.F., Morishima, C., Deuel, T.F., 1991. Growth factor-induced acceleration of tissue repair through direct and inductive activities in a rabbit dermal ulcer model. J. Clin. Invest. 87, 694–703.

Naughton, G.K., Pinney, E., Mansbridge, J., Fitzpatrick, R.E., 2001. Tissue-engineered derived growth factors as a topical treatment for rejuvenation of photodamaged skin. Society for Investigative Dermatology. Poster.

Omi, T., Kawana, S., Sato, S., et al., 2003. Ultrastructural changes elicited by a non-ablative wrinkle reduction laser. Lasers Surg. Med. 32, 46–49.

Polo, M., Smith, P.D., Kim, Y.J., et al., 1999. Effect of TGF-beta 2 on proliferative scar fibroblast cell kinetics. Ann. Plast. Surg. 43, 185–190.

Quan, T., He, T., Kang, S., et al., 2004. Solar ultraviolet irradiation reduces collagen in photoaged human skin by blocking transforming growth factor-beta type II receptor/Smad signaling. Am. J. Pathol. 165, 741–751.

Ramont, L., Pasco, S., Hornebeck, W., et al., 2003. Transforming growth factor-beta 1 inhibits tumor growth in a mouse melanoma model by down-regulating the plasminogen activation system. Exp. Cell Res. 291, 1–10.

Roberts, A.B., Sporn, M.B., Assoian, R.K., et al., 1986. Transforming growth factor type beta: rapid induction of fibrosis and angiogenesis in vivo and stimulation of collagen formation in vitro. Proc. Natl Acad. Sci. USA 83, 4167–4171.

Rosenberg, L., de la Torre, J., 2004. Wound healing, growth factors. Online. Available: <http://www.emedicine.com/plastic/topic457.htm>.

Ross, E.V., Sajben, F.P., Hsia, J., et al., 2000. Nonablative skin remodeling: selective dermal heating with a mid-infrared laser and contact cooling combination. Lasers Surg. Med. 26, 186–195.

Rostan, E., Bowes, L.E., Iyer, S., Fitzpatrick, R.E., 2001. A double-blind, side-by-side comparison study of low fluence long pulse dye laser to coolant treatment for wrinkling of the cheeks. J. Cosmet. Laser Ther. 3, 129–136.

Schwartz, E., Cruickshank, F.A., Christensen, C.C., et al., 1993. Collagen alterations in chronically sun-damaged human skin. Photochem. Photobiol. 53, 841–844.

Tanzi, E.L., Williams, C.M., Alster, T.S., 2003. Treatment of facial rhytides with a nonablative 1450-nm diode laser: a controlled clinical and histologic study. Dermatol. Surg. 29, 124–128.

Uitto, J., 1993. Collagen. In: Fitzpatrick, T.B., Eisen, A.Z., Wolff, K., et al. (Eds.), Dermatology in General Medicine, vol. 1, fourth ed. McGraw-Hill, New York, pp. 299–314.

Yamamoto, Y., Gaynor, R.B., 2001. Therapeutic potential of inhibition of the NF-κB pathway in the treatment of inflammation and cancer. J. Clin. Invest. 107, 135–142.

Yu, W., Naim, J.O., Lanzafame, R.J., 1994. Expression of growth factors in early wound healing in rat skin. Lasers Surg. Med. 15, 281–289.

Zimber, M.P., Mansbridge, J.N., Taylor, M., et al., 2012. Human cell-conditioned media produced under embryonic-like conditions result in improved healing time after laser resurfacing. Aesthetic Plast. Surg. 36, 431–437.

第17章 防晒剂

Dee Anna Glaser, Edward Prodanovic

本章概要

- 人类光老化的主要原因是UVB(290~320nm)和UVA(320~400nm)波段的照射。
- 无机防晒剂微粒——二氧化钛(10~30nm)和氧化锌(10~200nm)用于很多彩妆产品。
- 光稳定性(防晒剂分子在吸收光子的能量后仍可保持稳定)是有效的紫外吸收剂必须具备的特性。
- 目前FDA规定的防晒剂涂抹量为2mg/cm^2,然而研究表明人们实际使用的防晒剂大概只有推荐量的25%~50%。
- 提高防晒剂的效果,需要防止浸水、沙子摩擦,定时补涂以及涂布足够的厚度。

引言

20世纪起,随着户外休闲时间增多,衣物遮盖减少,臭氧层变薄,室内晒肤(美黑)的流行,人类暴露于紫外线的机会显著增加。美国每年皮肤癌占所有癌症的50%以上,在过去20年里,仅黑素瘤的发生率就上升了3倍以上,虽然早在20世纪30年代的医学文献及20世纪40~50年代的大众媒体中都已报道过紫外线的皮肤致癌作用,但公众对于紫外线的风险认识只是近年的事情。此外,因为公众越来越意识到紫外线暴露与老化的特征——皱纹和色素异常之间的因果关系,极大地激发了化妆品业界将光保护产品作为药妆品的兴趣。

1978年,美国食品药品监督管理局(Food and Drug Administration,FDA)对防晒品进行了重新分类,将其从减少晒伤、促进皮肤变黑的美容类产品纳入OTC"药物",旨在减少紫外线对皮肤结构和功能的损伤作用。然而,直到1999年5月,美国FDA才发布了专论(monograph),规定了预防UVB损伤(即晒伤)的防晒剂测试和标识要求。相关专论于2011年更新,规定了UVB和UVA防护产品的配方、标识和测试的相关要求。

化学防晒剂

第一个商业性的化学防晒产品引入于1928年,含有水杨酸苄酯和肉桂酸苄酯。1942年,对氨基苯甲酸(p-aminobenzoic acid,PABA)成为一个有效的日光防护剂。这一进步加快了许多新型防晒剂的开发。1999年,FDA的专论收录了14种安全和有效的化学防晒剂,可用于OTC产品。

FDA批准的化学防晒剂及其最高使用浓度见表17.1。这些"防晒活性成分"是指能吸收、反射或散射波长290~400nm的紫外线的物质。化学防晒剂(也称作有机防晒剂或者可溶性防晒剂)活性成分吸收紫外线中光子的能量,并将其转换成无害的长波射线,以热能方式散发。FDA 规定了每种成分的最高使用浓度,而非最低浓度,以防消费者接触不必要的高浓度活性成分。这个条款同样也规定了防晒产品的效果取决于最终产品的防晒功效测试,而非产品中活性成分的浓度。

表 17.1　化学防晒剂活性成分

活性成分	最高使用浓度(%)
对氨基苯甲酸(PABA)	15
阿伏苯宗	3
西诺沙酯	3
双羟苯宗	3
依莰舒	10
胡莫柳酯	15
氨基苯甲酸甲酯	5
奥克立林	10
甲氧基肉桂酸辛酯	10
水杨酸辛酯	5
二苯酮 -3	6
二甲氨苯酸戊酯	8
苯基苯并咪唑磺酸	4
磺异苯酮(二苯酮 -5)	10
三乙醇胺水杨酸盐	12

译者注:美国 FDA 的规定,与中国规定不同

无机(物理)防晒剂

用不透明的外用制剂厚厚地涂抹于皮肤表面来防晒的做法,已经有数十年的历史。在第二次世界大战期间,军队曾使用兽医用红色矿脂作为物理防晒霜,20 世纪 50 年代经常可以看到救生员和沙滩上浅肤色的儿童用白色氧化锌糊涂抹于鼻子、唇部和脸颊。这些产品用起来很容易一团糟,因而不易广泛使用。微粒级别的二氧化钛(TiO_2)平均粒径可达 10~30nm,氧化锌(ZnO)可达 10~200nm。这样的技术可以使它们除了在深肤色人群以外,几乎都无法被察觉,使得物理防晒剂更易被接受。

一般来说,物理防晒成分称为“遮光剂(sunblocks)”,而化学防晒剂产品称为“滤光剂(sunscreens)”。这种术语容易被人误解,会认为物理防晒剂仅仅能散射或反射紫外线。事实上,作为物理防晒剂(也称无机防晒剂或者不可溶防晒剂)的二氧化钛和氧化锌也是吸收紫外线并将其以热能形式释放的半导体。那些只含有物理防晒剂而无化学防晒剂的产品宣称“不添加化学物质”,同样也容易引起消费者的混淆,因为所有的活性和非活性成分都需经过某些化学过程才能实现或合成。美国 FDA 批准的物理防晒成分最高浓度见表 17.2。

表 17.2　物理防晒活性成分

活性成分	最高使用浓度(%)
二氧化钛	25
氧化锌	25

功效评定

日光暴露的个体采用适当的紫外线防护措施,可明显减少皮肤细胞 DNA 损伤、晒伤细胞形成和免疫抑制。临床上,防晒品能显著减少光化性角化病、非黑素瘤皮肤癌和皮肤老化的发生。日常使用防晒剂可减少儿童获得性色素痣的数量。尽管不断有人质疑使用防晒剂可能引起继发性维生素 D 缺乏,但目前并没有被证实。本章节后续内容会详细阐述这个问题。

与皮肤损害相关的紫外光谱为 UVB(290~320nm)和 UVA(320~400nm)。UVA 分 UVA Ⅱ(320~340nm)和 UVA Ⅰ(340~400nm)。临床上,超剂量的 UVB 照射会引起典型的晒伤。幼年期反复的 UVB 损伤可能引发基

底细胞癌和黑素瘤，日光性角化病和鳞状细胞癌可能与慢性 UVB 暴露关系更密切。DNA 吸收 UVB 使 p53 肿瘤抑制基因产生变异，诱导形成嘧啶二聚体，后者数量的增多具有致突变作用，与皮肤癌相关。

与容易引起红斑反应的 UVB 相比，UVA 是一个更隐蔽的威胁。由于臭氧层可阻挡大量的 UVB，因此地球表面日光所含的 UVA 是 UVB 的 20 倍之多。UVA 与 UVB 不同，它能穿透玻璃，大体上不会随时间、季节和海拔不同而改变，它虽不产生红斑，却可直接晒黑皮肤，使皮肤色素沉着，波长越长，越易穿透真皮的深层，引起光老化相关的组织学和临床变化。UVA Ⅰ引起朗格汉斯细胞耗竭，降低抗原呈递细胞活性，导致免疫抑制。UVA 可促使氧自由基的形成而间接损伤 DNA，引起致癌作用。事实上，动物模型研究表明 UVA 对恶性黑素瘤的发生有显著作用。

防晒剂成分的吸收光谱各有不同(表 17.3)。一款理想的防晒产品应该提供全波段紫外线防护。迄今为止，FDA 关注的重点仍然是降低 UVB 射线的暴露。防晒指数(sun protection factor，SPF)是测量防晒剂过滤紫外线能力的唯一国际标准。SPF 是受防晒剂保护的皮肤与未受保护的皮肤产生最小红斑量(minimal erythema dose，MED)所需紫外线能量的比值。

$$\text{SPF}=\frac{\text{受保护皮肤的最小红斑量}(\text{J/cm}^2)}{\text{未受保护皮肤的最小红斑量}(\text{J/cm}^2)}$$

最小红斑量是产生边界清晰、可察觉的皮肤红斑反应所需要的最小能量值。照射光线经滤光片过滤后输出类似于日光的紫外线光谱，其中 94% 的光线波长为 290~400nm(此为模拟海平面 10 度角处的日光)。任何产品，均需要选择皮肤日光分型为Ⅰ型、Ⅱ型、Ⅲ型的受试者 20~25 例进行测试，试验物质至少覆盖 50cm^2 的区域，涂抹厚度 2mg/cm^2。

表 17.3 部分防晒剂活性成分的紫外吸收范围

防晒剂	吸收范围(nm)
胡莫柳酯	300~310
水杨酸辛酯	300~310
对氨基苯甲酸(PABA)	260~313
二甲氨苯酸戊酯	290~315
氨基苯甲酸甲酯	290~320
苯基苯并咪唑磺酸	290~320
水杨酸三乙醇胺	260~320
西诺沙酯	270~328
甲氧基肉桂酸辛酯	270~328
羟基苯酮	270~350
磺异苯酮(二苯酮 -5)	270~360
双羟苯宗	260~380
氧化锌	250~380
阿伏苯宗	310~400
依莰舒	290~400
二氧化钛	250~400

作为 OTC 的外用防晒剂(译者注：防晒产品在美国被归入非处方药物管理)，需要用上述方法测定其 SPF 值。根据 FDA 规定，可使用多种活性防晒成分混合，每一种都发挥部分防晒作用，以使终产品的 SPF 值不低于 2。这一要求避免了某些不必要添加的成分。FDA 将会修正某些已有的 SPF 测试方法，以减少测试人员的健康风险，并且提高 SPF 测试的准确度。

我们必须知道，某些防晒成分之间是不相容的，一旦混合会降低终产品的 SPF 值。例如，阿伏苯宗与甲氧基肉桂酸乙酯之类的肉桂酸盐结合就会变得不稳定，而与奥利克林结合可以提高各自的稳定性与防晒功效。与此相反，有些活性物的结合可以提高光稳定性，从而提高它们对日光的防护能力。据报道，阿伏苯宗和二苯酮 -3 在经过紫外线照射后会发生降解。在体外测试中，物理防晒剂(二氧化钛和氧化锌)可以提高化学防晒剂的稳定性。FDA 正在认证阿伏苯宗和氧化锌或者恩索利唑(ensulizole,即苯基苯并咪唑磺酸)等新的防晒剂组合。

近来,FDA 修订了其在 1999 年发布的专论,将 SPF 的最高标示值从 30+ 提高到了 50+。当厂家能够提供超过 SPF50 的准确测试数据,则可以将标签上的数字写为 50+。

另外,有人提议将 SPF 的名称从防晒指数(sun protection factor)改为防晒伤指数(sunburn protection factor),且防晒产品的标签上必须在 SPF 旁边标上 UVB 字样。这可以让消费者知道 SPF 值反映的是对 UVB 晒伤的保护。尽管有这些提议的变化以及 SPF 指导意见的更新,但 SPF 的标准仍有明显的局限性。例如,测试 SPF 时涂抹的厚度与一般非试验状态时不同,因此会误导消费者,产品的实际防护能力要远低于测试值。此外,那些用高 SPF 防晒产品的人也许会误认为他们可以在室外待得更久,从而累积更多的紫外损伤——如果没有这些高 SPF 产品,他们可能会由于害怕晒伤而减少在紫外线下暴露的时间。

对于 UVA 的防护,2011 年 FDA 强制使用体外临界波长(critical wavelength,CW)测试法。CW 测试是将待测样品涂抹于 3 片不同的聚甲基丙烯酸甲酯板上,用量为 0.75mg/cm^2,并预先用 800J/m^2(相当于 4 倍于Ⅱ型皮肤的最小红斑量)进行辐照。然后测试 290~400nm 的紫外透射率。CW 被定义为达到 90% 的吸收曲线处的波长。如果防晒产品的 CW≥370nm,则可以称为广谱防晒(broad-spectrum)。根据 FDA 的建议,使用防晒产品需要充分地、经常地反复涂抹。因为其防晒作用会受到湿度、运动情况等环境因素的影响。例如,防晒产品会被毛巾擦除,也会被游泳或大量出汗后冲掉。此外,有些会随着时间而降解的活性成分,在阳光下也会加速降解。

游泳和流汗运动是夏季白天最常见的户外运动,因此在潮湿条件下对防晒剂防晒能力的保持非常重要。抗水性(water resistance)定义为经流水水池(如回旋池或者气泡池)浸泡 40 分钟后仍能维持包装上标示的 SPF 值,40 分钟中包括 2 次 20 分钟的中度运动(期间休息 20 分钟),自然晾干且不用毛巾擦拭。高抗水性(very water resistant)则是在 80 分钟的测试周期下仍可维持其 SPF 值(测试 ×4,每次 20 分钟)。生产商不能在他们的产品中宣称防水(waterproof)、防汗(sweatproof)或者提供全天保护(all day protection),因为 FDA 认为这些宣称并非准确的陈述。

同样在 2011 年,FDA 对防晒产品的标签规定也做了一些改动。对于 SPF≥15 的广谱防晒产品,标签上可以写帮助防止晒伤,如果按照说明与其他防晒措施共同使用,可以进一步降低罹患皮肤癌和光老化的风险。这一类产品会详细说明在日光下的限制时间(尤其是在上午 10 点到下午 2 点的时间段),还会建议消费者穿 / 戴上长袖衬衫、裤子、帽子和太阳眼镜。对于非广谱的防晒商品或者 SPF≤15 的广谱防晒产品,将不允许包装上有上述宣称,只能宣称这个产品可以帮助防止晒伤。新法规对防水和非防水的产品的标签同样也作出了规定(框 17.1)。

框 17.1
抗水性和非抗水性防晒产品的标签说明

抗水性产品使用说明

- 于阳光暴露前 15 分钟充分涂抹
- 于下述情况时重新涂抹:
  - 游泳或出汗 40 分钟(或 80 分钟)以后
  - 毛巾擦干后立即
  - 最少每隔 2 小时
- 对于 6 个月下儿童,请遵医嘱

非抗水性产品的说明

- 于阳光暴露前 15 分钟充分涂抹
- 如果游泳或者出汗的话,请使用抗水性防晒产品
- 最少每隔 2 小时重新涂抹
- 对于 6 个月下儿童,请遵医嘱

光稳定性

光稳定性是有效防晒剂必不可少的特性。它代表了一个分子在光照辐射下保持原有状态不被降解的能力。光不稳定性会导致光防护效率的下降,同时也会诱发光毒性与光敏性接触性皮炎。另外,也会导致自由基的产生,进一步引起光氧化应激,破坏 DNA,使蛋白质变性。理想的防晒产品,无论其在配方中或皮肤上,都不应该有光不稳定产物出现。然而,做出光稳定的配方却是一项挑战。这主要是因为某些有机防晒剂本身不稳定。有这类问题的防晒剂,最出名的要数阿伏苯宗,而甲氧基肉桂酸辛酯和辛基二甲基对氨基苯甲酸(octyl dimethyl PABA)也有这方面的问题。光稳定性也会受到溶剂或者载体的影响。现在许多产品都会加入一些对防晒剂产生稳定保护作用的稳定增效剂。

下面是一些典型的例子。

Helioplex™

防晒产品含有阿伏苯宗,可防护对 UVB 的照射,但在阳光照射后,防护 UVA 的能力会变弱。Helioplex™(露得清的稳定技术)是一种特殊的含有阿伏苯宗和二苯酮 -3(及特别的稳定剂)、广谱稳定的防晒配方技术。这种产品可以吸收并将 UV 光转化成无害能量。此外,这种组合还能降低阿伏苯宗的光降解反应。因此,它在阻止 UVA 进入皮肤表面的同时,还能提供足够的 UVB 防护。

Mexoryl™ SX

L'Oréal 专利产品依莰舒(Ecamsule,对苯二亚甲基二樟脑磺酸,terephthalylidene dicamphor sulfonic acid)是一种最新的 UVA (320~340nm) 防晒剂。它是一种亚苄基樟脑的衍生物,这类产品因其光稳定性好而知名,因此可以成为高效的 UVA 保护产品。依莰舒是一种光稳定的 UVA 吸收剂。相比之下,广泛使用的传统 UVA 吸收剂——阿伏苯宗,其光稳定性不佳,需要加入光稳定剂来防止其在光线下显著地降解。

在 UV 光的照射下,依莰舒经光激发变为可逆的光异构化产物,其吸收的 UV 射线通过热能向周围释放,而不会侵入皮肤。对小鼠的研究显示,它可减少 UV 导致的嘧啶二聚体,延缓皮肤癌的发生。体外试验表明,依莰舒可以对 UV 造成的伤害进行有效的防护。

依莰舒的透皮吸收和系统影响都很小,因此被认为是安全的防晒剂。然而,依莰舒却不能覆盖整个 UV 波段,它仍然需要和其他的防晒剂复配使用,从而实现广谱的防晒保护。

Anthelios™ SX

这是另一种来自 L'Oréal 的新 OTC 防晒产品。此产品复配了三种不同的活性成分:依莰舒、阿伏苯宗和奥克立林。现在该防晒产品由 La Roche-Posay 销售。

剂量和使用

目前 FDA 对防晒产品的使用标准是 $2mg/cm^2$,然而研究显示实际的使用量仅仅是其 25%~50%,这说明实际起效的 SPF 仅仅是标签上标注的 33% 以下。防晒剂功效的主要问题是 SPF 值和使用量之间呈非线性关系(图 17.1)。当 SPF30 的产品使用量为 $0.5mg/cm^2$ 时,可转化为 SPF 8~15。成人的平均体表面积为 $1.73m^2$,需要防晒剂的量为 35ml。

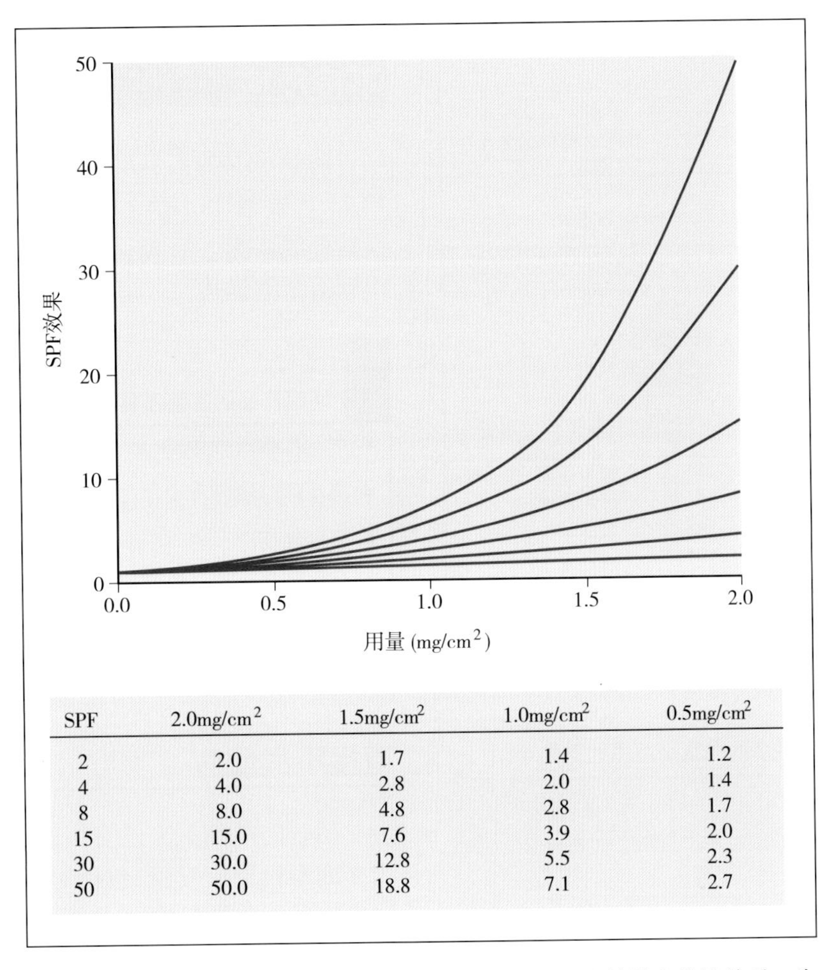

SPF	2.0mg/cm²	1.5mg/cm²	1.0mg/cm²	0.5mg/cm²
2	2.0	1.7	1.4	1.2
4	4.0	2.8	2.0	1.4
8	8.0	4.8	2.8	1.7
15	15.0	7.6	3.9	2.0
30	30.0	12.8	5.5	2.3
50	50.0	18.8	7.1	2.7

图 17.1 防晒产品的光保护效果。SPF 和防晒剂使用量并没有线性关系。为了能够达到最高的 SPF 值，防晒产品的用量应达到 $2mg/cm^2$

现在的问题是为何防晒剂的必须用量和(消费者的)实际使用量之间存在很大的差异。对此有很多可能的解释，首先是消费者对推荐用量感觉不舒适，产品厚重且闭塞，合适的剂量看起来没有通透感，还包括缺乏教育和特别指导。产品标签说明也可能不够明确，如“在日光暴露前，广泛用于暴露区域”，事实上公众还是不能理解实际的用量，也可能不知道 35ml 究竟是多少量。Schneider(图 17.2)建议使用“茶匙规则”，此法基于计算烧伤面积的九分法(表 17.4)。即每个手臂和颈面部的用量近似 1/2 茶匙的量，6ml(1 茶匙多一点)足够 1 条腿，前胸或后背的总用量。还有一个能让成人理解的测量方法是使用混合饮料的矮玻璃杯，一杯为 30ml，近似于全身的总必须量。另一个由医师推荐的方法是涂抹 2 次，增加使用量有助于减少“易忽略的部位”。妨碍美国人和欧洲人使用正确剂量的最大问题是他们渴望拥有晒黑的皮肤。

除了防晒产品的使用量，还有许多因素可以影响防护效力和最佳使用剂量，包括抗水性、沙子摩擦损耗、重复涂抹及使用方式。有人运用数学方法对以下三个防晒剂相关因素进行重要性研究：使用量、涂抹方式和 UVA 吸收特征。Diffey 通过计算得

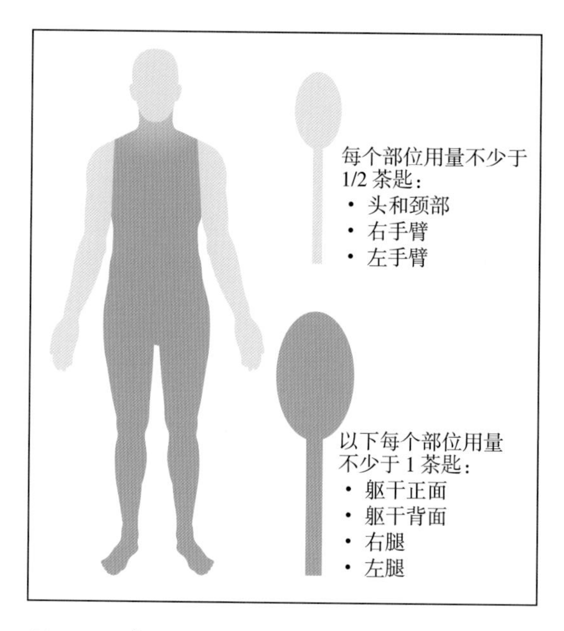

图 17.2　茶匙原则，可用于指导患者使用合适剂量的防晒产品

表 17.4　改进后的防晒剂适用的茶匙规则

1 茶匙	脸 / 头 / 颈部
1 茶匙	每个上肢
1 茶匙	躯干正面
1 茶匙	躯干反面
2 茶匙	每个下肢

出，临床上 UVA 光防护有约 75% 的偏差取决于产品的用量，而产品涂抹的完好度及对 UVA 波段的吸收能力，对防护能力的影响约 25%。

如前所述，有关防晒产品使用量的讨论重点在于在合理的时间补涂，防晒品的稳定性是反映其如何维持防护能力的一个指标。是否需要补涂取决于多种影响因素，包括水中活动、流汗、衣物或毛巾擦拭、沙子摩擦损耗，通常建议消费者每隔 2 小时，在游泳或经毛巾擦拭后要补涂 1 次防晒产品，然而，这可能并不够。Diffey 建议在初次暴露于阳光时，应提前 15~30 分钟涂抹防晒产品，并且在暴露于阳光 15~30 分钟后需要补涂。

不良反应

防晒产品的不良反应包括直接反应（框 17.2），如接触性过敏性皮炎；间接后果，如过量紫外线暴露。后者很难量化，目前也没有得到清晰的描述。

框 17.2
防晒产品的直接不良反应

- 接触性刺激性皮炎
- 接触性过敏性皮炎
- 光毒性反应
- 光敏性反应
- 诱发粉刺

直接不良反应

尽管防晒剂配方已有所改进，还是有相当多的不良反应发生，包括对任何成分都可能发生的特应性反应。在高 SPF 值产品中，可能同时含有数个防晒成分，并且浓度比较高，因此增加了接触性反应的发生率。为了吸引更多的消费者，生产商又在配方中添加了抗氧化剂、香料、防腐剂、乳化剂和稳定剂，这些都可能引起不良反应。

接触性刺激反应是最常见的不良反应。90% 的化妆品不良反应为刺激反应，其中一半仅是主观反应。某些产品也可加重原有的玫瑰痤疮、特应性皮炎和脂溢性皮炎。典型的变态反应发生于使用产品 48 小时后，和其他的迟发型过敏反应类似，常伴有水肿性皮炎。致敏剂作为半抗原与内源性蛋白结合，激活 T 淋巴细胞。防晒剂也可引发速发型接触性荨麻疹，表现为暴露 30~60 分钟后出现的风团和潮红。一项使用防晒剂的研究（与载体基质对照）显示，19%（114/603）的受试者发生不良反应。真正的过敏反应为6例,45例表现为原有的特应性皮炎加重,39例发生接触性刺激反应,22例发生非特异性化妆品不耐受。

目前的光防护产品还可能引发光毒和光敏反应。某些防晒成分会发生光毒性反应,它们吸收紫外线辐射并转移至人表皮细胞,引起严重晒伤,或者是促进某些因子的光激活。这些活化的单线态或三线态氧可损伤细胞的多种结构,如细胞膜、DNA和溶酶体。二甲氨苯酸戊酯(Padimate A,一种对氨基苯甲酸酯)因为较强的光毒反应而退出市场。光敏反应是需要紫外线参与将化学物转化为致敏原的接触性变态反应。光敏反应经常发生在紫外线光谱的UVA波段。有效的UVA阻断剂可使UVA吸收最小化,有助于防止光敏反应发生。

间接不良反应

关于维生素D和防晒剂的争论一直持续不断,9%~40%的美国人存在维生素D缺乏,老年人群中尤其明显,这是由于他们的日常摄入量降低,吸收减少,晒太阳的时间缩短等因素的综合作用。现阶段的研究建议,老年人每天应该从饮食或者补充剂中摄入至少800IU的维生素D和1.2g的钙来防止骨折。大多数的复合维生素含有400IU/d的维生素D。另外,对每天摄入超过2000IU的维生素D是否会引起毒性,目前还不确定。

虽然维生素D可添加到营养补充剂、牛奶、谷类和其他食物中,但是90%的需求仍需通过日光作用在皮肤内形成。大量研究表明维生素D有助于防止各种恶性肿瘤,如结肠癌、前列腺癌或乳腺癌。经常使用防晒剂至少在理论上可能发生两个独立但相关的不良反应:维生素D缺乏,尤其那些已存在维生素D缺乏的人群,会增加内科癌症发生的风险。这可以通过适当的饮食摄入维生素D补充剂,或者适量的日光暴露来平衡风险。一项波士顿和马萨诸塞州的研究表明,穿泳衣的身体暴露于最小红斑量的日光下,相当于注射10 000IU的维生素D。如果控制手、臂和脸部的暴露,那么我们需要每周2~3次的相当于最小红斑量1/3到一半的日光暴露量。

尽管在理论上有导致维生素D缺乏的风险,却没有足够的证据证明经常使用OTC防晒产品会导致上述风险。Gilchrest博士及其同事在波士顿大学对这个问题进行了系统研究。他们发现,即使非常少量的阳光暴露也足以让我们身体制造足够的维生素D,而且即使使用防晒产品也仍然会有一些UV到达皮肤。这项研究至少是对浅色皮肤的人群有效的。更多的阳光暴露量只会增加DNA的损害,却不会增加维生素D的储量。所以我们确信应该使用足量的防晒产品。

有人担心防晒剂会增加黑素瘤的风险,但目前发表的14项研究未能证实上述顾虑。还有人担心浅肤色人群因为应用防晒产品给自己一种不真实的安全感,反而增加患黑色素瘤的风险。如果防晒剂有较高的SPF值,而UVA防护能力不足,那么这种担心的确存在。据统计,美国青少年每年夏季至少发生1到数次晒伤,其中有些最严重的晒伤发生前他们已经使用了SPF15或更高SPF值的防晒产品。这类研究不能证实他们未使用防晒产品保护时是否会产生晒伤,也不知道如果没有用防晒产品,他们是否会减少有风险的日光下活动。

因此,关于间接不良反应的讨论必将持续一段时间。

成分特异的不良反应

对氨基苯甲酸

对氨基苯甲酸(para-aminobenzoic acid,PABA)是美国使用最久的一个防晒剂,可能产生刺痛、灼烧等刺激反应，通常与其乙醇基质有关。在20世纪80年代，它曾是防晒剂过敏最常见的原因，但随着使用频率的下降，其不良反应的发生率也随之下降。

二甲氨苯酸戊酯和二甲氨苯酸辛酯

二甲氨苄酸戊酯（amyl dimethyl PABA）和二甲氨苯酸辛酯（octyl dimethyl PABA）用来取代PABA以减少其不良反应的发生。二甲氨苯酸戊酯的使用者有很高比例在日光暴露后发生灼烧、瘙痒和红斑，因此该原料被撤离市场。二甲氨苯酸辛酯是一种黏稠液体，很难渗透，保留在角质层的表面，致敏性较小。

二苯酮类

二苯酮类（benzophenones）含一个光活性的羰基。通过电子共振离域（electron resonance delocalization）对UVA起反应，可以成为强的变应原和紫外线激活的光敏变应原。光斑贴试验确认二苯酮-3的过敏率为12%。二苯酮类广泛用于化妆品，甚至纺织品、塑料制品、涂料、清漆及其他产品中。因此，其过敏人群可能要面对许多的环境暴露和挑战。

肉桂酸酯类

肉桂酸酯类（cinnamates）是广泛应用的UVB防晒剂。虽然很少引起光敏反应，但可与秘鲁香脂、古柯叶、肉桂油、肉桂酸和肉桂醛等相关物质产生交叉反应。肉桂衍生物见于化妆品、香料、调味料和烟草、牙膏、味美思酒和可乐等产品中。

二苯甲烷类（dibenzolymethanes）

阿伏苯宗（avobenzone，商品代码Parsol 1789）是一个丁基二苯甲烷化合物，和其他二苯甲烷衍生物一样具有光不稳定性。虽然浓度低于3%时为非致敏性，但许多强效配方会导致刺激和过敏反应。Eusolex 8020（在欧洲可用）是一个更强的致敏原，许多阿伏苯宗所引起的过敏反应已被确认是由Eusolex 8020导致的。樟脑衍生物（Eusolex 6300）同样可在欧洲使用，已引发不少过敏反应，且能与Eusolex 8020发生交叉过敏反应。

水杨酸酯类和邻氨基苯甲酸酯类

水杨酸酯类（salicylates）和邻氨基苯甲酸酯类（anthranilates）是较弱的UVB吸收剂，而且需高浓度使用，但很少引发过敏反应。

物理性防晒剂

氧化锌和二氧化钛等无机防晒剂显示了良好的安全性，它们是惰性物质，因此不引起过敏反应。

防晒剂的争议

二苯酮-3（译者注：又称“羟苯甲酮”）在体外和体内动物模型中都被证明有类雌激素效应。但在一项针对人类的单盲短期研究中显示它并没有引起任何与荷尔蒙平衡相关的临床表现。其在美国的应用从20世纪70年代开始，迄今未见与人体相关的负面报道。

氧化锌和二氧化钛这些纳米微粒在防晒剂里的应用也引起不少顾虑。尽管这些小颗粒在UV暴露下会产生活性氧簇（ROS），但对于动物和人体细胞的毒理学研究结果互相矛盾。生产商现在将纳米级别的氧化锌和二氧化钛用氧化铝等做包裹，从而尽可能减少ROS的产生，以及减少纳米颗粒对细胞的接触，以降低其细胞毒性。关于纳米颗粒对皮肤的渗透的顾虑也确实存在。有关体外和体内的动物和人体皮肤的研究中皆发现纳米颗粒在正常使用后，仅仅局限分布于角质层水平。即使那些皮肤屏障异常的皮肤，也同样如此。

尽管在幼年期的阳光暴露会增加成年后致癌的风险，幼儿使用防晒剂仍然让很多人有所顾虑。相较于成年人，儿童身体的比表面积（body surface area to volume ratio）更大，再加上他们的皮肤未成熟，特别是婴儿，人们担心他们会吸收更多被涂抹的物质。另外，他们可能无法像成年人一样有效地代谢和排除那些被吸收的物质。美国儿科学会（American Academy of Pediatrics）在2011年发表了指导意见，建议应把减少或者防止儿童对紫外线的暴露作为首选防晒方法。指导意见允许在其他光保护措施无效的情况下，小面积涂抹防晒霜于皮肤。对2岁以下的儿童，则更应谨慎，建议仅使用无机防晒剂。

研究新进展

很明显，公众对于防晒霜有一种需求，即用量较少——也就是大众认为的一般的"正常"用量（0.025~0.5mg/cm^2）下，防晒产品也能发挥有效的防护作用。另一个需求是对基质和载体进行改进，要求较好的流动性，可以使产品涂抹更均匀、作用时间持续更久，同时需要更好的肤感和外观。防晒剂如果能使皮肤呈现棕褐色，可能成为鼓励人们使用防晒剂的一种动力，尤其对青少年而言（译者注：欧美人比较喜欢晒后较深的小麦色皮肤，所以他们往往会为了拥有较深的肤色而去晒太阳或使用美黑产品）。

然而，最具前景的研究是使用与防晒剂起协同作用的添加剂，尤其是抗氧化剂能限制紫外线引起的损伤，而且有助于修复穿透入皮肤的紫外线导致的基因损害。维生素C已被证实能适当预防UVB诱导的光损伤和UVA诱导的光毒性反应，与维生素E结合预防细胞损伤的作用更好。有报道称，β-胡萝卜素有助于治疗红细胞生成的原卟啉症，可抑制紫外线诱导的致癌作用。局部使用浓度低于0.05%的含硒化合物时，可减少紫外线诱导的皮肤损伤，如减少炎症和色素沉着，阻止皮肤癌的发生。螯合剂（如邻二氮杂菲、依地酸、二吡啶胺等）会结合铁等金属离子形成螯合物，限制金属离子与其他物质的相互作用，从而防止氧自由基导致细胞损伤。有报道称，紫外线暴露前局部使用螯合剂，可减少或延缓紫外线引起的皮肤皱纹和肿瘤形成。

值得关注的是，目前防晒剂在降低基底细胞癌和黑素瘤等光诱导性肿瘤发生率方面尚无直接作用，这可能因为人们额外使用晒黑床、进行其他的日光下活动，以及目前对于日光暴露的态度仍是追求晒黑皮肤。动物模型和人体研究表明，高SPF值防晒剂的使用可减少日光性角化病的发生和鳞状细胞癌的复发。

为了让公众能够持续、正确地使用防晒产品，皮肤学家们正在寻找其他的系统药物。青石莲（*Polypodium leucotomos*）是一种天然的蕨类（译者注：又称"白绒水龙骨"），它的叶子提取物被认为可以减少已知的与UV相关的影响，包括最小红斑量、最小光毒性剂量、紫外诱导的表皮增生、DNA的损伤和异构，以及ROS的产生。除此之外，还研究了其他成分，包括阿法诺肽（afamelanotide）、各种类胡萝卜素和多酚以及非固醇类的抗炎药物。尽管这些研究还很前沿，尚没有哪个有足够的数据证明可以作为单一疗法，但也许可以加入光保护的策略中。

正确使用防晒剂和其他的防晒措施（如行为的改变、衣物的使用等）都可保护我们减少紫外暴露的影响，而防晒剂则是一个非常重要的工具。

（翻译：姜义华　梅鹤祥　审校：许德田）

参考文献

Albert, M.R., Ostheimer, K.G., 2003. The evolution of current medical and popular attitudes toward ultraviolet light exposure: Part 3. J. Am. Acad. Dermatol. 49, 1096–1106.

Al Mahroos, M.A., Yaar, M., Phillips, T.J., et al., 2002. Effect of sunscreen application on UV-induced thymine dimers. Arch. Dermatol. 138, 1480–1485.

Bastuji-Garin, S., Diepgen, T., 2002. Cutaneous malignant melanoma, sun exposure, and sunscreen use: epidemiological evidence. Br. J. Dermatol. 146 (Suppl. 61), 24–30.

Benech-Kieffer, F., Meuling, W.J., Leclerc, C., et al., 2003. Percutaneous absorption of Mexoryl SX in human volunteers: comparison with in vitro data. Skin Pharmacol. Appl. Skin Physiol. 16, 343–355.

Bischoff-Ferrari, H.A., Willett, W.C., Wong, J.B., et al., 2005. Fracture prevention with vitamin D supplementation: a meta-analysis of randomized controlled trials. J. Am. Med. Assoc. 293, 2257–2264.

Bissonnette, R., Allas, S., Moyal, D., et al., 2000. Comparison of UVA protection afforded by high sun protection factor sunscreens. J. Am. Acad. Dermatol. 43, 1036–1038.

Chatelain, E., Gabard, B., 2001. Photostabilization of butyl methoxydibenzoylmethane (Avobenzone) and ethylhexyl methoxycinnamate by bis-ethylhexyloxyphenol methoxyphenyl triazine (Tinosorb S), a new UV broadband filter. Photochem. Photobiol. 74, 401–406.

Choudhry, S.Z., Bhatia, N., Ceilley, R., et al., 2014. Role of oral polypodium leucomotos extract in dermatologic diseases: A review of the literature. J. Drugs Dermatol. 13 (2), 148–153.

Council on Environmental Health, Section on Dermatology, 2011. Ultraviolet radiation: a hazard to children and adolescents. Pediatrics 127, 588–597.

Damiani, E., Greci, L., Parsons, R., et al., 1999. Nitroxide radicals protect DNA from damage when illuminated in-vitro in the presence of dibenzoylmethane and a common ingredient. Free Radic. Biol. Med. 26, 809–816.

Darlington, S., Williams, G., Neale, R., et al., 2003. A randomized controlled trial to assess sunscreen application and beta carotene supplementation in the prevention of solar keratoses. Arch. Dermatol. 139, 451–455.

Davies, M.J., 2004. Reactive species formed on proteins exposed to singlet oxygen. Photochem. Photobiol. Sci. 3, 17–25.

Deflandre, A., Lang, G., 1988. Photostability assessment of sunscreens. Benzylidene camphor and dibenzoylmethane derivatives. Int. J. Cosmet. Sci. 10, 53–62.

DeLeo, V.A., Suarez, S.M., Maso, M.J., 1992. Photoallergic contact dermatitis. Arch. Dermatol. 128, 1513–1518.

Diffey, B.L., 1996. Sunscreens, suntans, and skin cancer. People do not apply enough sunscreen for protection. Br. J. Dermatol. 313, 942.

Diffey, B.L., 2001. Sunscreen isn't enough. J. Photochem. Photobiol. B. 64, 105–108.

Diffey, B.L., 2001. Sunscreens and UVA protection: a major issue of minor importance. Photochem. Photobiol. 74, 61–63.

Diffey, B.L., 2001. When should sunscreen be reapplied? J. Am. Acad. Dermatol. 45, 882–885.

Farrerons, J., Barnadas, M., Rodríguez, J., et al., 1998. Clinically prescribed sunscreen (sun protection factor 15) does not decrease serum vitamin D concentration sufficiently either to induce changes in parathyroid function or in metabolic markers. Br. J. Dermatol. 139, 422–427.

Foley, P., Nixon, R., Marks, R., et al., 1993. The frequency of reactions to sunscreens: results of a longitudinal population-based study on the regular use of sunscreens in Australia. Br. J. Dermatol. 128, 512–518.

Fourtanier, A., Labat-Robert, J., Kern, P., et al., 1992. In vivo evaluation of photoprotection against chronic ultraviolet-A irradiation by a new sunscreen Mexoryl SX. Photochem. Photobiol. 55, 549–560.

Green, A., Williams, G., Neale, R., et al., 1999. Daily sunscreen application and betacarotene supplementation in prevention of basal-cell and squamous-cell carcinomas of the skin: a randomised controlled trial. Lancet 354, 723–729.

Hawk, J.L., 2003. Cutaneous photoprotection. Arch. Dermatol. 139, 527–530.

Internet resources for FDA updates on sunscreens: <http://www.fda.gov/forconsumers/consumerupdates/ucm258416.htm>.

Jansen, R., Osterwalder, U., Wang, S.Q., et al., 2013. Photoprotection Part II. Sunscreen: development, efficacy, and controversies. J. Am. Acad. Dermatol. 69, 867.e1–867.e14.

Jansen, R., Wang, S.Q., Burnett, M., et al., 2013. Photoprotection Part I. Photoprotection by naturally occuring, physical, and systemic agents. J. Am. Acad. Dermatol. 69, 853.e1–853.e12.

Kielbassa, C., Epe, B., 2000. DNA damage by UV and visible light and its wavelength dependence. Methods Enzymol. 319, 436–445.

LeBoff, M.S., Kohlmeier, L., Hurwitz, S., et al., 1999. Occult Vitamin D deficiency in postmenopausal US women with acute hip fracture. J. Am. Med. Assoc. 281, 1505–1511.

Lim, H.W., Naylor, M., Honigsmann, H., et al., 2001. American Academy of Dermatology Consensus Conference on UVA protection of sunscreens: summary and recommendations. J. Am. Acad. Dermatol. 44, 505–508.

Marks, R., Foley, P.A., Jolley, D., et al., 1995. The effect of regular sunscreen use on vitamin D levels in an Australian population. Results of a randomized controlled trial. Arch. Dermatol. 131, 415–421.

Marrot, L., Belaidi, J.P., Chaubo, C., et al., 1998. An in vitro strategy to evaluate the phototoxicity of solar UV at the molecular and cellular level: application to photoprotection assessment. Eur. J. Dermatol. 8, 403–412.

Meves, A., Repacholi, M.H., Rehfuess, E.A., 2003. Promoting safe and effective sun protection strategies. J. Am. Acad. Dermatol. 49, 1203–1204.

Mitchnick, M.A., Fairhurst, D., Pinnell, S.R., 1999. Microfine zinc oxide (Z-cote) as a photostable UVA/UVB sunblock agent. J. Am. Acad. Dermatol. 40, 85–90.

Moloney, F., Collins, S., Murphy, G., 2002. Sunscreens safety, efficacy and appropriate use. Am. J. Clin. Dermatol. 3, 185–191.

Naylor, M., Boyd, A., Smith, D., et al., 1995. High sun protection factor sunscreens in the suppression of actinic neoplasia. Arch. Dermatol. 131, 170–175.

Osborne, J., Hutchinson, P., 2002. Vitamin D and systemic cancer: is this relevant to malignant melanoma? Br. J. Dermatol. 147, 197–213.

Ravanat, J.L., Martinez, G.R., Medeiros, M.H., et al., 2004. Mechanistic aspects of the oxidation of DNA constituents mediated by singlet molecular oxygen. Arch. Biochem. Biophys. 423, 23–30.

Schneider, J., 2002. The teaspoon rule of applying sunscreen. Arch. Dermatol. 138, 838–839.

Seite, S., Moyal, D., Richard, S., et al., 1998. Mexoryl SX: a broad absorption UVA filter protects human skin from the effects of repeated suberythemal doses of UVA. J. Photochem. Photobiol. B. 44, 69–76.

Sollitto, R.B., Kraemer, K.H., DiGiovanna, J.J., 1997. Normal vitamin D levels can be maintained despite rigorous photoprotection: six years' experience with xeroderma pigmentosum. J. Am. Acad. Dermatol. 37, 942–947.

Szczurko, C., Dompmartin, A., Michel, M., et al., 1994. Photocontact allergy to oxybenzone: ten years of experience. Photodermatol. Photoimmunol. Photomed. 10, 144–147.

Tarras-Wahlberg, N., Stenhagen, G., Larko, O., et al., 1999. Changes in ultraviolet absorption of sunscreens after ultraviolet irradiation. J. Invest. Dermatol. 113, 547–553.

US Food and Drug Administration, 2011. Center for Drug Evaluation and Research Sunscreens Marketed Under the OTC Monograph System. Online. Available: <www.fda.gov/downloads/AboutFDA/WorkingatFDA/FellowshipinternshipGraduateFaculty Programs/PharmacyStudentExperientialProgramCDER/UCM272114.pdf>.

US Food and Drug Administration, HHS, 2011. Sunscreen drug products for over-the-counter human use; final monograph. Exp. Fed. Regist. 64 (98).

Wolpowitz, D., Gilchrest, B.A., 2006. The vitamin D questions: how much do you need and how should you get it? J. Am. Acad. Dermatol. 54, 301–317.

药妆品与接触性皮炎

Christen M. Mowad, Lauren N. Taglia

第18章

本章概要

- 药妆品是一类含有生物活性成分，并发挥有益生理功效的化妆品，尚没有法定的定义。
- 接触性皮炎是药妆品的一种不良反应，可以是刺激性或过敏性的，以前者常见。
- 维生素E是一类天然或合成的成分，具有抗氧化和抗衰老的特性，也是刺激性和过敏性接触性皮炎的常见原因。
- 茶树油或互生叶白千层油在各种非处方产品中越来越受欢迎，同时也被评为最易致敏的植物提取物之一。
- 香精是化妆品引起过敏性接触性皮炎的常见原因。香精的斑贴试验通常通过秘鲁香脂(*Myroxylon pereirae*)、香精混合物Ⅰ和香精混合物Ⅱ来完成。
- 季铵盐-15是药妆品中引起过敏性接触性皮炎最常见的防腐剂。
- 二苯酮-3(羟苯甲酮)目前是光敏性和过敏性接触性皮炎最常见的原因之一，也被证明会导致接触性荨麻疹、光敏性荨麻疹和过敏性反应。
- 斑贴试验是用于诊断任何产品(包括药妆品)所致过敏性接触性皮炎的"金标准"。

引言

化妆品一词具有广泛的定义，包括护发产品、护肤品、指甲护理产品、个人护理产品以及防晒剂。然而，此种定义在美国和欧洲却有所不同。美国食品、药品和化妆品法案(译者注：美国 Food Drug and Cosmetic Act)规定其为"可以涂抹、倾倒、喷洒、喷雾或以其他方式用于人体皮肤任何部分以达到清洁、美化，增加吸引力或修饰作用的产品"，但不改变皮肤的结构或功能。药品定义为"用于人类疾病的诊断、治疗、缓解或预防的物品"。药妆品是一类含有生物活性成分，并发挥有益生理功效的化妆品，尚没有法定的定义。欧洲化妆品指令76/768/EEC将化妆品定义为一类与人体多个外在部位或口腔的牙齿、黏膜接触的任何产品，主要或专门具有清洁、芳香、修饰、消除不良气味、使人们保持良好状态的产品。因此，在欧洲被认为是化妆品的一些产品(如止汗剂)，在美国被视为非处方药(OTC)。

化妆品被广泛使用，是日常美容的组成部分。平均而言，女性每天使用约12种含有180多种成分的个人护理产品，而男性平均每天使用6种含有85种成分的个人产品。遗憾的是，有时这些美容性的药妆品可能会导致不美观的皮炎，给患者和医生带来不适、烦恼和困惑。接触性皮炎是其中之一，本质上是刺激性或过敏性的，以前者常见。化妆品、个人护理产品、彩妆、沐浴露、润肤剂、面霜、甲唇护理产品、护发产品以及海绵、棉花棒等用具都可引起过敏性接触性皮应，导致临床皮炎的发生。文献中有许多此类报道，临床上常见产品应用部位出现界限清楚的反应。皮炎也可发生异位性表现，转移至面部或眼睑等更敏感的区域。药妆品使用广泛，但其引起过敏的报道却并不频繁，部分原因可能是这些产品的检测困难和标准化抗原的缺乏。

维生素

已有文献报道维生素类药妆品可引起接触性皮炎，如维生素 A（视黄醇）、维生素 C（抗坏血酸）、维生素 E（生育酚）和维生素 K。维生素 A 及其衍生物，如视黄醇、视黄醛和视黄醇棕榈酸酯，可引起典型的干燥和刺激的刺激性接触性皮炎。这种刺激是面部视黄醇化的不良副作用，但想要获得胶原再生这种有益的效应，则不可避免。刺激性接触性皮炎有时与过敏性接触性皮炎相似，但早期的面部视黄醇化不可能出现水疱和面部肿胀。维生素 A 过敏很少见，可经阳性斑贴试验来诊断。含维生素 A 的面霜可以进行封闭性斑贴试验，但很多时候无法确定是制剂中的哪一种成分过敏。大多数药妆品制造商会提供配方中的维生素 A 原料供斑贴试验使用。美国接触性皮炎协会（American Contact Dermatitis Society，ACDS）和个人护理产品委员会（Personal Care Products Council，PCPC；以前的 Cosmetic，Toiletry，and Fragrance Association）共同编写了手册 *Cosmetic Industry On Call*，从中可以获得各公司的联系人和地址。更多信息可以搜索 PCPC 网站 http://www.personalcarecouncil.org。

维生素 C 又称为抗坏血酸，是局部外用以延缓衰老的另一种维生素。因其暴露于紫外线或氧化剂时极易氧化失活，故难以配方。外用维生素 C 所致过敏性接触性皮炎非常罕见，但低 pH 值可能对皮肤造成刺激。封闭性斑贴试验和成分抗原也同样适用于维生素 C。

维生素 E 是一种天然或合成的成分，具有抗氧化和抗衰老的特性，存在于许多天然食品中，如大麦、大米、玉米、油菜籽、苜蓿、小麦、鸡蛋和肉类；也存在于许多化妆品中，如除臭剂、肥皂和用于保湿、缓解烧伤/瘢痕的霜剂。维生素 E 是生育酚家族中的一员，常可引起刺激性和过敏性接触性皮炎。其作为接触性过敏原已有记载，且经常与维生素 A 相关，因为维生素 E 被认为可以增强维生素 A 的作用。已有报道称外用 α- 生育酚可致湿疹样反应、荨麻疹性接触性皮炎和多形性红斑。许多随机病例报道维生素 E 致敏是由于消费者将口服的维生素 E 胶囊打开，将其涂于伤口或瘢痕处以促进愈合而造成的。此种配方中的维生素 E 对于人类口服是安全的，但不适用于局部外用。化妆品级别的维生素 E 合理配制于保湿剂中很少引起过敏。斑贴试验可能有利于诊断 α- 生育酚所致的接触性皮炎。局部皮损评估的推荐浓度为 5%~20%；而在广泛皮损中，0.25%~1.0% 的较低浓度就足够了。

维生素 K 存在于绿色蔬菜和肝脏中，已被外用于美容外科术后，包括抽脂术、硬化剂治疗术、二氧化碳和脉冲染料激光术后。维生素 K 的皮肤不良反应少有报道，然而因经皮吸收快，其脂溶性形式如植物甲萘醌所致的皮炎更较为常见。另外，文献亦有报道皮下或肌内注射维生素 K_1 引起的皮肤超敏反应以及维生素 K_3 所致的刺激性接触性皮炎。斑贴试验可能有助于进一步评估维生素 K 所致的接触性皮炎。

羟基酸

羟基酸（hydroxy acids）是药妆品中常见的一组化学物质。α- 羟基酸（AHA）、β- 羟基酸（BHA）和多羟基酸（PHA）引起的皮炎是典型的刺激性接触性皮炎。大分子 PHA 不易渗透皮肤，因此发生刺激性接触性皮炎的机会减少。刺激性反应更多见于 AHA，其低 pH 值可引起刺痛和烧灼感，这类产品能迅速穿透角质层到达真皮神经末梢。部分中和的 AHA 较少引起接触性皮炎，但也不会产生显著的抗衰老效果。BHA（如水杨酸）是油溶性的，不能很好地渗入角质层。也正因如此，减少了刺激性接触性皮炎的发生，但是屏障功能受损的患者仍有可能发生。

植物成分

植物性成分（botanicals）是当今市场上最大的一类药妆品成分。在我们这个崇尚自然、健康意识日益增强的社会，消费者通常认为植物成分是天然安全的合成物替代品。在化妆品工业对天然产物的强力推动下，植物成分成为常见的功能活性成分。植物性添加剂来自于植物的根、茎、叶、花和果实等各个部位。植物提取物的浓度、组成、效力和抗原性随植物的不同部分而变化。植物收获的年份、产地以及进入化妆品之前的加工方式，使其也可能存在不同的抗原。因此，特种植物的抗原成分因这些因素而有显著差异。

关于接触性皮炎和植物成分问题的系统综述很少。虽然文献中多有植物成分和精油所致接触性皮炎的病例报道，但大多数为个案。随着植物成分在化妆品和药妆品领域的广泛应用，这些提取物将会产生更多的反应。本章不再回顾植物成分致敏的个案报告，而是重点强调一些更常见的植物成分过敏原。

芦荟（aloe）是一种常用的植物提取物，能安抚创伤、烧伤和受到刺激的皮肤（图 18.1）。它是一种含有数千种化学分子的黏液，所以不明确确切的过敏原。但是有病例报道其产生过敏性接触性皮炎。怀疑芦荟过敏的患者应该学会阅读成分标签，避免使用含有此类植物提取物的产品，这并不难做到。

图 18.1　芦荟胶可能引起过敏性接触性皮炎

茶树油（tea tree oil）或互生叶白千层油（melaleuca oil）是来自澳大利亚的一种 Cheel 灌木（图 18.2）。在各种 OTC 产品中越来越受欢迎，包括抗细菌剂、抗真菌剂、洗发剂和 OTC 沙龙护理产品，旨在减少头皮屑或改善脂溢性皮炎。茶树油可引起过敏性接触性皮炎，一项研究发现它是最常致敏的植物提取物。虽然这种油有多种抗原成分，引起大多数过敏反应的是 d- 柠檬烯和萜品烯 -4- 醇；但并非所有茶树油过敏均为这些

图 18.2　顺势疗法去头屑香波可能是茶树油暴露的来源

图 18.3　山金车是一种可能引起过敏性接触性皮炎的药用植物

成分所引起。

姜黄素(curcumin)是来源于姜黄根的抗氧化剂。姜黄素是中东和印度食品中辛辣调味剂的常用添加剂。它的使用文化应追溯到冰箱出现以前,那时姜黄素用作食品防腐剂。现在用于一些药妆品中,防止产品在商店货架上变色或氧化。目前市售的几种功能保湿产品中添加了姜黄素,以防止神经酰胺降解,神经酰胺可强化皮肤屏障。姜黄素是一种皮肤刺激物,可能会引起特应性皮炎或屏障功能受损患者的刺痛、灼热和瘙痒,但少有姜黄素局部接触所致的过敏性接触性皮炎的报道。

北美金缕梅(witch hazel)已被用于功能性收敛剂、抗痤疮产品和血管收缩剂。易引起过敏性接触性皮炎。目前,金缕梅是功能性眼霜的常见添加剂,可最大限度地改善眶周水肿和眼袋。使用新功效眼霜的消费者出现眶周水肿应怀疑是否存在金缕梅过敏。

菊科家族包括了一组易致过敏的植物。据报道,作为一种重要的药用植物,已有山金车致过敏性接触性皮炎的报道(图 18.3)。传统的斑贴试验用倍半萜内酯混合物筛选患者可能会有假阴性结果,因此,建议用植物或其他化学成分进行测试。洋甘菊是菊科家族的另一个成员,也可引起过敏性接触性皮炎(图 18.4)。有趣的是,名

图 18.4　红没药醇是一种用于敏感性皮肤的甘菊提取物,虽然罕见,但也可能引起过敏性接触性皮炎

为红没药醇的洋甘菊提取物,在功能性保湿产品中用作抗炎因子。但同属此家族的紫锥菊和万寿菊,并未报道过引起过敏性接触性皮炎。这表明每种植物提取物之间确实存在微弱的差别,可能存在致皮炎的抗原。

来源于植物的蛋白质衍生物是化妆品、洗发剂和调理剂中常见的成分。最易

引起过敏性接触性皮炎的是从谷蛋白或总蛋白面粉获得的水解小麦蛋白(hydrolyzed wheat protein,HWP)。一些有限的病例报告描述了与 HWP 相关的速发型超敏反应,而另一例近期报道描述了 HWP 过敏所引起的接触性荨麻疹。有趣的是,案例中涉及的患者均为 HWP 点刺试验阳性,但对小麦粉提取物无过敏现象。有一个假说认为,水解蛋白质聚集会暴露更多的抗原表位,然后通过 IgE 结合肥大细胞和嗜碱性粒细胞。亦有研究报道化妆品中 HWP 引起的迟发型过敏性接触性皮炎。使用霜剂和 10%HWP 水溶液的第 4 天,以及使用霜剂和 50%HWP 水溶液的第 2 天和第 4 天斑贴试验均为阳性。

烷基糖苷(alkyl glucoside)通常是提取自棕榈的脂肪醇或椰子油与葡萄糖的缩合产物。20 世纪 60 年代,它们作为温和的非离子表面活性剂,首次被引入洗涤产品。然而,随着更新成分的引进,这些缩合物也逐渐淡出人们的视线。近年来,糖苷又重回到许多洗涤剂、霜剂、香料、防晒剂以及鞣制产品中。芳基糖苷所致的过敏性接触性皮炎的病例也多有报道。而洗发水是引起头皮和毛发生长区域过敏的最常见的原因,包括背部、胸部、肩部和手部。糖苷也可以与其他烷基糖苷类表面活性剂(如椰油基葡糖苷或月桂基葡糖苷)产生交叉反应。在已报道的病例文献中,癸基葡糖苷是引起过敏性接触性皮炎的最常见的糖苷(译者注:这不一定是因为癸基葡糖苷的致敏性更高,也有可能是因为它应用得更广泛)。

针对植物性过敏原的斑贴试验很困难,因为很难获取这些较新化合物的标准抗原。此外,筛选过敏原不足以证明植物性过敏的可能性。在对已知植物性过敏的研究中,只有 33.3% 的患者表现为香精混合物阳性,秘鲁香脂为 30%,菊酯混合物(Compositae mix)为 20%,倍半萜内酯为 6.7%。因此,在怀疑有接触性过敏史的人群中,如果有植物成分使用史,建议对个体进行斑贴试验。

香精

目前有 2500 多种香精用于化妆品中。实际上,香精是化妆品引起过敏性接触性皮炎最常见的原因之一。通常选用秘鲁香脂(*Myroxylon pereirae*)、香精混合物Ⅰ和香精混合物Ⅱ进行香精的斑贴测试。各种香精成分见表(表 18.1)。

表 18.1　香精混合物的组成

混合物Ⅰ	混合物Ⅱ
1% 肉桂醇	5% 新铃兰醛
1% 肉桂醛	1.0% 柠檬醛
1% 羟基香茅醛	2.5% 金合欢醇
1% 异丁香酚	0.5% 香茅醇
1% 丁香酚	5.0% 己基肉桂醛
1% 橡树苔原精	5% 香豆素
1% 戊基肉桂醇	
1% 香叶醇	

有专家建议在目前的香精混合物中加入其他精油,如檀香、水仙花、茉莉、依兰等成分,强化香精过敏反应以利于诊断。如果香精混合物和其他化学物斑贴试验阴性,而又怀疑香精过敏者,应考虑用其他香精或更多的过敏原进行斑贴试验。随着新过敏原的不断出现,过敏原的筛选也与时俱进,这就有了香精混合物Ⅱ的产生,其中含有不属于香精混合物Ⅰ的芳香成分新铃兰醛。

遗憾的是,产品标签通常会产生误导,美国生产销售的药妆品并未标明香精成分的具体信息。产品只在成分标签上列出“香精”,即使斑贴试验能作鉴定特定香精抗原,标签通常也不会注明单一的香精成分,这就很难帮助香精过敏患者。目前欧洲国家的产品标注 26 种香精成分。

更为复杂的是，还有几个香精化合物，如苯甲醇、苯甲醛和巴亚基酸次乙酯（ethylene brassylate），除了作为香精成分外，还发挥其他功能，而这些成分即使存在于产品中，仍会被注明是"不含香精"。通常情况下，植物提取物通常不被作为香精成分，因为它们在产品中发挥药用作用而非作为香精存在。应建议香精过敏者避免植物性制剂，避免所有香精至少 4~6 周待皮炎消退。如果需要，可以先使用一种香精产品。再使用另一种香精或其他香精产品之前，每个产品应使用 2 周。医生必须要让患者知道，无香味并不意味着无香精成分，只是闻不到而已。很多时候，无香味的产品是含有香精的，以掩盖配方中的化学气味。

防腐剂

防腐剂是药妆品中引起过敏性接触性皮炎的第二大原因。防腐剂可分为三类：抗菌剂、抗氧化剂和紫外线吸收剂（在下一部分中描述）。这些成分通常被加入药妆品中以防止污染，并可细分为甲醛防腐剂、甲醛供体和非甲醛供体。甲醛和甲醛供体如季铵盐 -15、DMDM 乙内酰脲、双（羟甲基）咪唑烷基脲、咪唑烷基脲和 2- 溴 -2- 硝基 -1，3- 丙二醇（译者注：布罗波尔）是常见的过敏原，具有固有的抗细菌和抗真菌能力。季铵盐 -15 是在药妆品中最易引起过敏性接触性皮炎的防腐剂。

甲基、甲基氯异噻唑啉酮混合物（MCI/MI，Kathon CG，Euxyl K100）、非甲醛供体主要存在于清洁类产品和涂抹类产品中（如保湿剂和婴儿湿巾）。北美接触性皮炎研究组，明确其过敏率为 2.5%。该类产品的最初使用及其过敏报道均见于欧洲。不过，随着在美国的使用增加，其过敏的报道也随之出现。目前，甲基氯异噻唑啉酮（methylchloroisothiazolinone）主要用于清洁类产品如洗发剂和护理剂中，其短暂的接触时间大大减少了过敏的发生。然而，多种敏感肌保湿剂中含有此种成分，这可能仍是一个问题。

尼泊金酯类（非甲醛供体）是公认的较安全、广泛使用的功能性防腐剂。最常见的是甲基、乙基、丙基、丁基和异丁基尼泊金酯。虽然是一类耐受性良好的防腐剂，但仍有 0.1%~0.3% 浓度所致过敏的报告。相对其使用的广泛性而言，致敏率仍是低的。因此，建议怀疑对防腐剂过敏者选用尼泊金酯类防腐的药妆品。

甲基二溴戊二腈苯氧乙醇（methyldibromo glutaronitrile phenoxyethanol）是另一种常用的具有广谱抗菌活性的防腐剂。已有报道甲基二溴戊二腈成分可引起过敏性接触性皮炎。

丁羟基茴香醚、丁基对苯二酚、丁羟甲苯、五倍子（没食子）酸酯和生育酚（维生素 E），以上五类抗氧化剂都是潜在的致敏物质，通常会被加入到化妆品中以防止不饱和脂肪的氧化。唇膏及其他唇妆中的五倍子酸丙酯也是常见的过敏原，易引起唇炎。1988—2005 年期间进行过斑贴试验的患者证实了五味子酸丙酯阳性率的显著增加，研究人员将其归因于化妆品行业中五倍子酸丙酯应用量的增加。然而，作者认为不能排除食品中五倍子酸丙酯作为抗氧化剂的摄入量减少而导致人体不耐受的情况。对于五倍子酸酯，斑贴试验推荐浓度为：凡士林或橄榄油中溶入 1% 的五倍子酸丙酯，或者 0.25% 的五倍子酸辛酯，或者 0.25% 的十二烷基五倍子酸酯。

防晒剂

紫外线吸收剂是药妆品中的常见成分，也是引起刺激性接触性皮炎、过敏性接触性皮炎、光敏性接触性皮炎的原因。它们通常被添加到药妆品中以保护皮肤，并防止产品本身被光降解。防晒霜通常分为反射或散射紫外线的物理防晒剂和吸收紫外线辐射的化学防晒剂。防晒剂种类有对氨基苯甲酸(para-aminobenzoic acid，PABA)及其酯、肉桂酸盐、水杨酸盐、二苯酮类、邻氨基苯甲酸酯类和已有报道致敏的二苯甲酰甲烷类。15%的用户反映防晒剂导致刺激性接触性皮炎，是最常见的一种不良反应，而文献中仅有过敏性和光敏性接触性皮炎报告。随着防晒剂的使用越来越多，引起接触性皮炎的报告也有所增加。PABA是引起过敏性和光敏性接触性皮炎的常见原因，但目前市售的防晒霜很少使用PABA。二苯酮-3(羟苯甲酮)目前是引起光敏性和过敏性接触性皮炎的常见原因之一，并且也被证明会引起接触性荨麻疹、光敏性荨麻疹和过敏反应。

据报道，其他防晒化学品如肉桂酸酯类、水杨酸酯类均可引起接触性皮炎，丁基甲氧基二苯甲酰基甲烷(Parsol 1789)偶尔引起过敏；尚无邻氨基苯甲酸盐过敏的报道。但最近对1082例有光敏性皮炎病史的患者的多中心研究显示，有5例患者对Anthelios XL(L' Oréal)有阳性反应。此外，用纯Mexoryl XL测试了防晒剂呈阳性的5名患者中的2名，其结果证实为光敏反应。奥克立林(2-乙基己基-2-氰基-3，3-二苯基丙烯酸酯)是一类过滤中波紫外线的肉桂酸酯。由于其固有的稳定性，在过去10年中普及率不断增加。一些最近的病例报告描述了光敏性皮炎以及与奥克立林相关的过敏性接触性皮炎，发现儿童倾向于发展急性过敏性接触性皮炎，而成年人更容易发生光敏性接触性皮炎。有趣的是，在9例对奥克立林过敏的成年患者中，都发现有外用酮洛芬引起光敏性接触性皮炎的既往史。然而，还需要更多的研究来判定奥克立林与酮洛芬之间是否存在交叉反应。

对于疑似防晒剂成分所致过敏性接触性皮炎或光敏性接触性皮炎的病例，有必要进行斑贴试验和光斑贴试验诊断。防晒剂可进行封闭性斑贴试验。然而，大多数防晒剂为了提供广谱防晒作用而含有多种活性成分。此外，防晒产品中的非活性成分(即防腐剂)和香料也更易引起皮肤反应。因此，斑贴试验最好能增加更多的过敏原和单一的防晒剂成分。如前所述，可通过手册*Cosmetic Industry On Call*与制造商联系，以便获得斑贴试验所需的防晒剂活性成分单一原料。

新出现的过敏原

过去10年间，化妆品领域出现了一些新的过敏原。虽然这些成分在其他产品中也出现过，但主要还是存在于唇膏和指甲油中。1925年首次报道了指甲油所致的过敏性接触性皮炎，到今天仍然是一个常见的问题。指甲油中最常见的过敏原是甲苯磺酰胺甲醛树脂(tosylamide formaldehyde resin，TSFR)，以前称之为甲苯磺胺甲醛树脂。近来研究发现，共聚物是指甲油相关过敏性接触性皮炎的罪魁祸首。共聚物是由两种不同单体组成的大分子，在指甲油中具有成膜性能。自2002年以来，8例个案报道了过敏性接触性皮炎，包括头颈部皮炎、手指湿疹、甲营养不良、甲沟炎，并认为硬化聚合物的水溶性终产物是引起过敏的原因。共聚物存在于许多产品中，在化妆品中就有200种左右。其中，发现7种共聚物引起过敏性接触性皮炎，包括甲氧基聚乙二醇17(PEG 17)、甲氧基聚乙二醇22(PEG 22)、十二烷基二醇共聚物。一系列病例报告了33例患者在使用Veet®(Reckitt Benckiser，Massy，France)脱毛产品后引起过敏性接触性皮炎。26例患者中，19例发现PEG 22十二烷基二醇共聚物斑贴试验阳性。7例患者中，5例出现PEG17斑贴试验阳性。另一种共聚物，聚乙烯吡咯烷酮(PVP)/二十烯，在与身体护理油Rainbath® Oil(Neutrogena，Los Angeles，CA)一起使用后引起过敏性接触性皮炎。

虫胶(shellac)，又称lacca或gomme-laque，是雌性昆虫——紫胶虫[*Laccifer*(*Tachardia*) *lacca*]分泌的一种树脂。黏性的树脂硬化形成一种名为“虫胶”的昆虫幼虫保护壳。虫胶被粉碎、洗净、干燥、化学变性，然后被制成名为虫胶的片状物。许多化妆品包括头发喷雾剂、洗发水、眼线膏、睫毛膏、指甲油和口红都含有虫胶。有报道称口红中的虫胶以及不同种类的睫毛膏都可引起过敏性接触性皮炎。由于原料的刺激性，建议斑贴试验使用虫胶的浓度为20%。

蓖麻油含有丰富的蓖麻油酸，这是一种单一的18-碳不饱和脂肪酸。其淡黄色液体常用于水疗、润滑油、染料、药品、香水以及化妆品。它有高黏度性，可以和许多色料相溶，因此被用作口红生产中的基料。据报道，蓖麻油酸引起的过敏性接触性皮炎的继发症状是唇部瘙痒和色素沉着。

斑贴试验

斑贴试验(patch testing)是用于诊断任何产品(包括药妆品)引起的过敏性接触性皮炎的“金标准”。这是一个简单易行的试验方法，对患者找到皮炎的原因极有帮助(图18.5)。当然，还需考虑其他原因，如刺激性接触性皮炎、接触性荨麻疹、痤疮样药疹、玫瑰痤疮、脂溢性皮炎、特应性皮炎，以及口周皮炎等其他皮肤病。对于传统治疗方式无效或停止治疗后局部皮炎反复发作的患者，应考虑过敏性接触性皮炎的诊断，且应进行斑贴试验。值得注意的是，多数患者，

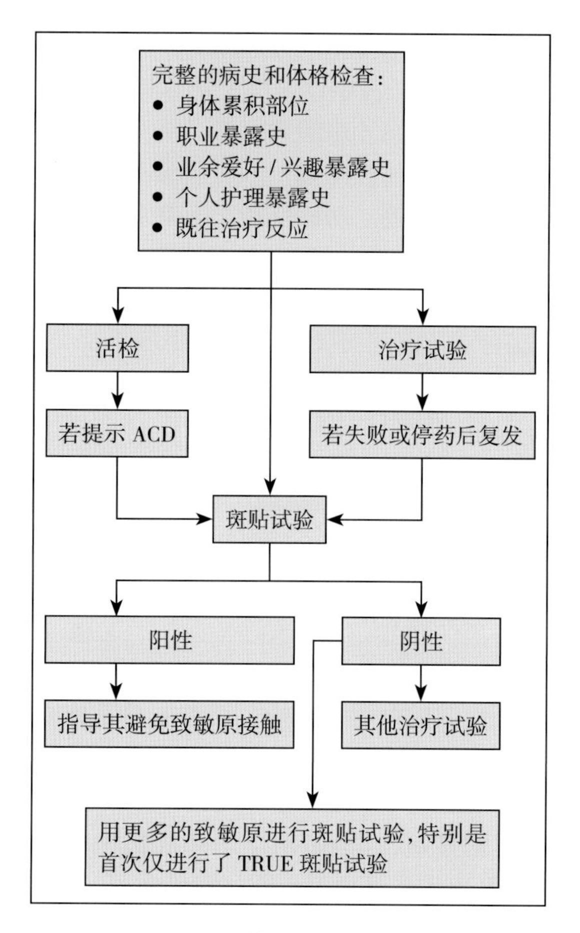

图18.5 过敏性接触性皮炎图解

即使是过敏性接触性皮炎领域经验丰富的专家，在未做斑贴试验前，单凭病史和体格检查也很难轻易找到过敏原。

斑贴试验除了需要在诊室备有一套过敏原以外，还需要临床医师保持高度的兴趣和怀疑的态度。首先，医师必须详细了解患者使用过的产品，包括化妆品、保湿剂、天然产品，以及使用和清除的方式。提供病史时患者经常忽略使用过的天然产品，以为天然产品不能成为致病的诱因。应该提醒他们毒葛是植物，却可导致严重的皮肤问题。

一旦选择了要测试的过敏原，由诊室内接受过斑贴试验培训的护士进行操作，将贴剂粘贴固定到患者上背部。过敏原可从不同的公司获得，包括Allerderm(TRUE试剂

制造商，美国）、Chemotechnique Diagnostics（瑞典）、Trolab/Pharmascience（加拿大）和 Smart Practice（AllergEAZE 的制造商，加拿大）。TRUE 测试已获 FDA 批准，含 35 种过敏原和 1 个阴性对照品，是斑贴试验的合理起始测试。研究表明，扩展的过敏原组更有利于找到过敏性接触性皮炎患者的过敏原。所以，当 TRUE 测试结果阴性时，扩展的抗原组测试有助于该病的诊断。如果扩展的抗原组测试仍然检测不出，又怀疑有过敏性接触性皮炎的存在，此时应求助于专门的斑贴试验中心。有时还可以与手册 *Cosmetic Industry On Call* 中列出的公司联系，获取所需的特殊过敏原。大多数公司提供有关如何配制和使用斑贴试剂的信息，同时还提供有关该物质具体化学信息的原料安全数据表（Material Safety Data Sheets，MSDS）。

首次斑贴试剂应固定且保持 48 小时干燥，移除时在背部做好标记。患者应在 96 小时至 1 周后再次让医师判读结果，以评估是否存在迟发性反应，相关文献中有详细描述。如果没有进行二次判读，可能会有遗漏（框 18.1）。

框 18.1
斑贴试验反应判读标准

1/– = 隐约可见的红斑

+ = 弱（无水疱）反应；红斑，浸润，可能伴水肿

++ = 强反应（水肿性或水疱性）

+++ = 极强反应（扩散，大疱或溃疡）

IRR = 刺激形态反应

– = 阴性反应

NT = 未测试

一旦确认了过敏反应，医师应指导患者避免过敏原，使用产品前应阅读标签成分表。即使避免了抗原接触，皮炎可能需要 6~8 周消退，在这段时间内医师应让患者放心。美国接触性皮炎协会的成员可以使用协会网站（http://www.contactderm.org）提供的名为“接触性过敏原管理项目”的数据库，有益于帮助患者找到不含过敏原的产品。这个仅数据库供会员使用，只要医师输入患者测试为阳性的化学物质，数据库便可提供一份不含此类化学成分的产品清单。数据库虽广泛，但也仅限于纳入数据库的产品，每年更新 1 次。它有助于找出患者可以使用的产品，也是患者的有用资源。

许多药妆品是相对较新的产品，且无标准化过敏原，那么直接用产品本身进行测试很有价值。如果是涂抹类产品，可直接试验；如果是清洁类产品，则需稀释后试验，以免引起刺激性反应。此类产品也会有指南帮助找到适当的稀释浓度。用患者的产品进行测试时必须进行对照试验，标准阴性对照物通常为凡士林。如果怀疑有刺激性反应，可以用阳性刺激物（如十二烷基硫酸钠）作比较，可能意义更大。

当患者无法进行斑贴试验，或者试验为阴性却仍怀疑产品时，可以尝试重复开放性应用试验（repeat open application testing，ROAT）。该试验是将感兴趣的产品涂于肘窝或耳前区，每天 2 次，持续数周。如果未出现不良反应，那么产品可安全使用。如果引起皮炎，说明产品含有过敏原，需进一步鉴定。

药妆品在皮肤护理市场越来越受欢迎。即使其中的许多产品含有植物成分，也想借此获得美容功效，但其仍是导致过敏性或刺激性接触性皮炎的原因之一。已经有这些产品导致接触性皮炎的报道，但不频繁。随着更多的人使用药妆品，估计不良反应也会增多。幸运的是，化妆品行业早已意识到这些问题，并重新配方，以尽量减少消费者遇到的难题，但还是应考虑过敏性接触性皮炎发生的可能。斑贴试验是鉴定和确认药妆品不良反应产生原因的重要工具（图 18.6）。

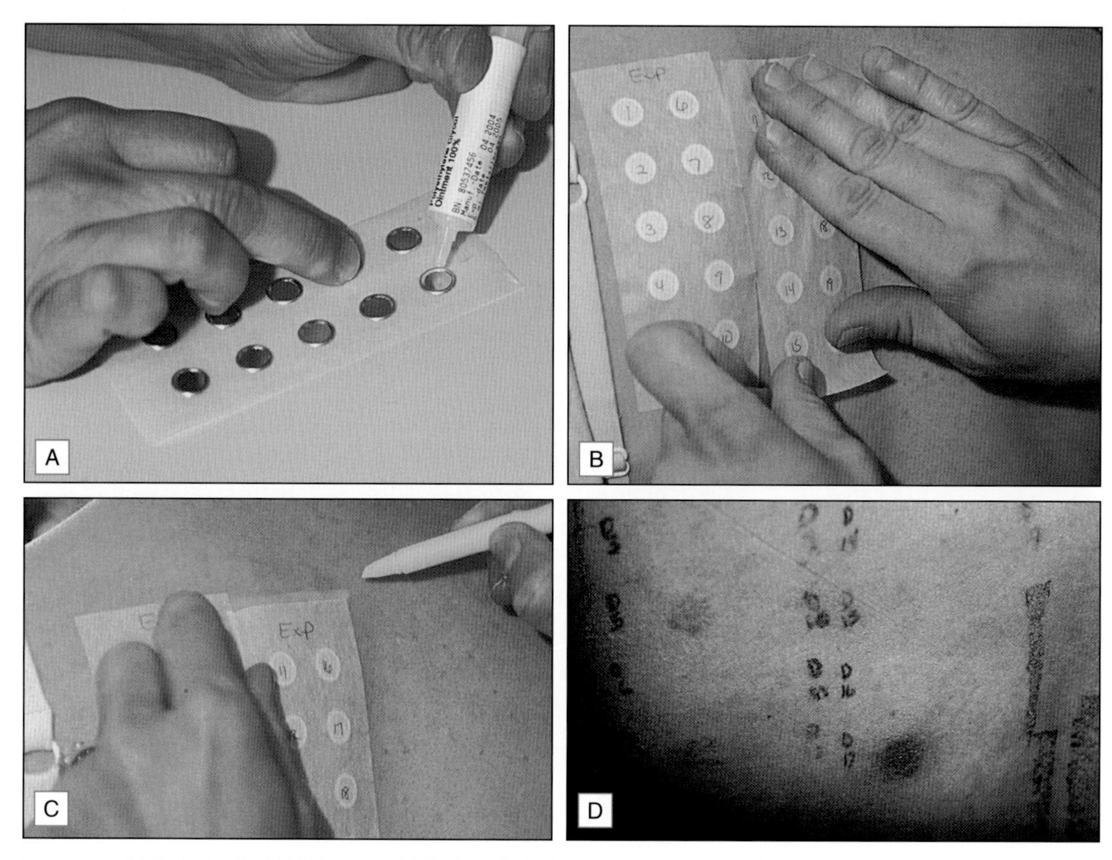

图 18.6　斑贴试验。(A)抗原置于金属的芬兰小室(Finn chambers);(B)编号过敏原,固定于上背部;(C)斑贴移去时在粘贴处作过敏原识别标记;(D)点 D17 出现阳性反应

(翻译:潘毅　审校:许德田)

参考文献

Alani, J.I., Davis, M.D.P., Yiannias, J.A., 2013. Allergy to cosmetics: a literature review. Dermatitis 24 (6), 283–290.

Bazzano, C., De Angeles, S., Kleist, G., Maedo, N., 1996. Allergic contact dermatitis from topical vitamins A and E. Contact Dermatitis 35, 261–262.

De Groot, A.C., 1994. Patch Testing, second ed. Elsevier, New York.

De Groot, A.C., 1998. Fatal attractiveness: the shady side of cosmetics. Clin. Dermatol. 16, 167–179.

Frosch, P.J., Johansen, J.D., Menne, T., et al., 2002. Further important sensitizers in patients sensitive to fragrances. Contact Dermatitis 47, 279–287.

Hughes, T., Stone, N., 2007. Benzophenone 4: an emerging allergen in cosmetics and toiletries? Contact Dermatitis 56, 153–156.

Kiken, D., Cohen, D., 2002. Contact dermatitis to botanical extracts. Am. J. Contact Dermat. 13. 148–152.

Kim, B., Lee, Y., Kang, K., 2003. The mechanism of retinal-induced irritation and its application to anti-irritant development. Toxicol. Lett. 146, 65–73.

Mowad, C.M., 2001. A practical approach to patch testing for cosmetic allergens. Dermatol. Ther. 14, 188–193.

Pascoe, D., Moreau, L., Sasseville, D., 2010. Emergent and unusual allergens in cosmetics. Dermatitis 21 (3), 127–137.

Paulsen, E., 2002. Contact sensitization from Compositae-containing herbal remedies and cosmetics. Contact Dermatitis 47, 189–198.

Pratt, M.D., Belsito, D.V., Deleo, V.A., et al., 2004. North American Contact Dermatitis Group patch-test results, 2001–2002 study period. Dermatitis 15, 176–183.

Scheinman, P., 2001. Exposing covert fragrance chemicals. Am. J. Contact Dermat. 12, 225–228.

Scheman, A., 2000. Adverse reactions to cosmetic ingredients. Dermatol. Clin. 18, 685–698.

Scheuer, E., Warshaw, E., 2006. Sunscreen allergy: a review of epidemiology, clinical characteristics, and responsible allergens. Dermatitis 17, 3–11.

Shaw, T., Simpson, B., Wilson, B., et al., 2010. True photoallergy to sunscreens is rare despite popular belief. Dermatitis 21 (4), 185–198.

Simpson, E.L., Law, S.V., Storrs, F.J., 2004. Prevalence of botanical extract allergy in patients with contact dermatitis. Dermatitis 15, 67–72.

Thomson, K., Wilkinson, S., 2000. Allergic contact dermatitis to plant extracts in patients with cosmetic dermatitis. Br. J. Dermatol. 142, 84–88.

Thornfeldt, C., 2005. Cosmeceuticals containing herbs: fact, fiction and future. Dermatol. Surg. 31, 873–880.

Warshaw, E.W., Belsito, D.V., Taylor, J.S., et al., 2013. North American Contact Dermatitis Group Patch Test Results 2009 to 2010. Dermatitis 24 (2), 50–59.

Watkins, S., Zippin, J., 2012. Allergic contact dermatitis and cosmetics. Cutis 90, 201–204.

Wolf, R., Wolf, D., Tuzun, B., Tuzun, Y., 2001. Contact dermatitis to cosmetics. Clin. Dermatol. 19, 502–515.

第三篇

药妆品在皮肤科实践中的应用

这一部分内容将把之前讲述的药妆品相关概念整合入辅助治疗中，这样皮肤科医生在有需要时，可以向患者建议一些有用的成分。通常，患者会咨询除处方治疗之外有无非处方的辅助技术/方法，或者希望挑选合适的保湿产品以达到理想的效果。在售的产品很多，甚至可能让患者皮肤科医生都感到茫然。

药妆品对许多皮肤状况都可能有效，本篇讨论的有：皱纹和细纹、红脸、色素异常、油性皮肤、干燥皮肤和痤疮。药妆品活性成分可加入洁面产品、爽肤水、保湿产品中。多数情况下，并不能代替处方治疗，但在有些情况的治疗维持阶段却可以发挥作用，例如色素异常和痤疮。其他一些状况（如油性皮肤），并没有可靠的长期药物治疗方案，所以药妆品就变成了唯一的治疗选择。红脸（除了玫瑰痤疮之外），治疗上则仍然没有明确的方案。对常用卫生产品引发的炎症，药妆品是一个重要的辅助抗炎选择。药妆品用于干性皮肤可改善皮肤屏障，帮助补偿外界环境因素造成的影响、调节皮肤表面的膜，从而保持皮肤的理想外观。皮肤科医生掌握本篇的知识很重要，通过这些知识可以提升处方治疗的效果、预防复发。

（翻译：许德田）

皱纹和细纹

Zoe Diana Draelos

第19章

本章概要

- 药妆品最多的宣称(claim)功效就是减少皱纹。
- 药妆品通过增加皮肤水合程度减少皱纹,尤其是皮肤脱水引起的面部皱纹。
- 皱纹减少是一种美容学指标宣称,因为皱纹并无医学上的定义。
- 众多减少皱纹的产品含有抗氧化剂,但是抗氧化剂并没有被证实减少皱纹。
- 有一些药妆品含有植物性雌激素以模拟雌激素的功效,例如大豆。

这一章主要讨论市场上宣称可以改善细纹和皱纹的产品。根据功能不同可分为几大类:植物性抗氧化剂、维生素类抗氧化剂和细胞调节因子(表 19.1~ 表 19.3)。它们代表了添加在润肤剂中减少皱纹和细纹的、最流行的药妆品成分。非常重要的是,大多数情况下,这些保湿性产品的作用和美容活性成分的作用难以区分。总之,保湿剂是市场上现有的最主流的皱纹护理药妆品。

老化皮肤上最主要呈现两类皱纹:静态纹和动态纹。

虽然有一些保湿产品成分宣称可以调节神经肌肉接头的活性,例如二甲基乙醇胺(DMAE)和六肽类(hexapeptides),但保湿剂仅仅对静态纹有效。实践中,保湿剂可以淡化由于脱水引起的面部细纹。在上颊部常常存在面巾纸样的细纹。在 24~48 小时内,这些脱水细纹可以改善,这就是为什么药妆品宣称在很短的时间窗内减少皱纹。面部细纹会随着角质细胞堆积而加重,因为角质细胞难以充分水合(hydrated)。这也是为什么有些抗皱药妆品会含有维生素剥脱剂(exfoliants)和低剂量酸,前者例如烟酰胺,后者如乳酸、乳糖酸。

更大的问题是有没有能永久改善皱纹的机制,因为保湿和剥脱作用都不持久。减少皱纹的最佳方法就是恢复菲薄皮肤中丢失的胶原蛋白和弹性蛋白。有一些假说认为类视黄醇(如视黄醇、视黄醇丙酸酯和视黄醇棕榈酸酯)和处方性维 A 酸一样,具备一定的胶原再生功效。视黄醇应用于药妆品减少皱纹的支持数据可能是最多并最容易被理解的。然而,在美容领域,这些作用无法进行充分讨论。其他减少皱纹的方法还包括恢复深层骨骼和皮肤脂肪的容量,为皮肤提供足够支撑。衰老面容最相关的一些褶皱并不是源于保湿功能缺陷或者胶原蛋白丢失,而是因为皮肤皱缩在一个萎缩的框架(即骨头)中。遗憾的是,药妆品对这一类皱纹无能为力。

表 19.1　植物性抗氧化剂

药妆品成分	对皮肤生理的影响	患者选择建议
大豆	具有类雌激素作用，染料木黄酮和大豆苷元的黄酮类抗氧化剂	改善皮肤厚度
姜黄素	含有四氢姜黄素的多酚类抗氧化剂，作为天然防腐剂	使用时可能有轻微灼热感
绿茶	含有表没食子儿茶素的多酚类抗氧化剂	需要使用新鲜制造的或者加用 BTH 稳定剂，氧化后会很快变成棕色。用作光保护剂
水飞蓟素	具有水飞蓟素、异水飞蓟、次水飞蓟素的黄酮类抗氧化剂	对于光敏感的个体局部应用可能有效
碧萝芷（一种松树皮提取物）	酚类和酚酸类抗氧化剂	增强维生素 C 和维生素 E 的抗氧化作用
叶黄素和番茄红素	类胡萝卜素类抗氧化剂	最好的来源是食用新鲜采摘的成熟番茄
迷迭香酸	多酚类抗氧化剂	在新鲜的迷迭香叶子中含量很高
金丝桃素（圣约翰草）	多酚类抗氧化剂	绝对不能大量口服
糅花酸（石榴）	多酚类抗氧化剂	被当作强效抗氧化剂销售，可外用，可口服

表 19.2　维生素类抗氧化剂

药妆品成分	对皮肤生理的影响	患者选择建议
维生素 E	α- 生育酚活性成分，最主要的皮肤抗氧化剂	防止细胞膜脂质氧化的主要物质，局部外用渗透性差
维生素 C	L- 抗坏血酸，第二大类抗过氧化的抗氧化剂	促进维生素 E 转化为活性形式保护细胞膜脂质，局部外用时，在表皮以外的部位穿透力较差
烟酰胺	减少蛋白糖化	无刺激性剥脱剂（nonirritating exfoliant）
α- 硫辛酸（αLA）	抗氧化剂	人体线粒体中合成，不是真正的维生素
泛醌	抗氧化剂	人体可合成，不是真正的维生素，可再生维生素 E
艾地苯醌	抗氧化剂	新型泛醌，具有更强的皮肤抗氧化作用
视黄醇	维生素 A	浓度高于 1% 时，可能有刺激性，必须保持稳定才能发挥活性作用
视黄醇丙酸酯	维生素 A 酯	比其他外用的视黄醇类刺激性小
视黄醇棕榈酸酯	维生素 A 的储存形式	生物活性低，有时用作产品的抗氧化防腐剂

表 19.3　细胞调节剂

药妆品成分	对皮肤的生理影响	患者选择建议
成纤维细胞生长因子	用过的成纤维细胞培养基中含有大量的成纤维细胞分泌的物质，例如表皮生长因子（EGF），转化生长因子-β（TGF-β），血小板衍生生长因子（PDGF）	会让保湿产品增加异味，不会促进其他皮损的生长
信号肽	五肽（pentapeptide）Pal-KTTKS，是I型胶原的片段，可以抑制胶原蛋白酶的合成	用于保湿剂中，浓度为4~6 ppm。缺乏临床数据
神经递质肽	六肽(hexapeptide，argireline)，抑制神经递质释放，减少肌肉运动和皱纹	试图模拟肉毒素对肌肉对作用，缺乏临床数据

（翻译：王佩茹　审校：许德田）

第20章 面部发红

Zoe Diana Draelos

本章概要

- 很多药妆品的研发，是通过抗炎活性成分来针对降低面部发红症状。
- 减少面部发红的最快的方法，是用含有色素的面部保湿霜或面部粉底液进行遮盖。
- 许多减少面部潮红的产品中含有茶树成分，但它也是引起变应（过敏）性接触性皮炎的原因之一。
- 红没药醇是一种洋甘菊提取物，常用于敏感皮肤和抑制面部发红的产品。
- 减少面部发红的最重要考虑因素是选择一个不造成屏障损伤的温和洗面奶。

面部发红（facial redness）可由各种皮肤病引发，包括玫瑰痤疮、生理性潮红、毛细血管扩张、湿疹、脂溢性皮炎、银屑病、刺激性接触性皮炎等。所有这些情况均存在炎症级联反应，从而导致血管舒张和白细胞聚集。面部发红可以应用一些药妆品得以改善，主要是利用其抗炎效果和屏障增强作用。表20.1中列出了一些添加了保湿剂以改善面部发红的成分。但是迄今为止，还没有很好的血管收缩剂被应用到药妆品中；然而，溴莫尼定（Mirvaso，Galderma）已被批准为处方用药。这种凝胶中含有血管收缩剂，效果可以在皮肤表面持续8~12小时。溴莫尼定或许是第一个处方的功效性成分，因为它对皮肤无永久性影响，但是对于减少发红却非常有用，可以直接改善患者外观。另一方面，一些化妆品公司应用皮质类固醇激素的血管收缩作用，将0.5%氢化可的松加入到抑制面部发红配方中（译者注：糖皮质激素、性激素类等成分在中国属于化妆品禁用成分）。局部氢化可的松的确可减少发红，但是，面部皮肤长期暴露于糖皮质激素是非常不可取的，皮肤科医生对于抑制面部发红产品的功效成分一定要非常小心而仔细地检查。

这里将改善面部发红的药妆品分为如下几类。有一些，如芦荟和仙人掌果，其黏液涂抹在皮肤上的形成保护涂层，尽可能减少皮肤屏障的损伤。芦荟（aloe）还富含水杨酸胆碱，这是一种众所周知的抗炎药，存在于阿司匹林中。这属于面部去红药妆品的第二类，即天然抗炎剂。红没药醇、尿囊素等也属于此类，是最常用的天然抗炎剂。第三类包括那些通过改善皮肤屏障功能而改善面部发红的物质。例如泛醇，又名维生素B_5，是一种减少皮肤失水、提高屏障功能的保湿剂。更好的皮肤屏障功能也有助于减少面部发红。最后一类是抗炎多酚，这个类别的成分相当多。多酚中研究的最多的是绿茶，其效果是最有说服力的。许多改善面部发红的药妆品是多种多酚复配而获得的最终配方。

设计一个合理治疗面部发红的美容治疗方案的确是一项挑战。最主要的问题是，产品市场更迭很快。也因为这个原因，所以我们不讨论具体的产品名称，而是提出不同产品类型中，应包含哪些化妆品活性成分最有效。这些建议列在框 20.1 中。患者可将此列表带到化妆品柜台或水疗中心，根据需要选择含有该成分的产品。

表 20.1　缓解面部发红的药妆品成分

药妆品成分	对皮肤生理的影响	患者选择建议
仙人掌果（prickly pear）	黏液富含黏多糖，可形成保护膜	提取后用于保湿剂，通常不具有黏液的特性
芦荟（aloe vera）	黏液中含有 99.5% 的水以及黏多糖和水杨酸胆碱的混合物	水杨酸胆碱可具有局部抗炎作用，因为多数用在保湿配方中，黏液特性丧失
红没药醇（bisabolol）	蒸馏制备的洋甘菊提取物	保湿剂中强效的抗炎效果
尿囊素（allantoin）	来自紫草根或由尿酸合成制造	经常用于敏感性皮肤的配方中
泛醇（panthenol）	屏障增强保湿剂	保湿，并防止皮肤屏障损伤
茶树油（tea tree oil）	多酚	可引起过敏性接触性皮炎
月见草油（evening primrose oil）	多酚	对特应性皮炎有较多帮助
银杏叶（*Ginkgo biloba*）	多酚成分	银杏内酯、白果内酯具有活跃的抗炎功效
绿茶（green tea）	多酚	表没食子儿茶素、表没食子儿茶素 3 没食子酸酯具有活跃抗炎功效
锯棕榈（saw palmetto）	多酚	如要有效果，需要一定高的浓度
圣约翰草（St. John's wort）	多酚	如要有效果，需要一定高的浓度

框 20.1
面部发红皮肤护理产品推荐

1. 清洁剂的选择

产品描述：
合成的温和液体清洁剂具有优良的可冲洗性。去除任何皂基残余对预防刺激的发生至关重要。推荐产品时候，可以写上敏感性皮肤适用的泡沫洗面奶。

药妆品成分：
不特定，由于接触时间较短，在清洁过程中对面部发红影响很小。

基本原理：
在清洁皮肤的同时尽量减少屏障损伤。

2. 爽肤水或收敛水的选择

这些液体产品是为了进一步洗去未洗干净的皂基残留，增加皮脂的去除，或提供一个温和的皮肤保湿剂。这些产品可以迅速从皮肤表面蒸发，并可能导致感官刺激，引起潮红或发红。在已经有面部发红的患者中，尽量避免这种感官刺激，因此不推荐使用爽肤水或收敛剂。

框 20.1（续）

面部发红皮肤护理产品推荐

3. 保湿产品的选择

产品描述：

推荐面霜而非乳液，因面霜含水或其他可蒸发或挥发的成分较少。避免丙二醇、羟基乙酸、水杨酸、强烈的香料，以及大量的植物性成分"鸡尾酒"式产品，因其可能会引起面部刺痛。

药妆品成分：

尿囊素、红没药醇、泛醇。

基本原理：

尿囊素、红没药醇被用在许多宣称适合敏感性皮肤使用的保湿霜基质中，经过时间的检验，其有效成分的确可减少皮肤炎症反应。泛醇是一种非黏性保湿剂，可提高角质层水合作用，防止或减少屏障损伤。

4. 防晒霜的选择

产品描述：

选择标识为敏感性皮肤专用的较稠厚的乳液或防晒霜，防晒指数为 15。避免凝胶、防水型产品和黏稠的高 SPF 指数的产品。

药妆品成分：

氧化锌或二氧化钛。

基本原理：

化学防晒剂吸收紫外线辐射并将其转化为热能，这可能会引起面部潮红和血管扩张。物理防晒剂主要是通过反射紫外线辐射，防止皮肤光老化，因此没有感觉方面的刺激。

5. 保湿制剂的治疗选择

产品描述：

含有凡士林、硅油、低浓度甘油的保湿制剂可防止经表皮水分丢失，增加皮肤的水合作用，从而增强皮肤的屏障功能。

药妆品成分：

绿茶。

基本原理：

在所有的多酚中，绿茶多酚具有最强的抗炎活性，并且被证实具有最好的效果。

（翻译：袁超　审校：许德田）

皮肤色素异常

Zoe Diana Draelos

第21章

> **本章概要**
>
> - 药妆品只能处理表皮色素沉着。
> - 非处方美白剂的“金标准”仍是2%氢醌。
> - 色素异常的相关药妆品可通过干扰黑素合成、抑制黑素转运以及加速含黑素的角质细胞脱落来美白皮肤。
> - 很多药妆品含多种美白成分来增强效果。
> - 药妆品的用途之一在于当处方脱色素药物治疗停止后，用以维持其美白效果。
> - 美白药妆品可与处方药安全共用。
> - 药妆品美白护理方案中最重要的产品是防晒产品。
> - 防晒产品SPF值至少30以上才能有效减少UV所致的色素沉着。

色素异常沉着是皮肤科的一个难症。多种药妆品活性成分对表皮色素沉着有效，而对真皮色素沉着一般无效。可减少色素沉着的药妆品成分包括维生素类、植物提取物、促渗透剂和氢醌。但这些成分亦不能在所有皮肤类型人群中均有效。通常多种美白成分相互补充方能发挥最佳效果。

表21.1列举了文献报道具有美白效果的药妆品成分，以及各成分的作用机制及患者的选择评价，因此对制订患者治疗计划具有指导意义。氢醌通常是美白治疗的主要成分，但有一个不稳定基团，可有刺激性，对黑素细胞亦有细胞毒作用。因此，日本市售美白化妆品中不允许添加氢醌(译者注：中国亦然)，也有观念认为美国某些地区也可能后续会禁用氢醌。这就促进了更多关于维生素类和植物提取类美白成分的研究，其中曲酸、甘草黄酮和壬二酸可抑制酪氨酸酶活性，具有良好前景。当这些成分与促渗剂(如羟基乙酸)及美白功效维生素类(如烟酰胺、视黄醇)联合使用可达最佳效果。但需警惕的是刺激反应的发生，可导致炎症后色素沉着，尤其在一些深肤色人群中。

治疗面部色素沉着的理想方法就是局部联合外用皮肤美白成分和维A酸类，如4%氢醌联合维A酸或他扎罗汀。氢醌干扰色素合成过程中的关键酶——酪氨酸酶活性，从而抑制黑素合成。0.025%维A酸可抑制黑素向黑素小体的转运并且促进氢醌的透皮吸收，故通常可增强氢醌效果。尽管各种处方美白成分均可能损伤皮肤屏障，包含曲酸、甘草黄酮和(或)壬二酸的药妆品可用以预防皮肤干燥症的炎症后色素沉着，并另有美白功效。

近期几款美白药妆品进入市场，代表了多种成分新的组合配方。其中一种配方基于羟基苯氧基丙酸(hydroxyphenoxy propionic acid)，该成分可在不影响黑素细胞活性情况下抑制色素合成，它与鞣花酸(一种水果及浆果中存在的天然酚类抗氧化剂)联合使用

表 21.1　美白功效的药妆品成分

药妆品成分	对皮肤生理的影响	患者选择建议
烟酰胺	抑制黑素小体从黑素细胞至角质形成细胞的转运	无刺激,美白效果弱
视黄醇	抑制酪氨酸酶,抑制色素转运	轻刺激性,美白效果弱
抗坏血酸(维生素 C)	在酪氨酸酶活性位点与铜离子相互作用	镁 -L- 抗坏血酸 -2- 磷酸盐为更稳定形式,美白效果弱
曲酸	真菌来源的酪氨酸酶抑制剂	轻刺激性,可能致敏
甘草黄酮	甘草来源的酪氨酸酶抑制剂	无细胞毒性、无刺激性,美国化妆品中最常用美白剂
熊果苷	熊莓来源的糖苷,酪氨酸酶抑制剂	作用弱于曲酸,需和其他美白剂联合使用
构树	构树根来源的酪氨酸酶抑制剂	低刺激性,与曲酸功效类似,美国尚未市场化
大豆	抑制 PAR-2 通路及黑素小体转运	只存在于新鲜大豆汁中,难以稳定
壬二酸	卵圆形马拉色菌来源的二羧酸,酪氨酸酶抑制剂	轻度刺激性,有效美白
芦荟苦素	芦荟来源,DOPA 氧化的竞争性抑制剂,非竞争性酪氨酸酶抑制剂	美白作用弱
羟基乙酸	糖类来源的果酸,促色素沉着的表皮脱落,其他美白成分的促渗剂	高浓度具有刺激性,可诱发炎症后色素沉着
氢醌	酪氨酸酶抑制剂,细胞毒性	高度活跃基团,强刺激性,美白作用强
羟基苯氧基丙酸	抑制黑素传递至黑素小体,对黑素细胞活性无影响	可有刺激性,低浓度与其他美白成分联合使用
木质素过氧化物酶	分解黑素的酶	无刺激性

具有抗炎作用。最后,水杨酸通常用作促渗剂,并具有角质剥脱作用,加速含色素角质形成细胞的脱落。研究这些配方如何组合、使用不同机制的成分来达到更强的功效很有意思。

最后值得一提的是木质素过氧化物酶(lignin peroxidase),它是一种从真菌黄孢原毛平革菌(*Phanerochaete chrysosporium*)中提取出来的酶,是目前一种最新的市售美白成分。

(翻译:许阳　审校:许德田)

油性皮肤

Zoe Diana Draelos

第22章

本章概要

- 油性皮肤没有定义，因为油性只是患者的主观感觉。
- 然而药妆品能清除皮肤表面的油脂，但并不能有效地减少油脂的产生。
- 面部粉剂能像吸油纸一样有效地吸除油脂。
- 许多控油产品含有烟酰胺。
- 清洁产品可以无差别地去除面部多余油脂和细胞间的脂类。

油性皮肤（oily skin）的处理对皮肤科医生来说是个挑战，因为要去除多余油脂、减少皮肤油光，又要避免皮肤暂时性缺水，这很难达到平衡。许多油性皮肤的患者会试图使用强力的面部清洁产品去除皮肤表面的油脂（即皮脂），但是细胞间的脂类（即生理性脂质）也会损失，产生干性皮肤的表观。清洁产品不可能区分表面油脂与细胞间脂质。因此应选择对屏障损伤最小的清洁产品。许多治疗痤疮的药物含有可致皮肤刺激的成分，例如过氧化苯甲酰或维A酸，这些成分都会造成皮肤屏障受损。表22.1列出了一些药妆品成分，这些有可能是产品中控油的有效成分。

因为每种成分均有不同的作用机制，应根据患者的不同情况，采用一种循序渐进的方式加以使用，以获得最好的控油效果。框22.1是一个流程图，详细地描述了如何联合使用这些产品成分，并产生最好的效果。可根据患者的油性程度和性别来制订药妆品护理流程。

吸油纸作为一种新型控油方法，在日本广泛使用，在美国也越发流行。吸油纸是一种很薄、和面巾纸很像的装在硬纸袋里销售的产品，并且放在很小的分纸器里，方便女士置于钱包中携带。吸油纸按压于脸部油腻区，例如鼻子、前额和下巴中部，把多余的油脂吸到纸上，以减少面部油光。使用时，要用力按压吸油纸而不是擦，因为擦拭会抹去面部的化妆品。吸油纸能有效地吸除面部油光，男女皆宜。

表 22.1　用于油性皮肤的药妆品成分

药妆品成分	对皮肤生理的影响	患者选择建议
烟酰胺	减少皮肤表面油脂量	外用控油乳液
高分子吸附珠	利用范德华力使油吸附在聚合物小球表面上	润肤霜使用这种原理吸附皮肤表面的油脂
水杨酸	油溶性去角质剂,能进入油脂富集的毛孔区	作为收敛剂去除皮肤表面和毛孔内油性残留物
金缕梅	通过蒸汽蒸馏从叶子里获得的单宁类,有收敛作用	能够去除面部多余油脂,作为收敛剂有滋润作用
木瓜	来自木瓜果实的蛋白质水解酶,用于皮肤表面	此酶能移除皮肤表面油脂,并使角质细胞脱落
大豆	新鲜豆浆的成分,包含植物性雌激素——染料木黄酮	被认为抗雄激素成分以减少油脂产生
视黄醇	属于类视黄醇,维生素 A 的一种天然存在形式	有类似处方类视黄醇的作用,但效果稍弱,被认为可使皮肤干爽

框 22.1
控油流程图

第 1 步:清洁

富含水杨酸的洁面泡沫。

基本原理:

温和的合成清洁剂清洁毛囊内和周围的油溶性化学物质,有去角质作用。

第 2 步:爽肤水的使用

金缕梅收敛油性 T 区(整个前额、眉毛和鼻子之间)

基本原理:

温和去除面部油区多余的油脂而不损害面部干性皮肤区的屏障。

第 3 步:保湿药妆品的应用

含烟酰胺和(或)类视黄醇(视黄醇、视黄醇丙酸酯)的润肤剂。

基本原理:

减少皮肤表面油脂。

第 4 步:油的吸收

含高分子吸附珠的吸油乳膏。

基本原理:

聚合物吸附皮脂,减轻面部油光。

第 5 步:控油化妆品

面部吸油粉。

基本原理:

滑石粉能用来吸收多余油脂。

(翻译:周炳荣　审校:许德田)

干性皮肤

Zoe Diana Draelos

第23章

本章概要

- 矿脂是最有效的保湿剂，可减少99%的经表皮失水率。
- 经表皮失水率是屏障修复启动的信号。
- 甘油作为保湿配方中的保湿剂，可增加经表皮失水率。
- 将创新成分导入保湿基质中，大多数药妆品实现了其主要的护肤功效。
- 硅油是无油保湿剂中主要的保湿成分。

药妆品对干燥皮肤护理可发挥重要作用，一方面可以提高处方药物的疗效，另一方面可以预防疾病复发。如今各方清楚地认识到清洁的医学和社会价值，干性皮肤可由内源性和外源性原因引起。无论什么原因，通过使用药妆品，可以有效地改善皮肤干燥的外观、功能和感觉。表23.1列举了药妆品的活性成分，可让皮肤科医生帮助患者选择最有效的保湿剂。同时该表又分为封闭型保湿剂、吸湿剂、角质层调节剂和润肤剂等几个亚类。

优质的保湿剂应包含每个亚类的成分，通过多种不同互补机制来改善皮肤屏障功能。保湿剂的目的是增加皮肤含水量，改善皮肤光滑度，减少瘙痒、刺痛和烧灼感等症状。通过降低经皮水分丢失，增加从真皮到表皮的水通量，提高皮肤的含水量。减少经表皮失水率的最佳药剂是矿脂，然而，它必须与硅油和矿物油联合应用以降低黏度。从真皮到表皮的水通量是通过应用吸湿剂来实现的，通常甘油作为主要的吸湿剂，联合辅助吸湿剂应用。最后，通过应用润肤剂填充即将脱落的角质细胞之间的间隙，使皮肤看起来光滑。

以上所讨论的成分都被认为是药妆品的活性成分。最近已能人工合成神经酰胺-3，降低了成本，这样就能用于面部保湿剂中，加速面部皮肤屏障功能的修复。尿素和乳酸也有用处，尿素比较独特，可以打开角蛋白上的水结合位点，因此可以水合干燥、胼胝化的皮肤。变硬的角蛋白水合后也可以让胼胝变软、易去除，同时通过保留脱水的角质形成细胞而改善皮肤干燥。乳酸对干燥和光老化皮肤也是有效的，因为它可以溶解角质细胞之间的桥粒，加速角质细胞脱落。这些有效成分除了单纯地抑制经表皮失水率外，还可影响皮肤。含有这些成分的配方有时也被称为“活性”保湿剂，由于它们可以影响皮肤的功能，因而确实也可以被认为是药物。

甘油也被认为是一种活性保湿剂，因为它可以调节皮肤中的水通道蛋白，控制渗透压平衡和细胞分化。多年来，已知含有甘油的制剂即使在停用后也有益于皮肤保湿。通常用于评估保湿剂功效的测试之一是：局部使用该产品28天，测量经皮失水率(TEWL)和角质层含水量以评估多少水分从皮肤散失，又有多少保留在皮肤。屏障受损的干性皮肤给予优质保湿剂 28 天后,TEWL 应会减少,而角质层含水量应增加。然后要求受试者停止使用保湿剂,并且在 1~2 周内不再使用任何其他产品,这被称为回归性评估,因为它可以评估受损皮肤恢复到正常状态所需要的时间。含有甘油的产品在回归期可以更好地改善皮肤功能,这意味着甘油对干性皮肤功能有深刻影响,如今将其归因于水通道蛋白的运输作用。

保湿制剂是真正的药妆品,它们能极大地改变皮肤的结构和功能。真正的主要作用是增强和维持皮肤的含水量,但同时也是防晒和其他活性成分最有效的载体。本书中讨论的大多数特殊活性成分都添加在保湿制剂中,再用于各类皮肤,这是因为每天整个面部涂抹保湿剂这一事实,使之成为将活性成分输送到面部的理想载体。此外,保湿制剂含有水溶性和脂溶性成分,可以溶解亲水性或亲脂性活性成分。因此,了解保湿制剂是了解药妆品的关键。

表 23.1 针对干性皮肤的药妆品活性成分

药妆品成分	对皮肤生理的影响	患者选择建议
A:封闭型保湿剂		
矿脂	快速减少 99%TEWL	对极干燥的皮肤最有效,油腻,可减少皮肤脱屑
矿物油(液体石蜡)	快速减少 40%TEWL	没有矿脂油腻,不引起痤疮
羊毛脂	模拟人类皮脂	导致过敏性接触性皮炎的常见成分,不用于低致敏配方
羊毛脂醇	与羊毛脂类似,但是侧链分子使肤感光滑	可使皮肤表面非常光滑,导致过敏性接触性皮炎的常见成分
液体石蜡	提供保护膜,减少 TEWL	非常好的手足保湿剂,用于手部皮炎和出汗不良
巴西棕榈蜡	提供保护膜,比液体石蜡较薄	和液体石蜡相同,天然来源的成分
二甲基硅氧烷	减少 TEWL 且不油腻	对痤疮和敏感肌患者非常好,低致敏性、非致粉刺性、非致痤疮性
环聚二甲基硅氧烷	较二甲基硅氧烷厚重	同二甲基硅氧烷
B:吸湿剂		
丙二醇	从有活性的表皮层(即棘层和基底层)和真皮吸收水分到角质层	对擦伤或敏感肌不宜,可致刺痛感
甘油	现有可增强角质层水合作用最有效的保湿剂 通过水通道蛋白 -3 传输,可影响细胞的渗透压平衡和细胞分化	高浓度使用皮肤会有黏稠的感觉,尤其在潮湿的环境下
透明质酸	作为辅助保湿剂	可作为甘油的补充,降低黏性
泛醇	维生素 B_5,是最有效的维生素吸湿剂	可作为其他吸湿剂的补充
PCA 钠(吡咯烷酮羧酸钠)	被认为是皮肤天然保湿因子的一部分	可能作为甘油的补充,降低黏性

续表

药妆品成分	对皮肤生理的影响	患者选择建议
C:角质层调节剂		
神经酰胺	细胞间脂质天然组分	改善特应性皮炎的皮肤屏障
胆固醇	细胞间脂质天然组分	应该保持与游离脂肪酸和神经酰胺的平衡
尿素	增加干燥角质形成细胞的水结合位点	水合肼胝和角蛋白残基
乳酸	降低角质细胞间黏着	增加鱼鳞病人角质细胞的脱落
D:润肤剂		
鲸蜡醇硬脂酸酯	抚平正在脱落的角质细胞	最常用的润肤剂,有光滑效果,但不油腻
马来酸二辛酯	在保湿配方中用于溶解 UV 防晒剂	提供优秀的皮肤光滑感
C12~C15 醇苯甲酸酯	填充正在脱落的角质细胞间隙	无矿脂的蜡样感觉

(翻译:潘毅　审校:许德田)

第24章 痤疮

Zoe Diana Draelos

本章概要

- 对成人痤疮最常使用的OTC原料是水杨酸。
- 多数痤疮护理产品中，水杨酸的最高浓度是2%。
- 针对青少年痤疮人群的祛痤疮产品也可能使用过氧化苯甲酰。
- 羟基乙酸不能宣称祛痤疮功能，因为这一点并未在痤疮专论中列出。
- 含有活性成分的祛痤疮产品被视为OTC药物(译者注：指在美国境内)。

痤疮(acne)可以用外用或口服药物予以治疗，既有处方药，也有非处方产品(over-the-counter，OTC)。药妆品，当然属于非处方产品，用于影响痤疮形成中的某些过程。一些药妆品成分甚至也有可能导致粉刺。列入致粉刺原料目录的成分包括可可脂、肉豆蔻酸异丙酯、工业级矿物油、工业级矿脂和植物油。现在，化妆品制造商一定会用化妆品级的矿物油和矿脂。工业级的产品更便宜，但也可能有煤焦油污染——其具有致粉刺性(comedogenicity)，可能是过去有关一些矿物油、矿脂类致粉刺的报道的原因。不过，这些资料太老了，已不适应当今的配方。从实际的角度看，化妆品痤疮(acne cosmetica)的概念已不合适了。

另一方面，发油性痤疮(pomade acne)是一个仍然可用的概念。一些消费者使用美发产品以使头发光亮、湿润，化学剂直烫后，让头发易于梳理造型，发油性痤疮可累及发际线部位。一些较老的发油配方仍有使用橄榄油和可可脂。从配方中去除此类成分，改用高质量、高纯度的化妆级原料，可以避免发油性痤疮。

对治疗痤疮具有辅助作用的药妆品原料列于表24.1。水杨酸(salicylic acid)，有时被称为β-羟基酸(译者注：它实际上是芳环酸，并不是β-羟基酸)，是痤疮OTC产品的主力成分。它可溶于某些油，能渗透到富含脂类的毛囊内部，使其内的角质栓松解，同时可能有轻度的抗炎作用。水杨酸对于痤疮的治疗有其价值，可被配方入洁面产品、保湿剂和粉底中。它具有角质剥脱作用，故也可用于抗衰老/痤疮双重作用的产品中，满足这部分女性的需要。羟基乙酸(glycolic acid)是一种α-羟基酸(alpha-hydroxy acid，AHA)有类似的用途。不过它是水溶性的，故角质溶解作用弱一些。最新用于祛痤疮的羟基酸是乳糖酸(lactobionic acid)。作为一种多羟基酸(polyhydroxy acid，PHA)，用于敏感皮肤的痤疮患者。乳糖酸角质溶解作用弱，但可以作为保湿剂，防止痤疮治疗过程中皮肤屏障损伤。

非处方类视黄醇(retinoids)除了应用于光老化皮肤护理外，在痤疮治疗中越来越受欢迎。低剂量的视黄醇丙酸酯(retinyl propionate)和视黄醇在真皮中可转化为维A

表 24.1 用于治疗痤疮的药妆品成分

药妆品成分	对皮肤生理的影响	患者选择建议
水杨酸	皮肤表面和毛囊开口处的角质剥脱,抗炎	强效的角质剥脱剂,可用于敏感性皮肤
羟基乙酸	皮肤表面角质剥脱	最适合用于光老化皮肤的角质剥脱
乳糖酸	皮肤表面角质剥脱,有保湿和抗氧化功能,低刺激性	保湿和角质剥脱
视黄醇丙酸酯	可能转化成具有生物活性的维A酸,低刺激性、稳定	温和的类视黄醇作用,适合敏感性皮肤
视黄醇	可能转化成具有生物活性的维A酸,刺激性稍强,不太稳定	温和的类视黄醇作用,适合于光老化皮肤
烟酰胺	无需低pH值,即可促进角质剥脱(因为有NADPH通路)	减少皮脂分泌,促进角质剥脱,敏感性皮肤可用
锌	抗炎	口服和外用均可

酸(tretinoin),后者是已确定的、治疗痤疮的处方成分,它可以消除和预防微粉刺。酶是OTC类视黄醇向处方成分维A酸转换机制中的限制性因素。不过,日间搽涂含有稳定的类视黄醇的保湿剂,对痤疮患者可能也有帮助。

本章讨论的最后两个可能对痤疮护理有帮助的活性成分是烟酰胺和锌。局部外用烟酰胺对皮肤有多种作用,这也许是因为它是NADPH通路的关键成分,而这一通路是每一个细胞产生能量的机制。烟酰胺被用于皮肤剥脱、减少皮脂分泌、治疗痤疮,口服和外用均可,外用常加入到着眼于减轻痤疮炎症的药妆品中。锌的情况类似,内服外用均可,用于减轻痤疮炎症。表皮中储存了全身11%的锌,男性每天锌的推荐用量是11mg,女性为8mg。锌是创伤愈合中主要的辅助因子。在OTC市场上,有三种主要的锌化合物:乙酸锌、葡萄糖酸锌和氧化锌。在皮肤创伤愈合中需要锌来完成金属蛋白酶酶的合成。已确定有超过300种酶需要锌,但这并不代表外用或口服锌可以用来治疗痤疮。

数种宣称有祛痤疮功能的原料未列入表24.1。其中一种是三氯生(triclosan),作为一种抗菌剂,用于外科洗手液、抗菌皂、祛臭皂、手部免洗消毒液。欧洲允许宣称含三氯生的产品能治疗痤疮和抗痤疮,但在美国,三氯生未被列入痤疮专论(acne monograph),因此不能作此宣称。但在口服和外用药物治疗痤疮的患者中,抗菌皂可有辅助治疗作用。还有许多植物成分也宣称祛痤疮效果,本质上是有抗炎作用。这类植物成分对脸部发红效果更好,所以放在第20章讨论。

(翻译:许德田)

药妆品的误区

第四篇

关于药妆品有很多误区。有些能持续流传，是因为患者未能得到皮肤科医生的帮助，所以不能理解有关的因果关系；另一些则源于化妆品市场销售部门的宣传侧重于吸引顾客，而失之于医学的严谨性。无论怎样，皮肤科医生的任务之一是拨云见日，指导患者应用正确的医学原理，助力他们的皮肤护理。误区常常来源于对一些数据进行过度解读，从而造成错误的推测。例如，饮水对于健康十分重要，但饮入许许多多水并不会有皮肤保湿作用；有时候，流行媒体的宣传也使误区的流传经久不息，例如很多人相信，泡热水澡时蒸汽可以滋润皮肤，但实际正相反，因为热水可以让皮肤脱脂，破坏皮肤屏障，极端的情况下可以引起皮肤干燥。本篇简明扼要地提供一些信息，帮助皮肤科医生辨明误区。

（翻译：许德田）

关于痤疮的误区

第 25 章

Zoe Diana Draelos

本章概要

- 宣称"不致粉刺"和"不致痤疮"的化妆品仍可能引起痤疮。
- 没有化妆品可以缩小毛孔。
- 不应打开维生素E胶囊涂在皮肤表面,因为它们是用来口服而通过肠道吸收的。
- 不是所有的防晒剂都诱发痤疮。
- 能用于痤疮药妆品的成分只有水杨酸和过氧化苯甲酰。
- 化妆品级的矿物油不会引发痤疮。
- 致粉刺试验是通过毛囊活检取样完成的。
- 致痤疮试验是在志愿者身上做的使用试验。

本章旨在对一些有关痤疮护理药妆品常见的误区予以厘清。皮肤科医生和患者都可能有类似的误区,而时尚媒体和铺天盖地的市场宣传,使得这些误区持续存在,它们看起来好像有道理,但又不能被科学方法所验证。本章中,我们将先呈现相关的误区,然后再讨论其背后可能的真相。所讨论的误区来自本书作者和编者对皮肤医生在行医、学习期间进行的调查。我们希望本章可以对相关误区进行简明扼要的分析,从而推动药妆品的科学发展。

标示为"不致粉刺"和"不致痤疮"的药妆品不会导致痤疮?

与"低致敏"宣称相似,市场上对宣称"不致粉刺(noncomedogenic)"和"不致痤疮(nonacnegenic)"并无默认标准(图 25.1)。这类产品开发的目的,是形成缓解痤疮的新产品线,给消费者以新的印象。为了宣称"不致粉刺"和"不致痤疮",需要做兔耳或人体致粉刺试验。一般认为人体试验结果更准确,但也高度依赖于进行测试的实验室能力如何。结果根据使用成品后是否出现新的痤疮皮损来判断。许多厂商根据产品中单个成分的安全记录来声称"不致粉刺"和"不致痤疮",这并不准确。正确的做法是根据最终成品的临床试验来判断。皮肤科医

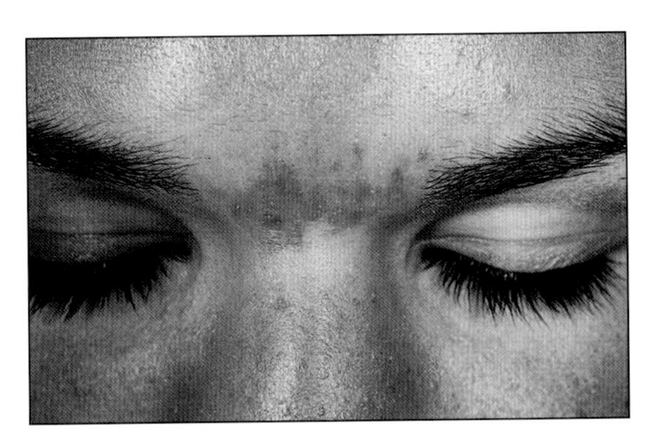

图 25.1 即使使用标示"不致粉刺性"和"不致痤疮"的产品也可能产生粉刺和痤疮

生应当假定，所有宣称“不致粉刺”和“不致痤疮”的产品仍有致粉刺或痤疮的可能。

矿物油会致粉刺？

矿物油（mineral oil）是护肤和彩妆产品中最常用的普通原料之一（图 25.2）。它是一种轻质的、价格不贵的油脂，无臭无味。因为它被列入几个致粉刺物质名单，故引起了担心。这些致粉刺物质名单是很多年前制定的，但在皮肤学论文中经常被引用。有几点很重要。首先，矿物油有不同级别。工业级的用作机械润滑油，纯度不如用于皮肤的化妆品级矿物油。后者是最纯净的级别，没有其他杂质。工业级矿物油可能有致粉刺性，但化妆品级的没有。优质的厂商只会从优质的供应商采购优质的原料以保证质量。我相信化妆品级矿物油是不致粉刺的，我也没有在我们为化妆品业界所做的任何致粉刺试验中发现其导致粉刺。

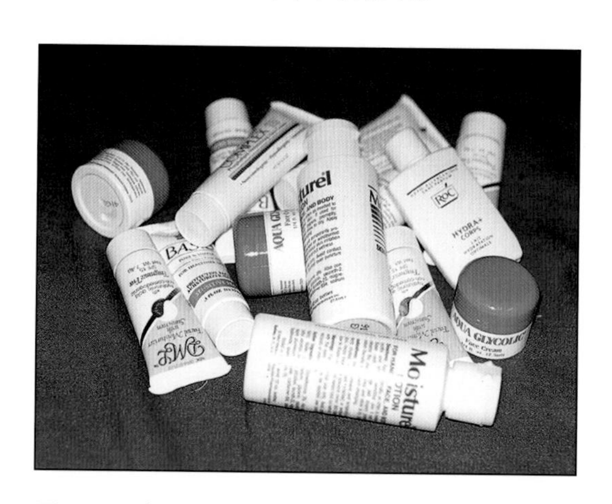

图 25.2　各种皮肤科医生推荐的面部保湿产品含有矿物油

防晒剂导致痤疮？

很多患者注意到使用防晒剂后痤疮暴发。此类患者多见毛囊周围丘疹和脓疱，在面部区域随机分布，通常发生在使用后 24~48 小时。我没有从这类患者皮肤取活检，但是我想根据自己所知的防晒剂作用原理提出一个推测。

多数市售防晒产品都主要是基于 UVB 吸收剂，例如甲氧基肉桂酸辛酯（octyl methoxycinnamate）、二苯酮 -3（oxybenzone）、胡莫柳酯（homosalate）等。许多防晒产品也使用 UVA 吸收剂，例如阿伏苯宗（avobenzone）、二氧化钛或氧化锌，作为辅助防晒剂。所有的 UVB 吸收剂和阿伏苯宗都是通过共振离域（resonance delocalization）作用将紫外线转化为热能。很多患者感觉到了这种热，声称他们不喜欢涂防晒霜就是因为感觉太热了。在有些患者中，我相信防晒霜引起的热加上晴朗天气的热度，增加了外泌汗腺的活跃度并导致出汗。这可能导致红痱（miliaria rubra），而封闭性强的防水防擦产品又会加重红痱。所以我相信，这种暴发问题很大程度上只是外泌汗腺口的丘疹或脓疱，而没有涉到皮脂腺，只有涉及皮脂腺才算真正痤疮。

维生素 E 胶囊改善瘢痕外观？

有一个常见的外行做法是把维生素 E 胶囊打开，将其内的油涂在瘢痕上按摩，希望能改善外观。我不相信这个方法会有效。胶囊中的维生素 E 是用于口服的，然后通过肠道吸收。维生素 E 溶解在植物油中，而植物油可能有致粉刺性。而且，这样用维生素 E 也不能被皮肤吸收。起作用的是按摩，可能对瘢痕有好处。我会推荐专为皮肤设计的保湿霜作按摩用，而非口服维生素 E 胶囊。

羟基乙酸可以缩小毛孔？

羟基乙酸是水溶性化学剥脱剂，它无法进入毛囊中的油性环境，所以不能在毛囊内部产生剥脱作用。它可能促进皮肤表面光滑度，让毛孔看起来缩小了，但并不能在实际上让毛孔缩小。事实上，并没有药妆品成分能让毛孔真正缩小。

水杨酸是油溶性化学剥脱剂，可以消除毛孔中的残屑，使皮肤显得光滑，但也不能真正缩小毛孔。区分真正的毛孔缩小和皮肤外观视觉上的变化很重要。图 25.3 显示了含有角质残屑的毛孔。用水杨酸将其清除后，毛孔的外观得到了改善，被角质残屑撑大的毛孔回缩，但毛孔的物理尺寸无法改变。

图 25.3　含有角质残屑的毛孔外观。用水杨酸清除之，可以改善毛孔外观，由于残屑被清除而可使毛孔收缩，但是毛孔的物理尺寸无法改变

局部外用维 A 酸可以帮助治疗痤疮瘢痕？

维 A 酸是否有助于痤疮瘢痕的治疗，并不确定，皮肤科医生的看法也不一致。维 A 酸调节毛囊角化，从而改善粉刺、脓疱和表浅的痤疮丘疹。也许这种对痤疮的治疗作用只是让皮肤的外观变得光滑了。长期使用维 A 酸还可增加胶原蛋白合成，也可能会改善痤疮瘢痕。维 A 酸是否能改善痤疮的凹陷（萎缩）性瘢痕从未有过定量研究，因此需要进一步调查。不过，制药行业可能不会推动这项研究，因为维 A 酸是普药，痤疮瘢痕也未列入它的适应证。

多种清洁剂、保湿剂和辅助护肤产品构成的复杂组合对好皮肤是必需的？

护肤方法多种多样。有简单实用的香皂加水每天 2 次洗脸，也有多达 20 个步骤的护肤程序，哪个更好？我不确定自己知道答案。在日本，护肤是一个复杂的仪式，要使用多种清洁剂、爽肤水、保湿产品等。日本人也认为自己的皮肤是各个种族里最敏感的，特应性皮炎的发生率在日本也在快速上升中。是不是因为他们使用了过多的产品呢？我也不知道答案。但是，毫无疑问的是，把皮肤"折腾"得越多，产生问题的机会越多。也许"万事皆有度"这个古训是最好的建议，护肤亦如此（图 25.4）。

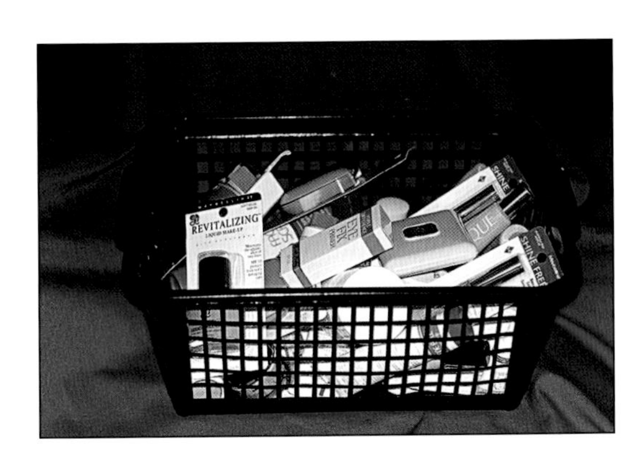

图 25.4　使用复杂的程序护肤是否对皮肤有好处，并无科学证据

女性 30 岁后痤疮很少，而且通过特殊护理可以改善？

女性 30 岁后发生痤疮（成人痤疮）越来越常见了，产生这种趋势的原因尚不清楚，但可能和月经前后的激素波动有关。如此推测是因为我们观察到此类痤疮并没有开口或闭口粉刺，而是炎症丘疹和脓疱。由于这类皮损深达表皮深层和真皮，表面的皮肤护理可能达不到很好的效果，所以最好服用抗生素和激素药物，如避孕药或雌激素替代治疗以控制此类问题，彩妆和护肤品收效甚微。

药妆品不能进行可信的致粉刺试验?

致粉刺试验应当在有痤疮的患者身上进行。过去是在兔耳上做试验：把产品涂在兔耳内侧，然后肉眼评估是否出现粉刺。此试验对人体的参考价值似乎不大，动物试验又不受欢迎，所以现在用人体试验：选择本身可以产生粉刺的人，把产品涂抹于上背部，连续 14 天。阳性对照用焦油，阴性对照用矿脂。再把氰丙烯酸树脂涂在玻片上，从试验皮肤区域取样检查，若发现粉刺增多，则认为受试产品具有致粉刺性。这种人体试验模型的结果具有可重复性，但受试者必须本身就能产生粉刺。所以，致粉刺试验的可靠性取决于受试人群的选择。（译者注：氰丙烯酸树脂取样法仅能取得毛囊管型和微粉刺，但不能取得肉眼可见的较大粉刺，研究者在测试中应当注意这一点。）

OTC 祛瘢凝胶可以帮助改善痤疮瘢痕?

市面上有许多 OTC 祛瘢凝胶和祛瘢霜，有一些含防晒成分，宣称可以改善瘢痕外观。快速审视一下这些产品的成分，就能发现其配方和保湿剂十分相似，只是加了少量其他成分，常用的是洋葱提取物，它含有植物抗氧化和抗炎成分，例如槲皮素（quercetin）。产品说明通常建议：伤口完全上皮化之后方可使用，因为配方不能用于破损的皮肤。在涂抹后轻轻按摩，每日 3 次。皮肤科医生建议可对增生性瘢痕按摩，以使其柔软，所以看起来这类产品的功能实际上是充当按摩油，减少摩擦。需要注意，这类霜宣称的是“改善瘢痕外观”，而非“改善瘢痕”。改善瘢痕外观可以仅指让瘢痕亮一点，因为上面涂了保湿剂，而非让瘢痕获得永久性改善。消费者了解产品标签的意思十分重要，因为这些产品是否能改善痤疮瘢痕取决于消费者的心理期望。

（翻译：许德田）

关于抗衰老的误区

Zoe Diana Draelos

第 26 章

本章概要

- 昂贵的保湿药妆品改善皮肤屏障功能并不一定优于便宜的产品。多数药妆品中最贵的成分是包装和香料。
- 保湿剂通过封包减少水分丢失而增加皮肤含水量，因而只能减少脱水引起的皱纹。
- 羟基乙酸换肤不需要产生痛感就可以促使角质剥脱。
- 视黄醇类化妆品不能达到处方维A酸的抗皮肤衰老功效。
- 美黑产品不能提供有效的UV防护作用。
- 绝大多数药妆品留在皮肤表面，不能充分穿透到真皮发挥作用。
- 天然物质没有明确的定义，所以植物性成分可以认为是天然的。
- 包含大量植物性成分的药妆品难以进行斑贴试验，所以敏感性皮肤和患者尽量减少用这类产品。

皮肤科最多的误区是关于药妆品能多大程度上改善皮肤衰老外观的问题。注意，当特指药妆品改善皱纹的功效时，常用“外观”这个词。这是因为，事实上化妆品改善外观意味着这种宣称属于美容性质而非药物治疗性质，它决定了改善外观就是活性成分作用于表观，而不是真正改变了功能。然而，由于消费者的需求和市场的诱惑，仍有一些误区和宣称继续流传。这些化妆品抗衰老误区是执业医师最常被患者问到的问题。

保湿产品越贵越有效?

对于许多消费者而言，一分价钱代表一分货。这在其他商品可能是真的，但是在保湿剂上绝对是谬传。任何一种面部保湿制剂最昂贵的部分就是香料、瓶子和包装。这些只是用来吸引眼球，对于保湿效果并无用处。一瓶优质的保湿制剂也就在30美元以内，产品价格高出的那部分都是营销价格，而非产生的护肤功效。有效的保湿剂通常含有封包剂、保湿剂和各种形式的硅酮(译者注：silicone，化妆品业界常称“硅油”)。理想状态下，保湿剂应该包含防晒成分以增加光保护作用。没有哪种保湿剂可以改变图26.1

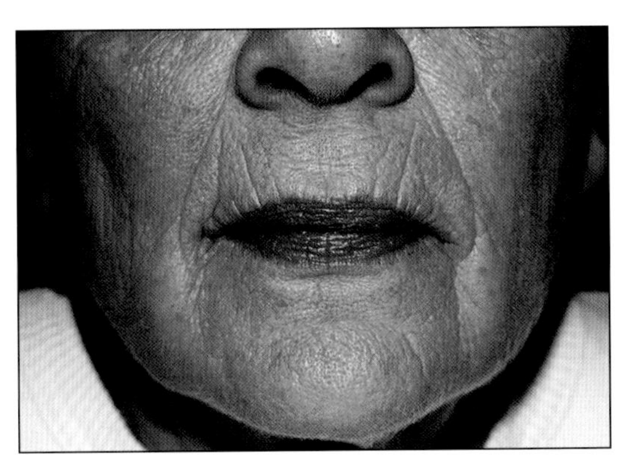

图 26.1 没有保湿剂可以改善由于表情肌运动、面部皮下脂肪丢失和面部骨质疏松引起的皱纹

所示的那种下面部皱纹。

保湿产品能祛皱?

保湿制剂不会祛除皱纹,只是让皱纹外观看起来浅一些,主要通过增加皮肤水合程度实现。保湿制剂含有封闭剂,例如矿脂、矿物油或聚二甲基硅氧烷,这些成分可以减少经皮失水率从而增加皮肤含水量,减少或抚平由于角质层屏障功能障碍引起的皱纹。屏障修复会预防皱纹复发,保湿剂创造了启动屏障修复的环境。因而,保湿产品不能祛皱(图 26.2),只是提供了一个环境,可以逆转角质层屏障功能障碍引起的脱水。

有一些新型保湿剂标榜“模糊皱纹”。

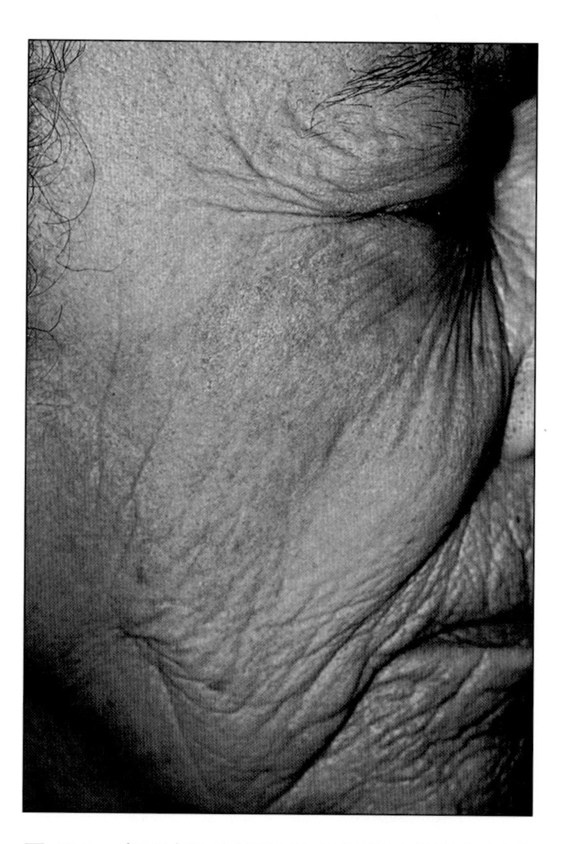

图 26.2　侧面部的粗深皱纹不能通过保湿作用改善,因为这些皱纹不是皮肤缺水引起的

这种机智的术语是告诉消费者:皱纹可能看起来有点平。这些产品往往基于硅酮凝胶,硅酮凝胶可以填充到皱纹深部,通过微小颗粒的光反射作用让皱纹的深度看起来浅一些。这些产品的光学效果非常显著,但只是美妆,作用在卸妆之后即消失。

药妆品可以作用于面部肌肉改善皮肤质地?

第一个号称能作用于面部肌肉的药妆品是 DMAE(dimethylaminoethanol,二甲基乙醇胺)。它可以释放肌肉运动所需要的神经递质——乙酰胆碱。DMAE 原本是作为阿尔茨海默病患者(Alzheimer's disease)和注意力缺陷障碍(attention deficit disorder,ADD)儿童的顺势营养补充剂。DMAE 含量最高的天然食物来源是三文鱼/鲑鱼,这解释了为何近些年流行的饮食指导每周要多次食用鱼类。

利用 DMAE 改善面部皮肤外观的理念基础是:面部皮肤覆盖在面部肌肉的基础之上。如果底部的肌肉收缩紧致,上面覆盖的皮肤看起来轮廓就更好。这就可能带来皮肤外观的改善,化妆品术语有时候称为“更好的肤质(better skin tone)”。DMAE 使用初期会有刺痛瘙痒感,随着继续使用会减退消失。长期外用药妆品是否能改变肌肉功能获得益处,仍然悬而未解。

另外一种含有生物工程肽的药妆品宣称可以影响神经肌肉接头并放松面部肌肉,和 DMAE 的作用相反。这种肽类期望模拟肉毒杆菌素(肉毒素)的作用。

总而言之,关于药妆品刺激或放松面部肌肉张力仍需要很多基础和临床研究。即使是放入口中或以口唇挤压的面部运动装置都不能改变面部肌肉的质地。

美白霜可以迅速改善棕色斑？

遗憾的是，没有植物性或基于氢醌的美白霜可以迅速改善棕色斑点的外观。大多数产品至少需要 6 周甚至 3 个月才能起效。因为美白霜的活性成分不能有效去除皮肤黑色素。它们通过阻断黑色素的合成或者黑素小体转移途径而起效。这意味着，美白霜只是关闭了新的色素形成，原有色素的清除还是需要通过经典生理机制完成。

美白霜用于面部效果最好，是因为面部皮肤渗透性强。而颈部、胸部和前臂的色素沉着对美白霜反应慢，是由于活性成分在这些部位渗透性差（图 26.3）。由于氢醌（对苯二酚）的安全性得到美国食品药品监督管理局（FDA）的质疑，许多 OTC 非处方的植物性美白霜进入药妆品市场。其中一种配方就含有羟基苯氧基丙酸、鞣花酸、水杨酸成分。羟基苯氧基丙酸减少黑色素生成，鞣花酸是一种抗氧化剂，而水杨酸是一种渗透促进剂。还有一种配方是基于木质素过氧化物酶（lignin peroxidase），来自树生真菌黄孢原毛平革菌（*Phanerochaete chrysosporium*）。木质素过氧化物酶能帮助分解腐烂的植物中的细胞壁（由木质素组成）。然而，木质素过氧化物酶也能分解黑色素。由于美白是非常重要的美容需求，不久的未来一定会有其他美白配方出现。

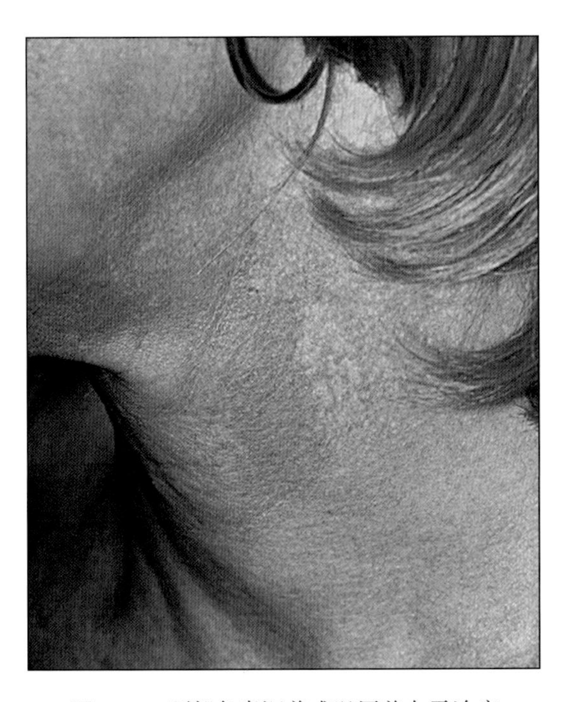

图 26.3　颈部色素沉着难以用美白霜治疗

羟基乙酸剥脱剂一定要痛才能发挥作用？

有一个习语“没有痛苦，就没有收获”，也被误用于肌肉和皮肤。虽然肌肉锻炼必须达到筋疲力尽的程度才能增加肌肉量，但是皮肤却不能这样。任何引起疼痛的手段都会损伤皮肤。有时皮肤科医生会在权衡利弊后，确保在收益大于风险的情况下造成皮肤损伤，但是伤害依然是存在的。例如，羟基乙酸剥脱剂用于剥脱皮肤最外面的一层，祛除不需要的黑色素并使皮肤颜色更亮更光滑（图 26.4）。然而，疼痛意味着皮肤已经受伤，由此引起的发炎实际上会通过炎症后色素沉着使皮肤颜色更差。剥脱剂仅仅是为了去除角质层的话，就不应该伤害到皮肤。因此，羟基乙酸角质剥脱不一定要疼痛才能起效。

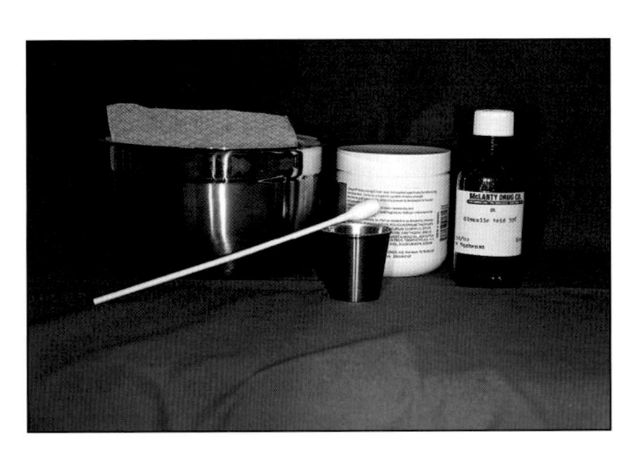

图 26.4　温和换肤的常用器具

药妆品需要穿透皮肤屏障才能发挥作用?

药妆品可以在皮肤的不同部分发挥作用。矿脂、矿物油和二甲基硅氧烷在皮肤表面发挥作用而不需要穿透皮肤。而维A酸不能在皮肤表面发挥作用,必须穿透到真皮层和维A酸受体结合才能起效。就像这本书所描述的,药妆品含有多种活性成分,每一种活性成分均应该分开考虑功效。不是所有的成分都需要穿透皮肤屏障发挥作用。

局部外用补充维生素和口服制剂对改善皮肤同样有效?

在美容和化妆品领域,比较口服和外用维生素补充剂的疗效,是一个持续的争议性话题。然而,我相信,口服维生素和补充剂的疗效远远优于局部应用,这一点上几乎没有争议。但是,外用维生素的某些作用也是口服不能达到的。例如外用维生素E是一种有效的润肤剂,使因紊乱而变得粗糙的角质层变得手感光滑柔软。而口服维生素E不能改善皮肤质地,因为维生素E内服只能发挥抗氧化作用。因此,维生素外用和口服各有独特的好处。

含有维生素的产品可以逆转光老化?

有很多药妆品含有抗氧化剂维生素A、维生素C、维生素E。但很有意思的是,这些产品却没有维生素宣称。没有药妆品因为含有维生素宣称逆转光老化,因为这将构成药物宣称,FDA将会警告厂家要求他们停止宣称或撤回在售产品。大多数药妆品只是宣称它们含有维生素,而留给消费者去判断外用维生素的好处。因此,含维生素的产品可以"减轻老化的外观",但不能"逆转光老化"(译者注:从法律上讲)。

非处方的类视黄醇可以和处方维A酸的效果类似?

如第4章所述,视黄醇类是一大类复杂的药妆品成分。视黄醇是视力所必需的类视黄醇维生素。如果视黄醇可以保持稳定,皮肤就有可能经过酶促反应将小量视黄醇转化成维A酸。但是,这只是理论可能,从来没有量化测量过这种效应。

SPF大于15的防晒剂不能提供额外的光保护作用?

SPF超过15的防晒剂实际上可以提供更多的光保护作用,只是增加的幅度非常小。表26.1总结了SPF值和UVB保护作用比例之间的关系。

表26.1　SPF值对应的UVB光保护程度

SPF值	可以阻挡的UVB百分比(%)
4	75
8	88
15	93
30	97
45	98

请注意:SPF4的防晒剂可以阻挡75%的UVB,但是SPF15的防晒剂只能阻挡93%。虽然UV保护作用随着SPF增加而增强,但是增加的幅度随着SPF增加而减少,就像SPF30的防晒剂相对于SPF15的防晒剂UV保护作用只增加了4%。因而,

皮肤科医生通常推荐 SPF15 的防晒剂和其他美容产品联合应用，因为更高 SPF 的防晒产品随着防晒活性成分的增加而变得更黏稠。但对于 UVB 敏感的疾病患者，高 SPF 值的防晒剂就非常有价值了。

需要重点记住的是，造成防晒产品无效最重要、最常见的原因是没有在皮肤表面形成完整的膜，原因可能是由于涂抹不均匀或其在皮肤表面移动。图 26.5 是一个 400 倍显微镜视频图像，显示的是面部皮肤表面上包含防晒剂的粉底。注意 2 小时之后防晒剂形成的膜开始破裂，意味着此种产品应用 2 小时之后防晒剂就不能发挥宣称的 SPF 的光保护作用了。要达到足够的光保护作用，防晒剂必须反复频繁使用(译者注：在用量充足且防晒膜完整的情况下例外)。

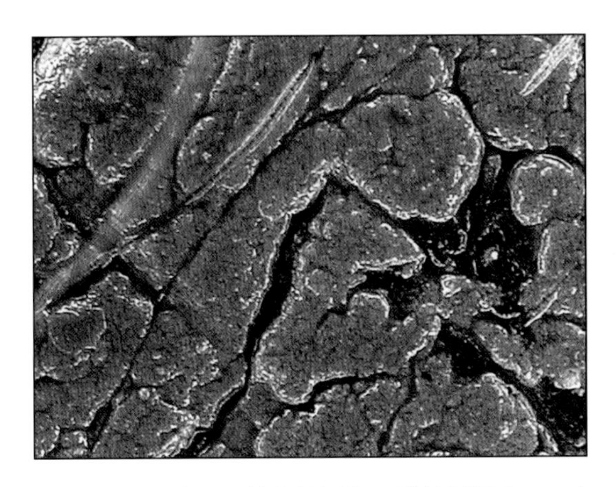

图 26.5 皮肤表面粉底的视频显微镜图像(×400)

新的防晒剂指南开始使用“广谱”这个专业词汇。为了达到这个词所隐含的意思——保护皮肤不受 UVB 和 UVA 损伤，防晒系数必须达到 SPF30。因而最重要的是，SPF15 的防晒剂不能进行这样的宣称，而 SPF30 的防晒产品代表了最低的广谱保护产品。(译者注：中国采用不同的标识体系，单独对防晒产品的 UVA 防护能力，即 PFA 进行测试，故本书的这一表述不适用于中国及其他采用同样测试标识方法的国家或地区，如日本。)

自美黑化妆品具有光保护作用?

自美黑化妆品的活性成分是二羟基丙酮(dihydroxyacetone，DHA)。DHA 是一种三碳糖，可以制成白色结晶粉末。它与氨基酸、肽和蛋白质形成不易染色的物质(chromophobes)，称为蛋白黑素(melanoidin，类黑精)。其在结构上和皮肤黑色素有一定的相似性。当 DHA 暴露于角蛋白时发生褐变反应，称为 Maillard 反应。DHA 在工艺上被归类为着色剂或无色染料。通常在自美黑产品中添加浓度为 3%~5%。低浓度的 DHA 产生轻度晒黑效果，而高浓度产生更深的黑色。这使得自美黑产品可以通过不同配方产生轻度、中度和强烈晒黑色调。

通过增加角质层的蛋白质含量，可以提高自美黑产品的颜色深度。正如预期的那样，有更多蛋白质的皮肤区域染色更深。例如，角化增生性疾病(如脂溢性角化病和光化性角化病)会出现色素增强。蛋白质丰富的皮肤区域，如手肘、膝盖、手掌和脚底，也会染色更深。DHA 不会让口腔黏膜染色，但会让头发和指甲着色。化学反应通常在 DHA 应用后 1 小时内可见，8~24 小时后达到最强黑化效果。

DHA 无毒，可以口服和局部应用，安全记录良好，只有少数报道敏性接触性皮炎病例。然而，褐变反应并不能产生足够的光保护作用。在大多数情况下，最长在应用的 1 小时内，自美黑产品可以发挥 SPF3~4 的保护。这种光保护作用并不像人工晒黑持续的时间长。褐色只能提供极其有限的光保护作用，而且保护作用仅仅局限在可见光短波端和UVA重合的光谱部分。过去,DHA被批准联合指甲花醌应用作为光保护剂,但是由于不受欢迎,新的防晒剂专论已经删除了这种成分。然而,作为一种日光晒黑的安全替代产品,DHA依然受到欢迎。但是基于实际目的,皮肤科医生需要了解的是:它不能提供光保护作用。

纳米颗粒增强药妆品的抗衰老效应?

含有纳米颗粒的药妆品有多种功效宣称。纳米颗粒是直径为1~100nm的小颗粒。纳米颗粒并不是真正的新事物,而是在环境中常见的火或燃烧的副产品。纳米粒子一般存在于汽车尾气、飞机尾气和大气污染中。环境中存在的纳米颗粒越来越受到关注。这些颗粒人肉眼看不到,但是它们可以穿透皮肤和肺组织进入淋巴管和血液循环,进而广泛分布于整个身体。遗憾的是,一旦这些粒子进入体内,就不能被清除。

目前,纳米颗粒研究应用于含有氧化锌和二氧化钛的防晒剂,但是,含苯酮或甲氧基肉桂酸辛酯的纳米分散有机防晒配方也被开发出来。所有纳米颗粒防晒剂都引起同样的健康担忧:不必要的渗透性——因为防晒剂只需停留在皮肤表面,不需要穿透皮肤。当二氧化钛或氧化锌纳米颗粒穿透皮肤时,会发生什么样的危险?二氧化钛和氧化锌都是化学惰性的。理论上讲,它们可以无限期留在体内,无论是残留在真皮或者通过循环散布到周身。看起来似乎防晒颗粒能够吸收和反射皮肤内的紫外线辐射,引起真皮内氧自由基的产生,引发炎症级联反应。(译者注:已有一项新的光学示踪研究显示,纳米级氧化锌不会穿透到真皮中。Zhen Song, Timothy A. Kelf, Washington H. Sanchez, Michael S. Roberts, Jaro Rička, Martin Frenz, Andrei V. Zvyagin. Characterization of optical properties of ZnO nanoparticles for quantitative imaging of transdermal transport. Biomedical Optics Express, 2011;2(12):3321-3333.)

没有人知道纳米颗粒防晒产品的残留是否会增强皮肤的光敏性或引起皮肤早衰(以高水平白介素IL-8和IL-12为特征的慢性低度炎症导致皮肤早衰)。因此,纳米颗粒的安全性以及它们在药妆品的应用仍有争议,目前为止,还没有证据证明纳米颗粒技术可增强效果。(译者注:但纳米级颗粒防晒剂对于外观和肤感的改善是明显的,因而可以增强消费者使用的依从性。)

珍稀的药妆品成分对皮肤更有益?

昂贵的药妆品可能因为含有稀有成分而吹捧自己对皮肤的好处。例如,从圣地亚哥收获海藻,再飞往纽约在磁化管发酵4个月,就成为一种稀有成分,添加到一瓶2100美元的面部保湿产品中。另外一种每瓶500美元的面霜,所蕴含的珍稀鱼子酱来自里海中自然繁殖过程中的白鲟。鱼子酱(caviar)费用高昂是因为濒危物种法案限制利用以及必须新鲜收集后立即送到实验室进行进一步处理。除非进行双盲安慰剂对照研究,现在没有证据能证明这些稀有成分对皮肤有任何好处,价格并不和抗衰老药妆品的效果相关,这是千真万确的。

丰唇药妆品能增加嘴唇尺寸?

自从新的注射填充剂被批准用于丰唇,在大量的局部外用药妆品中引发了一场潮流,意欲复制这种丰唇效果。许多外用丰唇产品含有透明质酸微球。包在油性润唇剂中的微球接触皮肤表面时就会膨大。它们可以吸收高达自身重量25倍的水分，聚集在口唇皱褶中，扩张开后形成更均匀的表面，达到美唇效果。这种效果是暂时的，去掉微球即消失。大多数丰唇的化妆品利用硅技术提高嘴唇的光泽和光滑度。二甲基硅氧烷是主要的亮光物质，但是必须和其他硅酮结合保持定型。硬脂基聚二甲基硅氧烷(stearyl dimethicone)是一种烷基硅氧烷(alkylmethylsiloxane)，是一种蜡而不是油，在体温状态下融化增加嘴唇水合。这些可以和全氟代壬基聚二甲基硅氧烷(perfluorononyl dimethicone)联合使用增加嘴唇的美容效果，使得嘴唇感觉光滑。丰唇类药妆品性可以让嘴唇看起来更平滑，但并不会增加嘴唇的物理尺寸。

(翻译：王佩茹　审校：许德田)

第 27 章

关于植物成分的误区

Zoe Diana Draelos

本章概要

- 关于药妆品的各种误区常见于流行媒体，作为皮肤科医生应能帮助患者辨识真相，避免误导。
- 低致敏性是指较低的致敏性，不是指没有致敏性。
- 所有药妆品均含有防腐成分。
- 天然成分对敏感性皮肤未必是安全的。
- 迄今还没有被认证为具有日光防护功能的天然成分。
- 抑汗剂不会对汗腺造成永久性损伤。
- 没有准确定义界定究竟什么是天然，所以植物成分可能理所应当地被视为天然。
- 含有很多种植物成分的药妆品较难针对每种成分进行斑贴测试，因此敏感性皮肤患者应尽量少使用这类产品。

关于植物性药妆品的误区很多，部分原因可能是因为植物具有天然、不含防腐剂、健康、全面、舒缓、修复、疗伤等各种光环。当然，植物王国是各种活性成分的丰富资源。植物适应在紫外线充足的环境中茁壮成长，正因为这个原因，人类从植物中寻找应对氧化损伤的解决办法。植物提取物提供了丰富的抗氧化剂和抗炎成分资源。但是，一个主要的问题是，这些植物成分能否被皮肤更有效地吸收或局部外用。为了便于添加到保湿产品及其他外用产品中，大多数药妆品中的植物已经经过深度加工。药妆品通常制备成典型的膏霜、乳液、精华或溶液等形式。植物成分必须是液体或粉末形式以便配制成质地美观的配方。本章讨论一些较常见的药妆品误区，并对这些误区进行深入分析。

低致敏性植物药妆品不会引起皮肤过敏反应？

“低致敏性”(hypoallergenic)这一市场术语是指“降低的致敏性”，而不是“不会致敏”。这一术语是 Estée Lauder 旗下的 Clinique 通过广告最早普及的，目的是为了确立其新彩妆产品的独特形象。尚没有官方指南使用“低致敏性”这一概念。皮肤科医生应该考虑的是，对所有患者来说低致敏性化妆品也是引起过敏性接触性皮炎的一种来源(图 27.1)。希望化妆品企业在宣称“低致敏性”时已经对产品进行了重复激发斑贴测试(repeat insult patch test，RIPT)作为安全性评价的一部分，而不能仅靠假设。低致敏性药妆品通常不含任何皮肤科医师进行斑贴测试的标准致敏试剂盒成分。此外，它可以在玫瑰痤疮或者特应性皮炎的敏感患者中开展测试。皮肤科医生应该将

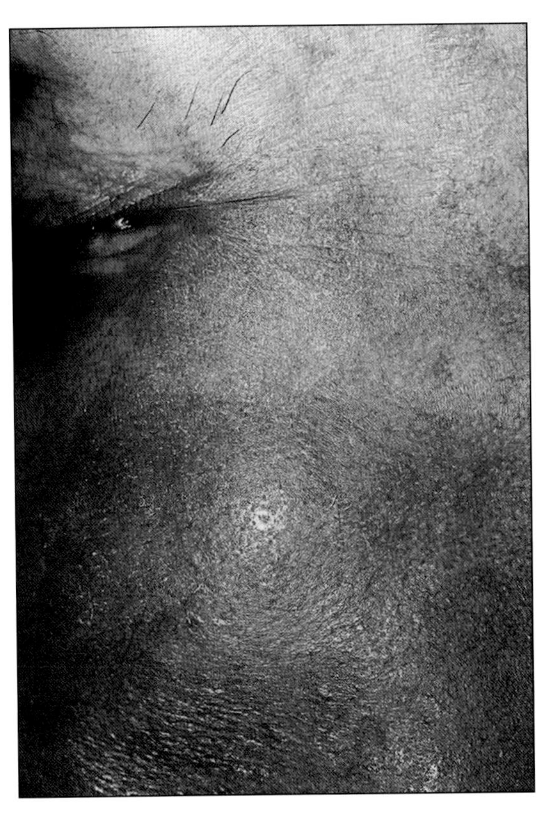

图 27.1　一种低致敏性产品导致的过敏性接触性皮炎

“低致敏性”视为一种市场宣称而不是功效宣称。

不含防腐剂的植物性药妆品皮肤反应更低?

许多产品宣称因“不含防腐剂”而对皮肤更好。这在一定程度上是无意义的说法，因为所有产品必须含有防腐成分(图 27.2)。防腐成分分为几类，一些被归为抗氧化剂的防腐成分可以防止配方中的油脂酸败和色素降解。常见的抗氧化防腐成分有生育酚乙酸酯、视黄醇棕榈酸酯以及维生素 C。这些物质与外用添加剂维生素 E、维生素 A 和维生素 C 同属一类，许多厂商宣称用于皮肤抗氧化。氧化作用是一种普遍现象，能引起活体或生物来源物质的老化。不过，生育酚

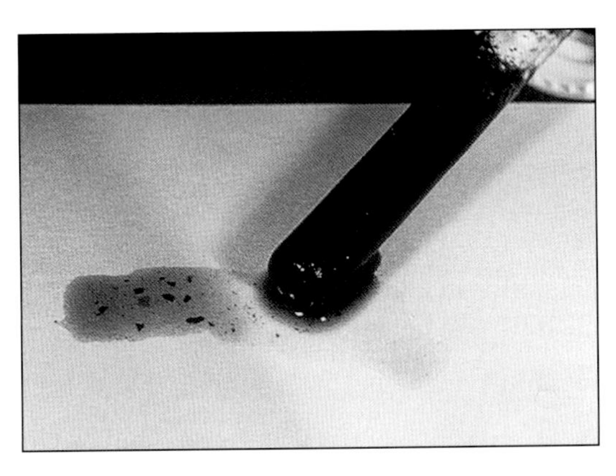

图 27.2　所有外用维生素 C 制剂必须含有防腐剂以防止维生素 C 氧化引起产品变色

乙酸酯、视黄醇棕榈酸酯及维生素 C 在产品中用作防腐的浓度，没有多少抗氧化生物活性。含有维生素衍生物抗氧化剂的产品可以宣称不含防腐剂，因为这些产品不含“合成的”防腐剂。

另一类防腐剂包括防止细菌、酵母和真菌等微生物污染的物质，如苯氧乙醇，甲基氯异噻唑啉酮 / 甲基异噻唑啉酮混合物(原文 Kathon-CG)，溴硝醇(2- 溴 -2- 硝基丙烷 -1,3 二醇，布罗波尔)，尼泊金酯类等。由于所有的配方都含有水，无论是否被称作防腐剂，配方中一定包含防腐物质以保证产品在保质期内不被污染。有些丁香提取物如丁香酚，具有防腐作用，一些“天然配方”可能使用这类成分达到防腐的作用。某些传统防腐剂，如苯氧乙醇，因为有玫瑰香味，即使有防腐功能，也表述为用作香精(译者注：在中国法规中，苯氧乙醇被归入防腐剂，不属于香精)。大多企业即使无水配方也使用防腐剂，尽管可能没有必要这么做。

总之，除了纯的矿脂，没有“不含防腐剂”的配方。(译者注：干粉、精油类可以不含防腐剂。某些在清洁条件下生产的无菌一次性产品，也可以不含防腐剂。)防腐剂可能还有其他的功能，或者是具有防腐作用

的天然成分，但所有的产品必须加以保护，避免被污染或被氧化。

植物性药妆品是天然的？

一些错误的观念认为所有植物性药妆品来源于植物，所以都是天然的。虽然大多数植物活性成分首先是从植物中发现并被分离出来的，但未必继续从植物中制备，因为从植物中提取大多过于昂贵。很多植物提取成分通过修饰或化学合成以便更容易添加到润肤露中。比较有代表性的是如果把叶子或仙人掌刺碾碎后直接撒在润肤乳中不会有美好的感觉（图 27.3），而经过深加工制成液体或粉末就适合用于药妆品。最好的例子就是尿囊素，植物性来源是紫草根部，但大部分药妆品中用作敏感性皮肤抗炎剂的尿囊素都是通过尿酸合成的。这些合成的尿囊素虽然和植物来源的尿囊素是生物等效的，但是由化学工厂合成而来，而非在大自然中生长的产物。因此“植物源性的都是天然的”这一说法并不准确。由于所有的化学物质都是从地球上存在的物质衍生而来，所以从一定意义上来说化学物质都是天然的。

图 27.3 由于仙人掌刺外用不被接受，所以仙人掌提取物通常是被深度加工的原料

植物来源的香精不会导致过敏性接触性皮炎？

有很多新上市的植物来源的香精宣称“低致敏性”。请注意这一术语是指降低致敏的概率，并非零致敏风险。另外，低致敏性是指降低过敏（变应）性接触性皮炎的发生率，不是指降低血管运动性鼻炎和其他由香精诱发的非特异性鼻腔或呼吸道疾病的发生率。植物来源的香精对敏感体质人群最有可能引起过敏性接触性皮炎。我通常建议患者在使用低致敏香水前，先在肘窝连续试用 5 个晚上，避免用后引起泛发性过敏性接触性皮炎（图 27.4）。

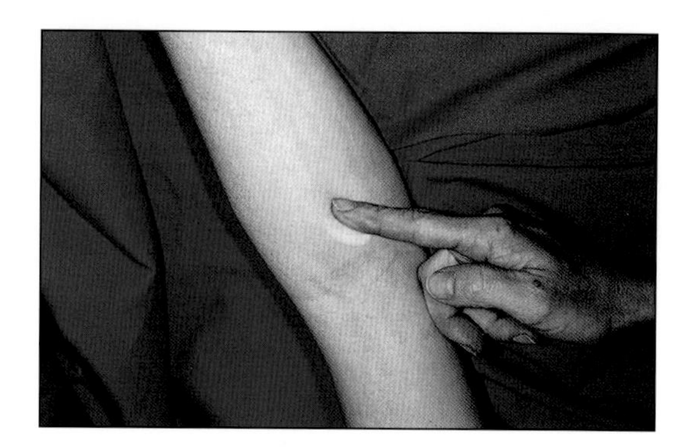

图 27.4 肘窝涂抹测试是评价敏感性皮肤患者潜在致敏成分的一种非常好的方法

植物性药妆品有利于减少皮脂分泌？

当今市场上很多添加植物成分的护肤产品宣称能够减少面部皮脂。从标签上无法区分是指减少面部油光的表现还是指减少皮脂的分泌。其中一种减少面部皮脂表象的办法是用由三种单体[甲基丙烯酸异冰片酯（isobornyl methacrylate，IBMA）、甲基丙烯酸月桂酯（lauryl methacrylate，LMA）、二乙烯苯（divinylbenzene，DVB）]组成直径为

1~3μm 的高分子聚合微球来吸附面部的皮脂。DVB 将 IBMA 和 LMA 交联，形成能够吸附液态油溶性物质的三维网状结构微球共聚物。最初开发这项技术是为了工业上用于控制有机溶剂的渗漏。

由于皮脂能够被吸附、锁定，所以可以借助聚合物的溶胀作用来吸附皮脂。这归功于聚合物之间的范德华力形成很强的吸引力(而非化学键)，因此皮脂被紧紧包合在聚合物内。这样，即使聚合物达到饱和或被挤压时，油分也被紧紧吸附不会渗漏。在吸附皮脂过程中，聚合物能够溶胀到自身体积 6 倍以上。这是少数几项经过验证的、能减少面部皮脂的技术之一，但并非来源于植物；然而，植物可以加到产品配方中用于宣称。有些初步的数据显示，烟酰胺能够减少皮脂分泌，但需更多的研究来验证确认。所以，目前基本没有真正意义的植物成分能够确切地减少皮脂。

抑汗剂因含有非天然的化学物质而对汗腺有伤害？

所有市售的以金属铝或金属锆盐为抑汗活性成分的抑汗产品，在美国市场均被食品药品监督管理局(FDA)归为非处方药。这些金属盐形成可降解的栓塞颗粒，封闭顶泌汗腺或小汗腺导管，基本上可减少 40%~60% 的汗液分泌。抑汗剂需连续使用 7~10 天才能形成有效减少汗液分泌的栓塞物。这些铝盐的 pH 值在 3.0~4.2 的酸性区间，对皮肤有轻微的刺激。栓塞物可降解，14 天后可以消除。因此，开发出尽可能降低皮肤刺激性的抑汗剂配方至关重要。

植物成分和矿物质化妆品安全，不会导致痤疮？

植物成分是从植物中萃取而来的原料，矿物质化妆品含有从矿石原料加工的颜料。和其他原料相比，植物成分和矿物质化妆品可能不会或较少导致痤疮。但这些原料也跟其他的原料一样，必须进行同样的致粉刺性测试和临床测试。它们的安全性必须经过化妆品化学实验室的验证而不是想当然地认为安全(图 27.5)。

图 27.5　实验室测试对确定皮肤安全性至关重要

含有植物性成分的面膜能够改善肤质？

面膜是一种在有限时间范围内使用的膏霜或糊状物，通常在使用 5~10 分钟后被清洗掉，它们能够显著地促进皮肤的美容作用。面膜可以以快干型聚合物、陶土或植物成分为基质，聚合物面膜是可剥离的贴片形式，能够封闭皮肤并赋予暂时性的保湿作用。黏土面膜典型的应用是吸附面部油脂后再冲洗干净。植物型面膜是将干燥的植物成分封在袋子中，使用时加水混合成糊状再敷到脸上，之后同样用水冲洗干净。

这里主要的问题是关于肤质(skin tone)。“肤质”是一种市场术语，与皮肤科学的含义关联不多。健美的(well-toned)肌肉通常是指健壮、快速、耐疲劳的，而这些词汇则不适合描述皮肤。我确信“skin tone”是一个综合了“触感光滑、色泽均匀、纹理平整”的皮肤概念。植物性面膜或许会给一部分有所期望的消费者带来暂时的芳香愉悦感，但我不相信短时间的使用能够带来如此多的益处。

护肤品中的所有植物成分都更加安全？

很难确切地区分到底哪些成分是“全天然的成分”。全天然是指来源于地球上植物和矿物质的活性成分。但我们看到的每一种物质是否都来源于地球上的植物和矿物质呢？有些物质虽然是化学改性的，但仍然来源于地球上的植物或矿物质。所以，这一术语（全天然）是市场俗语，并不具备医学上的可信度。护肤品中的全天然成分未必更加安全，毒葛虽然也是“天然的”，但它却能够导致强烈的过敏性接触性皮炎（图 27.6）。

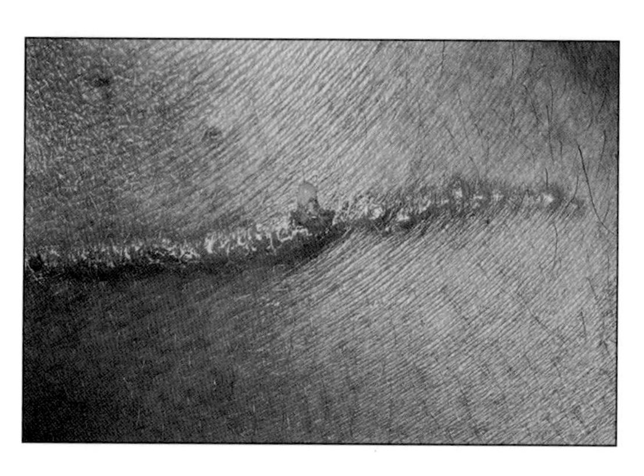

图 27.6　毒葛是天然的，但用在皮肤上并不安全

药妆品中植物性成分越多越好？

有一种不成文的规定，就是在药妆品配方中，如果含有 1 种活性成分被认为好，那么含有 20 种活性成分会被认为非常了不起。这一趋势逐渐演变成许多面部润肤产品都推出“植物鸡尾酒”的盛况。如果快速浏览一下产品标签，会发现至少有 10 种植物提取物。为什么会这样呢？多数情况下，这是从某一供应商采购的“植物鸡尾酒”便于用这些植物调制出愉悦的香味；另外一些情况则是化妆品配方师选择这些复合物以满足市场部门和媒体的需要。皮肤科医生对“植物鸡尾酒”极为烦恼，因为他们要想方设法从中筛查出哪一种成分引起了患者过敏性接触性皮炎（图 27.7）。鉴于此，我特别建议我的患者避免使用含很多种植物提取物的润肤产品。

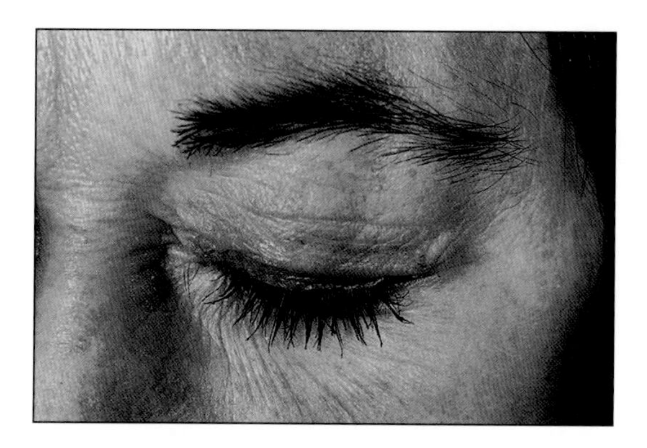

图 27.7　植物润肤产品导致的眼睑皮炎，但不能查明确切的原因

含有磨碎的植物成分洁面产品有利于毛孔深度清洁？

相当多的面部清洁产品为了清洁毛孔，添加了植物的果壳和叶子碎屑，或者其他研磨料（图 27.8）。事实上，因为在皮肤表面只能接触到毛囊皮脂腺的毛囊口，所以并不能清洁皮脂腺及其导管。这意味着这些磨砂膏只能对毛囊口和皮肤表面进行基本的机械性剥脱。也许能清除掉附着在皮肤表面的一些引起粉刺的栓塞物以及脱落的角质化细胞。但有可能这些果壳的摩擦力会过大而导致皮肤敏感或粟丘疹。对那些打算使用机械剥脱的消费者，我推荐一种水溶性的四水合硼酸钠颗粒，它可以随着持续的摩

图 27.8　用于植物面部磨砂膏的叶子，摩擦皮肤表面以达到机械剥脱的目的

擦逐渐消失，能够防止有清洁强迫症的患者损伤皮肤。

外用植物性药妆品能够尽可能地减少绝经后的皮肤变化？

女性绝经后的皮肤变化主要是因为雌激素水平降低，从而引起面部和上唇部皱纹增加。许多植物性外用产品声称能够使女性绝经后起皱降至最小化。这些药妆品中含有一种大豆发酵物提取成分——染料木黄酮，结构上与雌激素类似，所以同样能与几种受体结合，因此染料木黄酮已经被称为"植物雌激素"，而且被认为可以减少心血管疾病、乳腺癌以及常见于亚裔女性的绝经后面部皱纹。

人体有 α 和 β 两种类型的雌激素受体。大豆来源的染料木黄铜对人的 α 型受体的结合力较低，而对 β 型受体的结合力和人类内源性雌激素相同。所以，口服使用能起作用于终末器官。染料木黄酮还能抑制酪氨酸蛋白激酶和抗坏血酸磷酸酯镁（MAP）激酶对细胞增殖和分化的调控作用。这种作用仅见于口服发酵的大豆，外用则没有，故区分口服植物补充剂和外用植物性药妆品的功能非常重要。

（翻译：梅鹤祥　姜义华
审校：谈益妹　许德田）

第五篇 药妆品研究的新进展

药妆品还处于萌芽阶段，许多未来的药妆品今日还只是概念，其基础是在复杂的生物技术帮助下，不断合成活性成分。基因芯片技术，将借助生物学效应推动筛选、纯化可改善皮肤功能的活性成分。许多新的活性成分，例如抗氧化剂类、羟基酸类等，已被筛选出来；现在正在开发的，是针对衰老过程中可调控的关键步骤发挥作用，改善身体的功能，并进而可能改善皮肤外观。新的输送系统也将会有助于帮助药妆品靶向性地作用于皮肤表面或内部。本篇内容将对未来的药妆品作简要展望。

（翻译：许德田）

基因芯片技术及其在筛选药妆品活性成分中的应用

第 28 章

Bryan B. Fuller, Brian K. Pilcher, Dustin R. Smith

本章概要

- 基因芯片可以同时分析某种“生物活性”化合物对 5000 个以上皮肤特异性基因表达的影响。
- 抑制炎性基因表达的生物活性物质通常同时刺激抗衰老基因,如胶原基因的表达。
- 目前的数据仍不能支持热量限制和预期寿命之间的确切联系。
- 去乙酰化酶(sirtuins)在调节细胞衰老中发挥关键作用。

引言

随着新产品的不断研发,市场上宣称对皮肤结构和功能有多种益处的药妆品数量正在迅速增长。声称能刺激胶原蛋白和弹性蛋白产生、阻止基质金属蛋白酶(MMP)活化、减缓衰老过程的产品广泛存在,并且大多数产品都宣传有“科学研究”支撑着产品开发。实际上,很少有化妆品成分能有通过严谨的实验室分析证明其确实具有特定抗衰老作用。值得注意的是,维 A 酸及其衍生物、维生素 C 和棕榈酰五肽(棕榈酰 -L- 赖氨酰 -L- 苏氨酰 -L- 苏氨酰 -L- 赖氨酰 -L- 丝氨酸),是有可信科学数据支持的三种抗衰老物质。开发真正有效的药妆品应包括如下工作:

- 应使用严格基于细胞和分子生物学的筛选程序,鉴定具有特定生物活性(如刺激Ⅰ型、Ⅲ型或Ⅶ型胶原基因)的活性物。
- 应用筛选程序确认该“活性成分”不会对皮肤细胞产生负面生物学作用(如激活 MMP-1 基因)。
- 所研发的外用制剂应该能够将足量的“活性”成分通过角质层输送到靶细胞(这一过程可以用经皮吸收分析测定),以实现所期望的生物学效应。
- 应使用双盲、安慰剂对照、足够样本的临床研究来获取有关产品功效的统计学数据。

由于开发有效药妆品的第一步是证明拟使用的“活性”成分不仅能产生所需的生物学效应,而且对皮肤的结构或功能没有任何有害影响,因此最好有一种可以同时满足两种要求的生物学筛选工具,在进行费时费力的制剂开发和昂贵的临床研究之前,用这种筛选方法就应该能预测该化合物的功效。基因芯片技术(gene array technology)刚好满足了这些要求。

基因芯片分析的基本原理

身体中的所有细胞都在持续不断地产生一组特定的蛋白质,这些蛋白质决定了特定细胞的结构和功能。例如,肝细胞产生独特的胰高血糖素受体和胰岛素受体,而肾脏细胞产生血管升压素受体和离子迁移有关的蛋白质。这些蛋白质由独特的 mRNA 基因编码。因此,每种类型细胞表达这些独特的 mRNA“足迹”。在某些条件下,例如紫外线(UV)辐射、激素作用和衰老的情况下,mRNA 表达变化与这些“信使”编码的蛋白质的变化相一致。举个例子,在年轻皮肤中,真皮成纤维细胞中有许多可以表达Ⅰ型、Ⅲ型和Ⅶ型胶原的 mRNA,而在老化皮肤中,成纤维细胞较少表达胶原蛋白 mRNA,但表达更多 MMP-1(基质金属蛋白酶 1,胶原酶 1)mRNA,而 MMP-1 是一种能破坏胶原蛋白的酶。随着现代分子生物学基因芯片的出现,现在可以从不同表型的细胞(例如年轻人和老年人成纤维细胞)中分离出大量的 mRNA,对这些 mRNA 的分析可确定不同细胞类型或暴露于不同条件的细胞中表达或抑制哪些不同的基因。

基因芯片是集合了已知和未知(表达序列标签)人类小片段基因的过滤器或载玻片。典型的单个尼龙基因芯片过滤器就可以包含 5000 个以上不同的基因序列,目前已经有一些针对某些特定组织或疾病的芯片出现。例如,一种含有 4000 个“皮肤特异性”基因的过滤器已经被设计用于帮助人们评估生物调节剂(例如激素、细胞因子和 UV 辐射)对皮肤中重要基因表达的影响。

图 28.1 所示的是基因芯片分析步骤。第一步是从对照组和试验组(暴露于某些试验条件,例如 UV 辐射)的细胞中分离 mRNA。然后将每个组的 mRNA 逆转录成“互补 DNA”(cDNA),cDNA 比 mRNA 更加稳定,且更易与 DNA 杂交。然后用放射性同位素或荧光标记物标记该 cDNA,使得

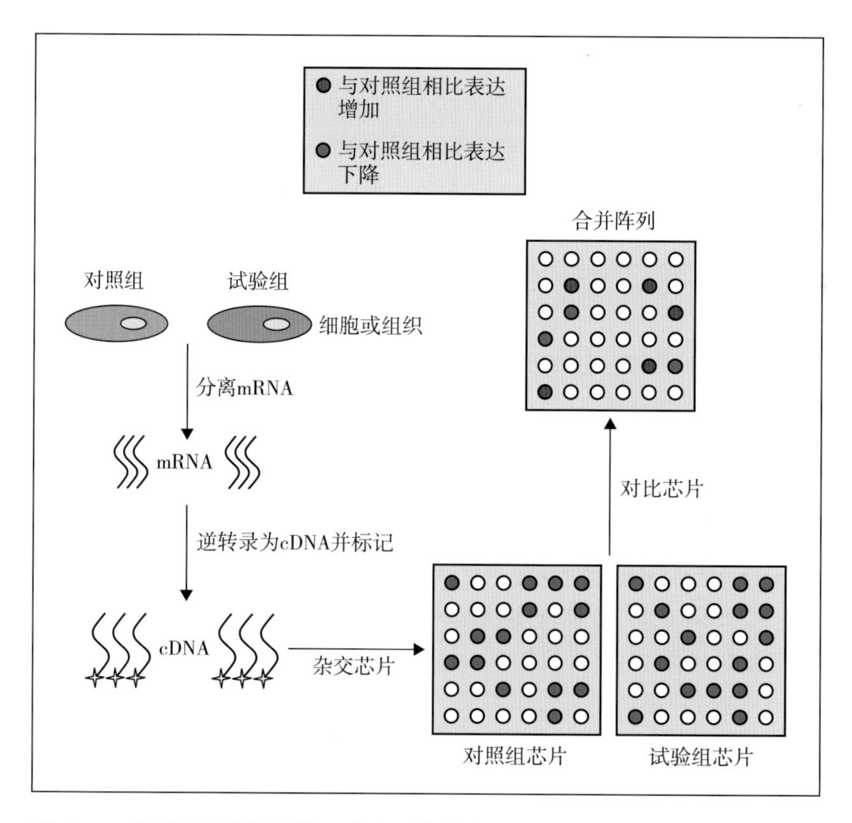

图 28.1　基因芯片分析步骤。黄色星标代表 cDNA(放射性或荧光标记)。对照和试验组基因芯片上的彩色圆圈标记表达的基因,而白色圆圈标记不表达的基因

在试验结束时可以检测和鉴定每个独特的 cDNA。一旦 cDNA 被标记,就将它们与基因芯片过滤器(例如“皮肤特异性”芯片)一起孵育,使得 cDNA 可以与芯片上的互补 DNA 杂交。杂交完成后,未结合的 cDNA 被洗去,检测杂交的 cDNA 并定量。由于过滤器上每个基因的位置和身份是已知的,通过比较对照组和试验组各个量化点之间的差异,可以确定某种基因在试验组中与对照组相比是上调的还是下调的。鉴于基因芯片的复杂性,引入了一种计算机软件协助量化和分析获得的大量数据。该软件产生两个基因芯片过滤器的“覆盖”图像,计算对照组和试验组之间每个基因表达水平的差异,然后将该对比数据转换为彩色图像。通常,在试验组中相对于对照组上调的基因在计算机产生的图像上显示为绿点,而下调的基因以红色显示。下面展示一个使用该技术鉴定新型抗衰老和抗炎活性物质的例子。

应用基因芯片鉴定抗衰老和抗炎生物活性分子

由于微芯片技术在过去几年中变得更加可靠和稳定,因此科学家更有信心将其用于明确候选生物活性分子对皮肤细胞的影响。

此外,微芯片的使用范围从候选化合物鉴定的基础研究,扩展到从临床组织样本中筛选个体对某些疾病(如癌症)的易感性。由于从一个特定试验中获得的数据很庞大(例如,一个 DNA 过滤器上的 4000 个可能相关基因),所以仅选择一组高度限制性的“关键”基因进行研究更为可行。例如,如果想要探究抗炎活性,可以研究对 COX-2(PGE2 产生基因)、IL-1α、IL-6、IL-8 和 TNF-α 等基因的调节。或者,如果需要研究抗衰老生物活性物,则可以集中于细胞外基质基因的表达,如胶原蛋白、弹性蛋白和蛋白多糖,以及抑制基质降解蛋白酶(如胶原酶和明胶酶)。微芯片技术还提供了发现新机制的机会,而这是传统单基因试验实现不了的。

我们已经在多种皮肤细胞中使用了基因芯片技术,鉴定具有抗衰老和(或)抗炎作用的独特化合物。在一项研究中,我们评估了一种新型硝酮自旋捕获化合物(nitronespin-trap compound)调节老年人真皮成纤维细胞中老化相关基因表达的能力。成纤维细胞在含有(试验组)或不含有(对照组)自旋捕获硝酮化合物 CX-412 的培养基中生长 48 小时后,提取来自每组细胞的 mRNA,转录成互补 DNA(cDNA),用放射性核苷酸标记,并与 IntegriDerm DermArray 基因过滤器杂交。这种微芯片过滤器含有超过 4400 种独特的 cDNA,这些 cDNA 都在皮肤细胞中表达,并与皮肤病学研究密切相关。通常在皮肤中表达的基因在基因过滤器上的不同位点重复分布,以估计杂交反应的可重复性。将杂交图像导入计算机程序以对数据进行标准化,并提供色彩编码的图片,用于说明经 CX-412 处理的成纤维细胞中表达的基因较对照组的表达基因是上调的(以绿色编码)还是下调的(以红色编码)(图 28.2C)。图 28.2 A 和 B 展示了真实的过滤图像,反映经过自旋捕获 CX-412 处理后,杂交的放射性标记 cDNA 是上调还是下调。

量化对照组和经 CX-412 处理的细胞中所有基因的表达水平后,我们发现用 CX-412 处理的老化成纤维细胞将基质破坏表达模式转变成了基质产生模式(框 28.1)。例如,我们注意到 MMP(胶原酶 1 和 92kDa 明胶酶)的表达受到抑制,而天然存在的 MMP 抑制剂(TIMP-1 和 TIMP-2)的表达则被上调。此外,成纤维细胞中Ⅰ型、Ⅱ型和Ⅲ型胶原的表达增强。除年龄相关基因外,我们还发现某些炎症相关基因,包括 uPA、tPA、PAI-1、IL-1α 和 IL-6 均能被自旋捕获化合物显著抑制。

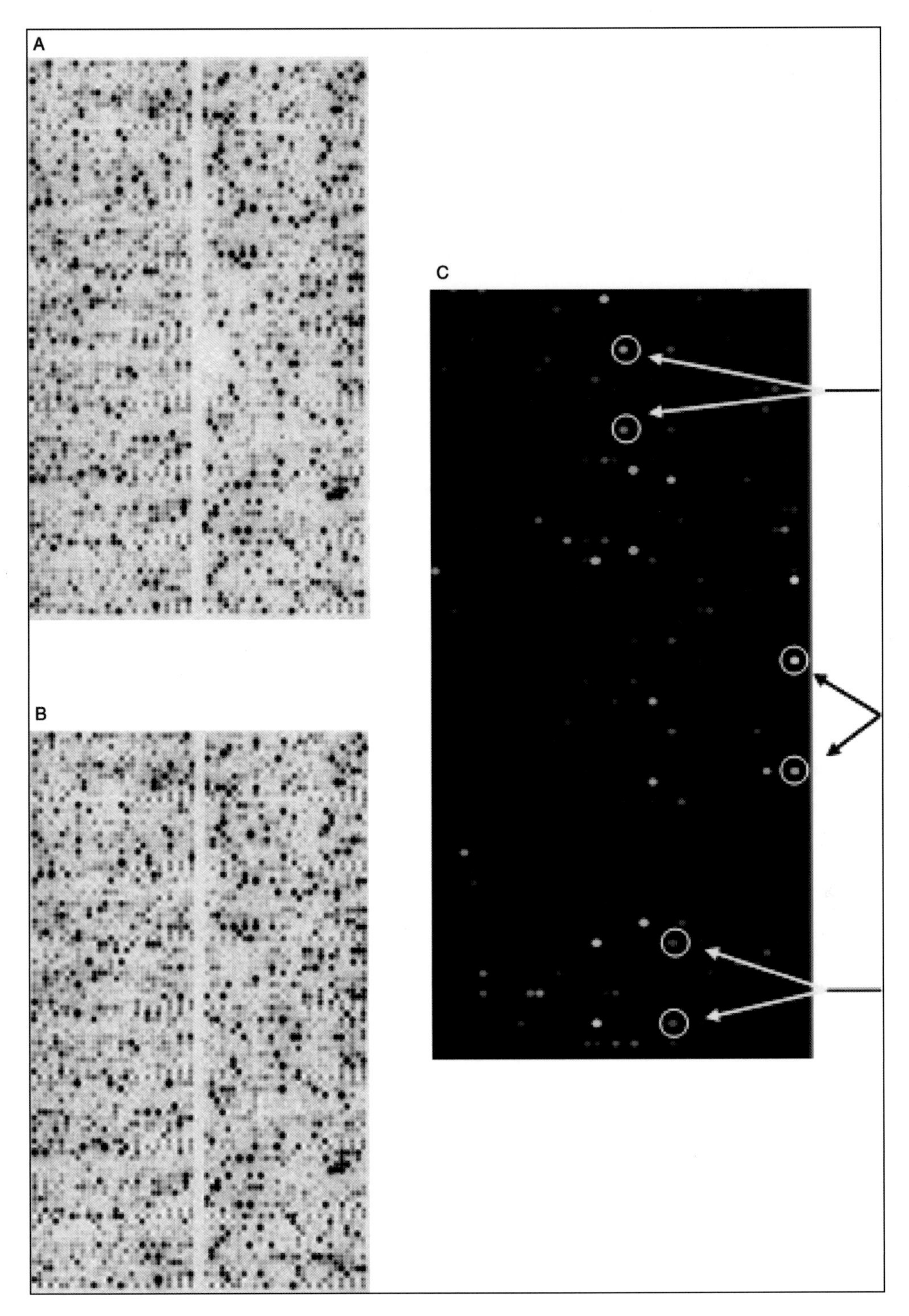

图 28.2　使用 IntegriDerm 基因芯片分析 CX-412(硝酮自旋捕获化合物)处理成纤维细胞后基因表达结果。未处理(A)或者 CX-412 处理(B)细胞的 cDNA 杂交于基因阵列尼龙膜。杂交后，使用 Cyclone 磷光试剂盒显影。(C)计算机生成的图像显示，红色杂交斑点证明 CX-412 处理后抑制单核细胞趋化蛋白(MCP-1)和胶原酶 -1(MMP-1)的表达，绿色杂交斑点显示 CX-412 处理后诱导基质金属蛋白酶抑制剂 -1(TIMP-1)的表达

框 28.1

CX-412 引起炎症和衰老相关基因表达的变化 IntegriDerm DermArray：真皮成纤维细胞基因表达

CX-412 上调

- 组织金属蛋白酶抑制剂 1（tissue inhibitor of metalloproteinase-1，TIMP-1）
- 组织金属蛋白酶抑制剂 2（tissue inhibitor of metalloproteinase-2，TIMP-2）
  - Ⅰ型胶原
  - Ⅱ型胶原
  - Ⅲ型胶原

CX-412 下调

- 胶原酶（matrix metalloproteinase-1，MMP-1）
- 72kDa 的明胶酶（matrix metalloproteinase-2，MMP-2）
- 尿激酶型纤溶酶原激活物（urokinase plasminogen activator，uPA）
- 组织型纤溶酶原激活剂（tissue plasminogen activator，tPA）
- 纤溶酶原激活物抑制剂 1（plasminogen activator inhibitor-1，PAI-1）
- 纤溶酶原激活物抑制剂 2（plasminogen activator inhibitor-2，PAI-2）
- 趋化因子受体Ⅰ
- 活化白细胞黏附分子
- 白细胞介素 -1α
- 白细胞介素 -6
- IL-13 受体
- 碱性成纤维细胞生长因子（basic fibroblast growth factor，bFGF）

一旦分析了来自基因芯片的数据，可以使用更简单的测试（包括 ELISA 和新开发的蛋白质抗体技术）来确认任何特定化合物的基因芯片结果，并提供决定最佳浓度所需的剂量 - 反应数据，从而用于外用制剂中。

基因芯片用于探索发现老化基因：热量限制模型

如上所述，基因芯片可用于鉴定能上调（例如胶原）或下调（例如 MMP）基因的活性，从而对皮肤细胞的结构和功能产生有益作用的化合物。在这方面，许多天然化合物（如姜黄素、白藜芦醇、槲皮素、木犀草素和表没食子儿茶素没食子酸酯）已经显示出能够降低皮肤中炎症基因的活性，增加基质构建基因（包括胶原蛋白、弹性蛋白和透明质酸合酶）表达的能力。除了研究通过改变基因活性来维持年轻、强健和有弹性皮肤的天然化合物以外，更引人入胜的是试着去寻找抗衰老基因（或者是关键基因），即那些控制整个老化过程（包括皮肤老化）的基因。科学家数年前发现，某些物种（包括小鼠和猴子）饮食受到热量限制（caloric restricted，CR）后寿命变得更长。随后，大量的精力和研究集中在利用基因芯片识别受饮食表观遗传学调节的基因中到底哪些能延长寿命。在一项以猴子为对象的研究中，用微芯片技术鉴定年轻动物和年长动物以及正常饮食和热量限制饮食的猴子体内差异表达的基因。如本章所述，基因芯片技术能够分析猴肌肉组织中超过 4500 种 cDNA 的表达。结果显示如下（Kayo，2001）：

- 300 个基因表达至少增加 2 倍以上，它们和老化相关。
- 在这 300 个“老化”基因中，24 个与炎症有关，至少有 4 个参与氧化应激，3 个与神经元死亡有关。
- 研究还发现，老化动物中 149 个基因下调，这些基因包括参与能量代谢（细胞能量生成）、细胞生长和结构成分的基因。

对正常饮食和热量限制饮食的年龄相仿的“中年”猴子进行基因芯片分析时，发现在 CR 处理的猴子中有 107 个基因上调，表明饮食可以产生表观遗传学基因表达变化。在这些诱导上升表达的基因中，许多是表达结构成分的基因，包括Ⅰ型、Ⅶ型和Ⅲ型胶原蛋白。CR 处理的猴子体内 93 种参与能量代谢的基因表达受到抑制。

2009 年，*Science* 杂志上发表的一篇研究跨度长达 20 年的研究表明，CR 组猴子的寿命比正常喂养组的寿命更长(Colman,2009),这篇研究似乎回答了热量限制是否能增加灵长类动物寿命的问题,而且结果也与小鼠热量限制研究的数据相符合(Anderson,2009)。然而,最近对同种系猴子的另一项跨度长达20年的研究表明,食物摄入和长寿之间没有相关性(Mattison,2012),也就是说减少热量摄入并不会延长生命,尽管它可能降低与肥胖相关疾病的发病率。鉴于这个新数据,似乎使用基因芯片技术来寻找在热量限制动物中可能延长预期寿命的差异表达基因并没有太大的价值。另外,我们可以合理假设,如果热量限制可以延长寿命,那么检测来自这些研究中的基因芯片数据,至少可以发现在热量限制动物中存在差异表达的一小组基因,而且无论被研究的动物是小鼠还是猴子,这种基因表达模式应该是或多或少相似的。遗憾的是,除了一些与热量摄入减少有关的基因改变,例如参与能量和氧化代谢(糖酵解降低、线粒体活性增加)以及应激的基因,小鼠和猴子的研究中获得的基因芯片数据都未能揭示可能引起热量限制动物寿命延长的基因。

那么这些基因芯片研究确定的、受外界因素(如热量限制或酚类抗氧化剂)调控的基因中,是否有关键的"抗衰老基因"呢?答案是肯定的。许多研究已经显示,去乙酰化酶基因(sirtuin gene)在控制细胞衰老中起着关键作用。而这些蛋白质的表达受热量限制调控,也可以被那些已知有抗衰老或抗炎作用的天然植物化合物所调节。哺乳动物体内有7种去乙酰化酶(sirtuin),这些酶是具有脱乙酰基酶活性或核糖基转移酶活性的蛋白质(Guarente,2013)。因为有这种活性,所以去乙酰化酶可以使组蛋白脱乙酰基,从而导致某些基因的转录抑制。此外,通过脱乙酰基酶(如参与糖酵解的酶),去乙酰化酶可以将能量使用模式从葡萄糖转变为脂肪酸氧化,这在热量限制期间是有利的。此外,通过脱乙酰基化NF-κB的p65亚基,去乙酰化酶可以阻断炎症反应。现有证据表明,去乙酰化酶对细胞具有抗衰老作用,能够延缓衰老,并在预防癌症中发挥作用。最后,许多研究已经表明,某些去乙酰化酶,包括SIRT1和SIRT5,可以被CR以及植物源性化合物(包括白藜芦醇和槲皮素)激活。

在皮肤老化方面,已经显示去乙酰化酶(例如SIRT1和SIRT6)可以上调I型胶原蛋白基因的表达,同时下调MMP-1基因表达。此外,由于皮肤老化至少一部分原因是由于炎症引起的,炎症反应抑制了胶原蛋白、透明质酸合成酶和其他真皮基质蛋白的基因表达,所以通过去乙酰化酶抗炎活性可以增强其皮肤抗衰老作用。在一些动物模型中,已经发现热量限制可以提高去乙酰化酶的水平,并且由于去乙酰化酶可以改变基因表达以维护真皮基质,似乎说明适当的热量限制可能发挥积极的皮肤抗衰老作用。然而,最近的数据显示,热量限制减少表皮细胞增殖,导致表皮厚度的减少。此外,由于严格的热量限制会导致下陷、暗沉、不健康的皮肤外貌,所以这会掩盖去乙酰化酶激活所致的少量抗衰老作用。

结论

使用基因芯片技术可以从少量试验中获得丰富的信息,包括鉴定药妆品成分激活和抑制基因表达的信息。该技术可用于鉴定银屑病、特应性皮炎、脂溢性皮炎,甚至日光性角化病等皮肤病的新型候选治疗药物。如上文所述,也可用于鉴定可以减少、延迟甚至逆转皮肤老化的化合物。关于老化,基因芯片可用于鉴定可能在延缓细胞衰老和整体衰老中起关键作用的基因,例如去乙酰化酶的基因。最后,基因芯片作为快速分析药妆品活性成分和植物萃取物的工具,可确定这些“活性物质”对皮肤功能是否具有积极或消极的作用。

（翻译：周炳荣　审校：许德田）

参考文献

Anderson, R.M., Shanmuganayagam, D., Weindruch, R., 2009. Caloric restriction and aging: studies in mice and monkeys. Toxicol. Pathol. 37, 47–51.

Blumenberg, M., 2006. DNA microarrays in dermatology and skin biology. OMICS 10, 243–260.

Cheepala, S.B., Syed, Z., Trutschi, M., et al., 2007. Retinoids and skin: microarrays shed new light on chemopreventive action of all-trans retinoic acid. Mol. Carcinog. 46, 634–639.

Colman, R.J., Anderson, R.M., Johnson, S.C., et al., 2009. Caloric restriction delays disease onset and mortality in rhesus monkeys. Science 325, 201–204.

Davis, R.L. Jr., DuBreuil, R.M., Reddy, S.P., Dooley, T.P., 2005. Methods for gene expression profiling in dermatology research using DermArray nylon filter DNA microarrays. Methods Mol. Biol. 289, 399–412.

Floyd, R.A., 2006. Nitrones as therapeutics in age-related diseases. Aging Cell 5, 51–57.

Fore, J., 2006. A review of skin and the effects of aging on skin structure and function. Ostomy Wound Manage. 52, 24–35.

Guarente, L., 2013. Calorie restriction and sirtuins revisited. Genes Dev. 27, 2073–2085.

Kayo, T., Allison, D.B., Weindruch, R., Prolla, T.A., 2001. Influences of aging and caloric restriction on the transcriptional profile of skeletal muscle from rhesus monkeys. Proc. Natl Acad. Sci. U.S.A. 98, 5093–5098.

Landau, M., 2007. Exogenous factors in skin aging. Curr. Probl. Dermatol. 35, 1–13.

Mattison, J.A., Roth, G.S., Beasley, T.M., et al., 2012. Impact of caloric restriction on health and survival in rhesus monkeys from the NIA study. Nature 489, 318–322.

Ramos-e-Silva, M., da Silva Carneiro, S.C., 2007. Elderly skin and its rejuvenation: products and procedures for the aging skin. J. Cosmet. Dermatol. 6, 40–50.

Sellheyer, K., Belbin, T.J., 2004. DNA microarrays: from structural genomics to functional genomics. The applications of gene chips in dermatology and dermatopathology. J. Am. Acad. Dermatol. 51, 681–692.

第29章 未来的药妆品在皮肤领域中的重要性

Sarah A. Malerich, Nils Krueger, Neil S. Sadick

本章概要

- 药妆品成分，包括多酚和染料木黄酮等，通过抑制酪氨酸酶活性，用来减少色素沉着。
- 在单个产品中组合多种生长因子和细胞因子可使效果最大化。
- 纳米粒子的系统性效应方面尚需要更多研究支持。
- 药妆品治疗的关键目标是补充因皮肤老化而丢失的成分，同时努力增加其机体内源性合成。
- 许多药妆品除了治疗效果外，还具有预防老化效果。

引言

随着老龄人口的增加，药妆品的选择比以往更加多样化，而化妆品成分在抗衰老领域必不可少。但至关重要的是，隐藏在护肤创新战线后面的原动力是临床和科研的相互结合。新一代的药妆品聚焦于从环境和遗传的角度来增强对细胞的保护作用。

抗氧化剂

我们的皮肤持续暴露在氧化应激下，损害了DNA、脂质和蛋白质，引发皮肤老化加速。各种不同的内源性抗氧化系统可保护我们免受氧化应激(oxidative stress)。氧化应激有很多来源，包括遗传因素、环境因素和紫外线(UV)辐射。在诱导阶段中，抗氧化剂的作用机制是防止自由基引起链式反应，该反应氧化其他分子，破坏细胞。抗氧化剂有很多种，如α-硫辛酸、辅酶Q10、茶多酚、艾地苯醌、激动素、维生素A、维生素B、维生素C和维生素E。抗氧化剂已广泛应用于许多人类疾病的治疗，因为其强大的光保护作用，还可减少红斑产生、晒伤细胞形成和DNA损伤，现在是药妆品至关重要的原料，它们还可通过预防皮肤细胞的破坏性氧化过程来延缓时辰老化或内源性老化。

多酚

多酚(polyphenols)是多种从植物中发现的、具有多种复杂结构的化学物质。黄酮类化合物是多酚的一种，包括葡萄籽提取物和大豆异黄酮。黄酮类存在于很多食物中，因此富含植物成分的饮食配合和局部应用一些植物成分可保护皮肤免受内源和外源性应激压力。人们相信，多酚不仅能保护细胞免受进一步的损伤，还能促进细胞再生。有一项研究测量多酚修复紫外线损伤皮肤的有效程度。表没食子儿茶素(epigallocatechin-3-gallate，EGCG)是绿茶中的主要成分，已有研究报道其对暴露于紫外线辐射的皮肤具有抗癌效应。在这项研究中，小鼠暴露于UVB每周2次，持续20周(辐射波长 280~375nm)，一组用表没食子儿茶素没食子酸酯(3mg，6.5μmol)局部处理 18 周，每周 5 天；另一组用咖啡因处理。同时进行肿瘤形成测定。对照组暴露于 UVB 但不接受任何处理，12 周后平均每只小鼠有 4.5 个肿瘤。咖啡因处理组每只小鼠平均 1.3 个肿瘤，EGCG 处理组每只小鼠平均仅 0.8 个肿瘤。18 周后，对照组发生了 6.9 个肿瘤，而咖啡因和 EGCG 组分别发生了 3.6 和 2.5 个肿瘤。

特别需要一提的是一种多酚——白藜芦醇(resveratrol)通过激活参与基因表达的去乙酰化酶 1(SIRT1)基因，可预防紫外线诱发的皮肤老化，也通过抑制酪氨酸酶而降低色素沉着。

染料木黄酮

染料木黄酮(genistein)是一种大豆异黄酮，1931 年首次自大豆中分离。它是一种强效的抗氧化剂，是酪氨酸蛋白激酶的特异性抑制剂，是植物雌激素，通过雌激素效应增加皮肤的厚度。人们已发现，它通过尿酸或 H_2O_2 预防红细胞溶血，以及抑制由 Fe^{2+}-ADP 复合物和 NAPDH 诱导的微粒体脂质过氧化。在所有异黄酮中，它可以最有效地抑制 P450 介导的苯并芘。

过去 10 年的多项研究都支持了这些天然成分对乳腺癌、前列腺癌、骨质疏松症、心血管疾病(人类和动物)和绝经后综合征的预防和治疗作用。无论是人体还是小鼠，染料木黄酮对抑制化学致癌、紫外线诱发的皮肤肿瘤和光损伤都具有积极效果。

尽管许多体外研究证明染料木黄酮具有潜在的抗癌性能，但还是缺乏其对皮肤肿瘤(治疗)效果的证据。在体外，染料木黄酮已被发现具有化学预防和强的抗癌活性。在细胞培养中，它具有抑制酪氨酸蛋白激酶(tyrosine protein kinase，TPK)、拓扑异构酶Ⅱ(topoisomerase Ⅱ，TOPO Ⅱ)和核糖体 S6 激酶(ribosomal S6 kinase，RS6k)的活性。它也被证明能抑制 *ras* 癌基因和减少 PD6F 诱导的 *c-fos* 和 *c-jun* 在成纤维细胞的表达。

一项研究用赋形剂进行比较，发现新型大豆保湿剂对斑驳状色素沉着、斑点、细纹、暗哑和整体皮肤纹理、色调、外观均具有显著改善效果。每天涂抹面部，持续 12 周后进行视觉评估即可观察到很多改善效果，除了皮肤暗哑程度外，其他指标的变化在使用 2 周后就能被观察到。

艾地苯醌

艾地苯醌(idebenone)最初是开发用于治疗阿尔茨海默病以及其他认知缺陷类疾病。和其他很多化合物比起来，它是一个强大的抗氧化剂，能深入渗透到皮肤真皮层，清除因为紫外线辐射产生的自由基。有一项研究通过五个部分来测量环境保护因子(environmental protection factor，EPF)和艾地苯醌的安全性和疗效。研究的每一部分，最高分值为 20 分，合计 100 分。在改善细纹和皱纹、光泽度、干燥和光损伤、弹力方面，艾地苯醌在 100 分中获得 95 分(表 29.1)。泛醌，也被称为辅酶 Q10，是艾地苯醌的近亲，也已在一些临床研究中得到评估。结果证实该分子不仅是强的抗氧化剂，还可影响不同基因的表达。通过该基因的诱导机制，皮肤某些关键蛋白的合成受到影响，一些金属蛋白酶，如胶原酶的表达降低。

全球时兴的抗衰老剂

欧洲葡萄

欧洲葡萄(*Vitis vinifera*)籽提取物，富含黄酮类化合物和植物化学物质。研究认为，角质形成细胞在 H_2O_2 暴露后，欧洲葡萄籽

表 29.1　抗自由基治疗氧化应激的抗衰老机制

测试	艾地苯醌	生育酚	激动素	泛醌	抗坏血酸	硫辛酸
晒伤细胞测定	20	16	11	6	0	5
光化学发光	20	20	10	15	20	5
初级氧化产物	16	10	20	5	3	4
次级氧化产物	19	17	10	12	12	20
UVB 照射角质形成细胞	20	17	17	17	17	7
总分	95	80	68	55	52	41

提取物对细胞的效果好于维生素 E 和维生素 C。葡萄籽提取物被用作很多皮肤疾病的辅助治疗，如银屑病和湿疹等，其主要机制是通过纠正胶原构建相关的酶化学结构紊乱来实现。其所含的生物类黄酮可促进皮肤的快速吸收。植物提取物还可以治疗各种疾病，如作为抗凝剂来预防心脏病；通过保护肌肉细胞减少纤维肌痛损伤；减轻过敏症状，因为它是一种天然的抗组胺剂；抑制肿瘤，这是通过中和细胞内基因物质改变诱发的肿瘤带来的细胞改变；减缓黄斑变性的进展，调节肝脏结构。

一项研究中，每天 2 次局部涂抹含某种欧洲葡萄成分的霜，持续 28 天，有效改善了皮肤紧致度、光泽度、柔软度、纹理、细纹和皱纹。该研究使用了四分位数统计，有高达 60% 的受试者认为他们的皮肤整体改善率大于 25%。

咖啡果

咖啡果（coffeeberry）是一种抗氧化剂，内含强效多酚，包括绿原酸、高浓度花青素、奎尼酸和阿魏酸。它来源于咖啡豆的外层果肉，也被称为咖啡樱桃，据说比绿茶、白茶、草莓、蓝莓和覆盆子具有更高的抗氧化能力。一项为期 6 周的研究表明，它可以有效改善色素沉着、显著减少细纹和皱纹，即便是敏感性皮肤也没有刺激。从某种程度上说，它的抗氧化性能可进一步保护（机体）免受 UVA 和 UVB 的损害。

干细胞

干细胞（stem cells）是一种多能细胞，具有高度的自我更新能力和多向分化潜能。如果能驾驭这种能力，将在医学领域有着巨大的意义，（干细胞）可能用来治疗各种疾病。干细胞尤其适用于伤口愈合和组织再生方面扩展应用到皮肤年轻化领域中，尤其专注于提升皮肤自我修复能力。在药妆品中，干细胞用于保护和增加皮肤干细胞的寿命和抗逆性。

用于药妆品行业的干细胞主要来源于人类脂肪组织、羊和牛胎盘，植物来源的如瑞士苹果种子。脂肪干细胞（adipose-derived stem cells，ASC）通过上调成纤维细胞表达来促进胶原蛋白的合成。此外，将其诱导为脂肪细胞有助于补充流失的软组织。尽管人们普遍认为，植物来源干细胞不能与人体细胞相互作用，但它们仍然是一种强的抗氧化剂。例如，已证实来源于瑞士欧帝拉苹果树（Uttwiler Spätlauber）的干细胞能逆转或延缓 H_2O_2 处理后的成纤维细胞衰老。在一项 20 名受试者的小型临床试验中，用苹果树干细胞提取物处理后 2 周和 4 周，受试者皱纹深度显著降低。确切的作用机制和有效性的持续时间需要进一步研究。需要注意的事实是，一些可疑的公司出售的植物茎提取物来替代干细胞。(译者注：英文中植物的茎为“stem”，干细胞被称为“stem cell”，这些公司玩花招，将两个 stem 混为一谈。)非常明显，这些衍生物和干细胞不是一回事。

水通道蛋白

水通道蛋白是一类促进水穿透细胞膜转运的蛋白家族。在哺乳动物中，根据运输能力、位置和功能的差异，已确定有 13 种通道蛋白。水通道蛋白 3(aquaporin-3，AQP3)是最常见的皮肤水通道蛋白。它是一种水甘油通道蛋白，位于表皮角质形成细胞的质膜上。甘油有吸水性能，它可产生蓄水池效应，从而提高皮肤的保水能力。

控制(皮肤)含水量对于皮肤生理功能和维护具有重要意义，因此水通道蛋白已成为皮肤护理产品的关注点。目前，相关研究正在开展寻找激发 AQP3 表达能力的化合物，从而提升皮肤内源性水合能力。最近，AQP3 表达激发剂的相关研究已经发表，包括 byakkokaninjinto，来源于 *Piptadenia colubrina* 树皮的植物成分(一种原产于南美洲的豆科树)，还有 *Ajuga turkestanica* 提取物(中亚植物)。一种化合物，甘油葡糖苷，已被证明能显著增加 AQP3 mRNA 在皮肤的表达。在一项有 24 名受试者的临床对照试验中发现，它可以有效降低皮肤的经皮失水率。此外，尿素是很多皮肤护理、治疗中有效改善皮肤干燥的重要成分，已被证实也可刺激 AQP3 表达。

多肽和细胞因子

多肽作为皮肤和表皮层之间的信使载体，可实现细胞间的有效沟通。研究最多的多肽之一，KTTKS 多肽，是Ⅰ型原胶原一个片段，由赖氨酸、苏氨酸、苏氨酸、赖氨酸、丝氨酸组合而成。它与棕榈酸(palmitic acid，PAL)结合可以增强在皮肤的渗透性，并刺激细胞生长中胶原蛋白和纤连蛋白的合成。在一项为期 4 个月的应用性研究中，受试者每日在脸上和脖子上涂抹 2 次。结果表明，受试者皮肤粗糙度减少了 13%，细纹和皱纹减少了 36%，皱纹深度减少了 27%。PAL-KTTKS 增加皮肤弹性蛋白，在真表皮连接处调节Ⅳ型胶原(分泌)(图 29.1)。此外，有假说认为引入细胞外基质(ECM)片段可以作为一种反馈刺激因子，有效增强自身 ECM 的合成。类似的多肽如三肽 -10 瓜氨酸(tripeptide-10 citrulline，T10-C)，是一个核

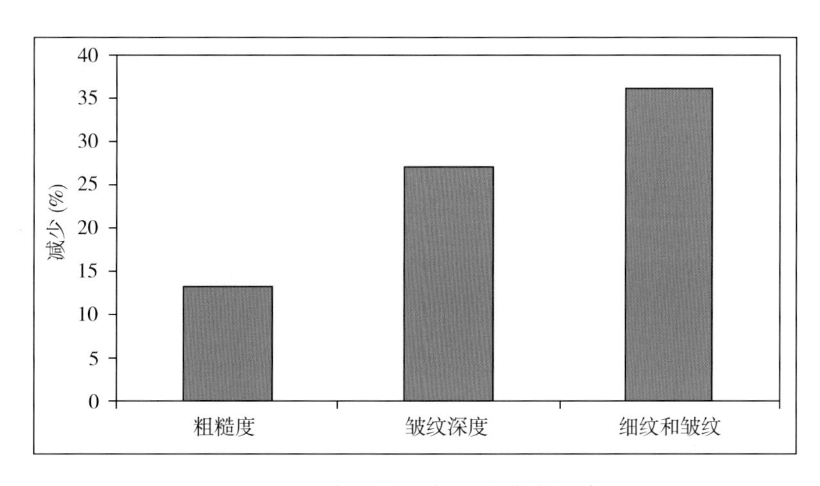

图 29.1　4 个月的试验后，老化指征减少

心蛋白聚糖分子，参与了基质构建。这种分子不提高胶原蛋白的合成，像其他几个多肽那样，而是加强、提高胶原蛋白纤维的调节和质量。

多肽也有其他形式的，包括酶抑制肽和载体肽。有一种酶抑制肽由酪氨酸-酪氨酸-精氨酸-丙氨酸-天冬氨酸-天冬氨酸-丙氨酸的长链构成，可以抑制原胶原C蛋白酶（procollagen C proteinase），减少原胶原蛋白的破坏。最后，铜是伤口愈合和铜肽复合物的必要成分，后者可抑制基质金属蛋白酶组织抑制剂（tissue inhibitors of metalloproteinase，TIMP），增加基质金属蛋白酶（MMP），引起胶原蛋白再生。在成纤维细胞中，促进硫酸皮肤素和硫酸肝素合成。

细胞因子（cytokines）可被称为“激素样肽”，是重要的细胞传导媒介信号，特别在免疫系统。细胞因子和激素不同的是，它们在体内以高浓度进行循环，且不是由特定细胞产生。很多细胞因子可应用于药妆品中，包括各种白细胞介素、肿瘤坏死因子（tumor necrosis factor，TNF-α）。这些细胞因子激活角质形成细胞、成纤维细胞和巨噬细胞的生长因子表达。新生的真皮成纤维细胞是生长因子、细胞因子和基质蛋白的混合物的来源之一。这些组合产品的应用研究表明，产品使用后皱纹和细纹减少，表皮厚度增加。

生长因子

生长因子（growth factors）是参与调节许多细胞过程的信号蛋白，包括细胞在体内的扩增和分化。皮肤产生的生长因子在伤口愈合和组织修复中起着重要作用，包括表皮生长因子（epidermal growth factor，EGF）、成纤维细胞生长因子（fibroblast growth factor，FGF-2），转化生长因子-β（transforming growth factor-beta，TGF-β）、血小板衍生生长因子（platelet-derived growth factor，PDGF）。现有知识表明，在胎儿皮肤中，皮肤的无瘢痕修复过程中可观察到多种生长因子。生长因子目前已被局部应用于老化和光损伤皮肤模型中，因为有假说认为这些情况与慢性皮肤创伤类似。生长因子被认为可减少皮肤老化征象，因为它们能促进表皮角质形成细胞和真皮成纤维细胞的增殖，同时还能刺激细胞外基质形成，包括胶原蛋白和透明质酸。

皮肤护理产品可通过生长因子的数量（单一或复配）或制备方式（重组或非重组DNA技术）进行区分。在双盲、随机、对照试验中，含生长因子的制剂可有效改善眶周、口周的皱纹，同时改善皮肤斑点状色素沉着和触感粗糙程度。

纳米技术

纳米颗粒和材料显示出独特的物理性质，它既不是大块材料，也不属于分子级化合物。它们用于伤口敷料、洗涤剂，并在化妆品使用中逐步增多。纳米粒子代表了一个新的化妆品输送系统，其颗粒直径小于100nm。在化妆品中，其光学和触觉特性很有价值，因为它们易流动，可能是透明的，且触感很好。金属氧化物的纳米粒子，特别是氧化锌（ZnO）和二氧化钛（TiO_2），是防晒产品常用的纳米材料。所谓的物理防晒剂就是通过反射紫外线辐射来保护皮肤，但因为它们尺寸很小，所以肉眼是看不见的。目前关于纳米粒子的研究包括其作为新的材料来治疗皮肤病，如寻常痤疮、复发性尖锐湿疣和特应性皮炎。作为药妆品原料，金纳米粒子（gold nanoparticles，AuNP）结合铁皮石斛的叶子提取物用作美白剂。目前已证实，很低浓度的AuNP即可使酪氨酸酶的活性降低，其另一优点是具有抗菌效果。

纳米颗粒的渗透性强，引起的担忧是系统性和细胞内的影响，以及毒性。由于纳米粒子与典型细胞成分和蛋白质大小相似，就可能绕过天然机械屏障，也许会导致局部组织或系统的不良反应。在较大规模的试验中，以无毒水平处理大小为 1~2nm 的金粒子，已被证明在内吞作用后可损害成纤维细胞、上皮细胞、巨噬细胞和黑色素瘤细胞。今后，对纳米材料生物反应必须要进一步研究，并在未来应用于药妆品。

结论

随着研究与皮肤老化过程有关的更多的有用信息，人们创造出新的药妆品以抵抗衰老。其中，抗氧化剂可有助于减少 DNA 自由基损伤，而生长因子、细胞因子和多肽有益于慢性损伤修复。特别是肽类成分，它不仅具备内源性多肽的功能，而且还通过刺激皮肤自身的天然机制发挥效果。药妆品的可获得性继续增加，特别是在干细胞和纳米颗粒局部外用领域。

（翻译：袁超　审校：许德田）

参考文献

Akiyama, T., Ishida, J., Nakagawa, S., et al., 1987. Genistein, a specific inhibitor of tyrosine-specific protein kinases. J. Biol. Chem. 262, 5592–5595.

Albertazzi, P., Pansini, F., Bonaccorsi, G., et al., 1998. The effect of dietary soy supplementation on hot flushes. Obstet. Gynecol. 91, 6–11.

Arora, A., Nair, M.G., Strasburg, G.M., 1998. Antioxidant activities of isoflavones and their biological activities in a liposomal system. Arch. Biochem. Biophys. 356, 133–141.

Bauman, L., 2007. Skin ageing and its treatment. J. Pathol. 211, 241–251.

Brzezinski, A., Adlercreutz, H., Shaoul, R., et al., 1997. Short-term effects of phytoestrogen-rich diet on postmenopausal women. Menopause 42, 89–94.

Cai, Q., Wei, H., 1996. Effects of dietary genistein on antioxidant enzyme activities in Sencar mice. Nutr. Cancer 25, 1–7.

Correa, P., 1981. Epidemiological correlations between diet and cancer frequency. Cancer Res. 41, 3685–3690.

Cornacchione, S., Neveu, M., Talbourdet, S., et al., 2007. In vivo skin antioxidant effect of a new combination based on a specific Vitis vinifera shoot extract and a biotechnological extract. J. Drugs Dermatol. 6, S8–S18.

Draelos, Z., 2003. Botanical antioxidants. Cosmet. Dermatol. 16, 46–48.

Draelos, Z.D., 2013. Modern moisturizer myths, misconceptions, and truths. Cutis 91 (6), 308–314.

Fotsis, T., Pepper, M., Adlercreutz, H., et al., 1993. Genistein, a dietary-derived inhibitor of in vitro angiogenesis. Proc. Natl. Acad. Sci. U. S. A. 90, 2690–2694.

Gold, M.H., Goldman, M.P., Biron, J., 2007. Efficacy of novel skin cream containing mixture of human growth factors and cytokines for skin rejuvenation. J. Drugs Dermatol. 6 (2), 197–201.

Gyorgy, P., Murata, K., Ikehata, H., 1964. Antioxidants isolated from fermented soybeans (tempeh). Nature 203, 870–872.

Kang, S., Chung, J.H., Lee, J.H., et al., 2003. Topical N-acetyl cysteine and genistein prevent ultraviolet-light-induced signaling that leads to photoaging in human skin in vivo. J. Invest. Dermatol. 120, 835–841.

Kapiotis, S., Hermann, M., Held, I., et al., 1997. Genistein, the dietary-derived angiogenesis inhibitor, prevents LDL oxidation and protects endothelial cells from damage by atherogenic LDL. Arterioscler. Thromb. Vasc. Biol. 17, 2868–2874.

Kiguchi, K., Constantinou, A., Huberman, E., 1990. Genistein induced cell differentiation and protein-linked DNA strand breakage in human melanoma cells. Cancer Commun. 2, 271–278.

Lambert, J.D., Hong, J., Yang, G., et al., 2005. Inhibition of carcinogenesis by polyphenols: evidence from laboratory investigations. Am. J. Clin. Nutr. 81 (Suppl.), 284S–291S.

Lee, E.H., Cho, S.Y., Kim, S.J., et al., 2003. Ginsenoside F1 protects human HaCaT keratinocytes from ultraviolet-B induced apoptosis by maintaining constant levels of Bcl-2. J. Invest. Dermatol. 121, 607–613.

Li, D., Yee, J.A., McGuire, M.H., Yan, F., 1999. Soybean isoflavones reduce experimental metastasis in mice. J. Nutr. 29, 1075–1078.

Lintner, K., 2007. Promoting production in the extracellular matrix without compromising barrier. Cutis 70S, 13–16. 2002.

Lupo, M.P., 2005. Cosmeceutical Peptides. Dermatol. Surg. 31, 832–836.

Malerich, S.A., Berson, D., 2014. Next generation cosmeceuticals: the latest in peptides, growth factors, cytokines, and stem cells. Dermatol. Clin. 32, 13–21.

Manach, C., Scalbert, A., Morand, D., et al., 2004. Polyphenols: food sources and bioavailability. Am. J. Clin. Nutr. 79, 727–747.

Masaki, H., 2010. Role of antioxidants in the skin: anti-aging effects. J. Dermatol. Sci. 58 (2), 85–90.

Messina, M., Barnes, S., 1991. The role of soy products in reducing risk of cancer. J. Natl Cancer Inst. 83, 541–546.

Monon, L.G., Kuttan, R., Nail, M.G., 1998. Effect of isoflavone genistein and daidzein in the inhibition of lung metastasis in mice induced by B16F-10 melanoma cells. Nutr. Cancer 30, 74–77.

Okura, A., Arakawa, H., Oka, H., et al., 1988. Effect of genistein on topoisomerase activity and on the growth of [VAL 12] Ha-ras-transformed NIH 3T3 cells. Biochem. Biophys. Res. Commun. 157, 183–189.

Pan, Y., Neuss, S., Leifert, A., et al., 2007. Size-dependent cytotoxicity of gold nanoparticles. Small 3 (11), 1941–1949.

Pinnell, S.R., 2003. Cutaneous photodamage, oxidative stress and topical antioxidant protection. J. Am. Acad. Dermatol. 48, 1–19.

Pratt, D.E., Di Pietro, C., Porter, W.L., Giffee, J.W., 1981. Phenolic antioxidants of soy protein hydrolyzates. J. Food Sci. 47, 24–25.

Rangarajan, V., Dreher, F., 2010. Topical growth factors for skin rejuvenation. In: Farage, M.A., Miller, K.W., Mailbach, H.I. (Eds.), Textbook of Aging Skin. Springer-Verlag, Berlin, pp. 1079–1087.

Schrader, A., Siefken, W., Kueper, T., et al., 2012. Effects of glyceryl glucoside on AQP3 expression, barrier function and hydration of human skin. Skin Pharmacol. Physiol. 25 (4), 192–199.

Sundaram, H., Mehta, R., Norine, J.A., et al., 2009. Topically applied physiologically balanced growth factors: a new paradigm of skin rejuvenation. J. Drugs Dermatol. 8 (5), 4s–13s.

Scalbert, A., Williamson, G., 2000. Dietary intake and bioavailability of polyphenols. J. Nutr. 130, 2073S–2085S.

Tettey, C.O., Nagajothi, P.C., Lee, S.E., et al., 2012. Anti-melanoma, tyrosinase inhibitory and anti-microbial activities of gold nanoparticles synthesized from aqueous leaf extracts of Teraxacum officinale. Int. J. Cosmet. Sci. 34, 150–154.

Tham, D.M., 1998. Potential health benefits of dietary phytoestrogens: a review of the clinical, epidemiological and mechanistic evidence. JCEM 83, 2223–2235.

Wallo, W., Nebus, J., Leyden, J.J., 2007. Efficacy of soy moisturizer in photoaging: a double blind, vehicle controlled, 12-week study. J. Drugs Dermatol. 6 (9), 917–927.

Wang, Y., Yaping, E., Zhang, X., et al., 1998. Inhibition of ultraviolet B induced c-fos and c-jun expression by genistein through a protein tyrosine kinase-dependent pathway. Carcinogenesis 19, 649–654.

Wei, H., Bowen, R., Zhang, X., Lebwohl, M., 1998. Isoflavone genistein inhibits the initiation and promotion of two-stage skin carcinogenesis. Carcinogenesis 19, 1509–1514.

Wei, H., Cai, Q., Rhan, R., 1996. Inhibition of Fenton reaction and UV light-induced oxidative DNA damage by soybean isoflavone genistein. Carcinogenesis 17, 73–77.

Yamaguchi, M., Goa, Y.H., 1998. Genistein inhibits bone loss. Biochem. Pharmacol. 55, 71–76.

Yao-Ping, L., You-Rong, L., Jian-Guo, X., et al., 2002. Topical applications of caffeine or (−)-epigallocatechin gallate (EGCG) inhibit carcinogenesis and selectively increase apoptosis in UVB-induced skin tumors in mice. Proc. Natl. Acad. Sci. U. S. A. 99, 12455–12460.

Zwiller, J., Sassone-Corsi, P., Kakazu, K., Boyton, A.L., 1991. Inhibition of PDGF-induced c-jun and c-fos expression by a tyrosine protein kinase inhibitor. Oncogene 6, 219–221.

结语:药妆品的下一起点在哪里?

Zoe Diana Draelos

药妆品一定会继续存在,问题在于它是否会进化成一个基于科学的产品品类,或者仍然会鱼龙混杂,仅限于增香、修饰身体。毫无疑问,药妆品的下一个起点是:获得真正的"声望"。为此,它必须达到一些目标要求,直到最终完全发挥其在皮肤科的潜力。

目前面临的主要障碍是当前法规管理并不认可药妆品的概念,而只认可始于20世纪30年代的三个分类:药物、非处方药、化妆品。从法规的角度看,药妆品的本质是化妆品。在过去84年里,新原料和皮肤生理领域已取得长足进步,药物和化妆品之间的界限模糊了。美国化妆品和盥洗用品法案(US Cosmetics and Toiletries Act)亟须更新,但看起来此问题在立法界并未得到关注,给全世界都带来一些紧迫的问题。有必要先更新法案,再拓展一种新的品类——给药妆品一个界定。日本已先行一步,这使日本在药妆品的发展上已远超美国。由于并无政治或经济上的正面收益,我本人尚未看到在法案中增设一个"药妆品"类别的曙光。

美国化妆品和盥洗用品法案通过的时候,医生们知道一些不安全的物质(如铅、砷)也被纳入了化妆品。当时最流行的一个安全的药妆品是一种含有雌激素的外用霜剂,其十分有效,因为雌激素可以促进皮肤胶原蛋白合成,从而改善皱纹、令皮肤光滑。如今,含雌激素的化妆品已属违法,但是现在把大豆成分作为植物性雌激素(phytoestrogen)加入保湿产品和消脂产品中。植物性雌激素是允许使用的,它们有效浓度很低,安全性因此而提升,但效果下降了。药妆品的一个潜在应用是作为补充护理措施,帮助处理传统处方治疗不足以解决的问题。

例如,含有熊果苷和曲酸的保湿产品联合氢醌使用,能否帮助提供美白效果?用抗生素治疗玫瑰痤疮时,加用含红没药醇的霜剂是否有助改善面部发红?用反式维A酸治疗光老化,加用含视黄醇的保湿产品是否能提升效果?这些是需要皮肤科医生回答的重要问题,因为患者愿意使用多种产品以获得额外的效果。由于医疗成本控制问题的限制,使用药妆品作为药物的辅助治疗将会越来越多见。这些成本控制措施将减少患者求医(获得处方药物),转而购买自费产品。所以,皮肤科医生应当能熟练使用药妆品治疗皮肤病。

在全球范围内,药妆品是皮肤科领域重要的组成部分。皮肤科医生需要知道哪些药妆品有治疗的作用,而哪些只是噱头。我倒希望倡导皮肤学界可以先行一步,创建一个专家团体,认证药妆品。该团体的职能是评估制造商的数据,确定产品是否如实宣称。当然,药妆品不必像药品那样严格地审查,但需要达到基本的标准。例如,制造商提交体外和体内试验数据,可以评估体外试验是否适当;建议可以开发更好的评价模型;对于体内试验,可以评估其受试者数量是否足够、统计方法是否适当。对相关的研究方法进行全面回顾,将可以让药妆品研究前进一大步。

一旦提交审核的产品符合审查委员会提出的基本要求,产品就能获得认证标志,这不保证效果——因为这在当前的药妆品领域无法实现,但是可以保证安全,并强制实行最基本的测试要求。医生和消费者可以依据此标志知道某个产品是药妆品,还是噱头。也许,随着药妆品领域的技术进步,也可以加入新的、更高的评估参数。该认证可以帮助皮肤科医生决定什么药妆品可以用作处方药物的辅助治疗,这将有助于推进相关的研究,并提升产品性能。若没有一些相关的评估,药妆品将仍然停留在"准科学"的阶段。日本为药妆品单独设立了一个类别,把该国药妆品的研究推向全球前沿。因为皮肤具有酶、免疫的活性,参与重要的生命代谢功能,而药妆品对皮肤有影响,因此需要认证。许多外用物质可以深刻地影响皮肤——哪怕是水,也可以影响皮肤的结构和功能。认证药妆品的核心是研究,然而,一些新变化正在出现,将对多数当前的研究方式产生影响。

全世界范围内,对药妆品有几个主要的担忧,包括环境问题和原料的可持续性。关于前者,主要是环境友好的包装,即绿色产品开发。塑料包装在化妆品业十分常见,*The World Without Us*(Thomas Dunne Brooks/St.Martin's Press 出版)一书的作者 Alan Weisman 调查了一些关于塑料包装的紧迫问题。书中,他讨论了海洋生物学家 Richard Thompson 的工作。20 世纪 80 年代,Richard Thompson 从英国海滩上取了沙样,在取样的各年份中,都发现各种微小的彩色塑料柱状物大幅增加。这些柱状物被称为"微粒(nurdles)",是生产塑料的原材料,而且不可降解。另一位海洋生物学家 Alistair Hardy 进一步证明在海平面下 10m 处,塑料微粒也增加了。这两位科学家的研究确认了人类正在用塑料废弃物填塞海洋,其中一部分就来自化妆品和药妆品。

塑料包装的确看起来会随着时间而降解,因为塑料瓶最终会碎裂成小碎片,这也许会让我们误认为塑料不是什么大问题。但事实并非如此。小碎片并不能继续被降解,但却可以被海洋动物摄入。Weisman 发现,被冲上英国北海海岸上的暴风鹱鸟尸体,95% 的胃中都含有塑料碎片,每只鸟平均 44 个,因此,这些小碎片较原本的塑料瓶子对环境更加有害。包装的变革只是药妆品领域绿色革命的一部分,现在也开始评估配方对环境的影响。皮肤去角质产品中有一种常见的原料叫聚乙烯微珠,可以发挥温和的去角质作用,洁面后被冲走。它们是很小的塑料球,不能降解,可能对环境有害。但荷荷巴种子和核桃壳制作的微粒可生物降解,就没有这种问题,所以这两者可以作为环保的替代品。药妆品的下一站,是评估原料和包装对环境的影响,关注地球的可持续发展。

引人关注的第二方面是药妆品原材料的可持续性。很多芳香原料来源于一些在独特环境中生长的植物,很可能被过度采收;稀有的珊瑚提取物或生长很慢的树皮提取物资源可能耗竭,既不利于环境,也不利于子孙后代的福祉。随着发达和发展中国家药妆品的使用越来越多,有必要慎重考虑如何保持和保护动植物的多样性和矿物资源。

目前,药妆品领域将迎来新的发展。药物研发技术和基因芯片技术将被用于筛选活性原料,可上调或抑制特定皮肤功能过程,例如调节炎症的级联反应。因为炎症级联反应是皮肤损伤和衰老的共同终末通路,若能在此领域有所突破,将有重要意义。开发新的输送系统,将能传输更高浓度的现有活性成分,亦可用于那些当前因无法渗透而不能发挥作用的成分。蛋白质测序技术亦将应用于皮肤护理,可使我们开发一些细胞信号物质,打开或关闭目标生化通路。最后,从植物提取物中可以识别出单一活性成分,这可大规模人工合成当前过于昂贵的成分,应用于大众市场。

总之,我相信皮肤科领域的知识会持续增长,而药妆品是其中一部分。故事才刚刚开始。药妆品源于化妆品工业界的一个渴望,即不仅仅修饰一下皮肤,而是能通过处理一些功能性问题,改善皮肤外观,满足消费者的期望。现在,药妆品业界已准备好迎接新的起点了:科学方法的原则必须应用于产品的验证,而且可能无需动物试验。环境友好的包装和产品必须成为优先考虑。基因芯片技术必将应用于高效筛选过程,这些筛选以前可能需要好几年。皮肤学将推动药妆品到达这样的新起点。本书希望为皮肤科医生和研究者提供一些药妆品的基础知识,推动这一进程。

(翻译:许德田)

中文索引

D

E

F

G

O

P

Q

R

S

英文索引

C

D

E

F

G

H

I

K

L